高等职业院校精品教材系列

电子制图与PCB设计

——基于Altium Designer

主　编　汤伟芳　戴锐青
副主编　李　海　曹振华

電子工業出版社
Publishing House of Electronics Industry
北京·BEIJING

内 容 简 介

本书主要介绍印制电路板设计应用技术，基于 Altium 公司推出的一体化的电子产品开发系统，以 Altium Designer15 为设计平台进行 PCB 应用设计。

本书共 10 个项目，分别为 Altium Designer15 概述及软件安装基本设置、Altium Designer15 文件管理系统、555 电路原理图绘制、原理图元件库与管理、复杂电路原理图绘制、层次电路原理图绘制、双面印制电路板设计、PCB 元件库管理、单面（针脚式）印制电路板设计、综合练习。

本书以项目引导、任务驱动编写体系组织内容，得到了苏州同创电子有限公司的支持，其中 PCB 设计考虑了行业对设计的要求，引导职业岗位技能的培养贯穿整个教学实施过程。本书精心挑选江苏省大学生双创项目和企业实用项目中的典型成熟电路为实例。本书的另一特色是：综合训练项目挑选实用且有实物相配的实例进行实操训练，使学生对 PCB 设计有更进一步的了解，尤其能使没有工程背景的大学生达到理论与实际相结合的目的。

图书在版编目 (CIP) 数据

电子制图与 PCB 设计：基于 Altium Designer/汤伟芳，戴锐青主编. —北京：电子工业出版社，2017.7（2024.01 重印）

全国高职高专院校示范专业规划教材・一体化教学系列

ISBN 978-7-121-31639-5

Ⅰ. ①电… Ⅱ. ①汤… ②戴… Ⅲ. ①印刷电路－计算机辅助设计－应用软件－高等职业教育－教材 Ⅳ. ①TN410.2

中国版本图书馆 CIP 数据核字（2017）第 118982 号

策划编辑：刘少轩（liusx@phei.com.cn）

责任编辑：桑 昀

印　　刷：山东华立印务有限公司

装　　订：山东华立印务有限公司

出版发行：电子工业出版社

北京市海淀区万寿路 173 信箱　邮编：100036

开　　本：787×1 092　1/16　印张：16.75　字数：428.8 千字

版　　次：2017 年 7 月第 1 版

印　　次：2024 年 1 月第 16 次

定　　价：49.5 元

凡所购买电子工业出版社图书有缺损问题，请向购买书店调换。若书店售缺，请与本社发行部联系，联系及邮购电话：（010）88254888，88258888。

质量投诉请发邮件至 zlts@phei.com.cn，盗版侵权举报请发邮件至 dbqq@phei.com.cn。

前　言

本书为江苏省精品课程“EDA 技术”的分支内容之一，并获苏州经贸职业技术学院精品教材建设立项。

Altium Designer 是原 Protel 软件开发商 Altium 公司推出的一体化的电子产品开发系统，主要运行在 Windows 操作系统。该软件通过把原理图设计、电路仿真、PCB 绘制编辑、拓扑逻辑自动布线、信号完整性分析和设计输出等技术完美融合，为设计者提供了全新的设计解决方案，使设计者可以轻松进行设计，熟练使用该软件必将使电路设计的质量和效率大大提高。电路设计自动化 EDA（Electronic Design Automation）指的就是将电路设计中各种工作交由计算机来协助完成。由于 Altium Designer 在继承先前 Protel 软件功能的基础上，综合了 FPGA 设计和嵌入式系统软件设计功能，所以对计算机的系统需求比先前的版本要高一些。

本书以项目引导、任务驱动模式编写，始终围绕职业教育改革中注重的“实践能力”培养的基本理论和“任务驱动”的教学模式，选择几个成熟的典型电子产品实例作为载体，由浅入深、循序渐进地阐述电子产品原理图的 PCB 设计过程。本书的原则和特点如下：

1．内容编排上，采用典型的项目教学模式展开，采用图解的方式进行讲解，使操作变得简单直观、通俗易懂。本着“实用”和“够用”的原则，本书采用的实例典型，充分考虑了学员的认知度。

2．每个项目都配以大量相应的练习题，涵盖讲解中的知识点，难易适中，充分考虑了不同层次学生的需求。

3．最后的综合练习中，所有项目除原理图和 PCB 图以外均配有实物图，使学生能够比较直观地理解 PCB 设计，有利于学生职业能力的提高，使学生真正体验到“学中做、做中学”的一体化教学乐趣。

本书由苏州经贸职业技术学院汤伟芳、戴锐青老师担任主编，李海、曹振华老师担任副主编，蒋奕钧（苏州同创电子有限公司高级工程师）、王娟（苏州技师学院）老师担任参编。汤伟芳老师负责统稿，并编写了项目八、项目十和项目三～项目九的练习题，戴锐青老师负责编写了项目三、项目四、项目五、项目六，李海、曹振华和蒋奕钧负责编写了项目一、项目二、项目七、项目九和关于 PCB 设计考证要求和资料的收集，王娟负责提供实用项目和 PPT 的制作。

在此，对参与本书编写及提出宝贵意见的同仁、企业技术人员表示感谢！对苏州同创电子有限公司在校企合作开发教材过程中所给予的支持深表感谢！

由于作者水平有限，书中难免会有疏漏之处，敬请广大读者谅解！也恳请读者提出宝贵意见（电子邮箱 2563027495@qq.com）！

编　者

2017 年 5 月于苏州

目　录

项目一 Altium Designer15 概述及软件安装基本设置

Altium Designer15 是一个软件集成平台，主要运行在 Windows 操作系统。该软件通过把原理图设计、电路仿真、PCB 绘制编辑、拓扑逻辑自动布线、信号完整性分析和设计输出等技术完美融合，为设计者提供了全新的设计解决方案，使设计者可以轻松地进行设计。熟练使用该软件必将使电路设计的质量和效率大大提高。

Altium Designer15 拓宽了板级设计的传统界面，全面集成了 FPGA 设计功能和 SOPC 设计实现功能，从而允许工程设计人员将系统设计中的 FPGA 与 PCB 设计及嵌入式设计集成在一起，如图 1-1 所示。由于 Altium Designer 在继承先前 Protel 软件功能的基础上，综合了 FPGA 设计和嵌入式系统软件设计功能，所以对计算机的系统需求比先前的版本要高一些。

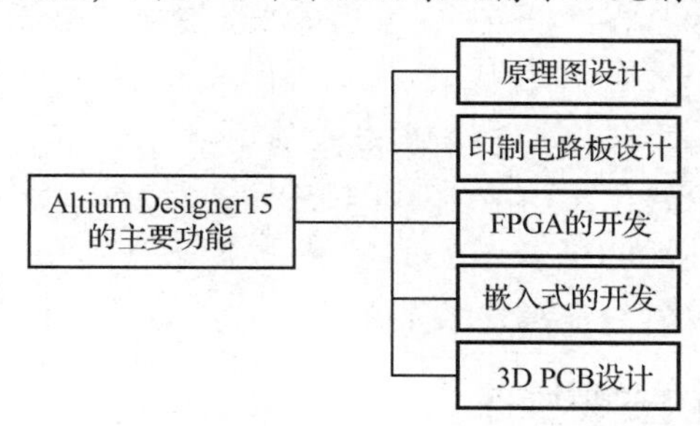

图 1-1 Altium Designer15 的主要功能

学习目标

- 熟悉 Altium Designer15 的特性、安装要求及安装过程。
- 了解 Altium Designer15 的安装程序文件。
- 掌握 Altium Designer15 工作环境的设置。

工作任务

- Altium Designer15 的安装。
- Altium Designer15 环境设置。

任务 1.1 Altium Designer15 的安装

任务目标

- 熟悉 Altium Designer15 安装包及其文件。
- 掌握 Altium Designer15 安装的一般步骤。

任务内容

- 熟悉软件安装环境要求。
- 了解软件安装包的构成。
- 完成 Altium Designer15 的安装。

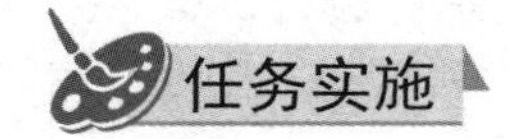

任务实施

【小提示】

软件安装环境要求

- Windows XP/SP2/Professional 或以上版本（32 位或 64 位系统）。
- 英特尔®酷睿™2 双核/四核 2.66GHz 或同等或更快的处理器。
- 2GB 及以上内存。
- 10GB 及以上硬盘空间（系统安装+用户文件）。
- 双重显示器，屏幕分辨率至少为 1680×1050（宽屏）或者 1600×1200（4∶3）。
- NVIDIA® GeForce® 80003 系列，256MB 或更高规格显卡。
- 因特网连接，获取更新和在线技术支持。

Altium Designer15 的安装操作

[第一步] 打开 Altium Designer15 安装包所在文件夹，如图 1-2 所示。

在安装包文件夹内包含的主要文件有：

（1）Altium Cache（系统配置文件）；

（2）Extensions（系统扩展文件）；

（3）Licenses（单机版授权许可文件）；

（4）Medicine（系统配置文件）；

（5）AltiumDesigner Setup.exe（软件安装可执行文件）。

[第二步] 双击 AltiumDesigner Setup.exe，出现如图 1-3 所示的安装界面。

[第三步] 根据提示单击“Next”按钮，出现如图 1-4 所示界面。在“Select Language”语言选项栏中选择中文“Chinese”选项，并勾选界面右下角的“I accept the agreement”选项，然后单击“Next”按钮。

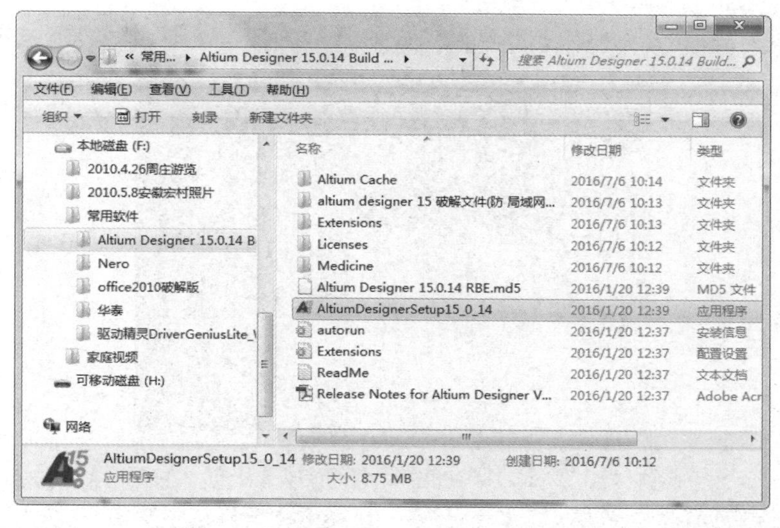

图 1-2　Altium Designer 15 安装软件包

图 1-3　Altium Designer15 安装界面 1

图 1-4　Altium Designer15 安装界面 2

［第四步］在出现的如图 1-5 所示界面中，根据需要勾选要安装的组件，如“PCB Design”及“FPGA Design”等，然后单击“Next”按钮。

［第五步］如图 1-6 所示，设置安装路径，默认为 C 盘，也可直接插入光标输入修改盘符或路径，然后单击“Next”按钮。

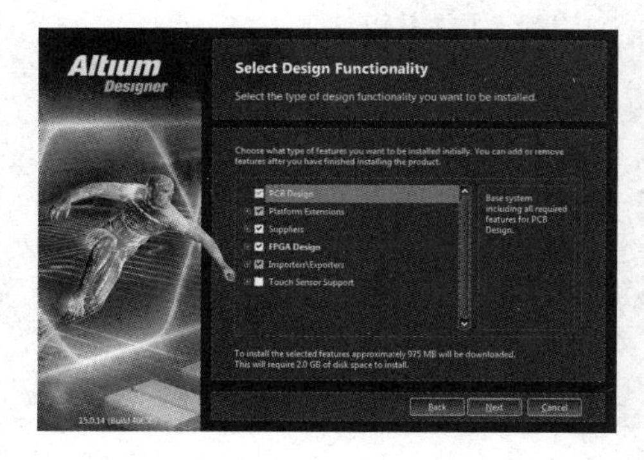

图 1-5　Altium Designer15 安装组件

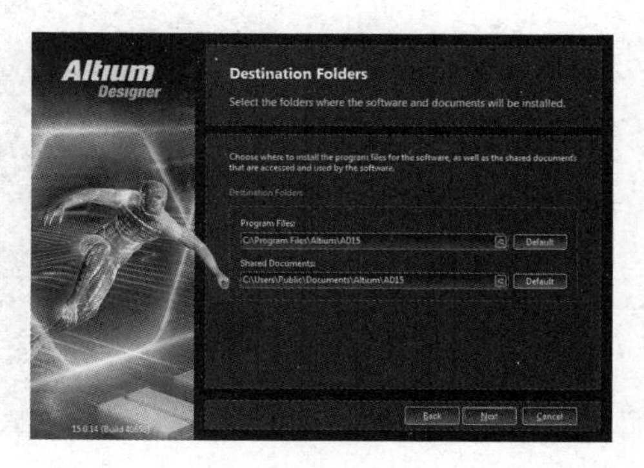

图 1-6　Altium Designer 安装路径设置

［第六步］根据提示，继续单击“Next”按钮开始安装，如图 1-7 和图 1-8 所示。

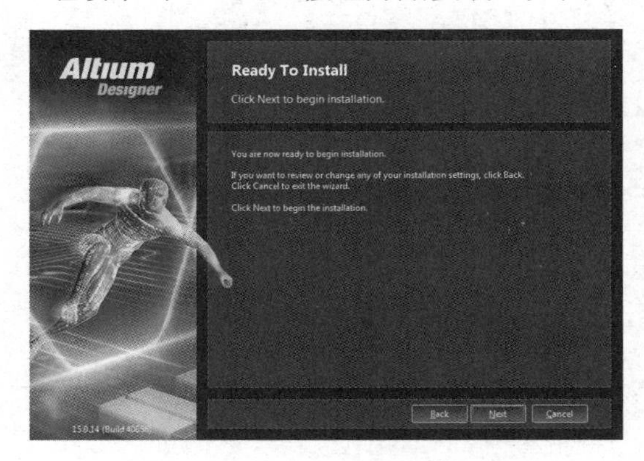

图 1-7　Altium Designer15 安装提示

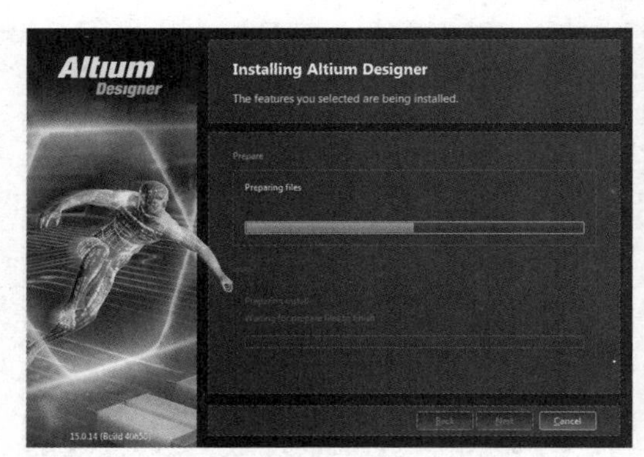

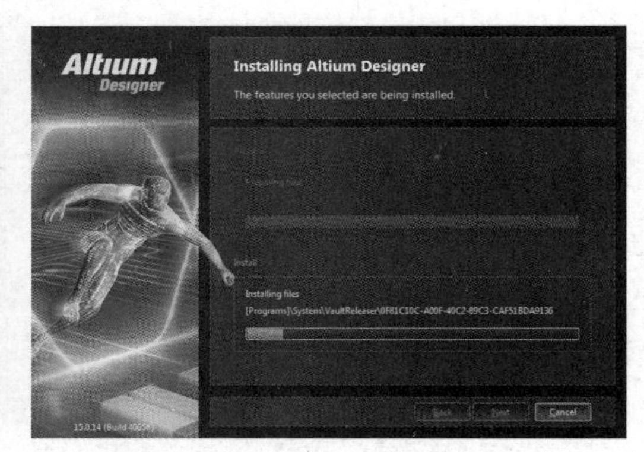

图 1-8　Altium Designer15 安装中

［第七步］安装结束后会弹出一个结束安装提示框，如图 1-9 所示，单击“Finish”按钮结束安装。

【小提示】

如勾选“Run Altium Designer”选项后单击“Finish”按钮将会关闭此对话框，然后运行软件；否则将关闭对话框，但不运行软件。

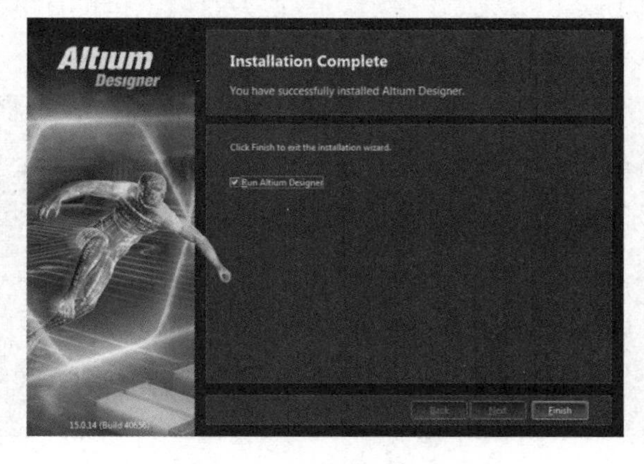

图 1-9　结束安装提示

任务 1.2 中文环境设置及单机激活许可设置

任务目标

- 熟悉 Altium Designer15 的基本运行界面。
- 掌握 Altium Designer15 激活的方法。

任务内容

- 完成 Altium Designer15 的中文界面设置。
- 完成 Altium Designer15 激活设置。

任务实施

1.2.1 Altium Designer15 的中文环境设置

（1）启动 Altium Designer15，弹出如图 1-10 所示的界面。片刻后会出现英文菜单界面并提示该软件未经激活不能正常使用，如图 1-11 所示。

图 1-10 Altium Designer15 启动界面

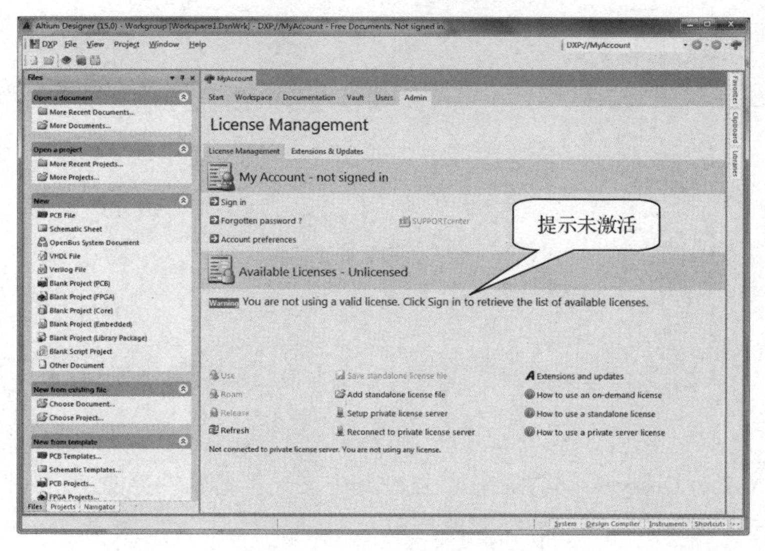

图 1-11 打开 Altium Designer15 界面

（2）单击菜单中的“DXP”，弹出下拉菜单，如图1-12所示。单击“Preferences”命令进入参数设置。

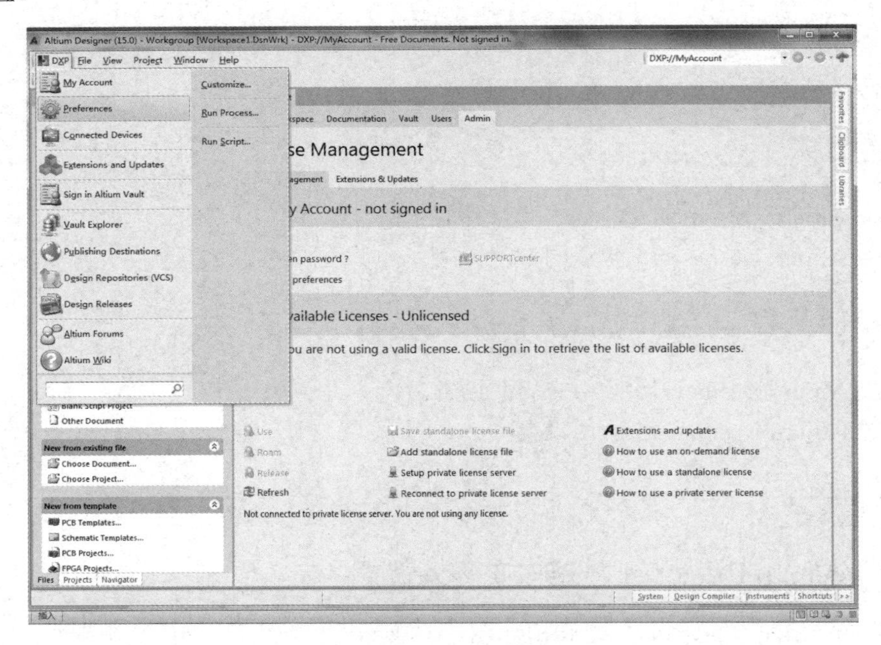

图1-12　参数设置1

（3）在弹出的如图1-13所示界面中，勾选下方的“Use Localized resources”选项，使用本地语言，其他选项默认即可。然后单击“OK”按钮。

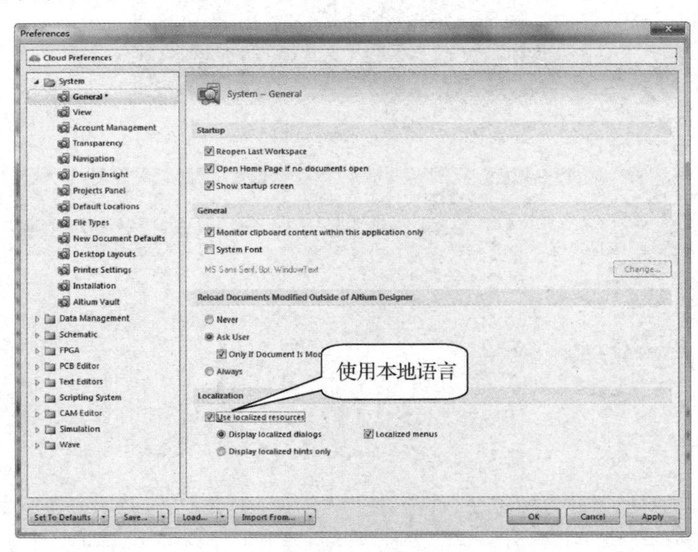

图1-13　参数设置2

（4）重启Altium Designer15之后，就可看到中文菜单的软件界面了，如图1-14所示。此时，单机版软件未能激活，需要激活才能使用。

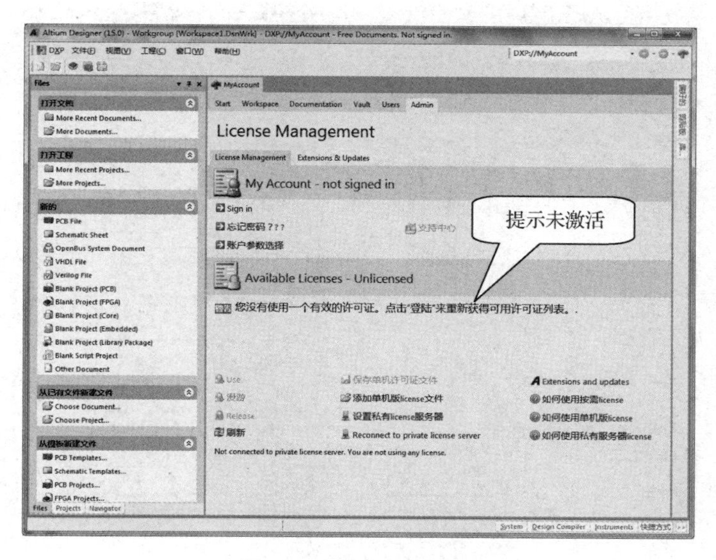

图 1-14　中文运行界面

1.2.2　单机版许可设置

（1）将软件包\…\Altium Designer15\Medicine 中的 DXP.exe 文件复制到安装目录中，如图 1-15 和图 1-16 所示。

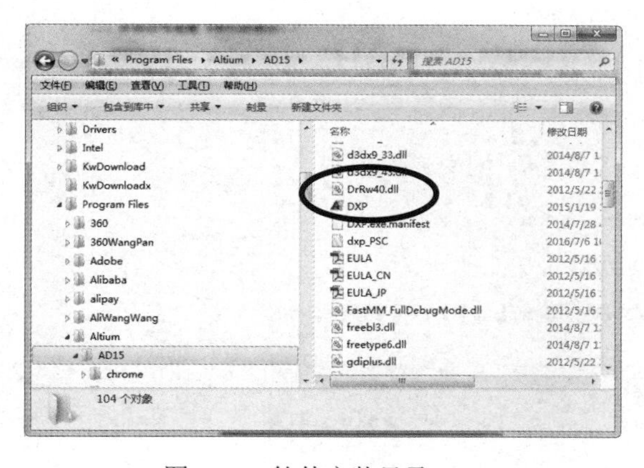

图 1-15　软件安装目录

图 1-16　文件替换

【小提示】

如本次安装目录为“C:\Program Files\Altium\AD15”，替换掉原来的同名文件。

（2）重新打开软件，启动完成后在弹出的如图 1-17 所示界面中单击“添加单机版 License 文件”命令添加单机版许可文件。

（3）查找软件包中的单机版许可 Licenses 文件夹，如图 1-18 所示。选择单机版许可文件，单击“打开”按钮。如果此文件无效可选择许可文件包中的其他许可文件重试。

（4）经过单机版许可，激活后界面如图 1-19 所示。提示此单机版软件可使用至 2025 年 12 月。

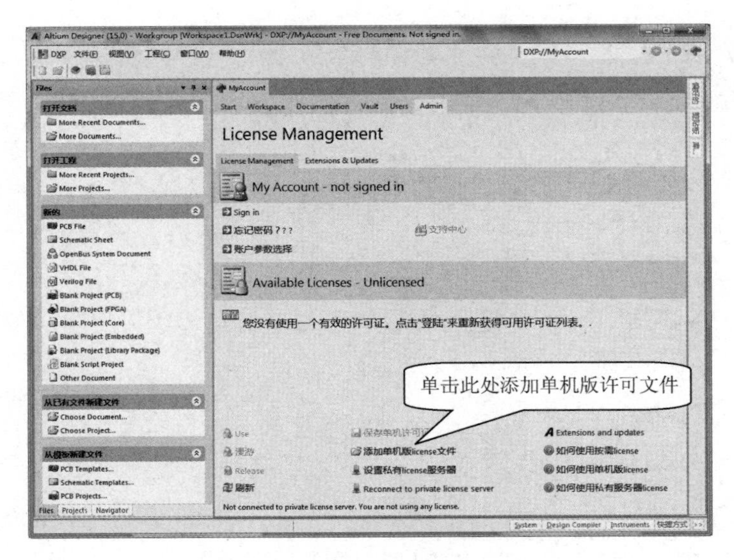

图 1-17　添加单机版许可文件

图 1-18　选择单机版许可文件包

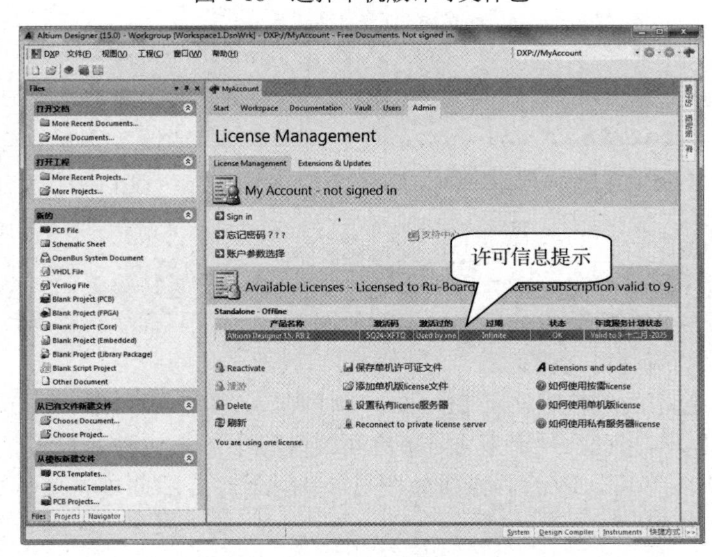

图 1-19　激活后的界面

至此，软件的安装和语言设置及单机版许可激活完成，可仅用于正常的学习。

【小提示】

在教学环境中（机房），安装软件时要注意局域网的冲突问题，如果有足够的单机许可码，每台机器可使用不同的单机版许可文件，否则必须安装防局域网冲突软件才能在机房的局域网环境中使用，或者关闭局域网，作为单机使用。

项目2 Altium Designer15 文件管理系统

Altium Designer15 系统引入"工作台（Workspace）"和"工程（Projects）"来管理工程"Projects"及文档的方式，它们的关系如图2-1所示。

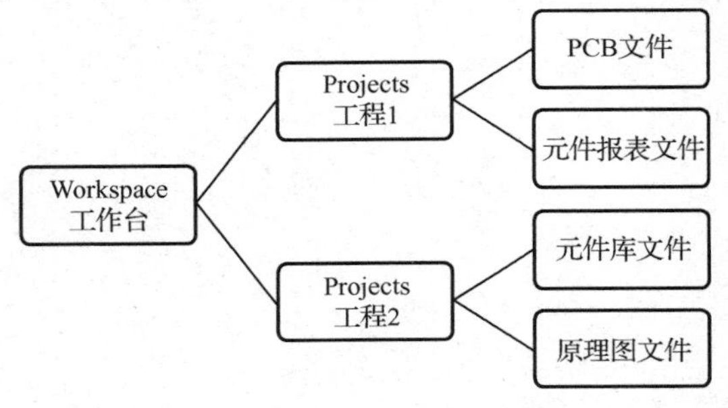

图2-1 "工作台"与"工程"的关系

"工作台"即"Workspace"，是一种级别比工程"Projects"高的管理方式。当一个设计比较庞大时，就需要分布式的协调工作，可以将其分为多个子工程项目来管理。每个子工程项目可对应一个工程"Projects"。这样，所有的工程"Projects"就在这个工作台"Workspace"内进行统一管理。

在 Altium Designer15 里，一个工程包括所有文件之间的关联和设计的相关设置。一个工程文件，如×××.PrjPCB 是一个 ASCII 文本文件，它包括工程里的文件和输出的相关设置，如打印设置和 CAM 设置。与工程无关的文件被称为"自由文件"。与原理图和目标输出相关的文件都被加入到工程中，如 PCB、FPGA、嵌入式（VHDL）和库。当工程被编译时，设计校验、仿真同步和比对都将一起进行。任何原始原理图或者 PCB 的改变都将在编译时进行更新。

因此，利用 Altium Designer15 设计电路及设计制作 PCB 时采用工程（项目）管理模式，建立的其他文件虽然由工程"Projects"统一管理，但工程项目下的原理图文件、PCB 文件等都是以独立的文件保存在计算机中的，且可以保存在任何不同的路径下。

学习目标

- 熟悉 Altium Designer15 的运行环境界面。
- 熟悉工作台、项目（工程）的创建、文件创建管理等基础操作。
- 熟悉与 Protel 早期版本文件的兼容。

工作任务

- 熟悉 Altium Designer15 的环境。
- 建立 Altium Designer15 的应用环境。
- 导入 Protel 早期版本文件。

任务 2.1 熟悉 Altium Designer15 软件环境

任务目标

- 熟悉 Altium Designer15 的环境。
- 熟悉 Altium Designer15 的文件管理模式。

任务内容

- 熟悉软件环境。
- 熟悉工作台及工程中文件操作。

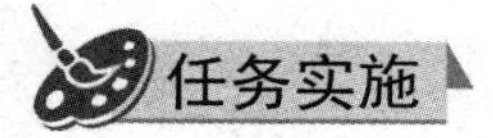

任务实施

2.1.1 软件环境

（1）单击“开始”按钮，在弹出的快捷菜单中选中“Altium Designer”命令，打开软件，如图 2-2 所示。

图 2-2 打开软件

（2）打开 Altium Designer15 主窗口，如图 2-3 所示。

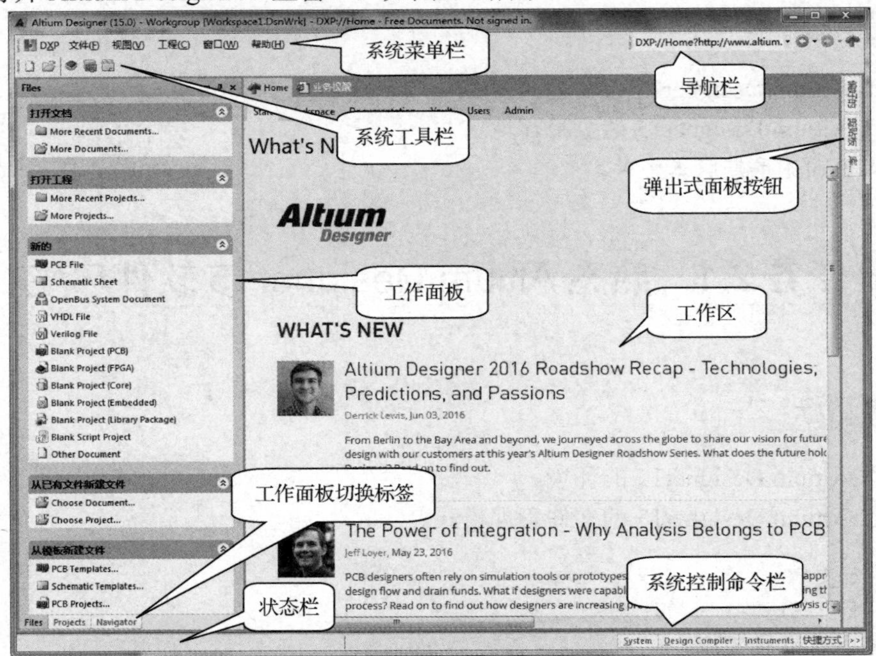

图 2-3　Altium Designer15 主窗口

（3）系统菜单栏如图 2-4 所示。

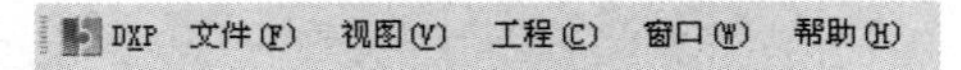

图 2-4　系统菜单栏

①“DXP”用户配置按钮如图 2-5 所示。

②“文件”菜单如图 2-6 所示。

图 2-5　“DXP”按钮

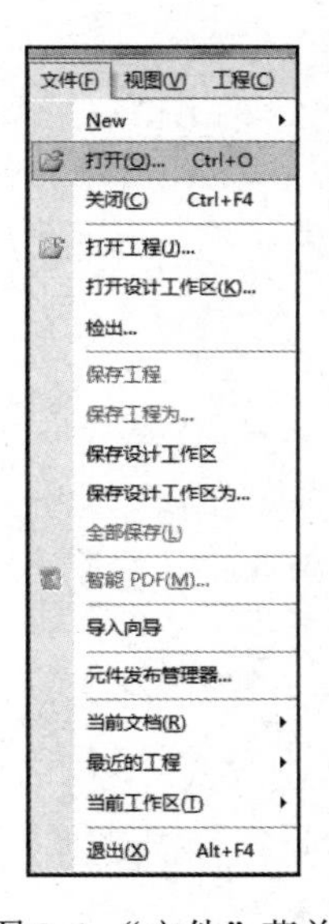

图 2-6　“文件”菜单

③“视图”菜单如图 2-7 所示。

④“工程”菜单如图 2-8 所示。

图 2-7 “视图”菜单

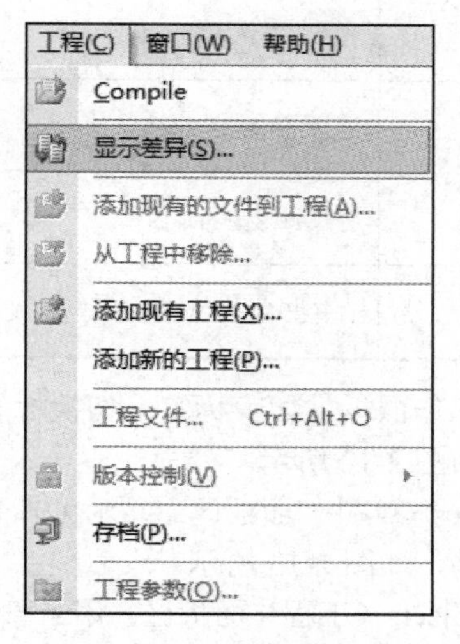

图 2-8 “工程”菜单

⑤“窗口”菜单如图 2-9 所示。

⑥“帮助”菜单如图 2-10 所示。

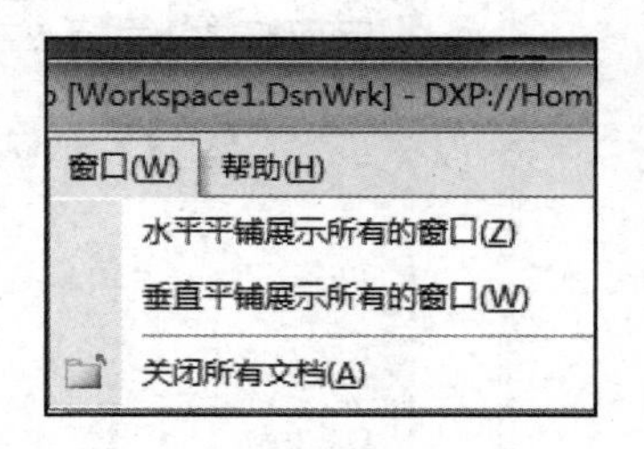

图 2-9 “窗口”菜单

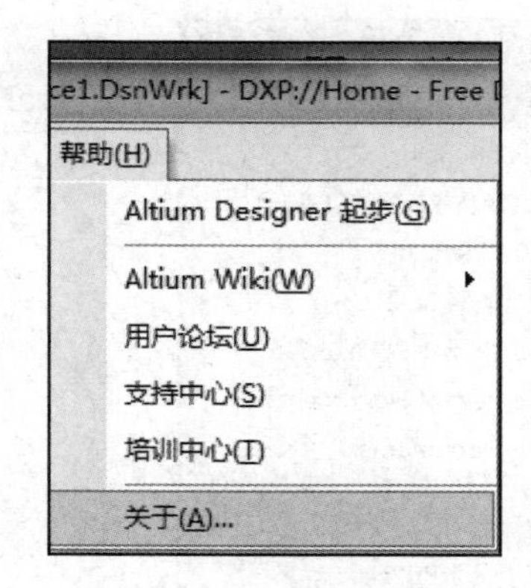

图 2-10 “帮助”菜单

（4）系统工具栏如图 2-11 所示，其功能见表 2-1。

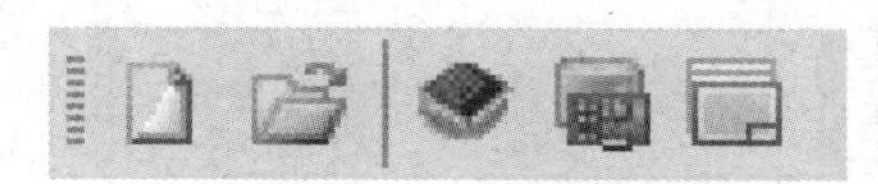

图 2-11 系统工具栏

表 2-1 系统工具栏图标功能对照

图　标	功　能
	打开任何已有可识别的各类型文件，一般为在 Files 工作面板栏中的文件

续表

图　标	功　能
	打开保存在计算机中的文件
	打开元件视图文件
	打开 PCB 发布视图
	打开工作台（Workspace）

（5）工作面板与切换标签：切换标签位于工作面板区的最下方，用于在三种不同面板间的切换，如图 2-12 所示。

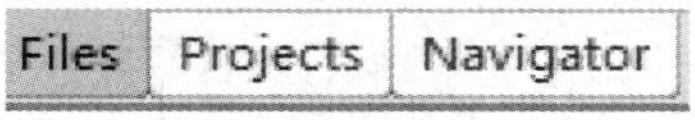

图 2-12　工作面板标签

① Files（文件）面板区：显示可打开的文件、工程以及新建各类文件，如图 2-13 所示。

② Projects（工程）面板区：用于管理、控制和操作工程中的文件和参数设置，如图 2-14 所示。

③ Navigator（导航）面板区：用于使用原理图或 PCB 中的对照、查找等功能，如图 2-15 所示。

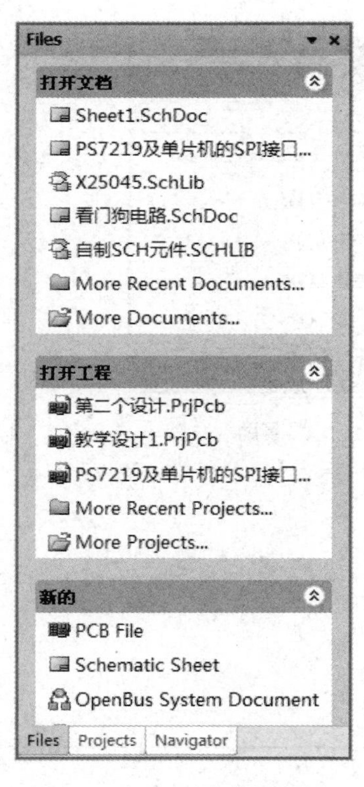

图 2-13　Files（文件）面板

图 2-14　Projects（工程）面板

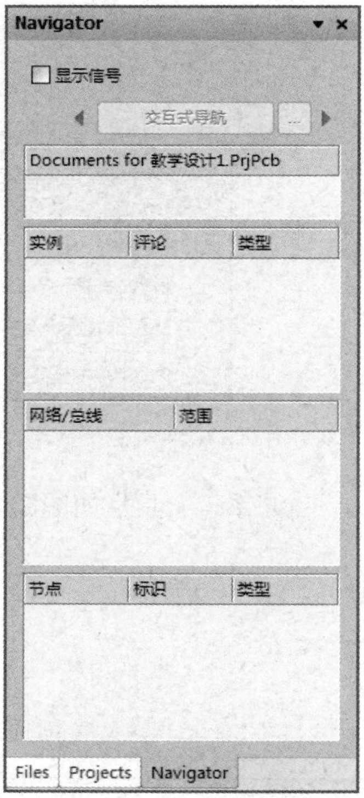

图 2-15　Navigator（导航）面板

（6）弹出式面板按钮，位于窗口界面的右侧，如图 2-16 所示。单击对应的按钮就可弹出

对应的工作面板。通过操作可对工作面板进行锁定、浮动、隐藏（默认状态）等设置。

① 偏好的——类似于收藏夹，存放已有的工程文件，如图 2-17 所示。

图 2-16　弹出式面板按钮

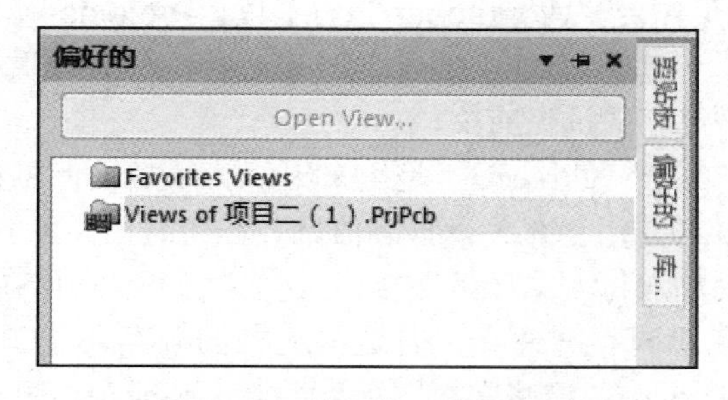

图 2-17　“偏好的”工作面板

② 剪贴板——类似于 Windows 中的剪贴板功能。可减少对库的操作，在绘图时可提供方便快捷的操作，如图 2-18 所示。

③ 库...——原理图或 PCB 制作时的元件集合，使用时可在其中查找和放置元件，但是必须先将库文件加到“库”中，才能被调用，如图 2-19 所示。

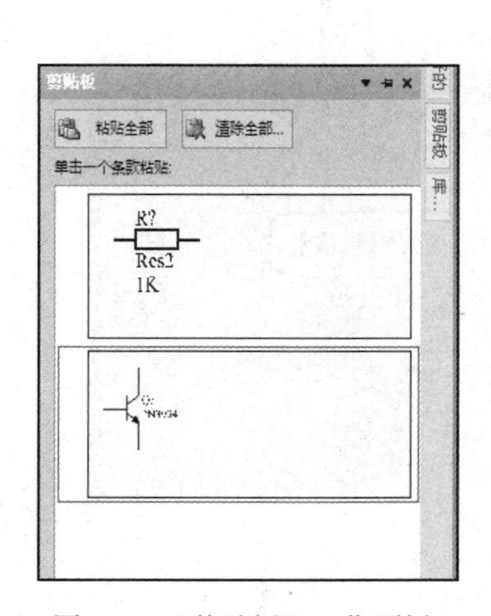

图 2-18　“剪贴板”工作面板

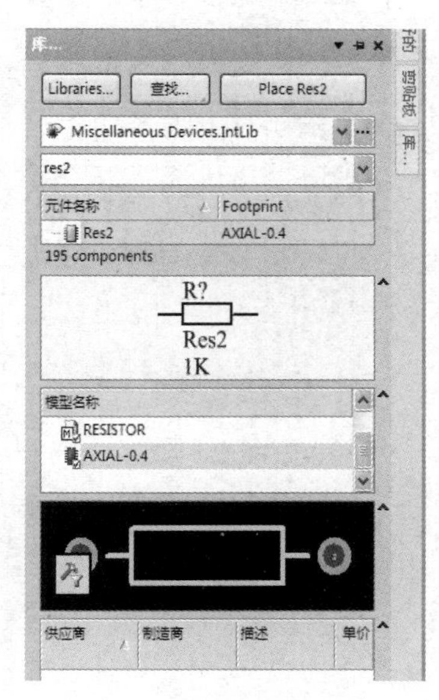

图 2-19　“库”工作面板

（7）“系统控制命令”标签，位于软件界面的右下角，如图 2-20 所示。

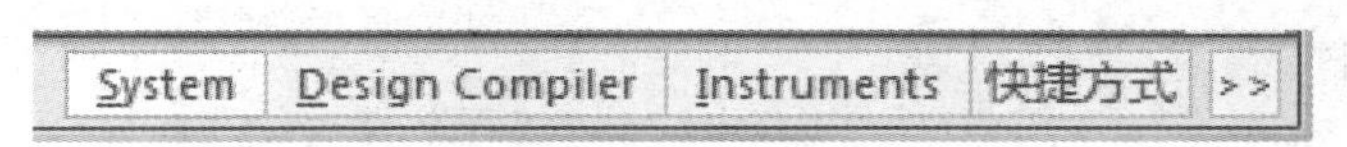

图 2-20　“系统控制命令”标签

① System——系统各类工作面板的控制。

② Design Compiler——设计编译器。

③ Instruments——仪器界面控制。

④ 快捷方式——快捷键控制对照。

2.1.2 Altium Designer15 的文件管理

1. 工作台“Workspace”与工程“Projects”

（1）工作台“Workspace”可以链接若干各相关工程“Projects”，轻松访问目前正在开发的某种产品相关的所有文档。

（2）工程“Projects”是用来组织一个与设计工程相关的所有文件，如原理图文件、PCB 文件、报表并保存有关设置等信息。在将文档添加到工程“Projects”时，工程“Projects”文件中将会加入每个文档的链接。这些文档可以存储在网络的任何位置，无须与工程“Projects”文件放置于同一文件夹。若这些文档的确存在于工程“Projects”文件所在目录之外，则在 Projects 面板中，这些文档图标上会显示小箭头标记。工程“Projects”中的文件只是与相关文件建立了链接关系，而文件的实际内容并没有真正包含在工程“Projects”中，相当于一个虚拟的文件夹。

在建立设计时，一般先建立一个工程“Projects”，各类原理图文件、PCB 文件等可以保存在计算机的文件夹中，通过项目可以对原理图文件、PCB 文件等进行统一管理。不属于任何项目的文件是自由文件。如图 2-21 所示，Altium Designer15 可以通过“Projects”面板访问与工程“Projects”相关的所有文档。

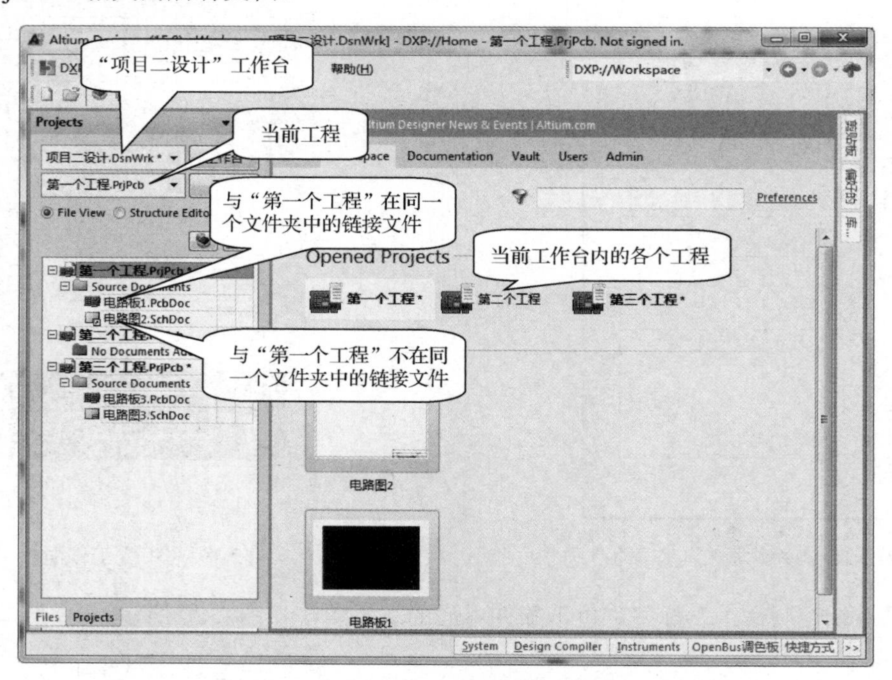

图 2-21 “工作台”与“工程”的关系

工程“Projects”共有下述 6 种类型：

① PCB 工程“PCB_Project”；

② FPGA 工程“FPGA_Project”；

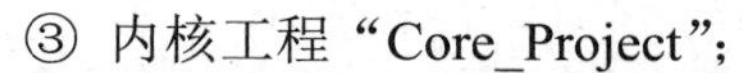

③ 内核工程“Core_Project”；
④ 嵌入式工程“Embedded_Project”；
⑤ 脚本工程“Script_Project”；
⑥ 库封装工程“Integrated_Library”。

2．使用 Altium Designer15 进行设计时创建设计文件一般按以下步骤进行：

[第一步] 创建一个工作台“Workspace”。
[第二步] 创建若干个工程“Projects”。
[第三步] 在工程“Projects”中新建或添加其他设计文件。

任务 2.2 Altium Designer15 应用基础

任务目标

- 掌握工作台的创建、工程创建及文件的导入方法。
- 掌握导入 Protel 早期版本文件的设置。

任务内容

- 创建新的工作台“Workspace”——“项目二设计.DsnWark”。
- 在“项目二设计.DsnWark”工作台中创建新工程及导入其他工程。
- 掌握与 Protel 早期版本文件的兼容性设置。

任务实施

2.2.1 创建新的工作台“Workspace”——“项目二设计.DsnWrk”

（1）打开 Altium Designer15，将工作面板切换到“Projects”面板。单击菜单“文件→New→工作台（Workspace）（W）”命令，新建一个工作台“Workspace”——“Workspace1.DsnWrk”，如图 2-22 所示。

（2）保存工作台“Workspace”。

【方法一】单击菜单“文件→保存工作台（Workspace）”命令，设置主文件名为“项目二设计”，保存目录为“…\EX2-1”，则此目录中出现一个“项目二设计.DsnWrk”文件，如图 2-23 所示。

【方法二】在 Projects 工作面板中，单击“工作台”按钮，在弹出的快捷菜单中，选择“保存设计工作区”命令，如图 2-24 所示。

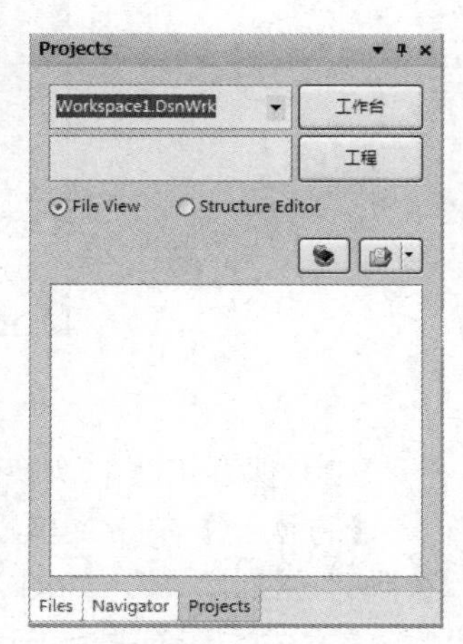

图 2-22 新建设计工作台

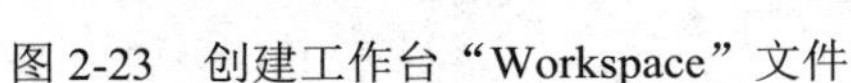
图 2-23 创建工作台“Workspace”文件

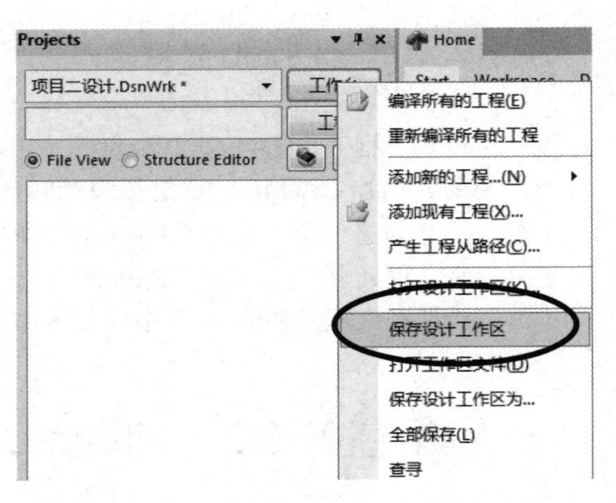

图 2-24 保存工作台“项目二设计”

2.2.2 在工作台中创建及导入其他工程和设计文件

在 EX2-1 目录中，创建一个新的工程“Projects”文件。工程“Projects”扩展名为“.PrjPCB”，如“第一个工程.PrjPCB”等。

（1）创建新工程，切换到 Projects 工作面板。

【方法一】单击菜单“文件→New→Project→PCB 工程”命令，创建一个新的工程。

【方法二】单击“工作台”按钮，选择 “添加新的工程...（N）→PCB 工程（B）”命令，创建一个新的工程，如图 2-25 所示。

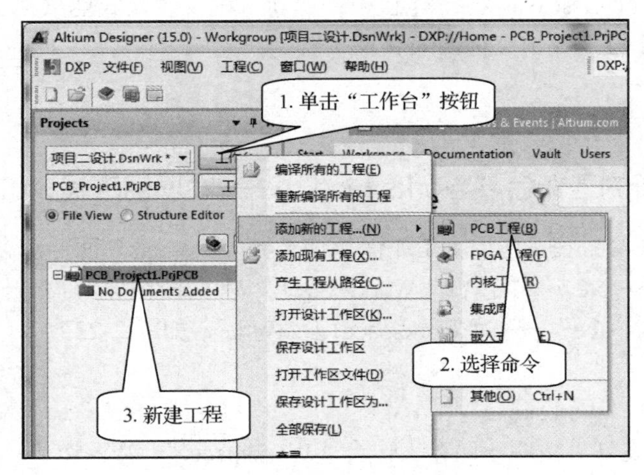

图 2-25 新建工程

（2）保存工程，切换到 Projects 工作面板。

【方法一】单击菜单“文件→保存工程”命令，将工程命名为“第一个工程. PrjPCB”，保存到“EX2-1”中，如图 2-26 所示。

【方法二】单击“工程”按钮，选择“保存工程”命令，如图 2-27 所示。

（3）重复前两个步骤，分别在“项目二设计.DsnWrk”工作台中创建“第二个工程.PrjPCB”。

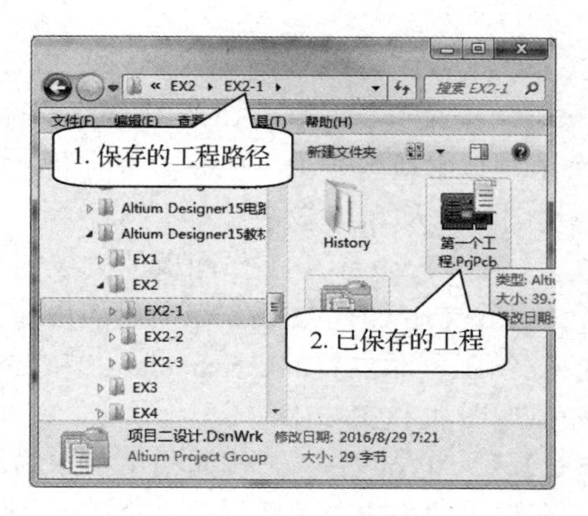

图 2-26　保存工程 1

图 2-27　保存工程 2

（4）如图 2-28 所示，将第二个工程保存到“EX2-2”文件夹中。由此可见，一个工作台“Workspace”中可以建立和管理多个来自不同文件夹的工程。

（5）导入存放在其他不同目录（素材“EX2-3”）中的工程文件。

【方法一】单击菜单“文件→打开工程”命令，在打开的对话框中查找素材…\EX2-3\“第三个工程. PrjPCB”文件，单击“打开”按钮，将此工程添加到当前工作台“Workspace”中，如图 2-29 所示。

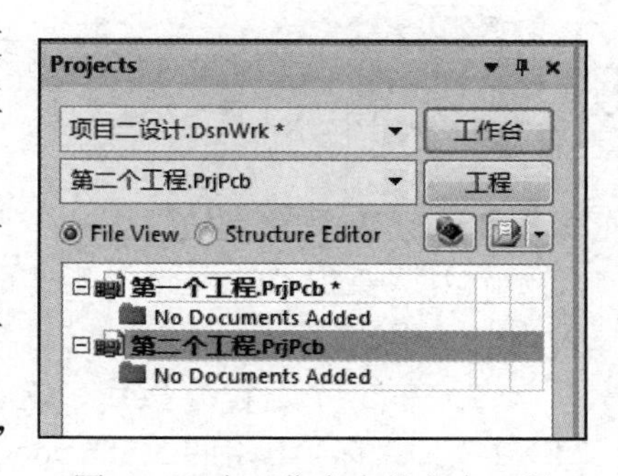

图 2-28　在工作台中的多个工程

【方法二】在 Projects 工作面板中，单击“工作台”按钮，选择“添加现有工程”命令，如图 2-30 所示。由此可见，在一个工作台中管理的工程文件可以是保存在同一个目录中的，也可以是保存在不同目录中的。

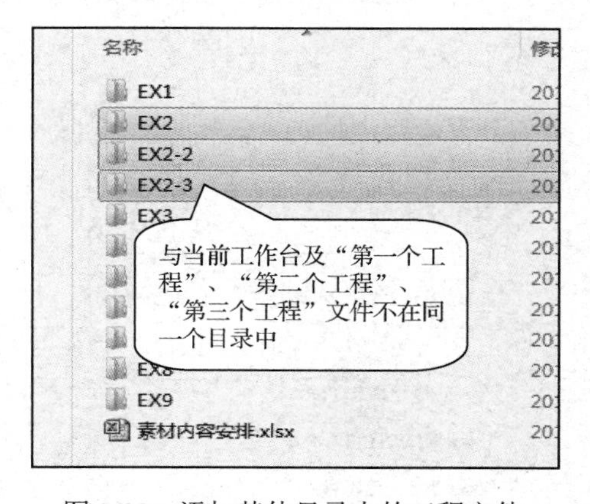

图 2-29　添加其他目录中的工程文件

图 2-30　新建和导入工程文件的工作台

2.2.3　在工程“Projects”中新建文件或导入文件

1. 新建文件

在“Projects”工作面板中，在“项目二设计”工作台中选择“第一个工程”为当前工程。在“第一个工程”中新建一个“电路图 1”文件及“电路板 1”文件，并保存到“EX2-1”中，如图2-31所示。

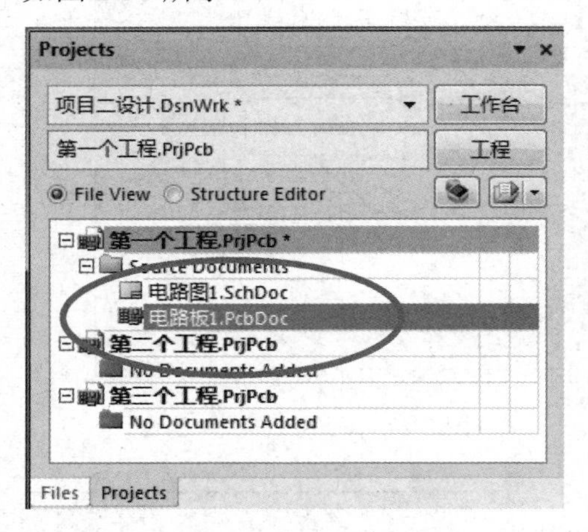

图2-31 在工程中新建文件

【方法一】单击菜单“文件→New→原理图”命令，在“第一个工程”中新建一个“电路图1”及“电路板1”的原理图文件及PCB文件。

【方法二】在“Projects”工作面板的列表栏里，右击“第一个工程.PrjPCB”文件，在弹出的快捷菜单中，分别选择“给工程添加新的→Schematic”和“PCB”命令，添加原理图和PCB文件。

【方法三】在“Projects”工作面板中，单击“工程”按钮，在弹出的快捷菜单中，分别选择“给工程添加新的→Schematic”和“PCB”命令，添加原理图和PCB文件。

2．导入文件

将素材“EX2-3”中的“电路图3.SchDoc”和“电路板3.PcbDoc”导入到“第一个工程.Prjpcb”中。

（1）切换到“Projects”工作面板，在“项目二设计”工作台中选择“第一个工程.Prjpcb”为当前工程。

（2）单击“工程”按钮，选择“添加现有的文件到工程”命令，在弹出的对话框中将“EX2-3”中的“电路图3.SchDoc”和“电路板3.PcbDoc”文件选中，单击“打开”按钮即可，如图2-32所示。

（3）在工程中可以添加不同工程中的文件进行管理，如图2-33所示。在“第一个工程.Prjpcb”中添加了第三个工程中的“电路图3.SchDoc”和“电路板3.PcbDoc”两个文件，只是在对应图标的右下角有一个小箭头图形，表示这两个文件与第一个工程及其他文件不在同一个目录中，类似于文件的“快捷方式”功能。

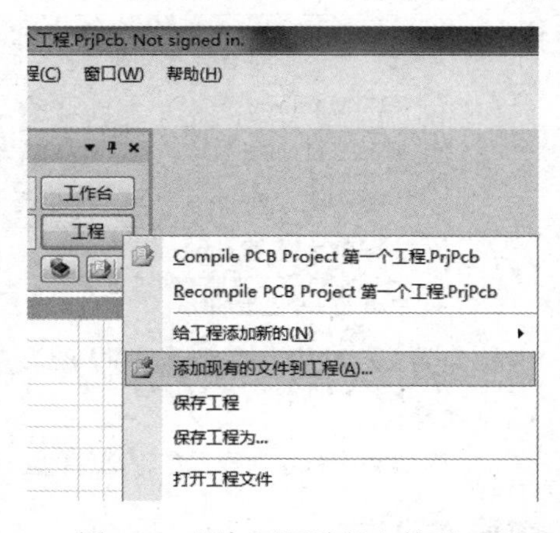

图2-32 添加不同路径文件到工程

图2-33 Projects工作面板

3．导入早期版本Protel99SE的“.DDB”数据库文件

（1）设置文件“导入器”。

[第一步] 单击“文件→导入向导”命令，弹出“导入向导”对话框，如图2-34所示。

［第二步］单击“Next”按钮，弹出“Select Type of Files to Import”对话框，如图 2-35 所示。

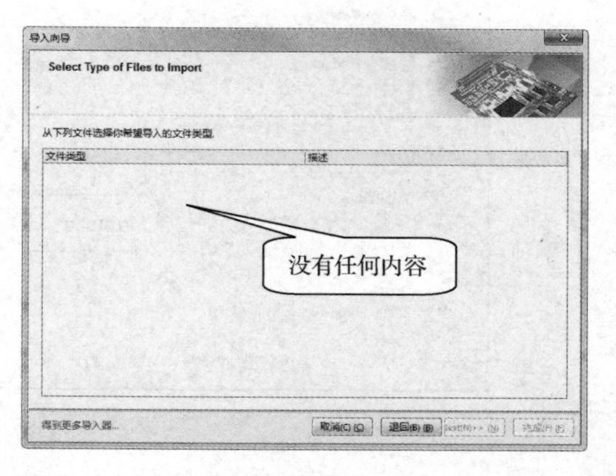

图 2-34 “导入向导”对话框

图 2-35 “Select Type of Files to Import”对话框

［第三步］在图 2-35 中没有任何提示时，单击下方的“得到更多导入器…”按钮，打开“Installed”页面，如图 2-36 所示。

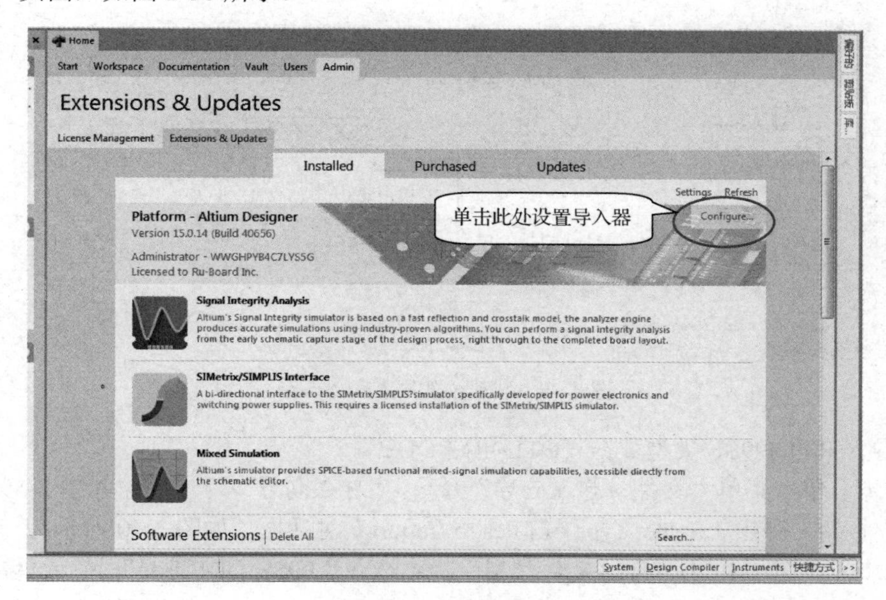

图 2-36 设置装载导入器

［第四步］在图 2-36 中单击“Configure…”按钮，弹出一个装载页面，拖动垂直滚动条，将“Importers\Exporters”显示出来，单击“All On”按钮加载全部导入器，如图 2-37 所示。

［第五步］向上拖动垂直滚动条到顶部，单击“Apply”按钮加载并保存设置，如图 2-38 所示。

［第六步］设置结束后，软件会自动重启。

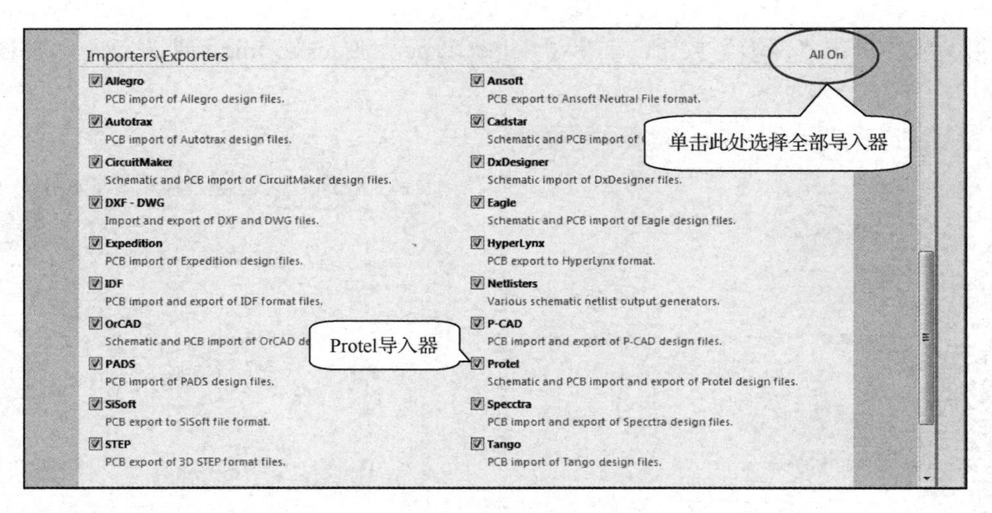

图 2-37　装载全部导入器

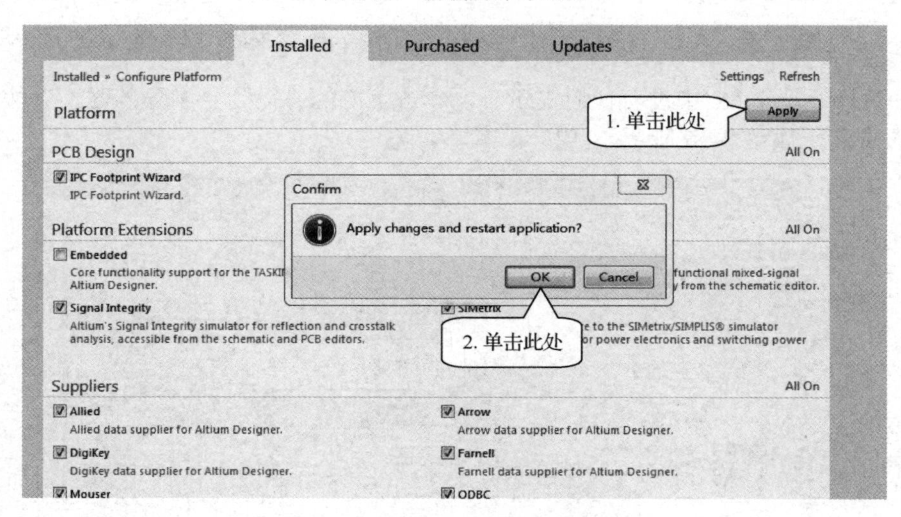

图 2-38　装载全部导入器并保存

（2）导入 Protel99SE 类型数据“OTL 电路.DDB”。

［第一步］单击菜单“文件→导入向导”命令，“导入向导”对话框，如图 2-39 所示；单击“Next”按钮，弹出“Select Type of Files to Import”对话框，如图 2-40 所示。

［第二步］在图 2-40 中，在“文件类型”栏中选中“99SE DDB File”，然后单击“Next”按钮，出现“99 SE 导入向导”对话框，如图 2-41 所示。单击“文件处理”栏下方的“添加”按钮，将 EX2 中的“OTL 电路.DDB”文件添加进入。

［第三步］单击“Next”按钮，弹出导出路径对话框，设置导出路径为“EX2”，如图 2-42 所示。

［第四步］单击“Next”按钮出现原理图的格式转换对话框，如图 2-43 所示，设置选择为默认；继续单击“Next”按钮出现工程选项对话框，如图 2-44 所示。

图 2-39 “导入向导”对话框

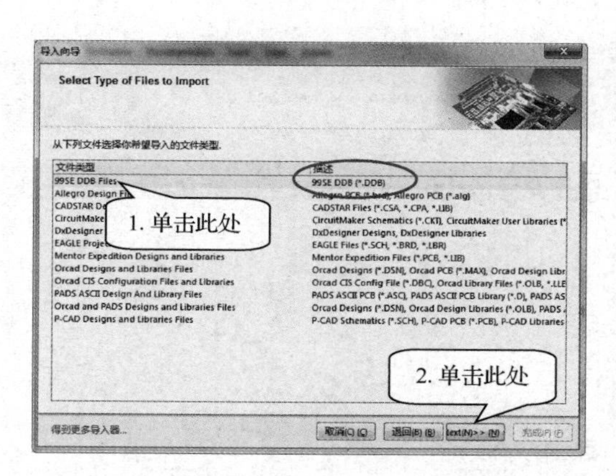

图 2-40 “Select Type of Files to Import”对话框

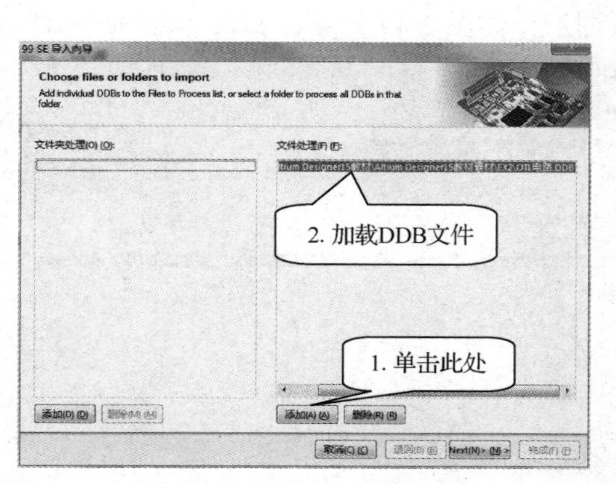

图 2-41 “99 SE 导入向导”对话框

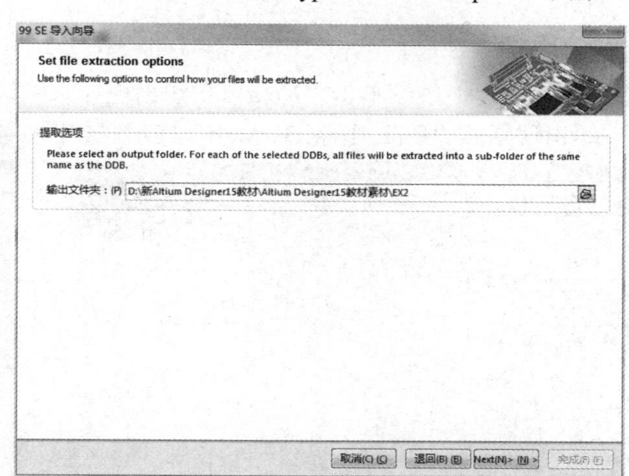

图 2-42 导出路径

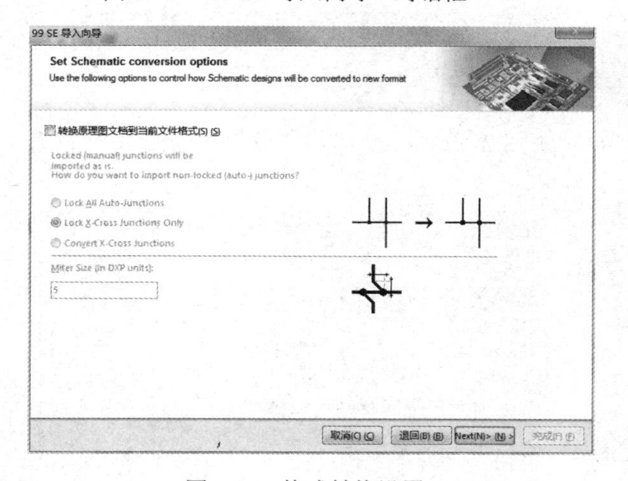

图 2-43 格式转换设置

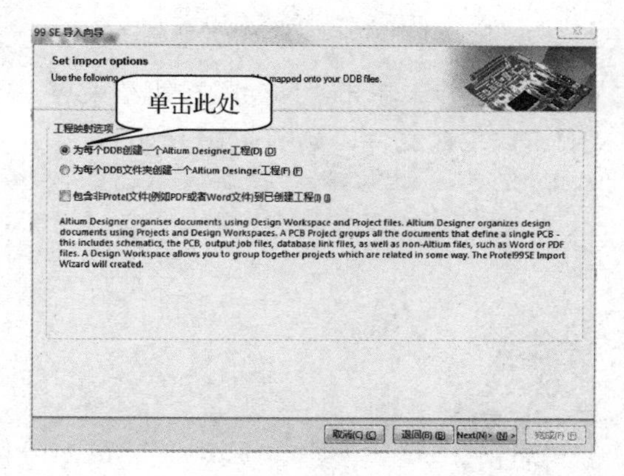

图 2-44 工程选项设置

[第五步] 继续单击“Next”按钮出现导入确认对话框，如图 2-45 所示，设置选择为默认；继续单击“Next”按钮出现工程创建预览对话框，如图 2-46 所示。

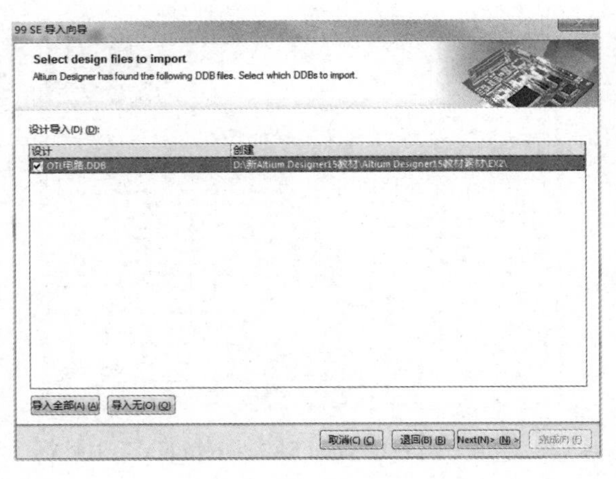

图 2-45　导入确认

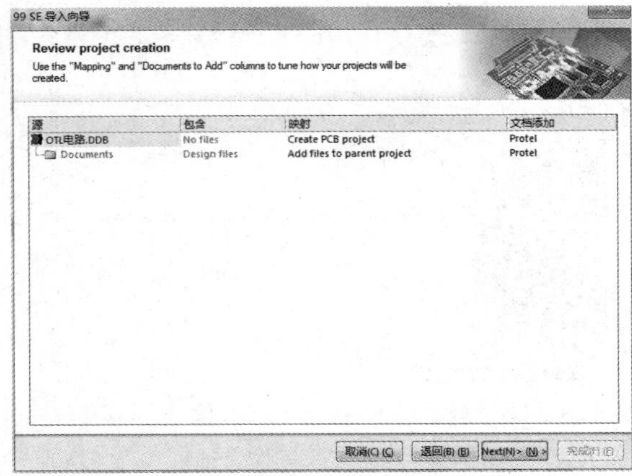

图 2-46　工程创建预览

［第六步］继续单击“Next”按钮出现导入确认图示，如图 2-47 所示。继续单击“Next”按钮出现创建“OTL 电路.DsnWrk”提示，如图 2-48 所示。

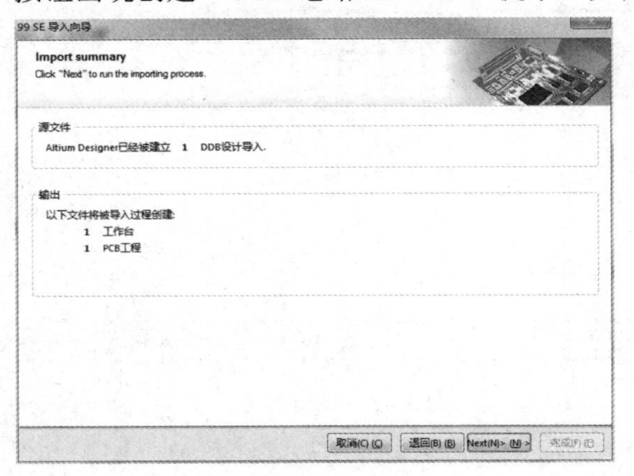

图 2-47　导入确认 1

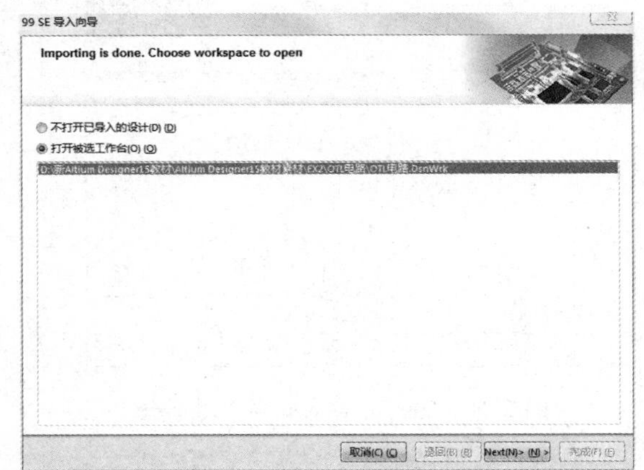

图 2-48　导入确认 2

［第七步］单击“Next”按钮结束导入向导，如图 2-49 所示。继续单击“Next”按钮打开导入的 DDB 文件，如图 2-50 所示。

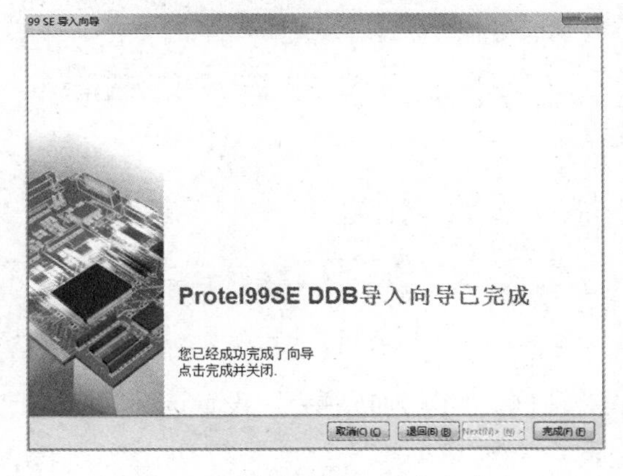

图 2-49　结束向导，导入完成

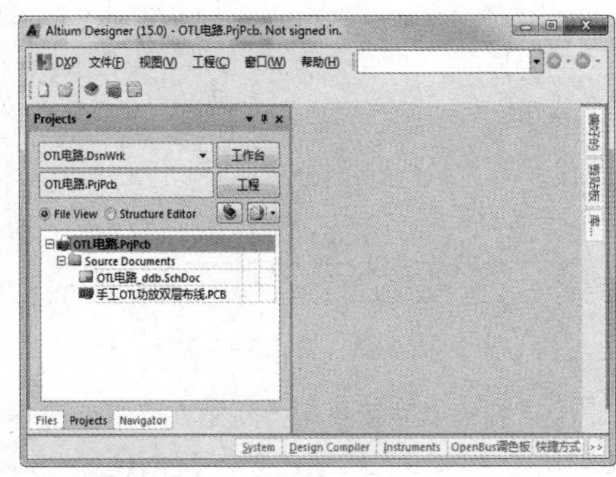

图 2-50　打开导入的文件

2.2.4 工作台、工程、文档管理（复制、移动、移除等）

切换到 Projects 工作面板，复制、移动、移除等操作类似于 Windows 操作系统的资源管理器操作。

1．复制操作

用鼠标左键和 Ctrl 键组合，将“第三个工程”中的“电路图 3.SchDoc”拖到“第二个工程.Prjpcb”中，完成复制，如图 2-51 所示。

2．移动操作

用鼠标左键直接将“第三个工程.Prjpcb”中的“电路板 3.PcbDoc”拖到“第二个工程.Prjpcb”中，完成移动操作，如图 2-52 所示。

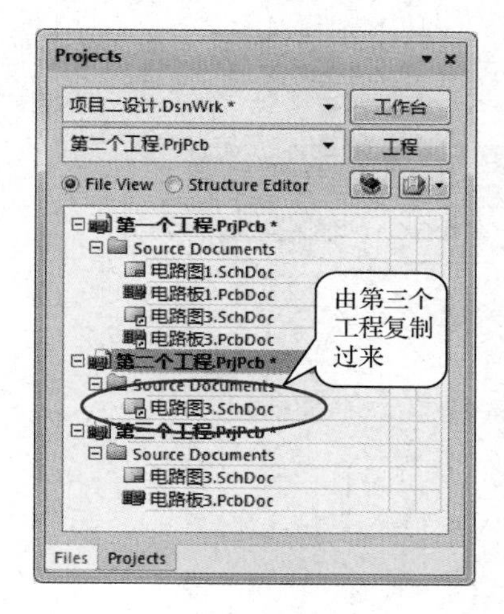

图 2-51 文档的复制

图 2-52 文档的移动

3．移除操作

（1）移除文档：右键单击工程中的文件，在弹出的快捷菜单中选中“从工程中移除...”命令。此时只是将文档从工程中移除，并没有将文档删除，如图 2-53 所示。

（2）移除工程“Projects”：右键单击工程文件，在弹出的快捷菜单中选中“Close Project”命令。此时只是将工程“Projects”从工作台“Workspace”中移除，并没有将该工程删除，如图 2-54 所示。

4．桌面布局恢复

（1）在经过一系列操作后，软件窗口的布局有时会混乱，这时就要进行恢复。单击“视图→桌面布局→Default”命令，如图 2-55 所示。

（2）弹出“存储管理器”对话框，如图 2-56 所示，将该对话框关闭后就可恢复到初始状态，如图 2-57 所示。

图 2-53　文档的移除

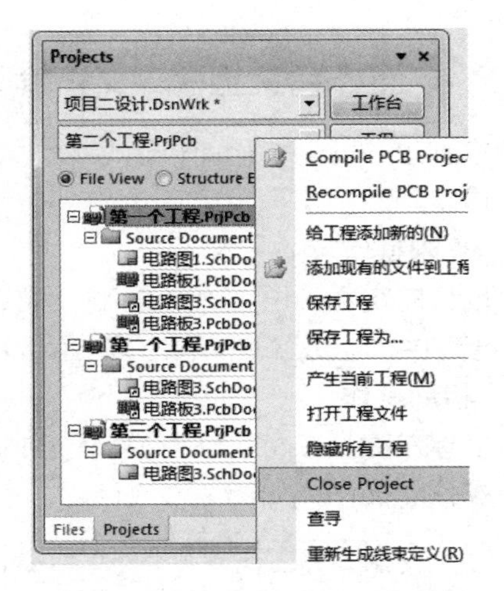

图 2-54　工程“Projects”的移除

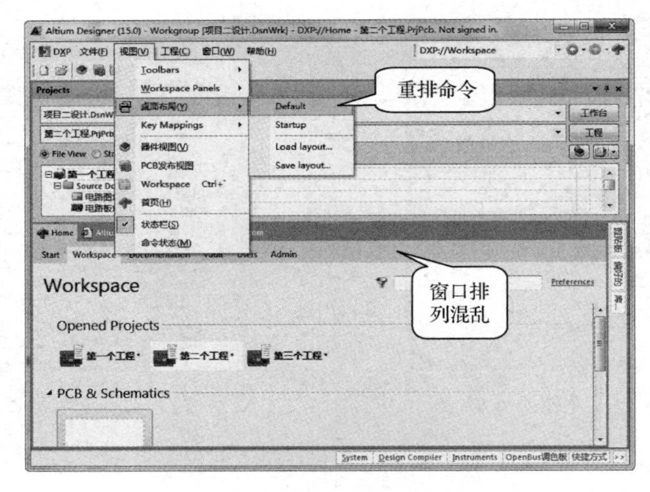

图 2-55　桌面布局恢复操作

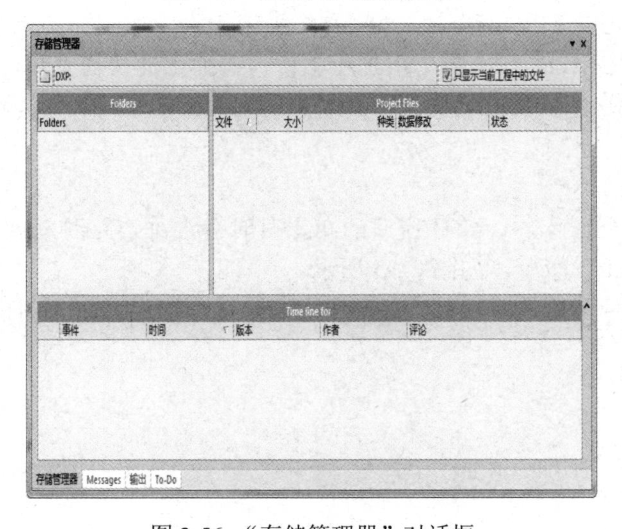

图 2-56　“存储管理器”对话框

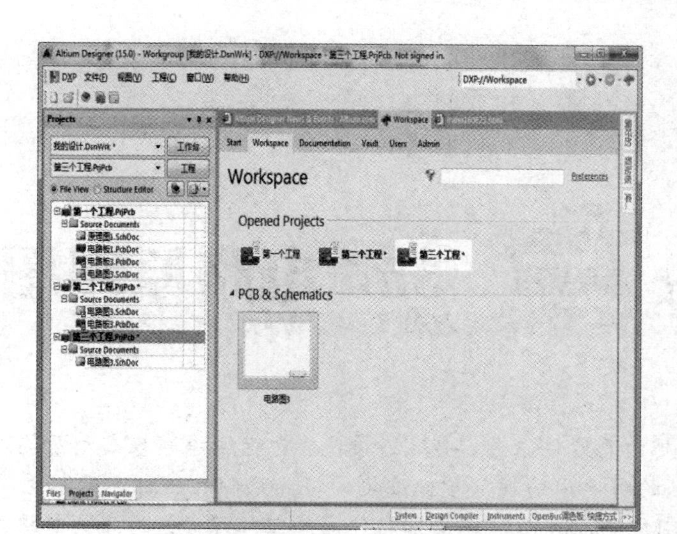

图 2-57　桌面布局恢复后

项目三 555电路原理图绘制

电路原理图主要由元器件符号、电气连接线、功能注释等基本元素构成。电路原理图是人们为研究、工程规划的需要用物理电学标准化的符号绘制的一种表示各元器件组成及元器件关系的原理布局图。由电路原理图可以得知组件间的工作原理，为分析电路性能，安装电子、电器产品提供规划方案。

电路原理图绘制的一般流程如图 3-1 所示。

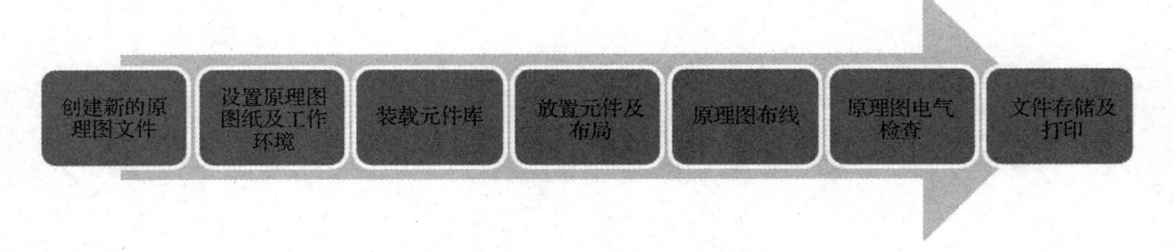

图 3-1　绘制电路原理图一般流程

学习目标

- 熟悉原理图工作界面及参数设置。
- 掌握加载元件库及查找元件的方法。
- 熟练掌握放置电气对象的操作。

工作任务

- 掌握系统参数设置。
- 掌握原理图工作环境设置。
- 掌握绘制 555 电路原理图。

 任务 3.1 新建和设置原理图文档

任务目标

- 创建原理图文件并设置参数。
- 熟悉原理图工作环境的菜单、工具栏等常用命令的应用。

任务内容

- 创建管理设计环境。
- 创建原理图文档并设置。

任务实施

3.1.1 创建原理图“555 电路.SchDoc”文档

1. 打开“项目三设计.DsnWrk”工作台

运行 Altium Designer15，打开“Projects”工作面板，单击菜单“文件→打开设计工作区”命令，将素材“EX3”中的工作台“项目三设计.DsnWrk”加载到“Projects”工作面板中。

2. 创建：“555 电路.PrjPcb”工程

单击“Projects”工作面板中“工作台”按钮，在弹出的菜单中选取“添加新的工程→PCB 工程”命令，创建一个新的工程。

单击“Projects”工作面板中的“工程”按钮，在弹出的菜单中选取“保存工程”命令，将新建的工程命名为“555 电路.PrjPcb”并保存到“EX3”中，如图 3-2 和图 3-3 所示。

图 3-2 “Projects”工作面板

图 3-3 工程实际保存路径

3. 新建原理图文件

1）新建文档

单击“Projects”工作面板中的“工程”按钮，在弹出的菜单中选取“给工程添加新的→

Schematic”命令，在“555 电路.PrjPcb”工程中创建一个新的“Sheet1.SchDoc”原理图文档，如图 3-4 所示。

图 3-4　新建未保存的原理图文件

2）保存文档

【方法一】单击菜单“文件→保存”命令。

【方法二】单击“Projects”工作面板中的“工程”按钮，在弹出的菜单中选取“保存”命令。

【方法三】右击“Sheet1.SchDoc”原理图文档，在弹出的菜单中选取“保存”命令。

将“Sheet1.SchDoc”更名为“555 电路.SchDoc”并保存到“EX3”中，如图 3-5 和图 3-6 所示。

图 3-5　保存后的原理图文件

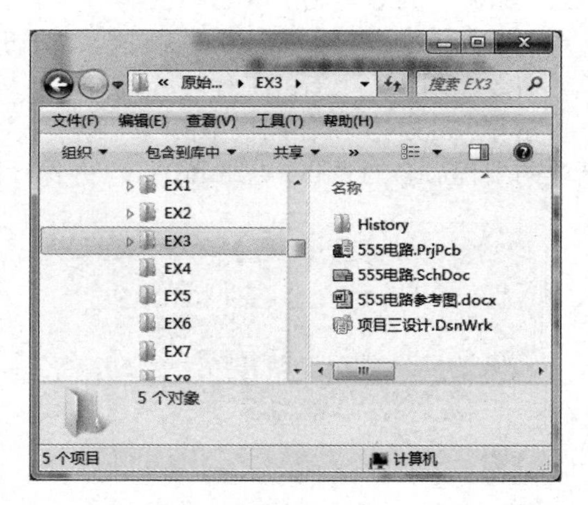

图 3-6　原理图文件保存路径

3.1.2　设置图纸及工作环境

1．打开原理图编辑器

（1）在工作面板中双击“555 电路.SchDoc”文档，在工作窗口中打开此文档，进入原理图编辑器界面，如图 3-7 所示。原理图编辑器主要由菜单栏、工具栏、编辑窗口、文件标签、面板标签、状态栏、工程面板等组成。

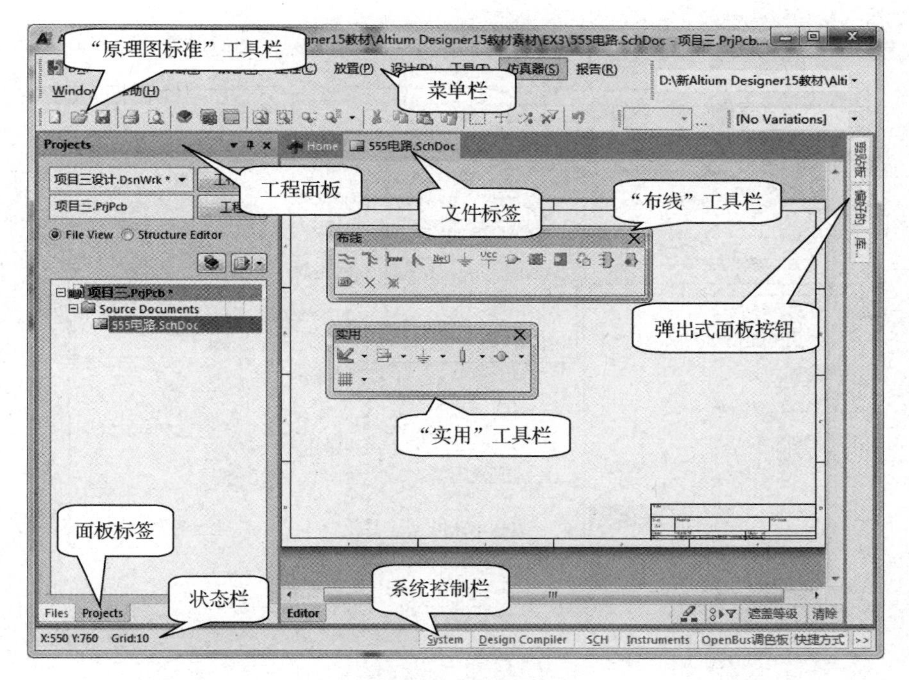

图 3-7 原理图编辑器

（2）菜单栏：打开不同类型文件时，主菜单栏的内容会发生相应的变化。在设计过程中，对原理图的各种编辑处理都可以通过菜单栏中相应命令完成。

（3）工具栏：在原理图设计界面中，Altium Designer15 提供了丰富的工具栏，在使用时为了方便也可用鼠标将工具栏拖动到合适的位置或悬浮状态。常用的有“原理图标准”工具栏、“布线”工具栏、“实用”工具栏等，如图 3-8 所示。

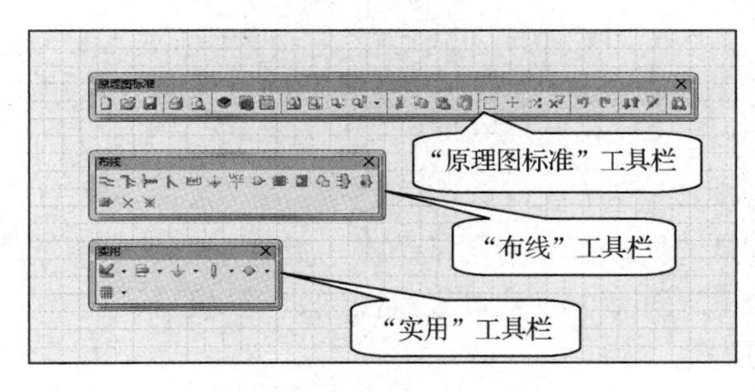

图 3-8 悬浮状态的工具栏

2．设置图纸

【方法一】单击菜单中“设计→文档选项”命令。

【方法二】在文档编辑窗口的空白处右击，选取“选项→文档选项”命令，在弹出的“文档选项”对话框中进行设置，如图 3-9 所示。

（1）设置图纸尺寸（一般默认为 A4 幅面）。

➢ 标准风格：在图 3-9 右侧，单击“标准风格”下拉按钮，可设置软件默认的各种幅面，包括公制的 A0～A4、英制的 A～E、CAD 标准 CADA～CADE 以及其他格式，如 Letter、Legal、Tabloid 等。

➢ 自定义风格：勾选“使用自定义风格”复选框，则可以在其中各选项中输入自定义尺寸。

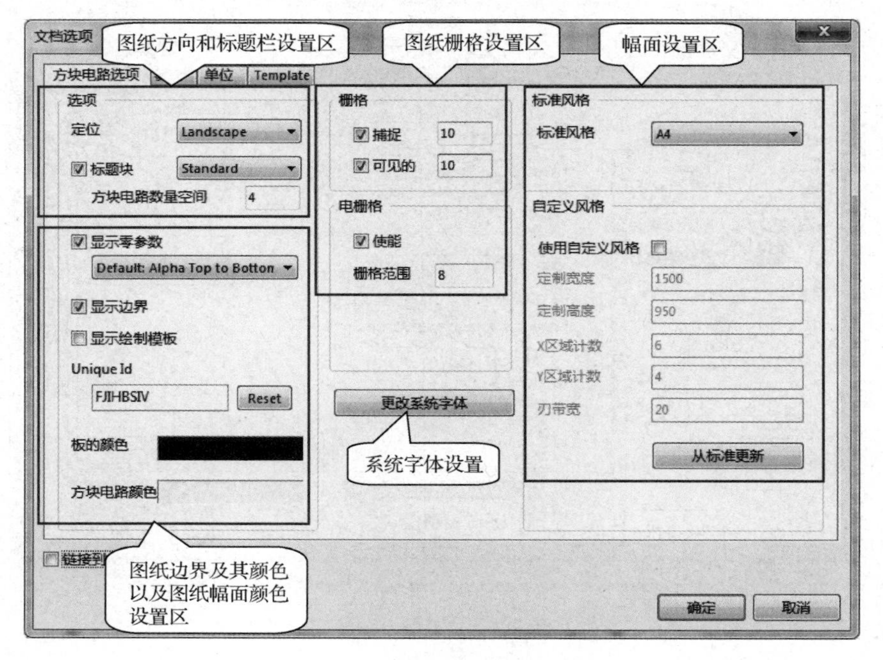

图 3-9 “文档选项”对话框

（2）设置图纸方向（一般默认为 Landscape（横向））。

单击“方块电路选项”标签中“定位”下拉列表进行设置，有“Landscape（横向）”和“Portrait（纵向）”两种选项。

（3）设置图纸标题栏。

图纸的标题栏是对图纸的附加说明，软件提供了两种标准，即 Standard 格式和 ANSI（美国国家标准学会）格式，其中 ANSI 格式所占区域较大。勾选“标题块”复选框，单击右侧下拉列表进行选择。

（4）设置图纸边界及其颜色。

勾选“显示边界”复选框，可显示图纸边界，反之则不显示图纸边界。单击“板的颜色”色块区，弹出“选择颜色”对话框，就可设置图纸边界线的颜色。

（5）设置图纸幅面颜色。

单击“方块电路颜色”色块区，弹出“选择颜色”对话框，就可设置图纸幅面的颜色。

（6）设置图纸网格点（其中的数值单位用 1/1000in mil 表示）。

“栅格”区中的“捕捉”意思是在图纸上移动鼠标选择连线或元件时的定位距离（移动一格的距离），用于精确选定元件；“可见的”意思是打开的图纸中显示出辅助栅格线（设置颜色：右击编辑区空白处，选取菜单“选项→栅格”命令，可设置栅格线条颜色）。

【小提示】

一般这两个参数值设置最好相同，否则在选择元件时会发生偏移，不容易操作。

“电栅格”区中的“栅格范围”表示当绘制连线或放置元件时，系统以光标所在点的位置为中心，以“栅格范围”的参数为半径，向四周搜索电气节点，当在搜索半径内有电气节点时，则光标将自动移到该节点上，并在该节点上显示出一个红色的米字符号。此参数一般稍小于“可见的”栅格参数。

（7）设置图纸所用字体。

系统字体是指原理图中的所有文字，包括元件引脚文字、注释文字，一般用系统默认字体。单击“更改系统字体”按钮可进行修改。

3．填写标题栏内容

填写标题栏内容，如图 3-10 所示。

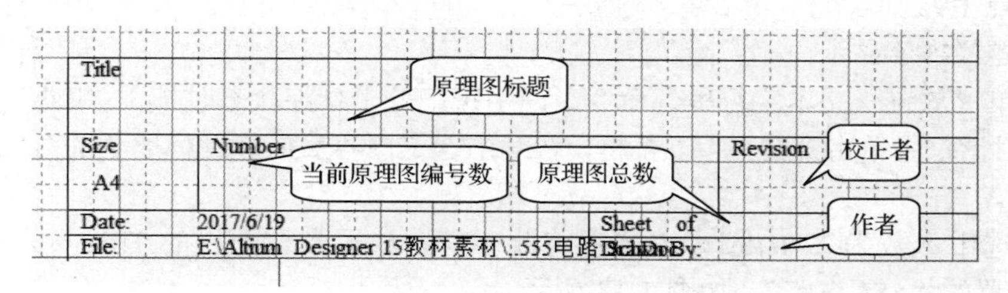

图 3-10　图纸标题栏设置

（1）填写图纸设计信息。

单击“文档选项”对话框中的“参数”选项卡，如图 3-11 所示。

文档选项

图纸选项　参数　单位

名称	数值	类型
DocumentFullPathAndName	*	STRING
DocumentName	*	STRING
DocumentNumber	*	STRING
DrawnBy	*	STRING
Engineer	*	STRING
ImagePath	*	STRING
ModifiedDate	*	STRING
Organization	*	STRING
Revision	*	STRING
Rule	Undefined Rule	STRING
SheetNumber	*	STRING
SheetTotal	*	STRING
Time	*	STRING
Title	555电路	STRING

追加(A)...　删除(V)...　编辑(E)...　作为规则加入

确认　取消

图 3-11　“参数”选项卡

填写“参数”标题信息，参见表 3-1。

表 3-1　常用标题信息

相关参数	含　义	字符类型
Address1～Address4	地址	STRING
DrawnBy	作者	STRING

续表

相关参数	含义	字符类型
Title	原理图标题	STRING
SheetNumber	当前原理图编号数	INTEGER
SheetTotal	项目中总图数	INTEGER

其中，字符类型包含 STRING（字符型）、BOOLEAN（逻辑型）、INTEGER（整数型）、FLOAT（浮点型）。

（2）标题栏内容显示

单击菜单“放置→文本字符串”命令。当字符串处于悬浮状态时按下“Tab”键，在弹出的“标注”对话框中单击“文本”下拉框，在其中选定内容后放置到标题栏的对应位置中，如图 3-12 所示。

例如，选中参数为“-Title”，确定后将此字符串放置到标题栏的 Title 区，则会显示在图 3-11 中设置的“555 电路”，如图 3-13 所示。

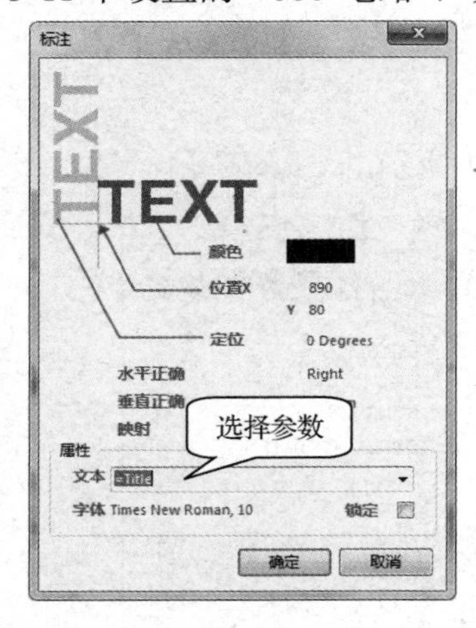

图 3-12 “标注”对话框

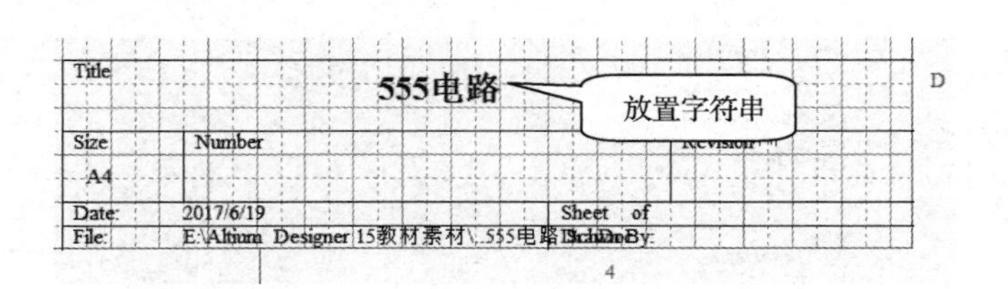

图 3-13 填写标题栏信息

任务 3.2 绘制“555 电路”原理图

任务目标

- 熟悉原理图绘制流程、原理图编辑界面及原理图元件库的应用。
- 熟悉原理图工作环境的菜单、工具栏等常用命令的应用。
- 掌握放置各种电气对象的方法及属性设置，掌握原理图的编译。

任务内容

- 创建设计管理环境。

- 加载元件库。
- 绘制“555 电路”原理图。

任务实施

绘制如图 3-14 所示的“555 电路”原理图，其元件参数见表 3-2。

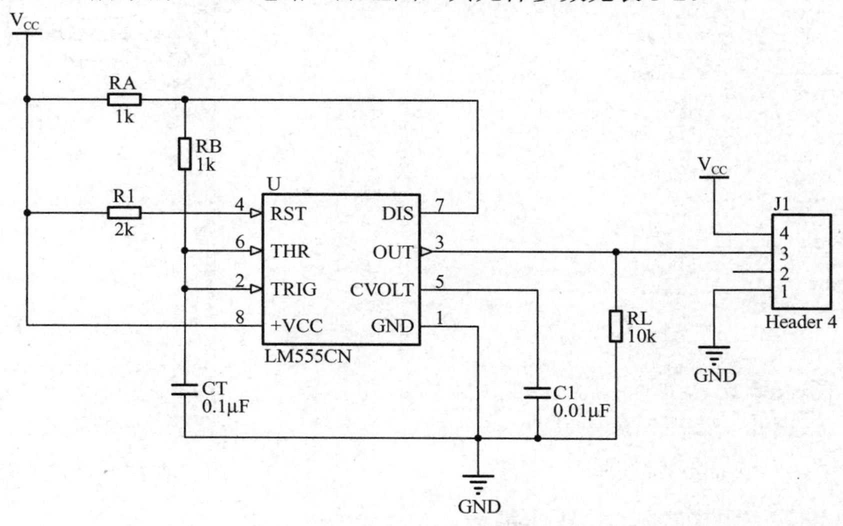

图 3-14 “555 电路”原理图

表 3-2 原理图元件参数

元件编号	名称	封装	数量	元件库
C1，CT	Cap	RAD-0.1	2	Miscellaneous Devices.IntLib
J1	Header 4	HDR1X4	1	Miscellaneous Connectors.IntLib
R1，RB，RL，RA	Res2	AXIAL-0.4	4	Miscellaneous Devices.IntLib
U	LM555CN	N08E	1	NSC Analog.IntLib

3.2.1 查找、放置、调整元件

Altium Designer15 中的元件都以库的形式存放在某个库文件中，如本机的元件库存放地址为 C:\Users\Public\Documents\Altium\AD15\Library，如图 3-15 所示。

常用元件库为 Miscellaneous Devices.IntLib（杂项器件库）；常用接插件库为 Miscellaneous Connectors.IntLib（杂项连接器库）。

1．查找元件

（1）通过“库”面板进行搜索。

[第一步] 将光标移动到弹出面板按钮“库”上，单击后弹出“库”对话框，如图 3-16 所示。

[第二步] 单击“查找”按钮，弹出“搜索库”对话框，如图 3-17 所示。

[第三步] 单击“>>Advanced”按钮出现如图 3-18 所示的对话框。

[第四步] 在图 3-18 所示的对话框上方，输入元件名，然后单击“查找”按钮，可在图 3-19 中看到搜索到的元件名称、元件符号、元件封装等信息。

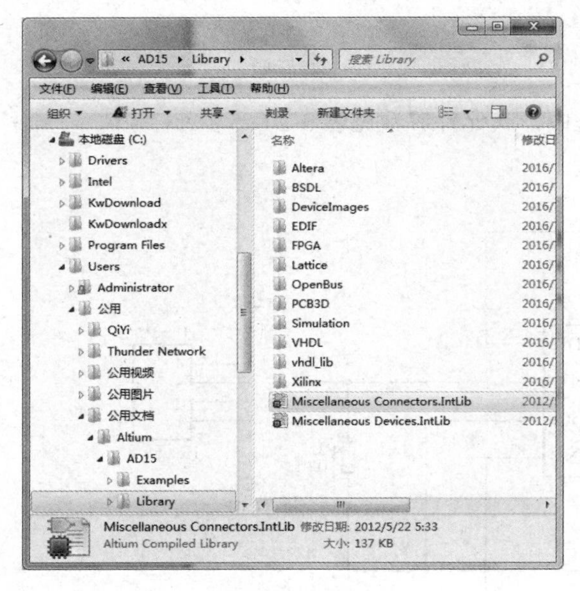

图 3-15　元件库

图 3-16　“库”对话框 1

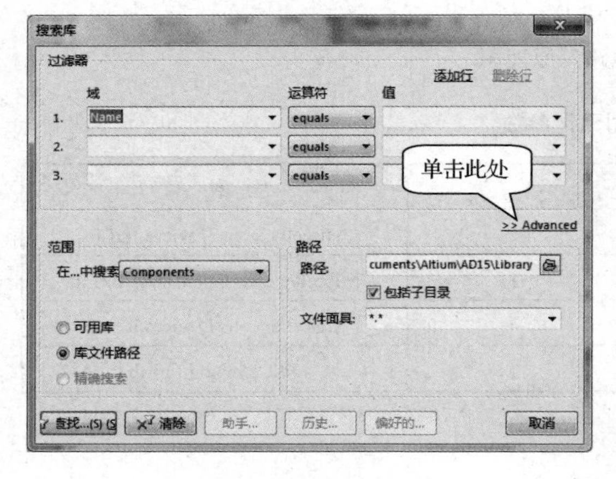

图 3-17　“搜索库”对话框 1

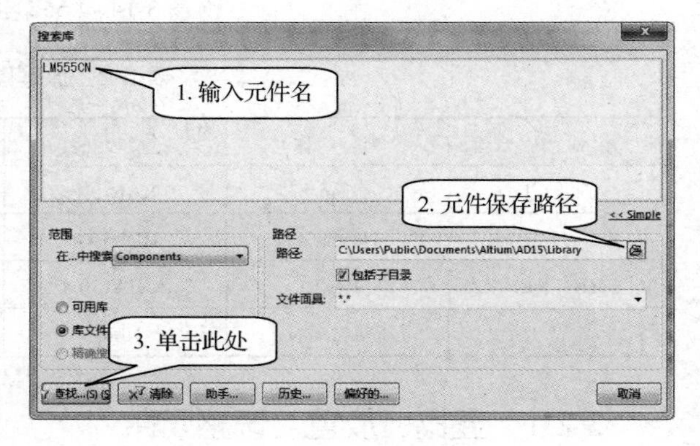

图 3-18　“搜索库”对话框 2

（2）在图纸的空白处右击，在出现的快捷菜单中选取“发现器件”命令，也可弹出如图 3-18 所示的“搜索库”对话框。

2．加载元件库

一般在绘图时，应该把常用的器件加载到“库”对话框中进行管理，特殊的元件也应将对应的库加载到“库”对话框中，这样方便查找和放置元件。

（1）单击图 3-19 中的“Libraries”按钮，将出现如图 3-20 所示的“可用库”对话框。

（2）单击“添加库”按钮，出现如图 3-21 所示对话框进行添加元件库。

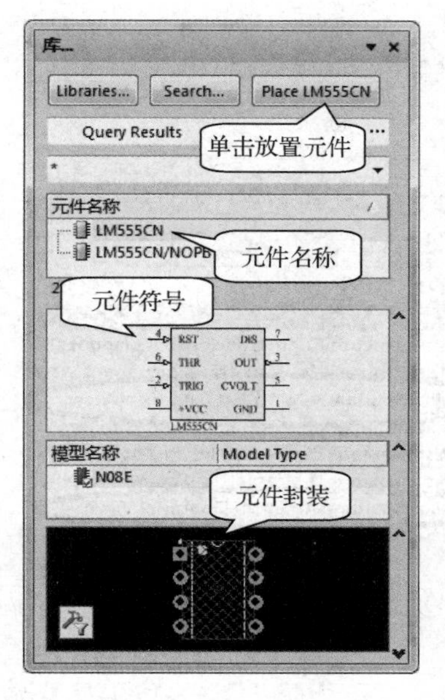

图 3-19 “库”对话框 2

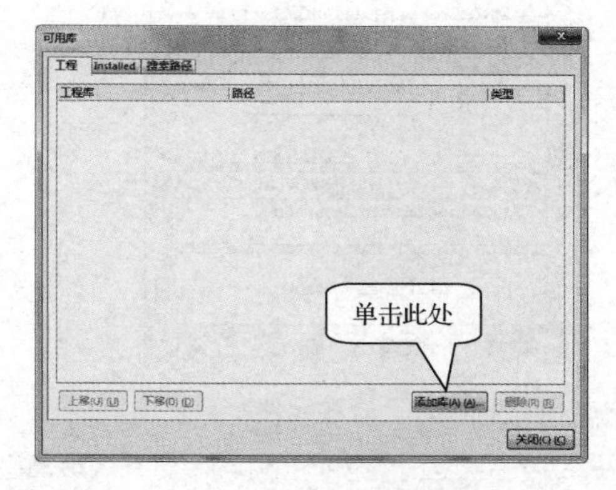

图 3-20 “可用库”对话框

（3）找到库文件路径并选定库文件，单击“打开”按钮，将元件库添加到可用库中，如图 3-22 所示。

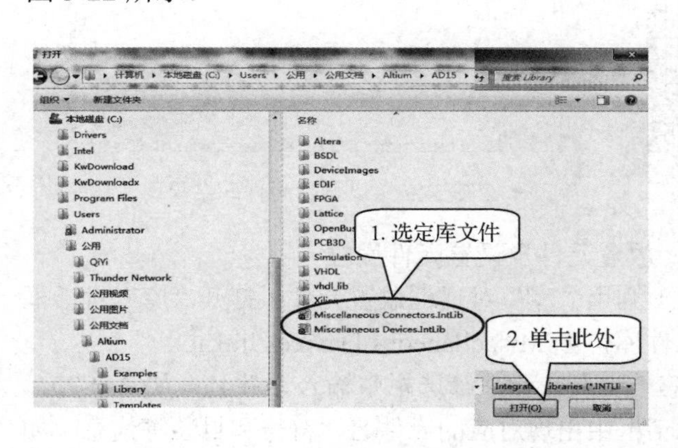

图 3-21 “打开”对话框

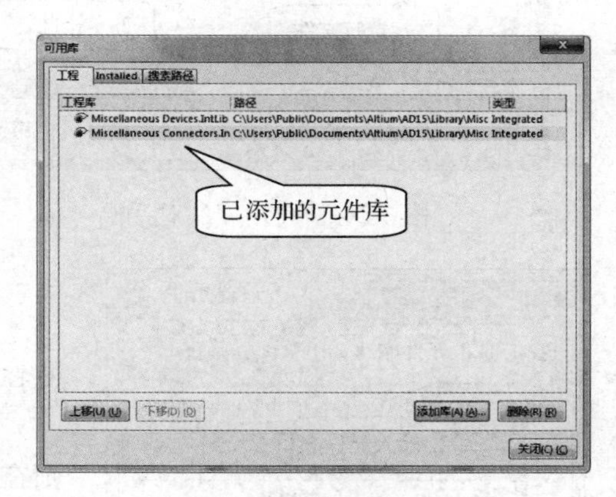

图 3-22 添加元件库

（4）单击“关闭”按钮，回到“库”对话框中单击元件库选下拉按钮，可以查看和选择当前库，如图 3-23 所示。

3．移除元件库

为了减少元件库对内存的占用，可以把不太常用的元件库从“库”对话框中移除，以减少软件运行的负担。如图 3-24 所示，在“库”对话框中除了常用元件和接插件库外，还有 Xilinx 元件库，由于不太常用我们将之移出“库”对话框。

（1）单击“库”对话框上的“Libraries”按钮，出现如图 3-25 所示“可用库”对话框。

（2）在图 3-25 所示“可用库”对话框中选定要删除的库文件，单击“删除”按钮即可。删除结果如图 3-26 所示。

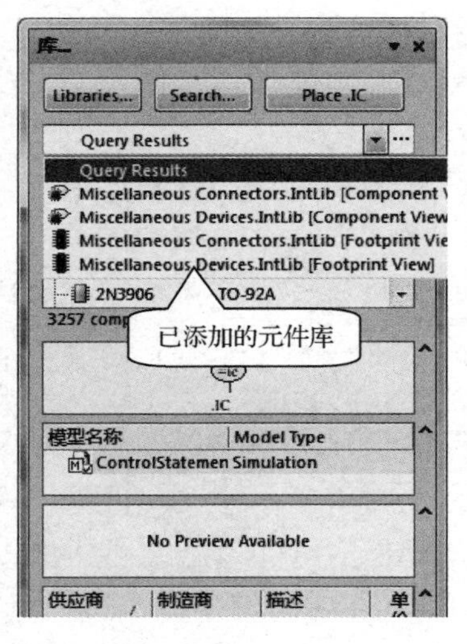

图 3-23 查看元件库

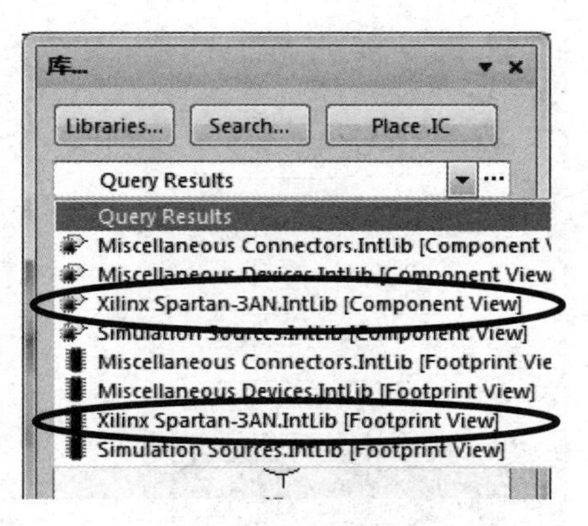

图 3-24 已添加的元件库

图 3-25 “可用库”对话框

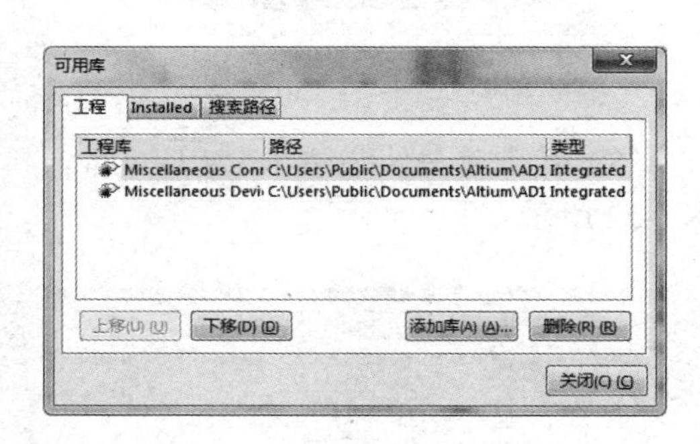

图 3-26 已删除元件库结果

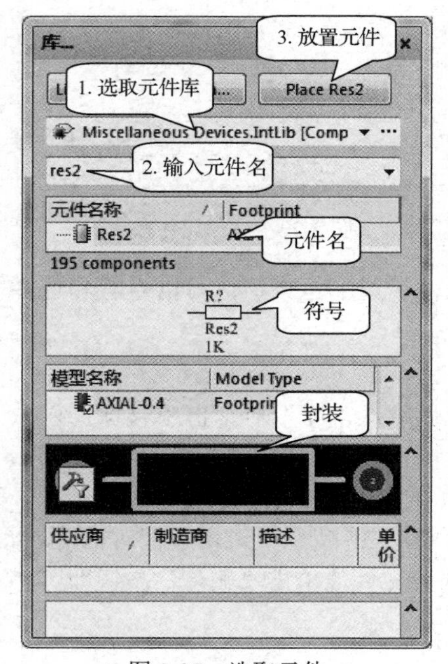

图 3-27 选取元件

4．放置元件及设置元件属性

（1）利用“库”对话框放置元件：打开“库”对话框选择元件库，如 Miscellaneous Devices.IntLib。

［第一步］在元件筛选栏中输入元件名（如 RES2），则在对话框中出现对应的元件名、符号和封装等信息，如图 3-27 所示。

［第二步］单击“Place Res2”按钮，选中元件就会随着鼠标指针处于悬浮状态。

［第三步］移动鼠标在图纸的适当位置单击，将元件放置到图纸上。继续单击鼠标可连续放置同类型的元件，只是元件编号会自动加 1，如 R1、R2、R3 等，参数值和封装不变。

［第四步］右击可解除元件放置状态。

（2）利用菜单放置元件（先要加载好元件库文件）。

［第一步］单击菜单“放置→器件”命令，出现“放置端口”对话框，如图 3-28 所示。

[第二步] 单击“选择”按钮，出现“浏览库”对话框，如图3-29所示。

[第三步] 在图3-29中的“对比度”选项栏中直接输入元件名，如“CAP”，可查到该元件。

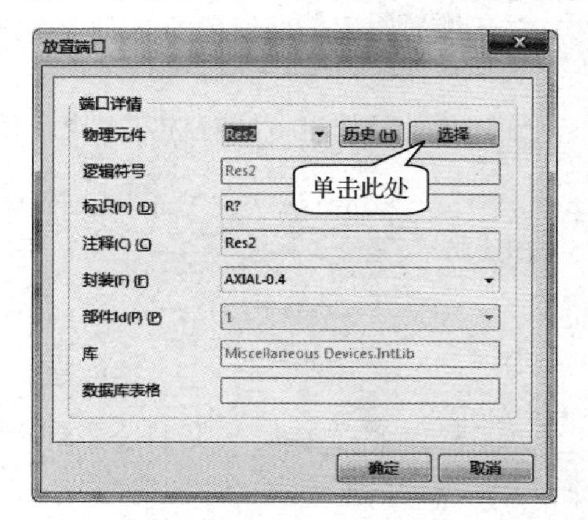

图3-28 “放置端口”对话框

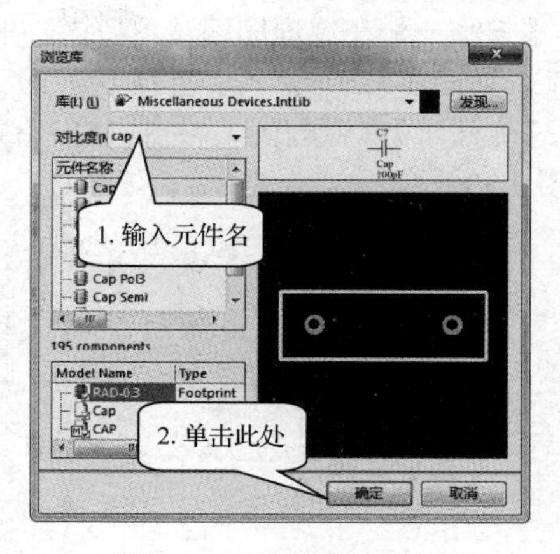

图3-29 “浏览库”对话框

[第四步] 连续单击“确定”按钮就可在原理图编辑窗口中看见该元件跟随鼠标浮动，如图3-30所示。

（3）利用右键菜单放置元件。

在原理图空白处右击，在出现的快捷菜单中选取“放置器件”命令，后续操作与前面菜单放置元件相同。

（4）设置元件属性参数。

在原理图窗口中双击元件或在放置元件处于悬浮状态时按下“Tab”键，设置元件属性，如图3-31所示。元件属性主要包含元件编号、元件符号、元件封装（指安装到线路板上时元件实际占用的位置（二维空间））。

图3-30 找到元件后

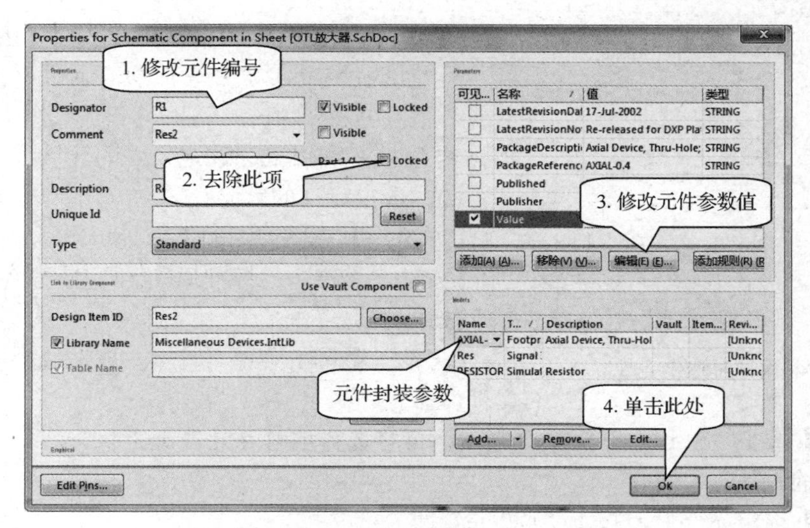

图3-31 设置元件属性

5．元件的选定与解除

（1）元件的选定。

【方法一】在原理图编辑窗口内，单击某个元件，在元件的四周出现绿色的点即为选定该元件，如图 3-32 所示。

【方法二】在原理图编辑窗口内，直接用鼠标框选元件（此种操作也可同时选定多个元件），如图 3-33 所示。

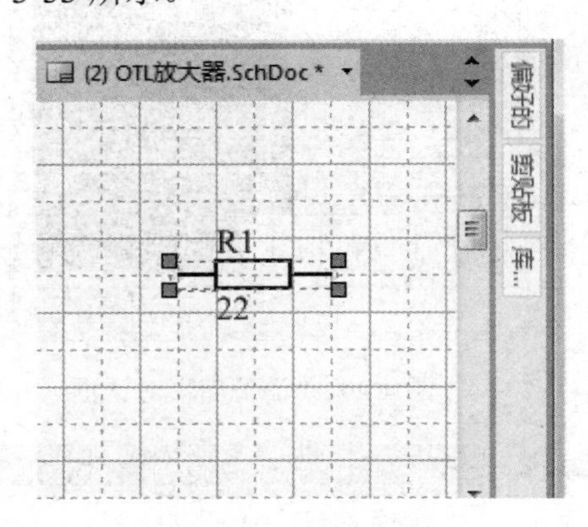

图 3-32　选定元件

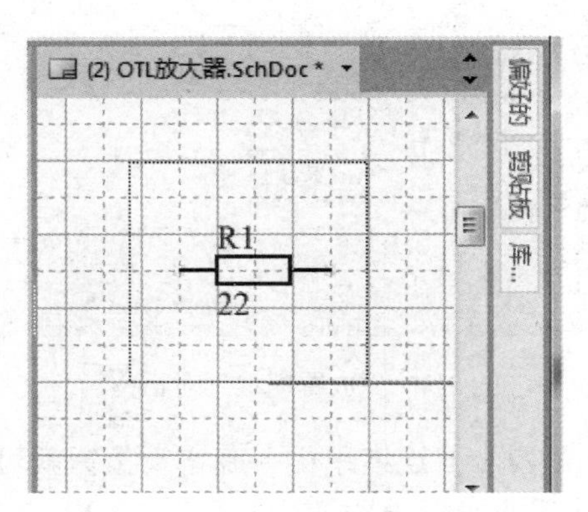

图 3-33　框选元件

【方法三】利用原理图编辑窗口中的“原理图标准”工具栏中的“选择区域内部的对象”按钮，然后用鼠标左键拖动覆盖元件即可。

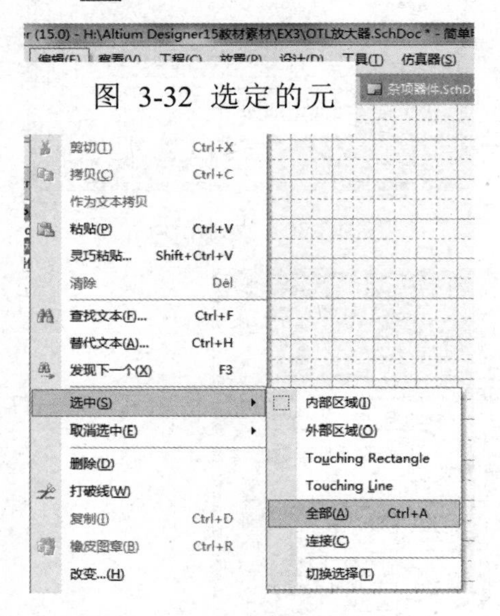

图 3-34　利用菜单选定元件

【方法四】单击菜单“编辑→选中→……”，如图 3-34 所示。

- 内部区域：选定鼠标框选范围内的元件。
- 外部区域：选定鼠标框选范围外的元件。
- Touching Rectangle：选定鼠标矩形区域内接触到的元件。
- Touching Line：选定鼠标直线划过接触到的元件。
- 全部：选定原理图中的所有元件，但不包含标题栏中的字符串。
- 连接：利用鼠标选定元件的连接线部分。

（2）选定元件的解除。

【方法一】在原理图的空白处单击。

【方法二】单击“标准原理图”工具栏上的“取消选择”按钮。

【方法三】单击菜单“编辑→取消选中→所有打开的文件”命令。

【方法四】按下“Shift”键，结合单击，可有选择地解除元件选定状态。

6．元件的删除

【方法一】选定元件后，按下“Delete”键。

【方法二】单击菜单“编辑→删除”命令，然后将鼠标上的十字光标对准元件单击即可。

右击解除当前状态。

【方法三】选定元件后，单击菜单“编辑→清除”命令即可。

7．元件移动

【方法一】放置元件处于浮动状态时直接可以移动，单击结束。

【方法二】单个元件移动：将鼠标移动到元件上面，按下左键然后直接拖动，到位后放开即可。

【方法三】多个元件移动：选定多个元件后，用鼠标直接拖动，到位后放开鼠标。或选定多个元件后，单击“标准原理图”工具栏上的“移动选择对象”按钮，单击选定的元件，然后移动到位后再次单击结束。

8．元件的旋转（将输入法设置为英文状态）

【方法一】用鼠标对准选定对象按下左键不放，将元件处于悬浮状态，然后利用空格键旋转（按一次空格键逆时针旋转90°）；组合键“Shift+空格键”则为顺时针旋转。

【方法二】用鼠标对准选定对象按下左键不放，将元件处于悬浮状态，然后利用“X”键进行左右镜像翻转。

【方法三】用鼠标对准选定对象按下左键不放，将元件处于悬浮状态，然后利用“Y”键进行上下镜像翻转。

9．元件排列（首先选定需要排列的多个元件）

【方法一】利用“实用”工具栏上的“排列”按钮，其各按钮功能如图3-35所示。

【方法二】利用菜单命令对齐（首先选定需要排列的多个元件）。

- 单击菜单“编辑→对齐→……”命令。
- 右击选中的对象，在快捷菜单中选取“对齐→……”命令。
- 根据出现的下级子菜单进行操作，如图3-36所示。

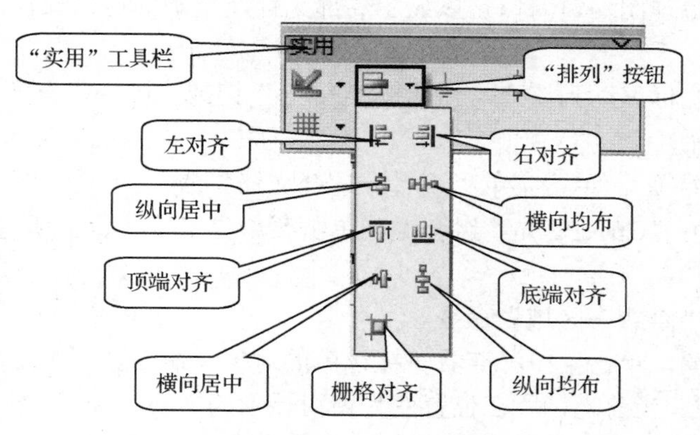

图3-35 利用“实用”工具栏排列元件

对齐(A)...	
左对齐(L)	Shift+Ctrl+L
右对齐(R)	Shift+Ctrl+R
水平中心对齐(C)	
水平分布(D)	Shift+Ctrl+H
顶对齐(T)	Shift+Ctrl+T
底对齐(B)	Shift+Ctrl+B
垂直中心对齐(V)	
垂直分布(I)	Shift+Ctrl+V
对齐到栅格上(G)	Shift+Ctrl+D

图3-36 利用菜单命令排列元件

利用以上方法将元件合理排布到图纸上，其效果如图3-37所示。

扫一扫查看图3-37

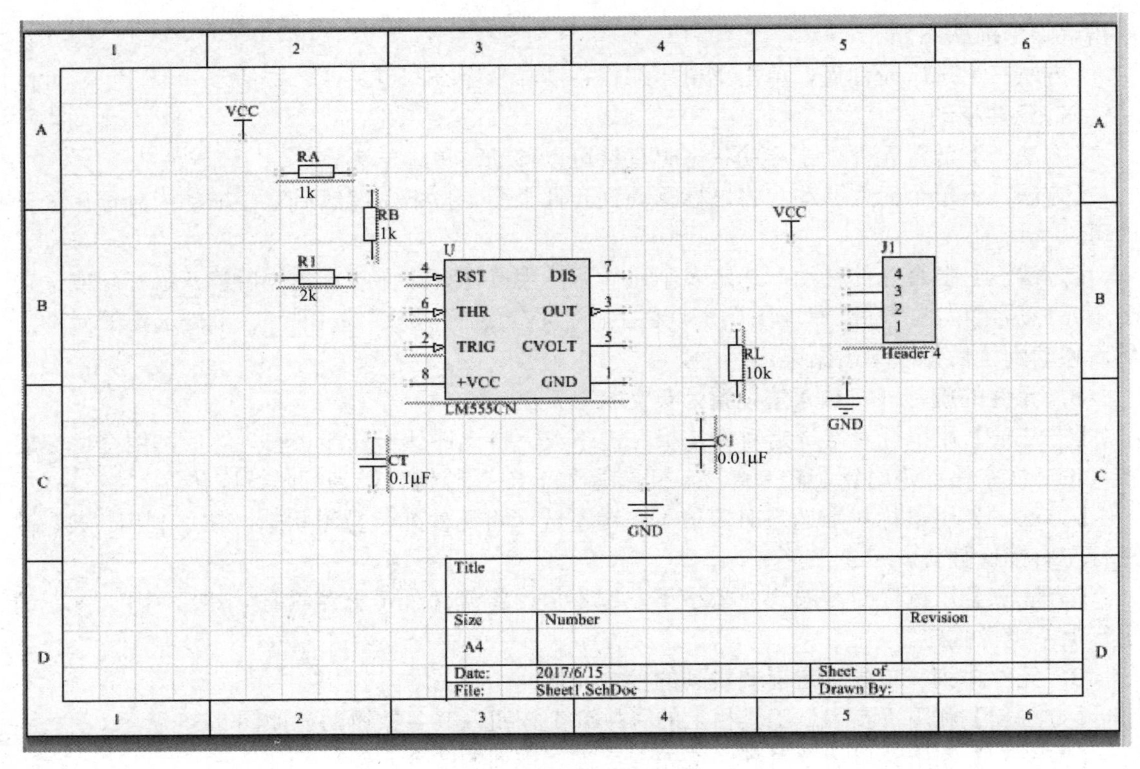

图 3-37　元件布局图

3.2.2　调整原理图布局，连接导线

在进行电路连接时经常需要调整原理图编辑窗口，以显示局部元件及精确的连接操作。

1．调整原理图编辑窗口的显示

（1）放大或缩小某点局部时，将光标移动到该点，然后按“PgUp”键或“PgDn”键，图形就以该点为中心进行放大或缩小显示。

（2）显示全部图纸（包括图纸边界等）：单击菜单“查看→适合文档”命令。

（3）显示所有元件（包括字符串）：“Ctrl+PgDn”组合键或单击菜单“查看→适合所有对象”命令。

（4）显示选择的区域：单击菜单“查看→区域”命令。

（5）放大显示单个元件：选定对象，单击菜单“查看→被选中的对象”命令。

（6）窗口移动：按下“Home”键，当前光标所在位置变为窗口显示的中心。

2．连接导线

连接导线或放置其他电气元件

（1）“布线”工具栏如图 3-38 所示。

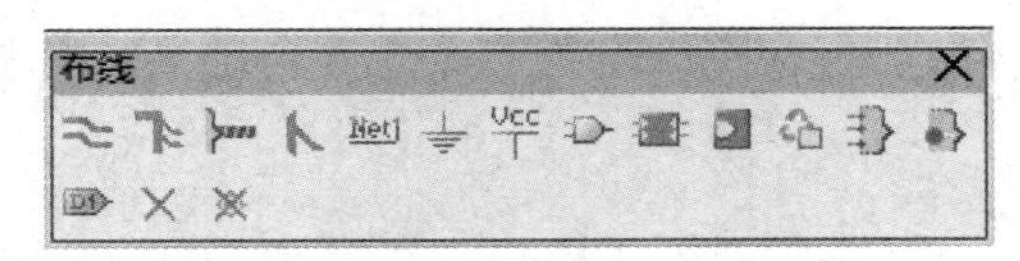

图 3-38 “布线”工具栏

（2）“放置”菜单命令如图 3-39 所示。

（3）右击显示“放置”快捷菜单，如图 3-39 所示。

（4）在英文输入状态下使用快捷键，介绍如下：

➢ PL——放置导线；
➢ PP——放置元件；
➢ PB——放置总线；
➢ PU——放置总线进口；
➢ PO——放置电源端口；
➢ PJ——放置节点；
➢ PN——放置网络标号；
➢ PR——放置端口；
➢ PS——放置电路图表；
➢ PA——放置图表入口。

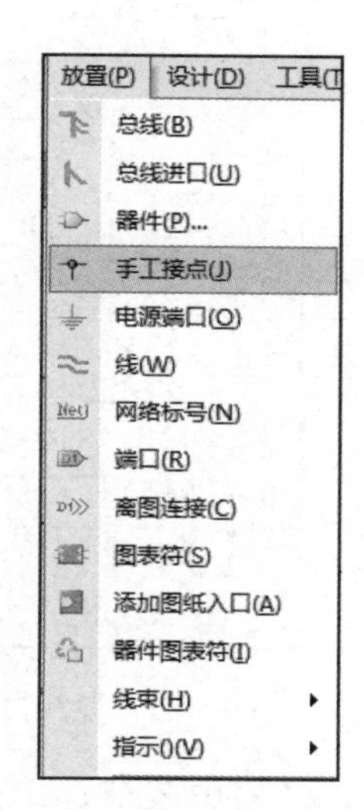

图 3-39 “放置”菜单命令

（5）导线放置操作介绍如下。

[第一步] 选择“线”命令，在图纸中对准元件的引脚形成一个红色的“米”字提示符，单击放置第一个连接点。

[第二步] 移动鼠标会出现一条连线随鼠标浮动，到另一个元件的引脚出现红色的“米”字提示符再次单击放置第二个连接点，两点间的导线连接完成，如图 3-40 所示。此时光标上还有一个浮动的“ x ”形符号，表示可继续放置导线。右击则可解除放置导线。

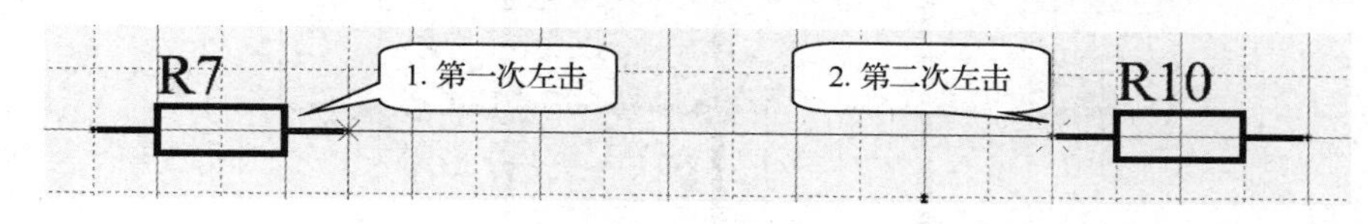

图 3-40 导线连接操作

【小提示】

拐角连线时，可按“空格”键改变连线方向，如图 3-41 和图 3-42 所示。“Shift+空格”组合键，则形成 45° 角走线，如图 3-43 所示。

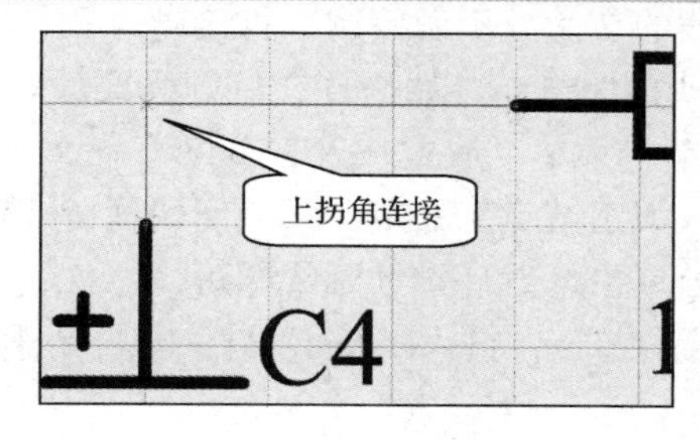

图 3-41 导线拐角连接 1

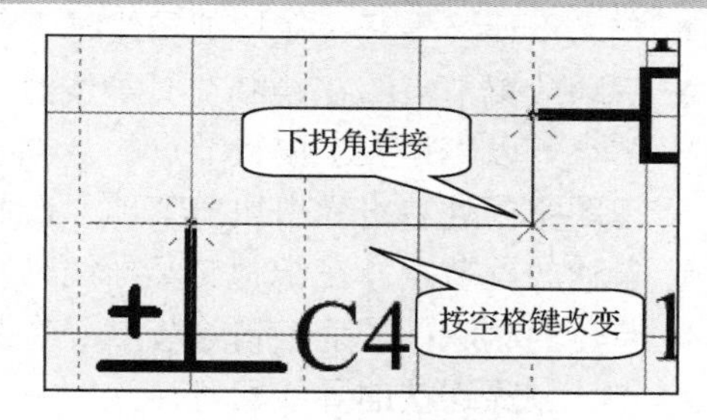

图 3-42 导线拐角连接 2

长时间操作时会出现导线和元件轻微的扭曲变形，此时只需要按“End”键刷新即可。若需要删除导线，则单击选中需要删除的导线，按下“Delete”键即可。

（6）编辑导线属性。

选取放置导线命令或使用布线工具时，使导线处于浮动状态，按下“Tab”键，或在原理图中双击已有导线，出现如图 3-44 所示“线”对话框。

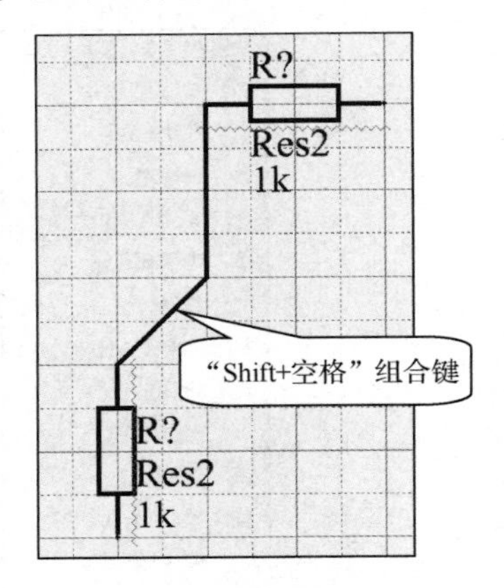

图 3-43 导线拐角连接 3

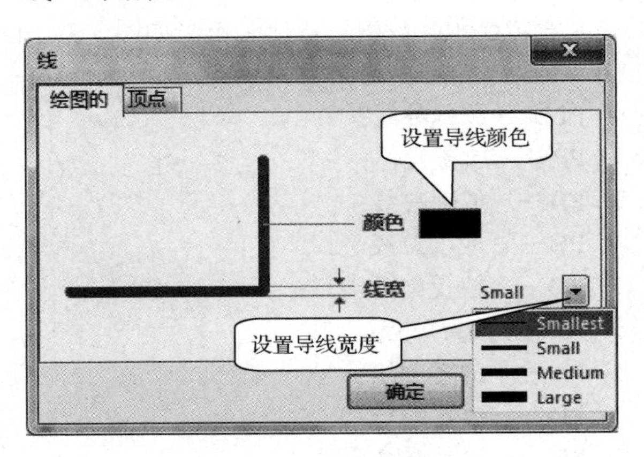

图 3-44 “线”对话框

（7）电气节点定义及放置。

电气节点是用来表示两条导线交叉处是否连接的状态。如果没有节点，则表示两条导线在电气上是不连通的；如果有节点，则表示两条导线在电气意义上是连通的，如图 3-45 所示。

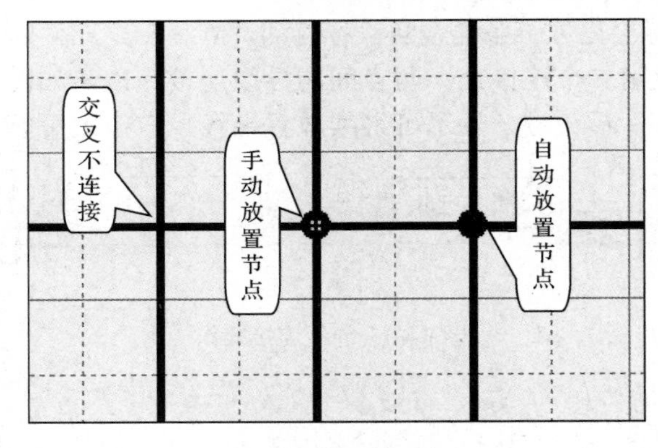

图 3-45 电气节点

- 交叉不连接导线：在绘制导线时，在两条导线的交叉处不做停留，直接越过。
- 手动放置节点：在绘制交叉导线时，不会自动添加节点，如需要连接则需要放置人工节点。以下是人工放置节点的 3 种方法：①单击菜单“放置→人工节点”命令；②原理图空白处右击弹出快捷菜单，选取“放置→人工节点”命令；③使用快捷键“PJ”。
- 自动放置节点：在绘制交叉导线时，于交叉处单击，然后继续画线即可。
- 节点的删除：①手工删除节点，单击需要删除的节点，按“Delete”键；②自动删除节点，删除连接的导线即可。

所有导线连接完成后的效果如图 3-46 所示。

扫一扫查看图 3-46

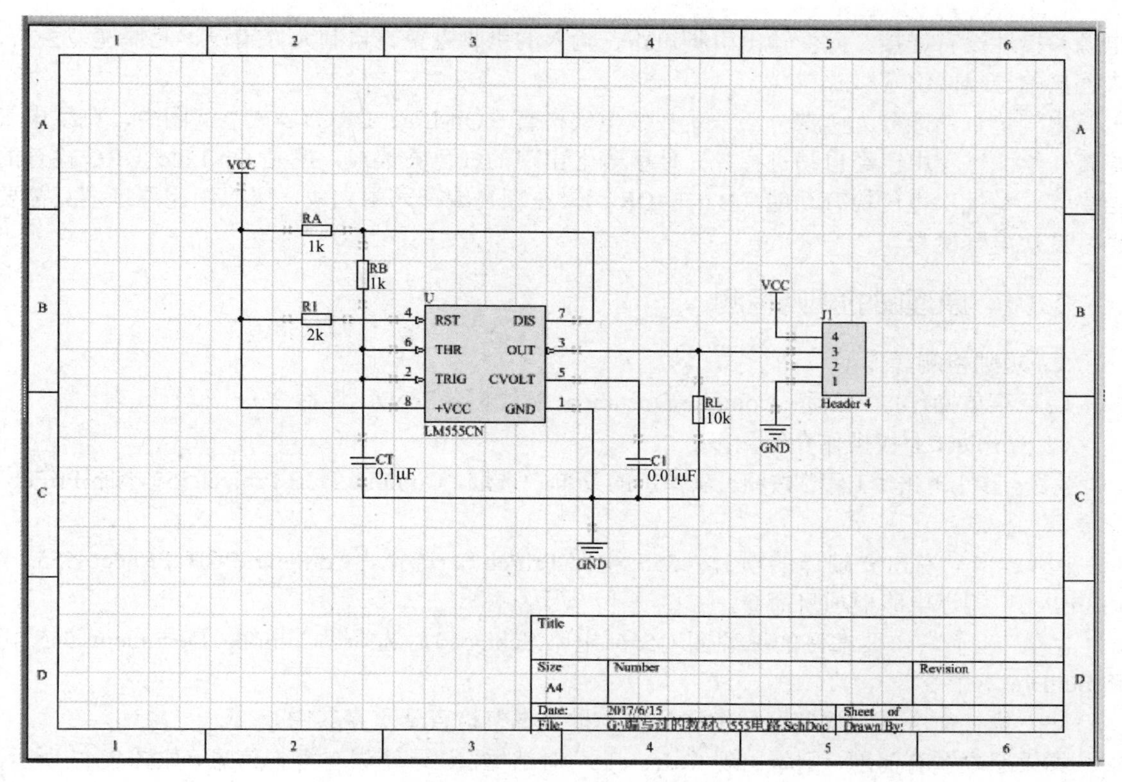

图 3-46 完成连线的原理图

任务 3.3 原理图规则检测及辅助文件的输出

任务目标

- 熟悉检测工程参数的设置。
- 熟悉解决检测中的常见问题。
- 掌握原理图的编译。

任务内容

- 设置检测规则编译图纸。
- 设置输出辅助文件。

任务实施

原理图规则检测不是原理性或功能性（与设计是否合理、能否完成功能无关）的检查，主要是针对绘图过程中产生的错误进行检查，如元件编号重复、元件未编号、网络标号悬空、电源和接地没有连接、元件输出引脚短路、输入的引脚悬空、自制元件错误、元件模型丢失、未连接的导线网络等。

电气检查功能分为两部分：一是在线电气检查（On-Line DRC），在电路图中，在线电气检查在绘图过程中已经自动进行。元件引脚上出现的红色波浪线，就是 On-Line DRC 检查的结果。二是批次电气检查功能（Batch DRC），在项目编译之中完成，所以画完原理图只需要进行批次电气检查。

3.3.1 原理图的规则检测

1．规则检测操作

（1）菜单操作："工程→Compile Document 555 电路.SchDoc"命令。

（2）Project 面板操作介绍如下。

[第一步] 单击"工程"按钮，在弹出的菜单中选取"Compile PCB Project 555 电路.PriPcb"命令。

[第二步] 右击要编译的项目（555 电路.PriPcb），选择"Compile PCB Project 555 电路.PriPcb"编译电路板项目命令。

[第三步] 右击要编译的原理图（555 电路.SchDoc），选择"Compile Document 555 电路.SchDoc"命令。

（3）执行命令后，程序开始编译项目，批次电气检查就贯穿其中。

如果原理图有问题，则将出现"Message"对话框，记录错误与警告信息，如图 3-47 所示。如有相同标号错误，链接会出现红色波浪线，如图 3-48 所示。如未出现"Message"对话框，则单击原理图窗口右下方的系统功能按钮——"System"按钮，勾选"Messages"命令即可显示。

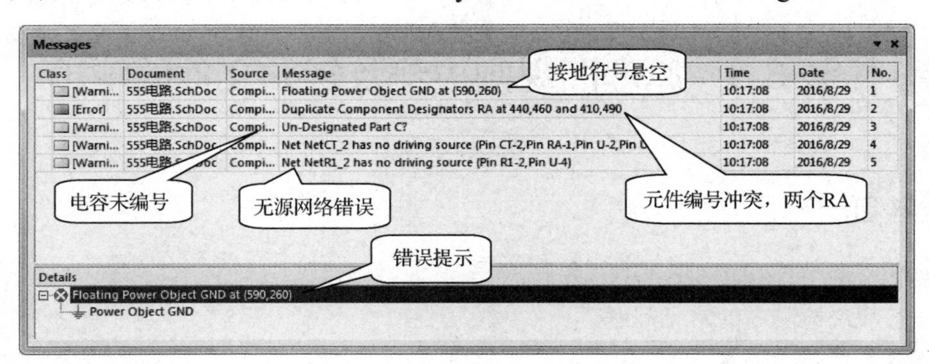

图 3-47 Message 面板错误提示

2．问题修正

（1）出现问题提示信息时，只要在"Message"对话框中对准其中显示的问题双击，就能在原理图上突出显示该问题所涉及的元件，如图 3-49 所示。再根据规则进行修改，以此类推，将所有的问题一一修改。

（2）无源网络错误。

➢ 报警原因：系统中将无源网络都归结为报警项，但是在实际电路中，无源网络是正常的。因此，在编译后会提示出错信息。

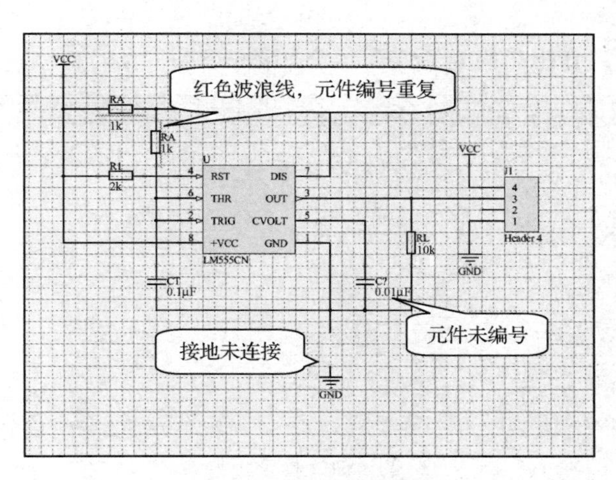

图 3-48　绘图错误原因

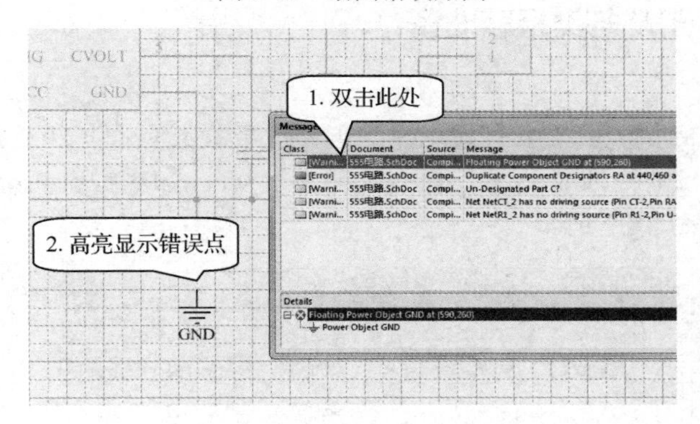

图 3-49　显示错误元件

➢ 关闭无源网络报警：单击菜单“工程→工程参数”命令，在弹出的对话框中将“Net with no driving source”栏设置为“不报告”，单击“确定”按钮，如图 3-50 所示。

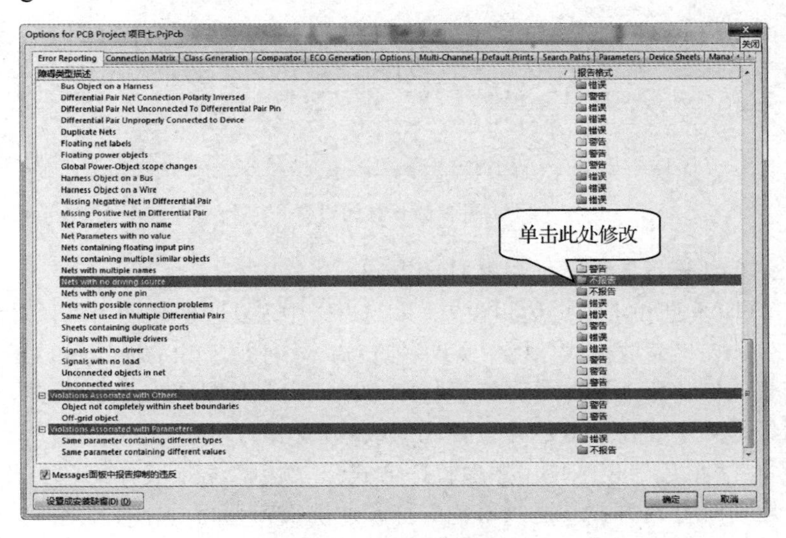

图 3-50　编译参数设置

➢ 重新编译图纸：弹出“检查正常”信息如图3-51所示。

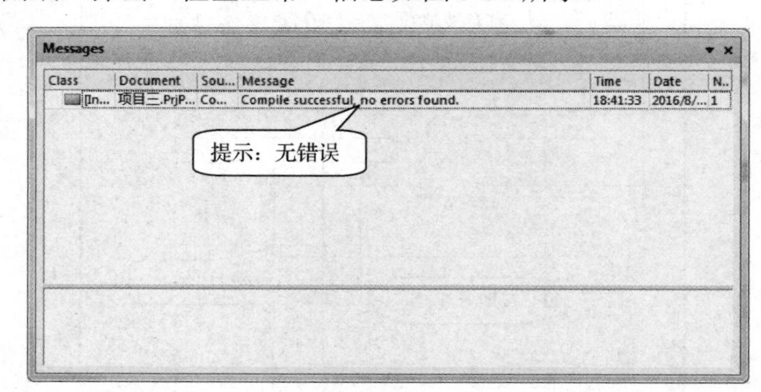

图3-51　检查正常

3.3.2　图纸打印及各类报表准备

1. 图纸打印

原理图设计完成后，一般需要打印出来，但是先要设置页面打印参数。

（1）单击菜单“文件→页面设置”命令，弹出“Schematic Print Properties”对话框。

（2）打印设置如图3-52所示。

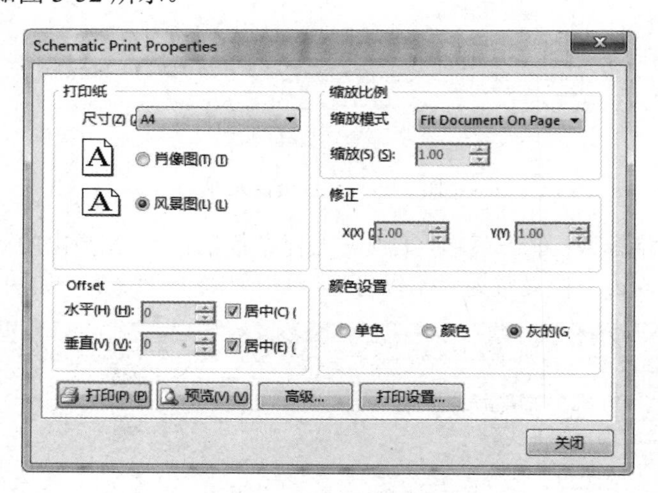

图3-52　打印设置

➢ 打印纸：主要设置图纸幅面以及打印方向。

➢ Offset：打印垂直和水平页边距设置，勾选“居中”复选框则使用默认页边距进行打印。

➢ 缩放比例：在“缩放模式”栏中有两种选项，一种是“Fit Document On page”，系统将自动调整比例将原理图在单张纸上打印出来；另一种是“Scaled Print”，用户可自定义设定图纸的大小，在缩放栏中设置比例或修正比例。

➢ 颜色设置：“单色”表示使用黑白打印方式；“颜色”表示使用彩色打印方式；“灰的”表示使用灰阶打印方式（比“单色”打印的层次感强）。

➢ “预览”和“打印”：单击“预览”按钮出现如图3-53所示界面，显示无误后单击“打印”按钮。

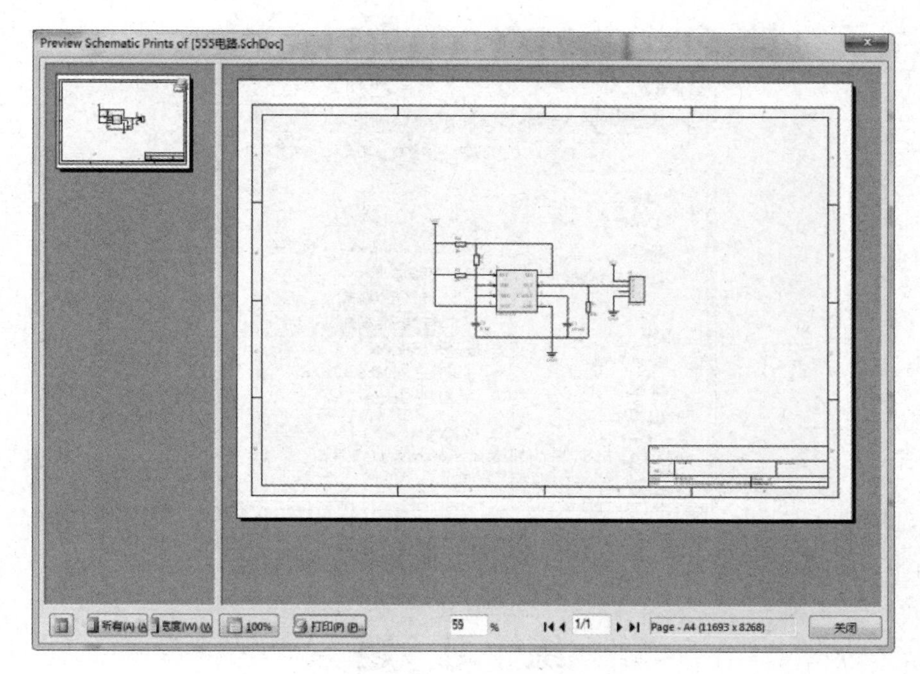

图 3-53　打印预览

2．元件报表

原理图绘制和检查结束一般为后期准备的资料中要包涵元件的清单报表，其中的信息有元件编号、元件参数值、元件的封装等。

（1）单击菜单“报告→Bill of Materials”命令，出现如图 3-54 所示对话框。

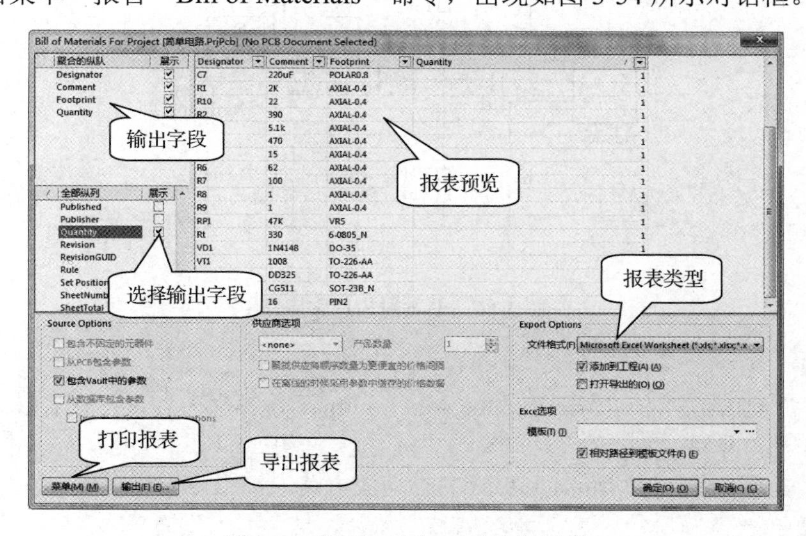

图 3-54　“Bill of Materials”对话框

（2）单击“输出”按钮，将元件报表更名为“555 电路元件报表.xlsx”保存到“EX3”中，如图 3-55 所示。

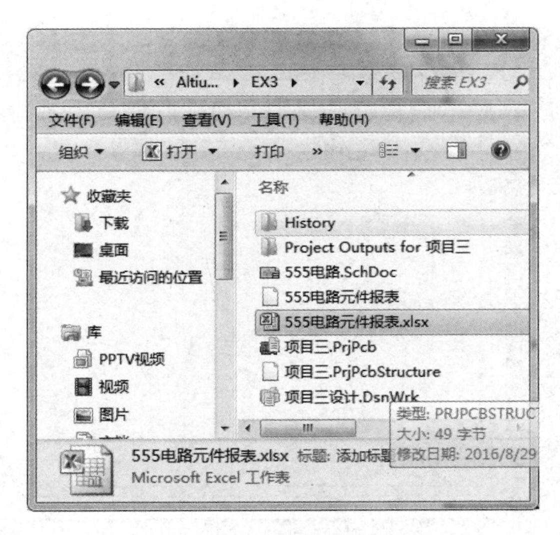

图 3-55 元件报表保存

练 习 题

【练习 1】绘制如图 3-56 所示的共发射极放大电路。

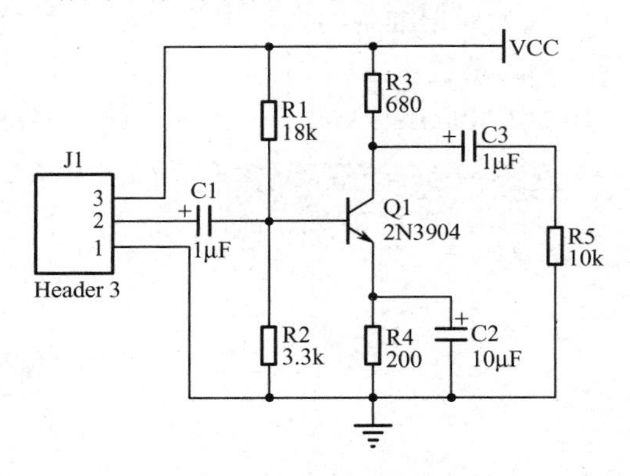

图 3-56 共发射极放大电路

【小提示】

图 3-56 中 J1 在 Miscellaneous onnectors.Lntlib 元件库中；其余元件都在 Miscellaneous Devices.Lntlib 元件库中。

【练习 2】绘制如图 3-57 所示的简单 OTL 功放电路。

【小提示】

图 3-57 中大多数元件在 Miscellaneous Devices.Lntlib 元件库中；JP1、JP2、JP3 在 Miscellaneous onnectors.Lntlib 元件库中。

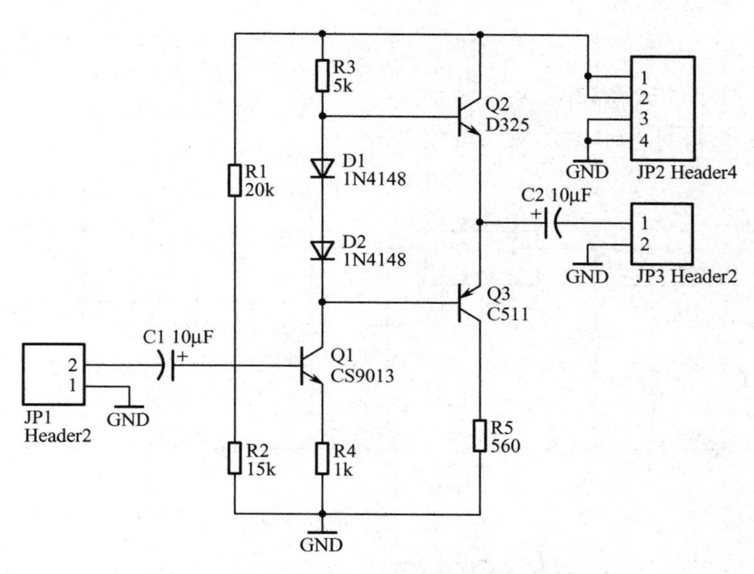

图 3-57　简单 OTL 功放电路

【练习 3】绘制如图 3-58 所示振荡电路。

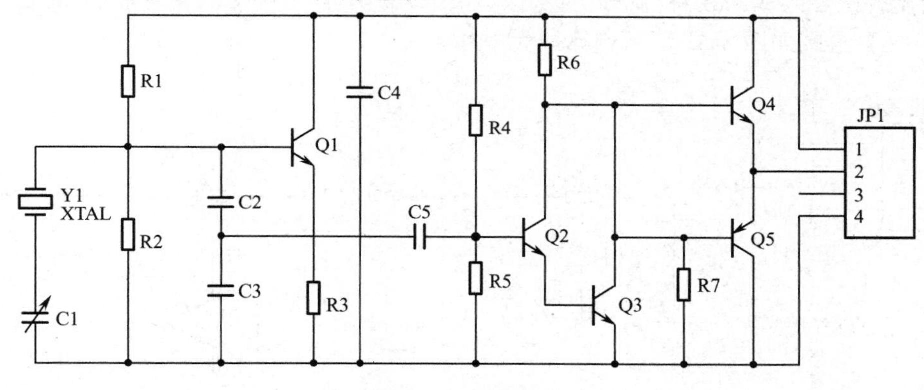

图 3-58　振荡电路

【练习 4】绘制如图 3-59 所示集成功放电路。

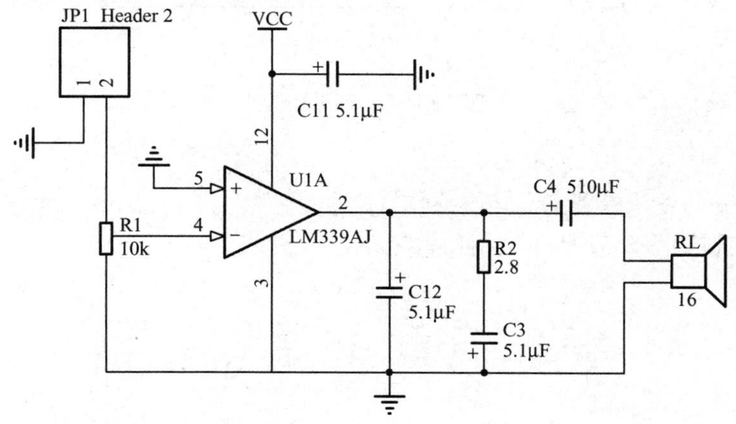

图 3-59　集成功放电路

【小提示】

用寻找器件的方法查找 LM339。

【练习 5】绘制如图 3-60 所示实用电源电路。

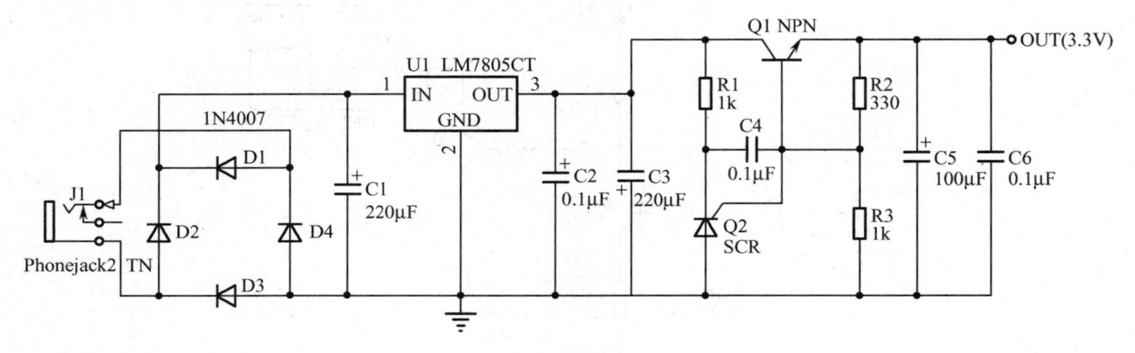

图 3-60 实用电源电路

【小提示】

J1 在 Miscellaneous onnectors.Lntlib 元件库中；U1 可以用寻找器件的方法查找，也可用基本库中的元件进行编辑修改得到。

【练习 6】绘制如图 3-61 所示运算放大电路。

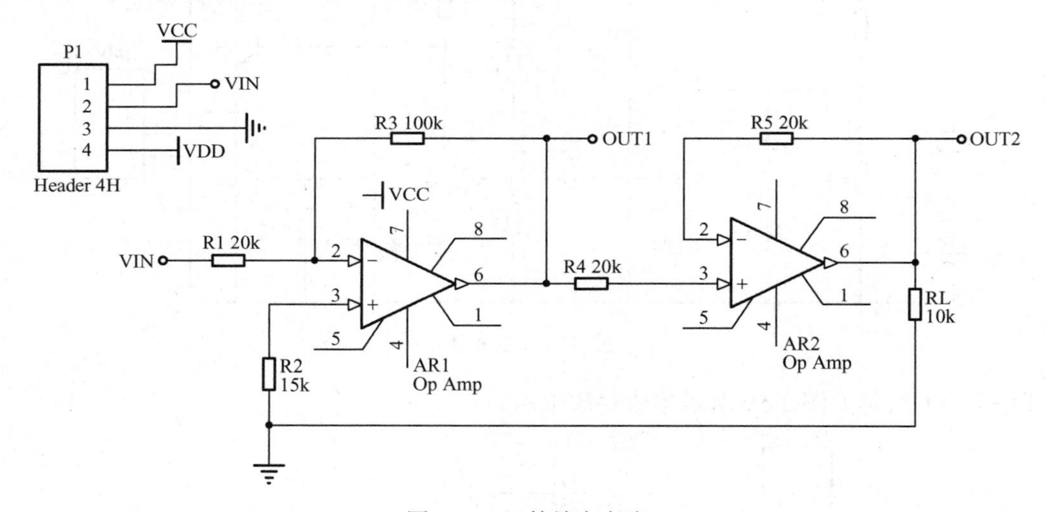

图 3-61 运算放大电路

【小提示】

用查找库元件的方法查找 Op Amp 器件。

【练习 7】绘制如图 3-62 所示实用门铃电路。

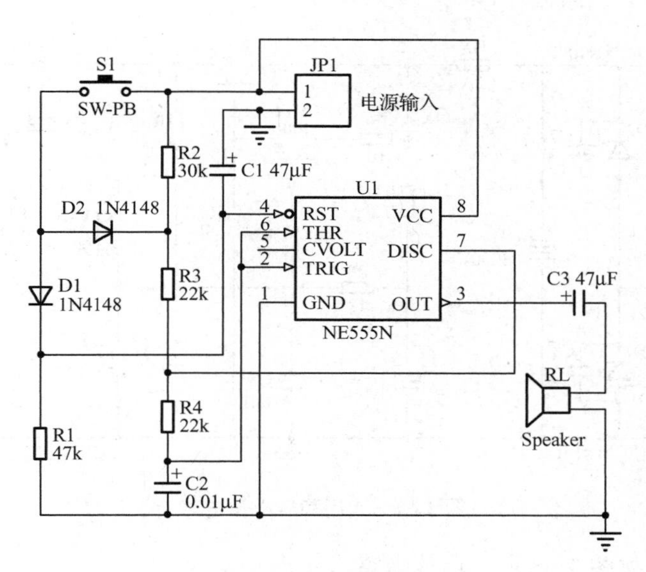

图 3-62　实用门铃电路

【练习 8】绘制如图 3-63 所示实用功放电路。

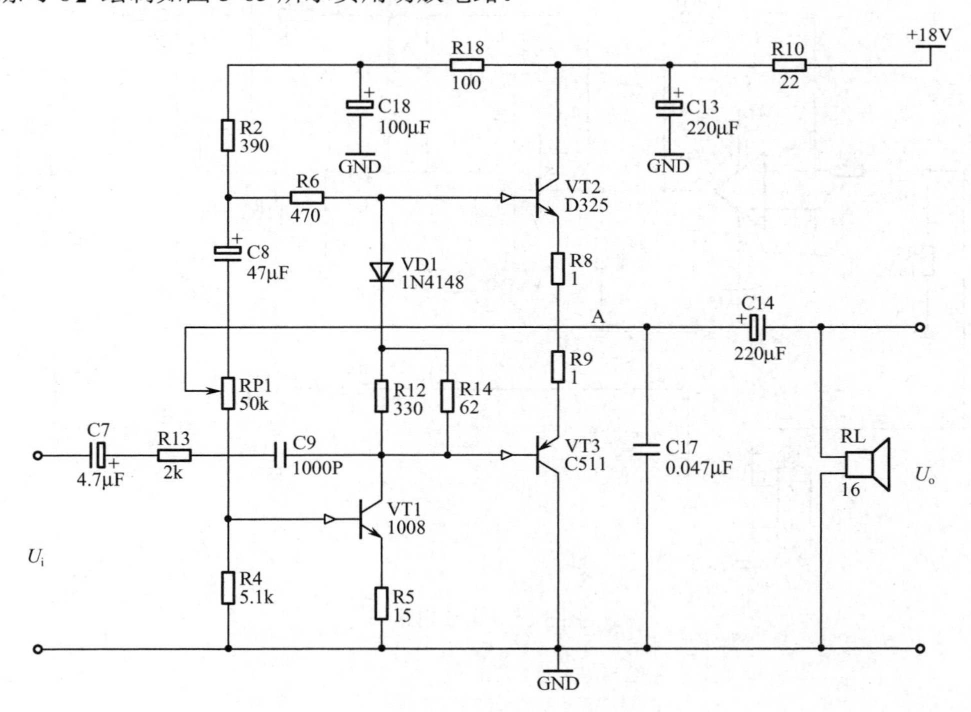

图 3-63　实用功放电路

【小提示】

大多数元件在基本 Miscellaneous Devices.Lntlib 元件库中；VT1～VT3 及 RP1 用编辑修改库元件得到。

【练习 9】绘制如图 3-64 所示实用稳压电源电路。

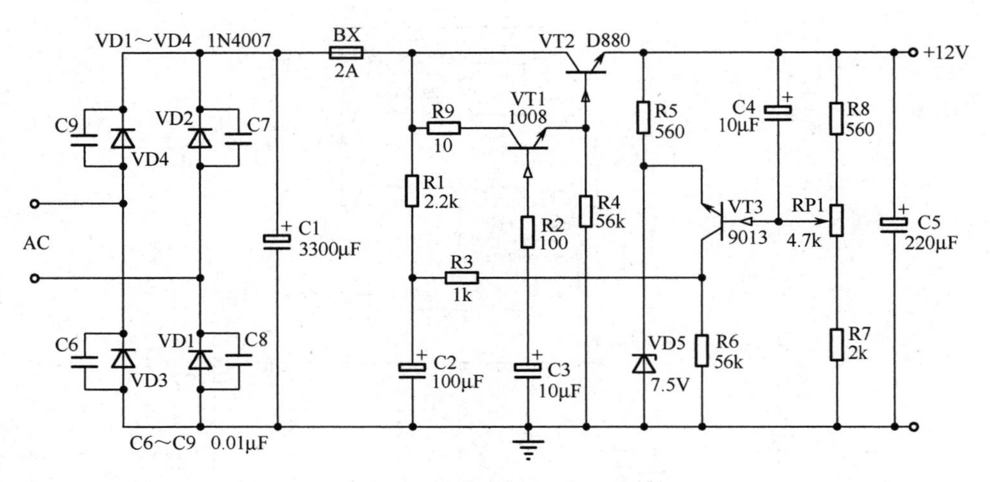

图 3-64　实用稳压电源电路

【练习 10】绘制如图 3-65 所示运放电路。

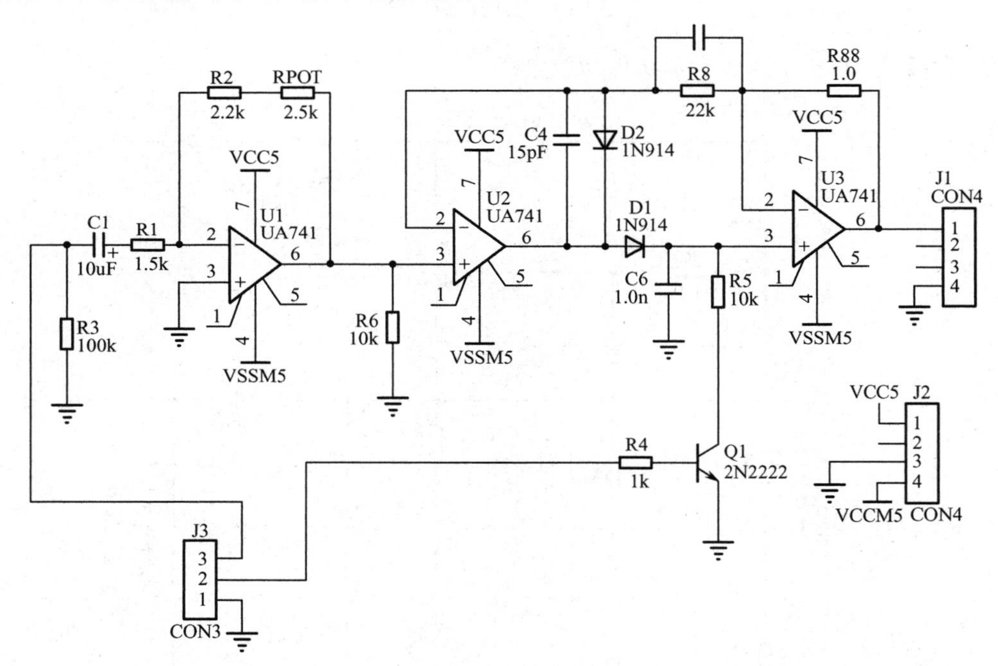

图 3-65　运放电路

项目四 原理图元件库与管理

学习目标

- 认识原理图元件库及编辑设计器环境。
- 设计绘制单一元件及组合元件。
- 理解原理图元件符号及各项属性。
- 调用自制元件库绘制电路。

工作任务

- 认识系统内置元件库。
- 创建用户的原理图元件库。
- 绘制电路。

任务 4.1 认识和应用系统内置元件库

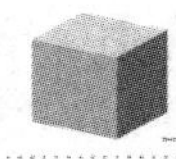

任务目标

- 了解原理图库文件的编辑环境。
- 熟知原理图符号的组成部分。
- 掌握内置元件库的编辑方法。

任务内容

- 认识原理图元件库。
- 掌握原理图元件库面板的构成。
- 修改系统元件库中元件的属性。

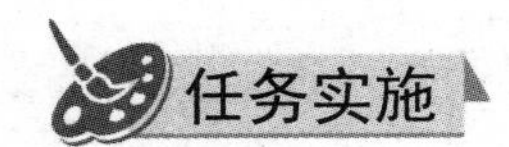

任务实施

4.1.1 认识原理图元件库

1. 元件库及类型

在 Altium Designer15 中有多种元件库类型。

（1）原理图元件库文件：*.Schlib。集中了绘制原理图时放置在图纸上的元件符号。

（2）电路板元件文件（PCB 元件库）：*.Pcblib。表示在 PCB 板上的各种不同元件实际安装位置、焊盘等信息。

（3）集成库：*.LibPkg 和*.IntLib。

- 集成库编辑文件：*.LibPkg。原理图符号，相关的模型包括 PCB 封装、电路仿真模型、信号完整性分析模型和 3D 模型。所有模型文件可以添加到 Integrated Library Package。
- 集成库文件：*.IntLib。原理图符号以及所需的模型被编译成一个文件。

（4）Altium Designer15 中的元件都以库的形式存放在某个库文件中，如本机的元件库存放地址为 C:\Users\Public\Documents\Altium\AD15\Library，如图 4-1 所示。

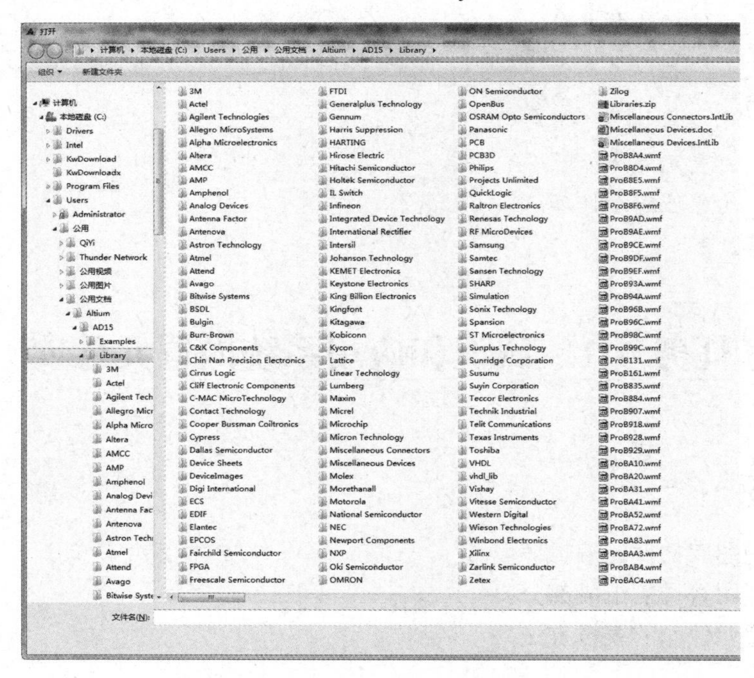

图 4-1 Library 文件夹中各类元件库

2. 打开系统库文件

（1）Miscellaneous Devices.IntLib 集成库探究。

［第一步］在 EX4 中双击打开“项目四设计.DsnWrk”工作台，添加“元件库.PrjPcb”工程。

［第二步］切换到“Projects”对话框，单击“工程”按钮，选择“添加现有文件到工程”命令，将 C:\Users\Public\Documents\Altium\AD15\Library 路径中的 Miscellaneous Devices.IntLib 的集成元件库添加到“元件库.PrjPcb”工程中。

［第三步］双击 Miscellaneous Devices.IntLib 文件名，自动加载一个同名的集成库编辑文件 Miscellaneous Devices.LibPkg（集成库包文件），如图 4-2 所示。

［第四步］双击“Miscellaneous Devices.SchLib”原理图元件库文件，进入到原理图编辑环境中。

［第五步］在原理图编辑环境的“Projects”对话框下方会出现“SCH Library”切换标签，如图 4-3 所示。单击此标签，可切换到“SCH Library”工作面板，如图 4-4 所示。

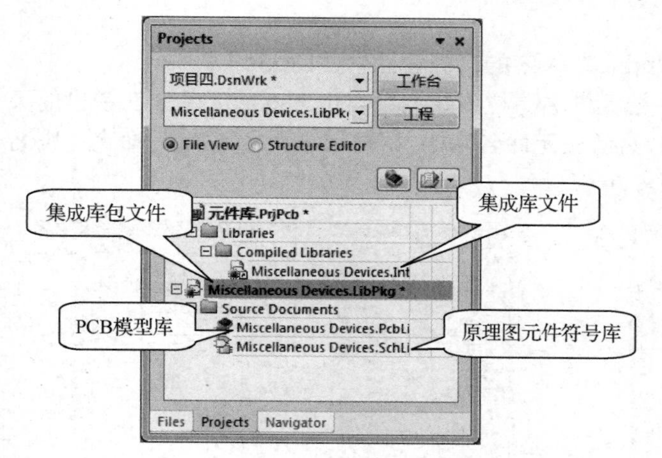

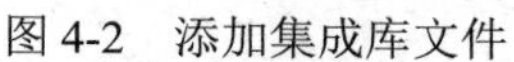
图 4-2　添加集成库文件

图 4-3　集成库的管理面板

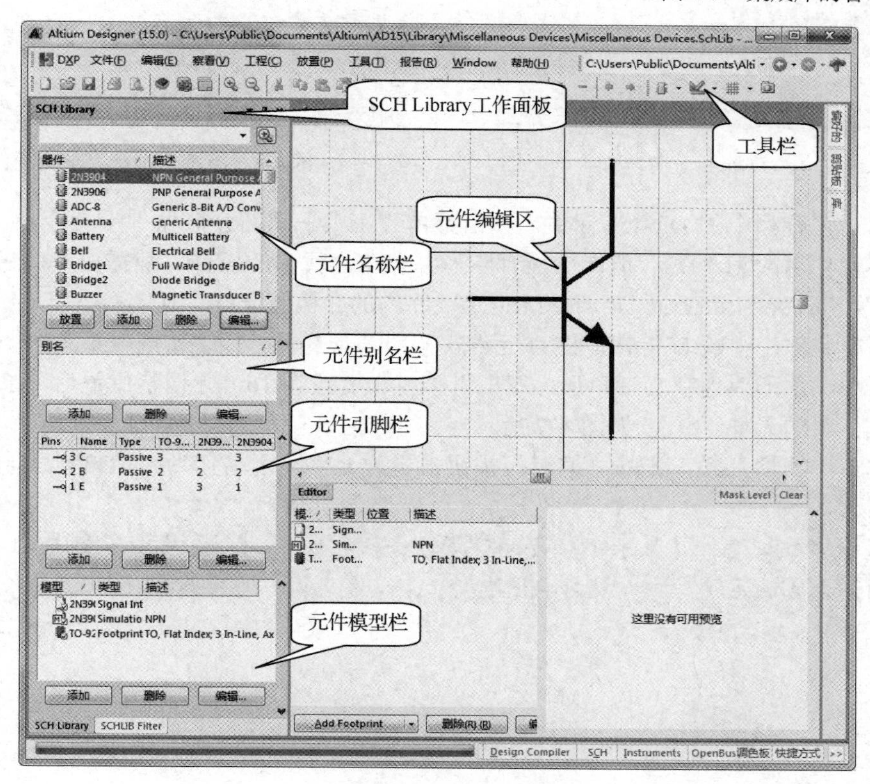

图 4-4　原理图元件编辑界面

（2）元件库构成。

一个库文件可以包含多个原理图库元件，每个元件模块占用一张元件图纸。其中，元件编辑区由 *X*，*Y* 轴分割为 4 个象限，元件的符号放在第四象限，靠近坐标系的原点处。每个元件的参考点都是坐标的原点。每个原理图元件由元件外形图形、元件引脚两部分构成。每个原理图库元件的引脚标识编号均从 1 开始。

4.1.2　系统库元件属性的修改

1．复制“Miscellaneous Devices.IntLib”库内的二极管元件“Diode”

（1）在“SCH Library”工作面板中的元件名称栏内找到并右击 Diode 元件。在弹出的菜单中选取“复制”命令，如图 4-5 所示。然后在元件名称栏内右击，选取“粘贴”命令，则名称栏内出现一个 Diode1 的元件，如图 4-6 所示。

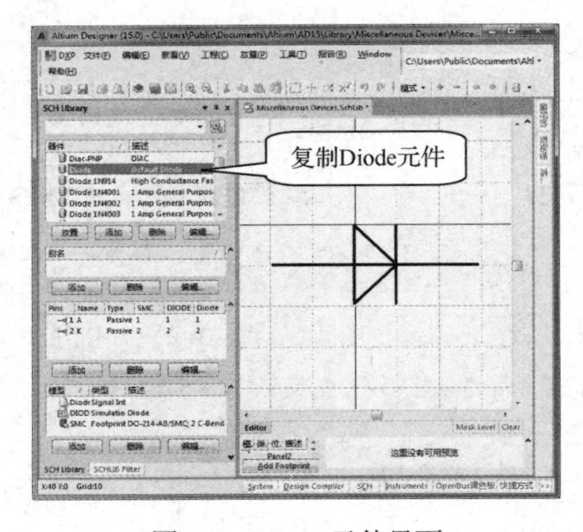

图 4-5　Diode 元件界面

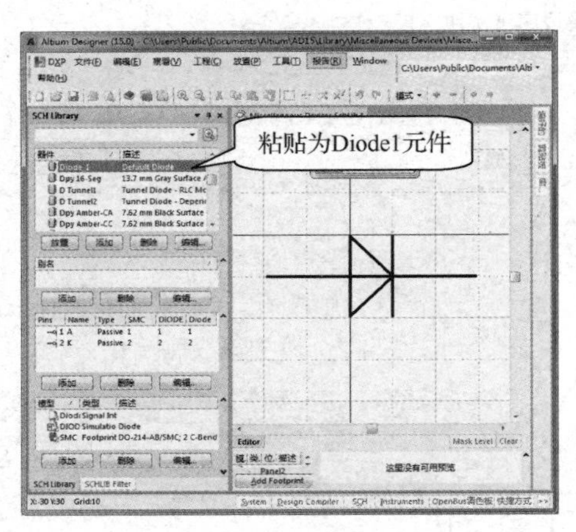

图 4-6　不符合国标要求的元件

（2）单击名称栏中的 Diode1 元件，单击菜单“工具→重新命名器件”命令，在出现的重命名栏中将元件名改为“D”。但此二极管图形并非符合我国的国标，故需要对此进行修改。

2．修改“Miscellaneous Devices.IntLib”库内的二极管元件“D”

（1）单击名称栏中的 D 元件，将 D 元件实心三角形删除，用“实用”工具中的“放置线”工具，将实心三角形改为空心三角形，双击引脚将长度改为 10，并调整位置后，单击“保存”按钮，产生了新的元件“D”，如图 4-7 所示。

（2）单击“器件”栏下方的“编辑”按钮，更改元件显示名称为“VD?”，其余默认。

【小提示】

为防止损坏系统元件库带来不必要的麻烦，一般系统中的元件尽量不要去直接修改，而是采用复制到自己的元件库中，然后再进行修改。

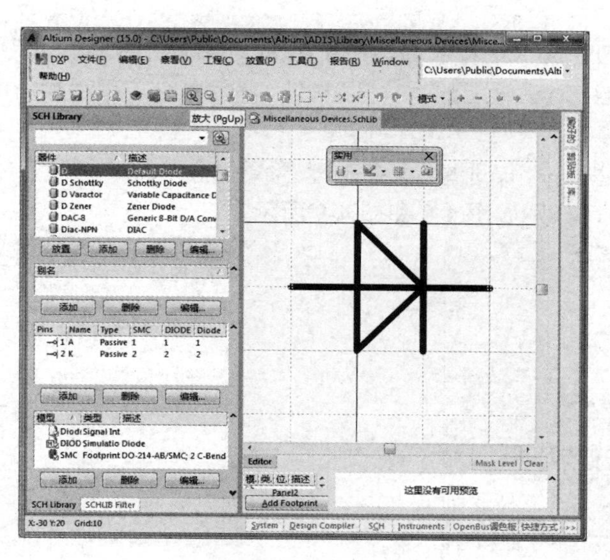

图 4-7　符合国标要求的二极管元件

任务 4.2　创建自制原理图元件库

任务目标

- 掌握建立单个元件的方法和步骤。
- 掌握建立多部件元件的方法和步骤。
- 设置新建元件的电气特性及属性。

任务内容

- 建立一个元件库文件并添加到“元件库.PrjPcb”工程中，命名为“自制元件.SchLib”。
- 绘制霍尔元件 CC3020 及双 D 触发器 CC4013。

任务实施

4.2.1　新建原理图元件库——命名为“自制元件.SchLib”

1．打开设计工作台并加载“元件库.PrjPcb”工程

（1）启动 Altium Designer15 软件，切换到“Projects”对话框。单击“Projects”对话框中的“工作台”按钮，选择“打开设计工作区”命令，将 EX4 中的“项目四.DsnWrk”加载到工作台。

（2）单击“Projects”对话框上的“工作台”按钮，选择“添加现有工程”命令，将 EX4 中的“元件库.PrjPcb”工程加载到工程栏里。

2．在"元件库.PrjPcb"工程中新建一个名为"自制元件.SchLib"的原理图元件库

（1）单击"Projects"对话框上的"工程"按钮，选择"给工程添加新的→Schematic Library"命令。

（2）继续单击"工程"按钮，选择"保存工程"命令，将元件库文件更名为"自制元件.SchLib"保存到 EX4 文件夹中，分别如图 4-8 和图 4-9 所示。

图 4-8 工程中的自制元件库

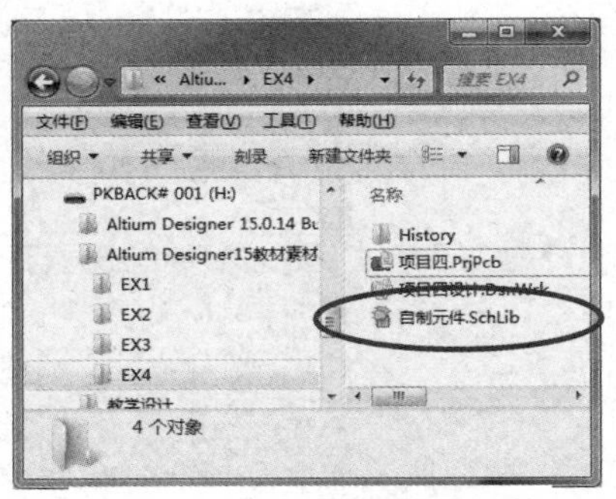

图 4-9 保存目录中的自制元件库

4.2.2 熟悉元件制作环境

1．熟悉原理图元件库的元件编辑界面制作

（1）在"Projects"对话框中，双击"自制元件.SchLib"文件，打开元件编辑界面。

（2）单击"Projects"对话框下方的"SCH Library"切换标签，切换到"SCH Library"工作面板，如图 4-10 所示。

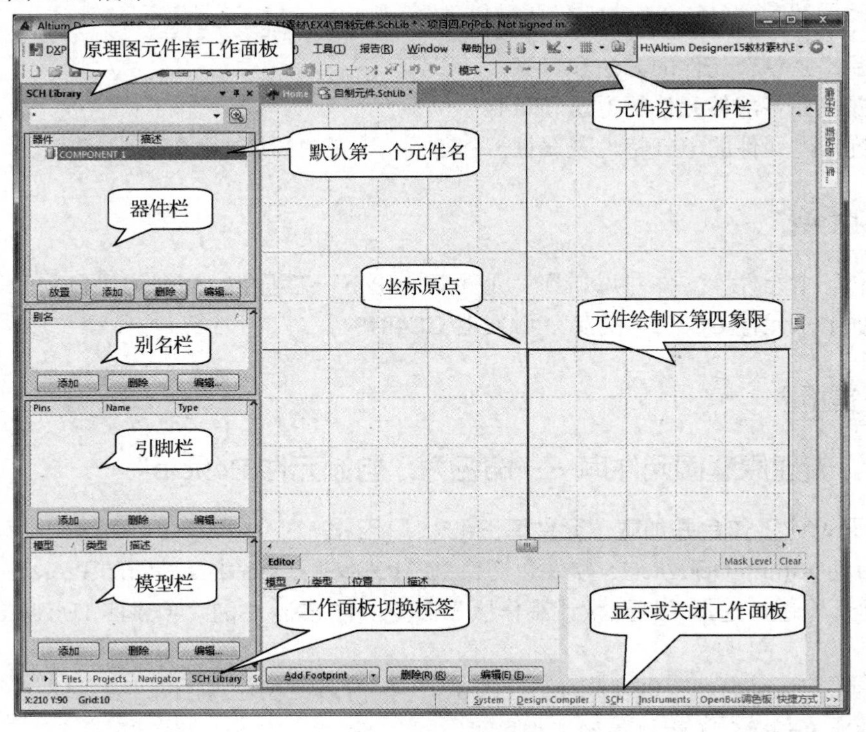

图 4-10 元件设计界面

① 器件栏：显示当前所打开的库中的所有元件。其中按钮功能说明如下：

➢ 放置：将选定的元件放置到当前原理图中。

➢ 添加：在元件库中添加一个新元件。

➢ 删除：删除在库中选定的元件。

➢ 编辑：编辑选定元件的属性。

② 别名栏：在栏中可以为同一个元件的原理图符号设定另外的名称。有些元件的功能、引脚、封装形式完全相同，但因生产厂家不同，所以型号就不同。在此，只要添加一个或多个别名就可以了。其中按钮功能说明如下：

➢ 添加：为选定元件添加一个别称。

➢ 删除：删除选定的别称。

➢ 编辑：编辑选定元件的别称。

③ 引脚栏：显示选定元件的所有引脚信息，如编号、名称、类型。其中按钮功能说明如下：

➢ 添加：为选定元件添加一个引脚。

➢ 删除：删除选定的引脚。

➢ 编辑：编辑选定元件的引脚。

④ 模型栏：显示选定元件的其他模型信息，如 PCB 封装、信号完整性分析模型、VHDL 模型等。如果只需要库元件的原理图符号，库文件是原理图元件库，故该栏一般不需要。其中按钮功能说明如下：

➢ 添加：为选定元件添加其他模型。

➢ 删除：删除选定的模型。

➢ 编辑：编辑选定元件的模型。

2. 熟悉原理图元件编辑工具栏

“实用”工具栏如图 4-11 所示。其中，主要是元件绘制工具和 IEEE 工具。

图 4-11　元件绘制工具栏

（1）元件绘制工具与“放置”菜单命令类似，如图 4-12 所示。

（2）IEEE 工具如图 4-13 所示。

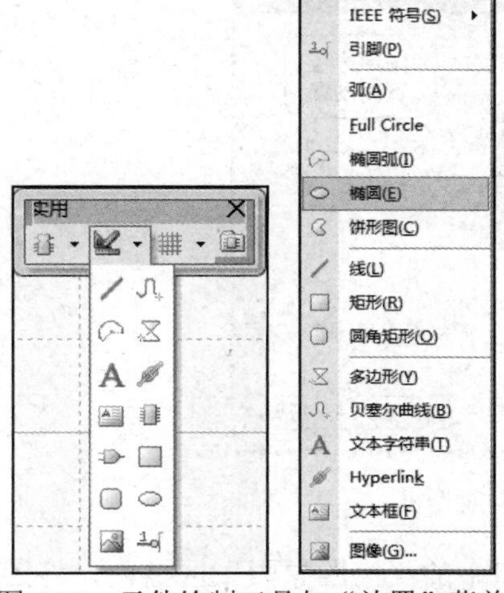

图 4-12　元件绘制工具与“放置”菜单

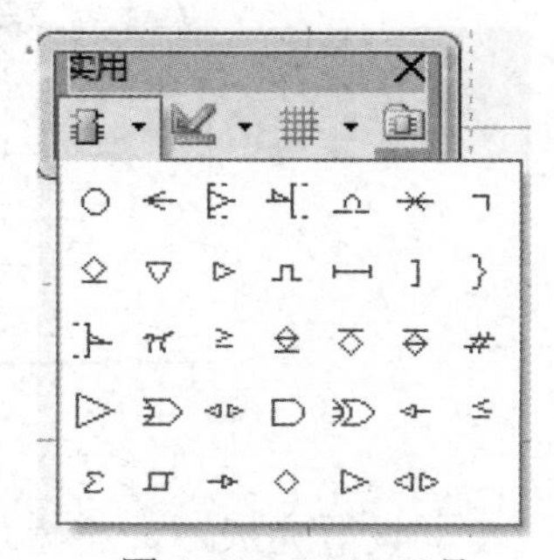

图 4-13　IEEE 工具

4.2.3 制作元件

1. 制作单部件元件 CC3020

CC3020（霍尔开关）如图 4-14 所示，其各引脚参数见表 4-1。

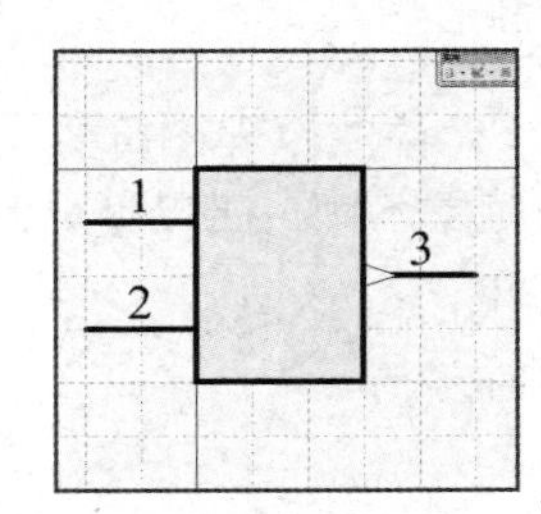

图 4-14 CS3020（霍尔开关）

表 4-1 CC3020 引脚属性

标 识 符	显 示 名 称	电 气 类 型	长度/mil
1	VCC	Power	20
2	GND	Power	20
3	VOUT	Output	20

（1）绘制元件外形。

在原理图元件设计界面中绘制元件图形。

[第一步] 执行“放置矩形”操作，一个矩形会在鼠标下浮动。

【方法一】在英文输入状态下使用快捷键：PR。

【方法二】使用“实用”绘图工具栏中的“矩形”工具。

【方法三】单击菜单“放置→矩形”命令。

[第二步] 按 Tab 键，出现“长方形”对话框，如图 4-15 所示。将图形边缘宽度设置为 Small，边缘颜色改为深蓝色（颜色编号为 223）。

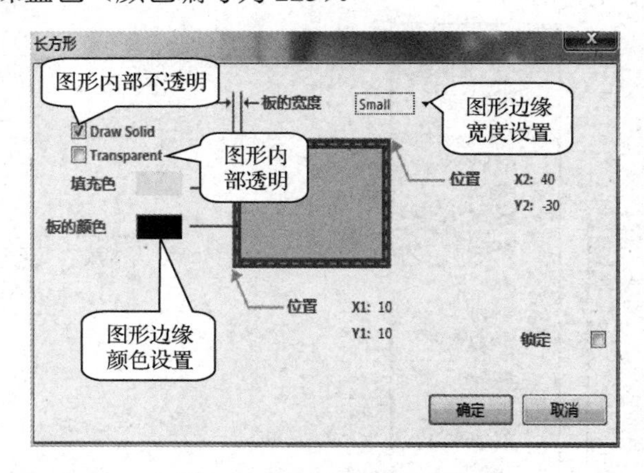

图 4-15 “长方形”对话框

[第三步] 设置完成后，将矩形拖动到编辑窗口中的“第四象限”区域内，将图形的左上

角与绘图区的坐标原点重合，单击鼠标确定第一点，然后拖动鼠标寻找图形的对角线位置，然后单击鼠标确定第二点，将图形放置到绘图区。右击鼠标解除放置。

［第四步］单击选中图形，图形周边出现控制点，如图 4-16 所示，用鼠标拖动这些点可改变图形的大小。

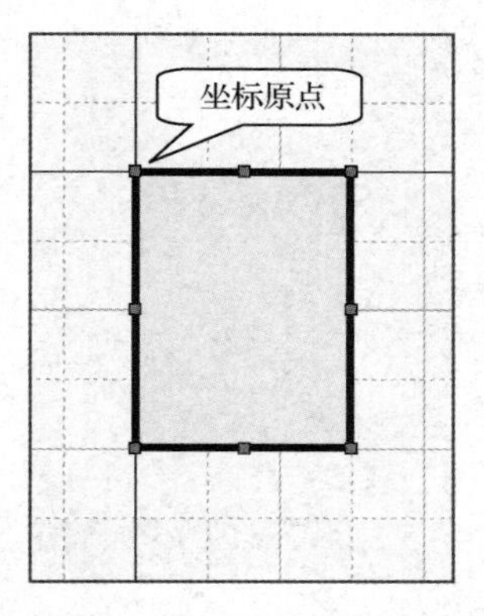

图 4-16　绘制矩形图形

（2）放置元件的引脚并设置属性。

［第一步］按下列方法放置引脚操作后，一个引脚会在鼠标下浮动。

【方法一】在英文输入状态下使用快捷键：PP。

【方法二】使用“实用”绘图工具栏中的“放置引脚”工具。

【方法三】单击菜单“放置→引脚”命令。

［第二步］按 Tab 键，出现“管脚属性”对话框，如图 4-17 所示。在电气特性栏中，设置 1 号脚显示名字为“VCC”，标识为“1”，电气类型为“Power”型。按图 4-17 所示的要求，显示名字到图形边框为“1”，标识文字到图形边框为“5”，管脚长度为 20，其余默认。

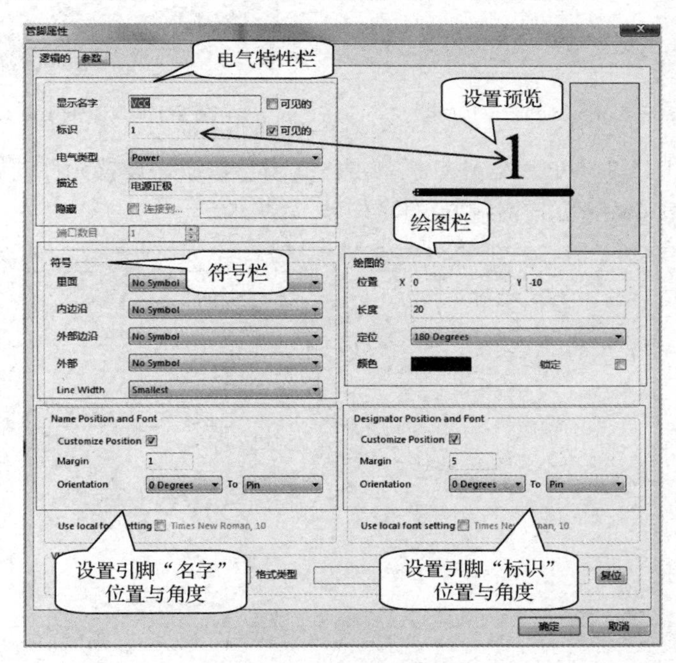

图 4-17　“管脚属性”对话框

［第三步］利用“空格”键或“X”“Y”键，调整引脚位置并单击鼠标放置。

［第四步］用同样的方法设置和放置 2 号引脚和 3 号引脚。在放置 3 号引脚时要注意，改变 3 号引脚的电气属性为“Output”。

（3）元件的更名及保存。

［第一步］单击菜单“工具→重新命名器件”命令，弹出“Rename Component”对话框，如图 4-18 所示。将元件更名为“CC3020”，单击“确定”按钮，弹出“SCH Library”对话框，如图 4-19 所示。

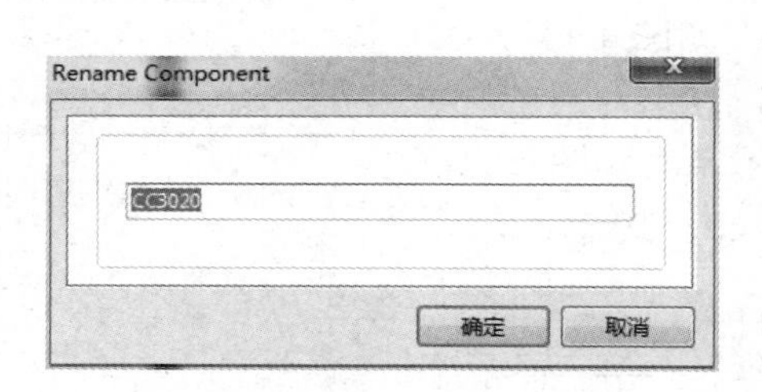

图 4-18 “Rename Component”对话框

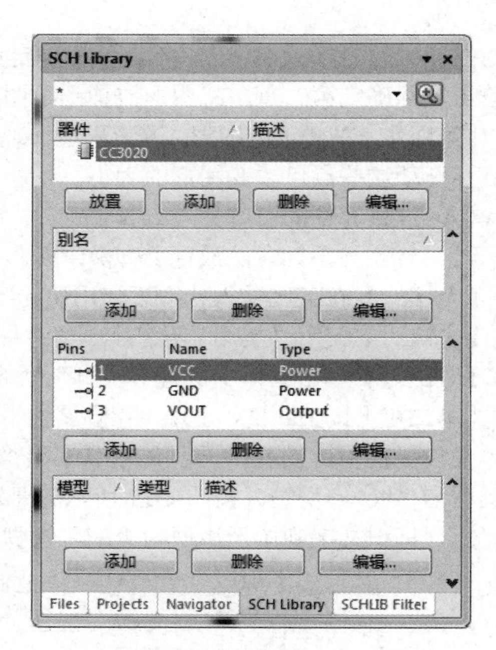

图 4-19 “SCH Library”对话框

［第二步］在图 4-19 中的“器件”栏单击“编辑”按钮，设置元件的属性。如图 4-20 所示，在“Default Designator”栏内输入“K?”，其余默认。

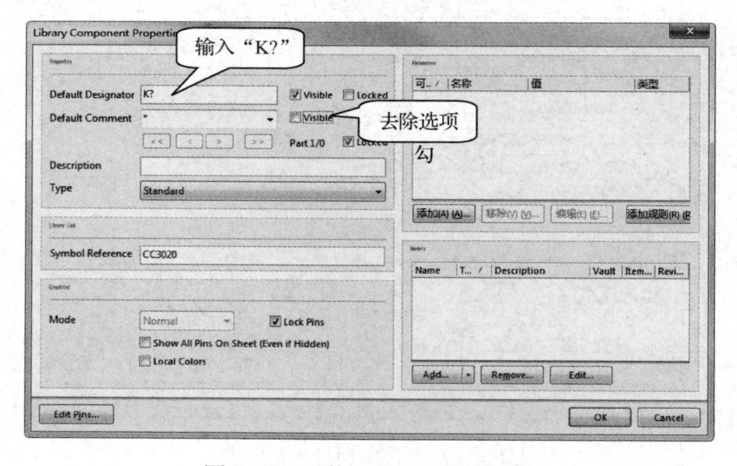

图 4-20 元件 CC3020 属性设置

［第三步］单击“标准”工具栏上的“保存”按钮。

2．制作多部件元件 CC4013（双 D 上升沿触发器）

CC4013 元件图形 Part A 和 Part B 分别如图 4-21 和图 4-22 所示，其各引脚参数见表 4-2。

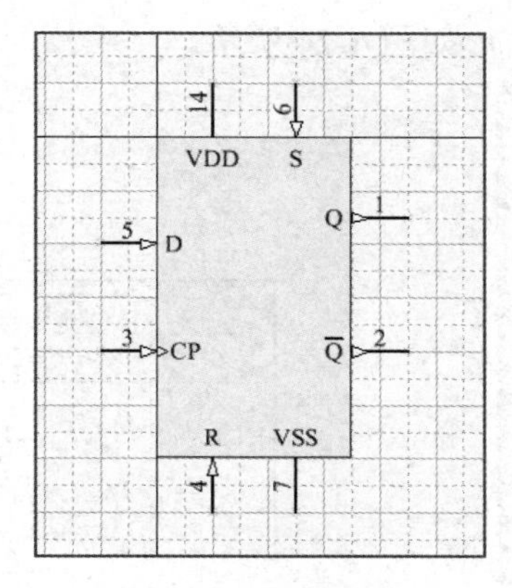

图 4-21　CC4013 Part A

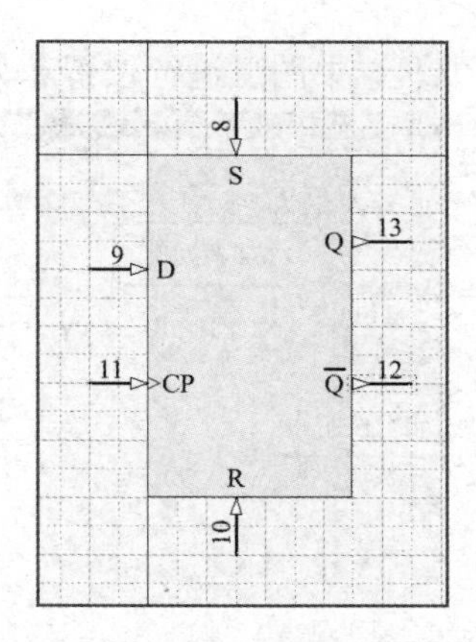

图 4-22　CC4013 Part B

表 4-2　CC4013 元件引脚参数

标识符	显示名称	电气类型	长度/mil	特殊设置
1	Q	Output	20	
2	$\overline{Q}$	Output	20	
3	CP	Input	20	内部边沿 Clock
4	R	Input	20	
5	D	Input	20	
6	S	Input	20	
7	VSS	Power	20	
8	S	Input	20	
9	D	Input	20	
10	R	Input	20	
11	CP	Input	20	内部边沿 Clock
12	$\overline{Q}$	Output	20	
13	Q	Output	20	
14	VDD	Power	20	

（1）绘制元件 CC4013 Part A 外形。

［第一步］打开“自制元件.SchLib”文件，进入原理图元件库设计环境中，切换到“SCH Library”工作面板。

［第二步］单击“器件”栏上的“添加”按钮，或单击菜单“工具→新器件”命令。在出现的“New Component Name”对话框中输入新元件名“CC4013”，然后单击“确定”按钮。进入到元件编辑界面，如图 4-23 所示。

［第三步］利用菜单“放置→矩形”命令，或用“实用”工具栏中的“矩形”工具，根据图 4-21 要求，绘制元件形状。设置边框线宽为“Small”，边缘颜色为深蓝色（颜色编号为 223）。

［第四步］单击“确定”按钮，将矩形拖动到编辑窗口中的“第四象限”区域，将图形的左上角与绘图区的坐标原点重合，将图形放置到绘图区。右击鼠标解除放置。

[第五步] 选中图形进行位置和大小的调整，其外形如图 4-24 所示。

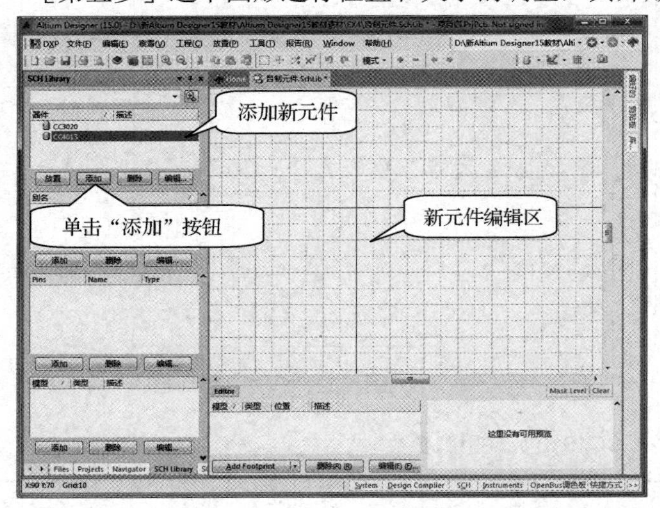

图 4-23　元件编辑界面

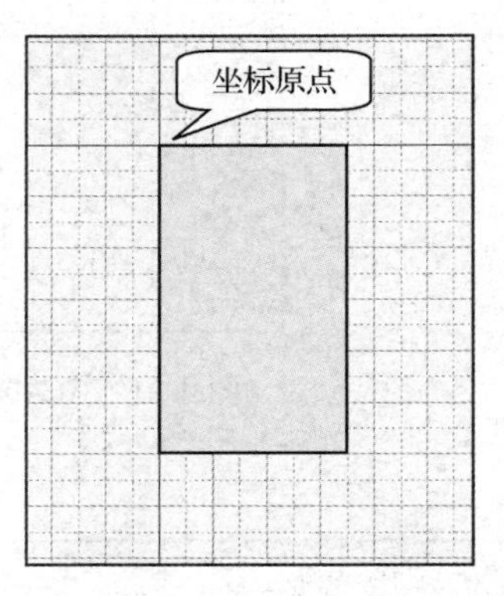

图 4-24　绘制 CC4013 外形

（2）放置元件引脚并设置引脚属性。

放置引脚的方法介绍如下：

【方法一】在英文输入状态下使用快捷键：PP。

【方法二】单击菜单“放置→引脚”命令。

【方法三】利用“实用”工具栏中的“引脚”工具。

[第一步] 在引脚随鼠标浮动时，按下 Tab 键，进入“管脚属性”对话框，如图 4-25 所示（例 3 号或 11 引脚的属性设置）。

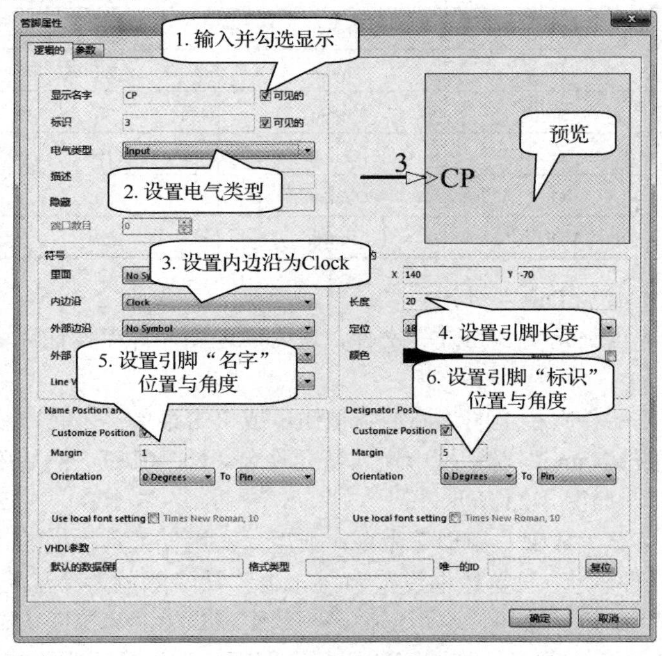

图 4-25　“管脚属性”对话框

［第二步］按表 4-2 要求，将其他引脚设置并放置到合适位置。单击“保存”按钮，其结果图形如图 4-26 所示。

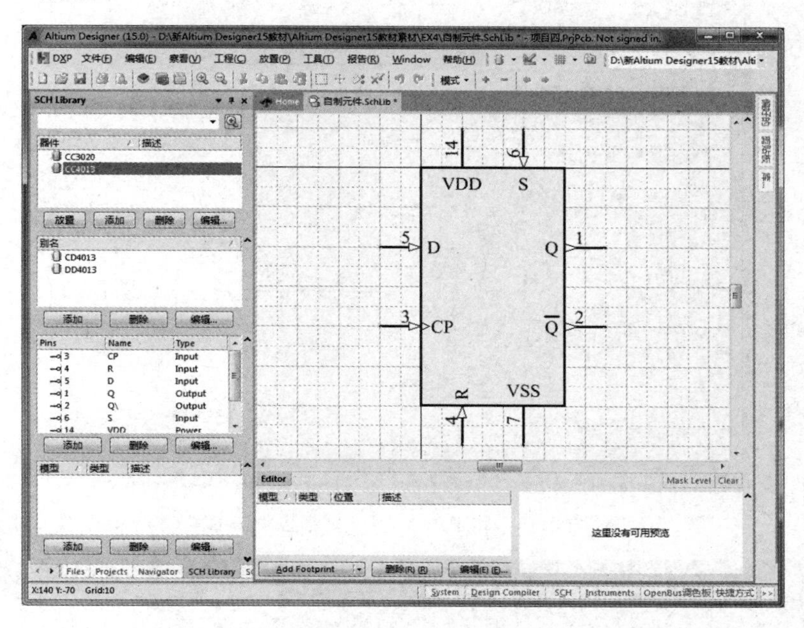

图 4-26　完成的 CC4013 Part A 图形

（3）绘制元件 CC4013 Part B 外形。

［第一步］添加新部件，如图 4-27 所示。

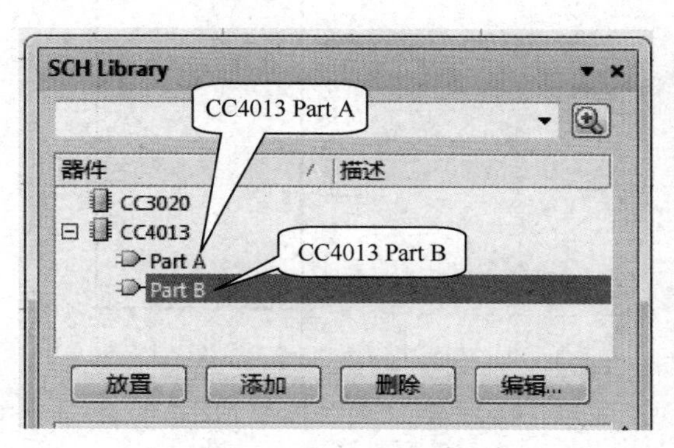

图 4-27　添加新部件

【方法一】在英文输入状态下使用快捷键：TW。

【方法二】利用“实用”工具栏中的绘图工具中的“添加器件部件”按钮。

【方法三】在当前元件编辑状态下，单击菜单“工具→新部件”命令。

［第二步］单击“Part A”文件，将前面所画的元件图形复制到“Part B”编辑界面中，如图 4-28 所示。

［第三步］在“Part B”编辑界面中，只要将引脚的名字进行修改，然后删除两个电源引脚（7 号和 14 号引脚）单击“保存”按钮即可，如图 4-29 所示。

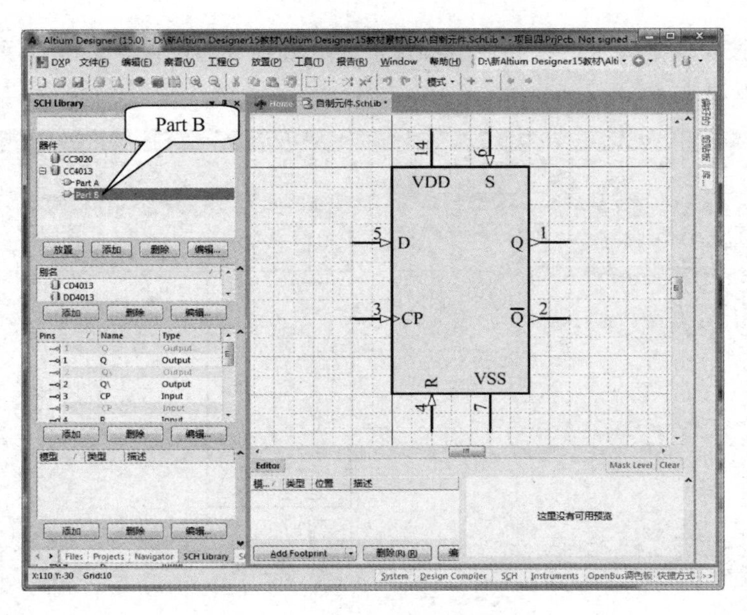

图 4-28 将 Part A 图形复制到 Part B

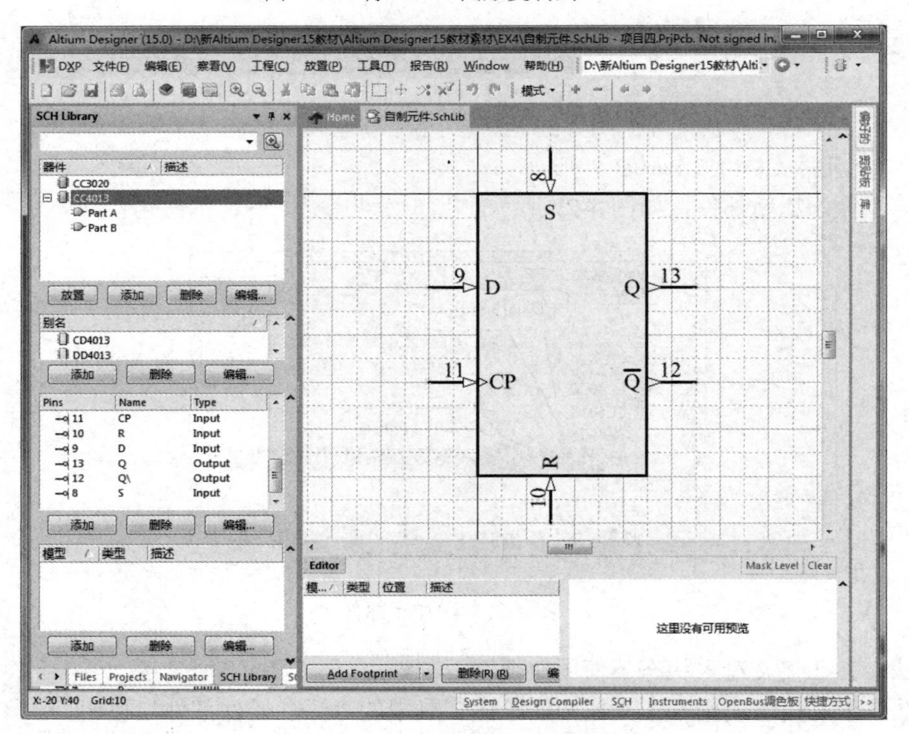

图 4-29 完成的 CC4013 Part B 图形

（4）属性的设置，如图 4-30 所示。

［第一步］单击“SCH Library”工作面板中“器件”栏的“编辑”按钮。

［第二步］在“Default Designator”栏内输入“U?”。

［第三步］在“Default Comment”栏内输入“CC4013”。

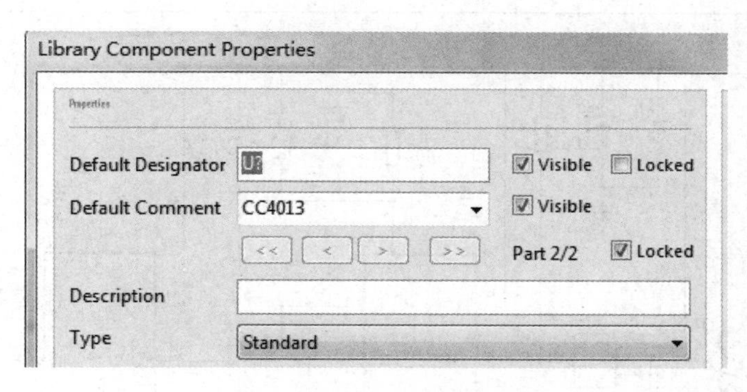

图 4-30 CC4013 属性设置

[第四步] 单击“OK”按钮，再单击标准工具栏上的“保存”按钮，完成多部件元件的设计制作。

【小提示】

在绘制元件时，可将其他元件库中的元件图形复制到编辑区中进行图形、属性修改，然后保存即可。

任务 4.3 元件库应用——绘制照明控制电路

任务目标

- 调用自制原理图元件库。
- 创建原理图项目库。
- 掌握根据元件变化随时更新原理图的方法。

任务内容

- 绘制照明控制电路原理图。
- 创建原理图项目元件库。
- 更新原理图。

任务实施

绘制照明控制电路如图 4-31 所示，其各元件参数见表 4-3。

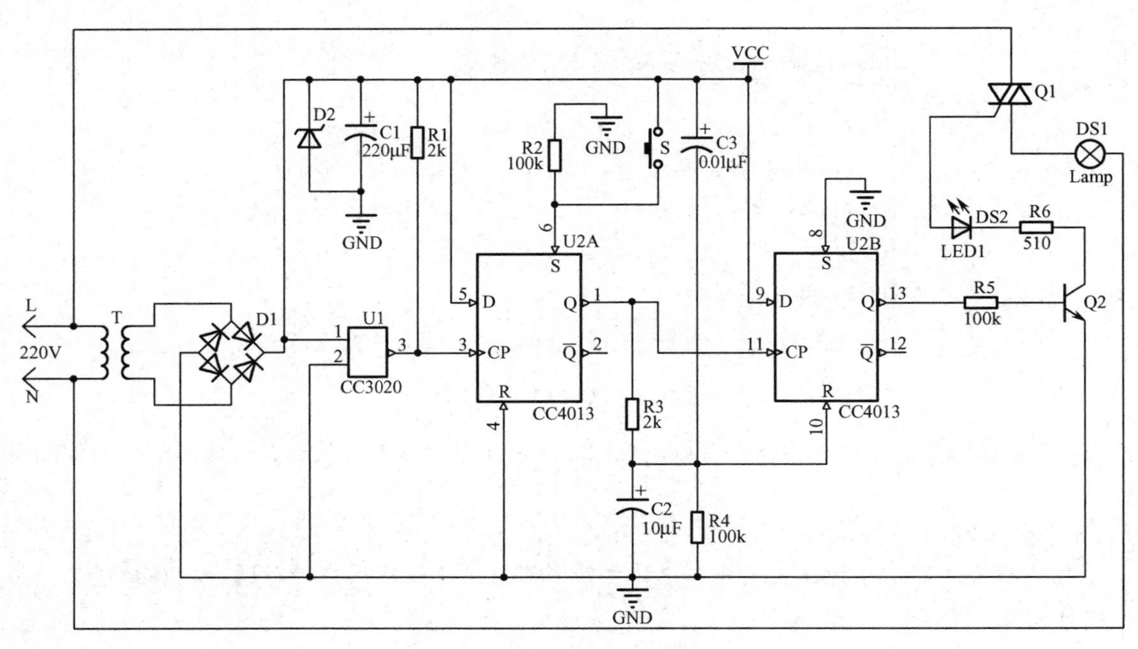

图 4-31　照明控制电路

表 4-3　照明控制电路元件参数

元件编号	参数说明	元件名称	数量	所在库
D1	稳压二极管	D Zener	1	Miscellaneous Devices.IntLib
D2	发光二极管	LED1	1	
DS1	灯泡	Lamp	1	
K	霍尔元件	CC3020	1	自制元件库
L	插头	Plug	1	Miscellaneous Connectors. IntLib
N	插头	Plug	1	
Q1	整流桥堆	Bridge1	1	Miscellaneous Devices.IntLib
S	按钮	SW-PB	1	
T	变压器	Trans	1	
U1	双 D 触发器	CC4013	1	自制元件库
V1	NPN 三极管	2N3904	1	Miscellaneous Devices.IntLib
V2	双向晶闸管	Triac	1	
C1，C2，C3	220μF，10μF，0.01μF	Cap Pol1	3	
R1，R2，R3，R4，R5，R6	2kΩ，100kΩ，2kΩ，100kΩ，100kΩ，510Ω	Res2	6	

4.3.1　新建原理图文件

新建原理图文件，命名为“照明控制电路.SchDoc”，保存在 EX4 中。

1．新建原理图文件并设置标题栏的属性

（1）加载“电路绘制.PrjPcb”工程。

［第一步］单击“Projects”对话框上的“工作台”按钮，选择“添加现有工程”命令，将EX4中的“电路绘制.PrjPcb”工程加载到工程栏里。

［第二步］单击“Projects”对话框上的“工程”按钮，选择“给工程添加新的→Schematic”命令。

［第三步］单击“Projects”对话框上的“工程”按钮，选择“保存工程”命令，在出现的对话框中将文件更名为“照明控制电路.SchDoc”，并保存到EX4中，分别如图4-32和图4-33所示。

图4-32　工程中管理的文件

图4-33　EX4中保存的文件

（2）设置图纸属性及标题栏。

［第一步］双击“照明控制电路.SchDoc”文件，打开原理图编辑界面，打开“文档选项”对话框，如图4-34所示。

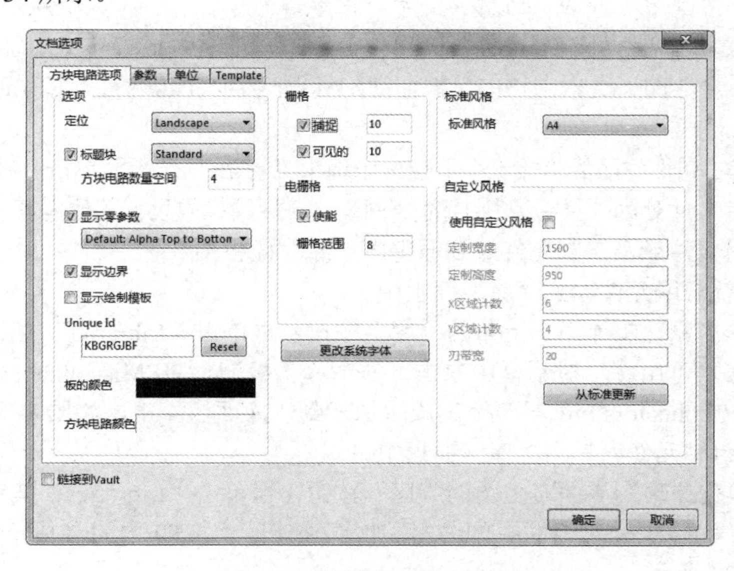

图4-34　“文档选项”对话框

打开“文档选项”对话框方法如下：

【方法一】在英文输入状态下使用快捷键：DO。

【方法二】单击菜单，选取“设计→文档选项”命令。

【方法三】在文档空白处右击鼠标，弹出快捷菜单，选取“选项→文档选项”命令。

［第二步］在“文档选项”对话框中的“方块电路选项”卡中，将幅面设置为横排，幅面大小设置为A4，将电栅格的“栅格范围”设置为8，其余默认，如图4-34所示。

［第三步］单击“文档选项”对话框中的“参数”选项卡，设置参数如图4-35所示。

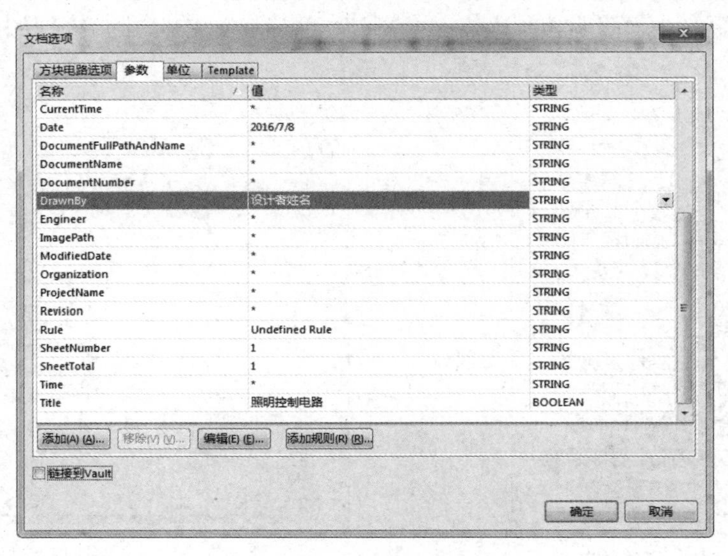

图4-35　参数设置

［第四步］设置完毕后单击“确定”按钮。放置“文本字符串”，方法如下：

【方法一】在英文输入状态下使用快捷键：PT。

【方法二】单击菜单，选取“放置→文本字符串”命令。

【方法三】在文档空白处右击鼠标，弹出快捷菜单，选取“放置→文本字符串”命令。

［第五步］将悬浮的“文本字符串”框拖动到标题栏的“Title”处，按Tab键设置“标注”对话框。

［第六步］在“属性”区的“文本”下拉框中选中“=Title”选项，单击“确定”按钮。会出现与之对应的文字，此处为“照明控制电路”。同理，在标题栏中设置其他内容，如图4-36所示。

2．加载常用元件库及自制元件库到原理图“库”面板中

（1）加载系统常用元件库到“库”面板中。

［第一步］单击原理图界面右上角的“库”按钮，再单击“Libraries”按钮。

［第二步］在“可用库”对话框中单击“添加库”按钮，将Miscellaneous Devices.IntLib和Miscellaneous Connectors.IntLib两个集成库加载到“库面板”中，如图4-37所示。

（2）加载“自制元件库”到“库”面板中。

［第一步］单击原理图界面右上角的“库”按钮，再单击“Libraries”按钮。

［第二步］在“可用库”对话框中单击“添加库”按钮，将EX4中的自制元件库加载到“库”面板中，如图4-37所示。

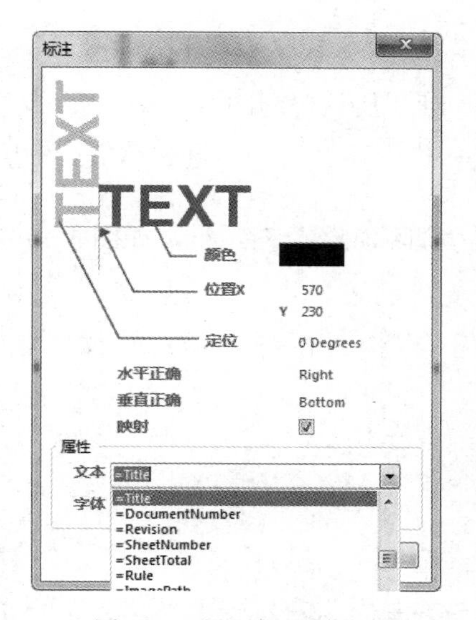

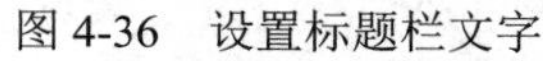
图 4-36　设置标题栏文字

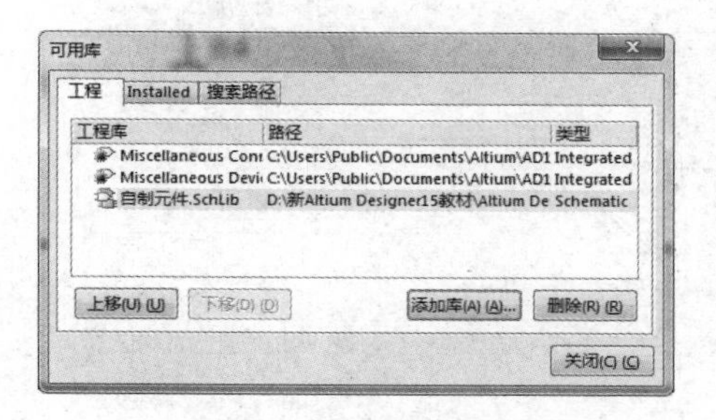

图 4-37　添加元件库

4.3.2　绘制“照明控制电路.SchDoc”并编译

1．在“库”面板中切换元件库，并放置、调整相关元件

（1）根据表 4-3 的参数，在“库”面板中将处于不同库中的所有元件放置到原理图中。

（2）通过利用元件的旋转、镜像、移动等操作调整元件，如图 4-38 所示。

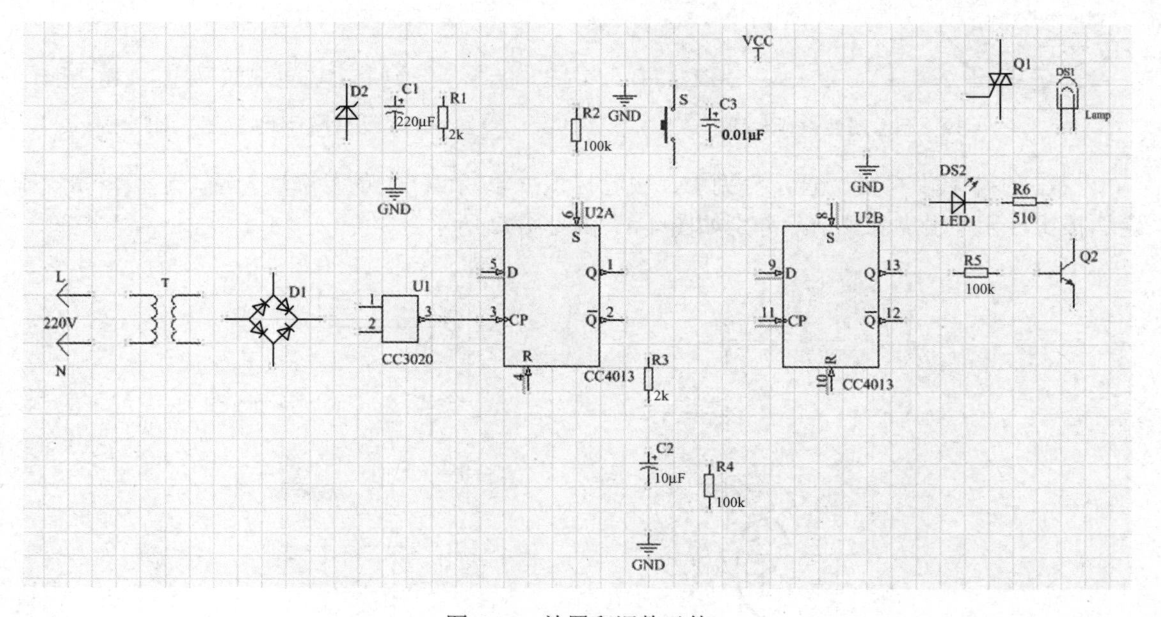

图 4-38　放置和调整元件

2．设置元件属性

（1）在元件处于浮动状态时，按下 Tab 键，或双击已放置的元件，根据表 4-3 要求设置元件的属性，如元件显示名称、参数值等。

（2）元件的引脚隐藏设置（CC4013 Part A 的 7 和 14 引脚为电源的负极和正极）。

[第一步] 在原理图中双击 CC4013 Part A 元件，出现元件属性设置对话框，如图 4-39 所示。

[第二步] 单击“Edit Pins…”按钮，弹出“元件管脚编辑器”对话框，如图 4-40 所示。

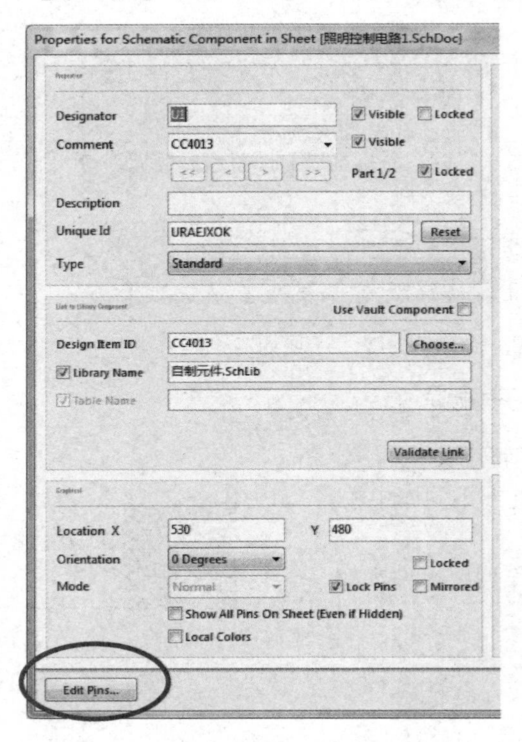

图 4-39　元件属性设置对话框

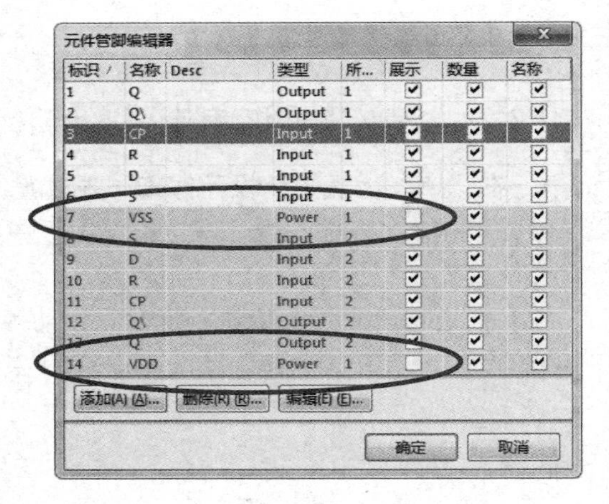

标识	名称	Desc	类型	所...	展示	数量	名称
1	Q		Output	1	✔	✔	✔
2	Q\		Output	1	✔	✔	✔
3	CP		Input	1	✔	✔	✔
4	R		Input	1	✔	✔	✔
5	D		Input	1	✔	✔	✔
6	S		Input	1	✔	✔	✔
7	VSS		Power	1		✔	✔
8	S		Input	2	✔	✔	✔
9	D		Input	2	✔	✔	✔
10	R		Input	2	✔	✔	✔
11	CP		Input	2	✔	✔	✔
12	Q\		Output	2	✔	✔	✔
13	Q		Output	2	✔	✔	✔
14	VDD		Power	1		✔	✔

图 4-40　“元件管脚编辑器”对话框

[第三步] 在其中的“展示”列中，去除标识 7 和标识 14 的复选项勾选，然后单击“确定”按钮，元件引脚隐藏前后分别如图 4-41 和图 4-42 所示。

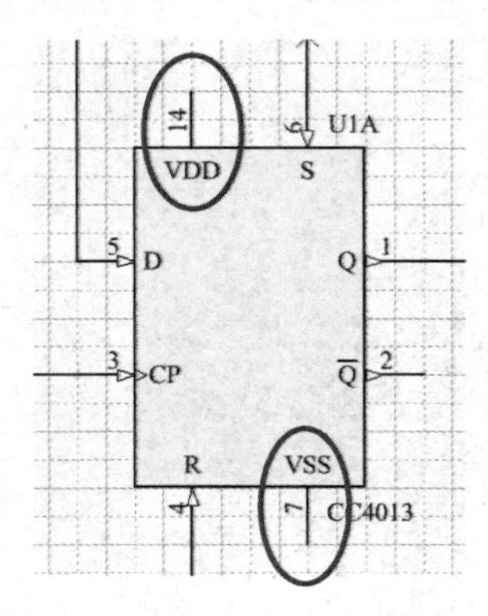

图 4-41　元件引脚隐藏前

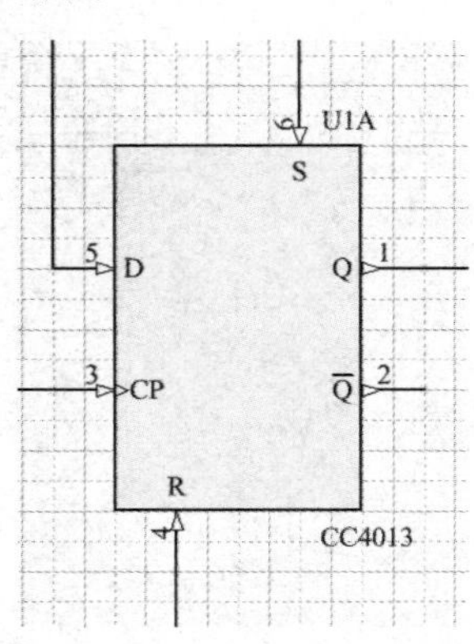

图 4-42　元件引脚隐藏后

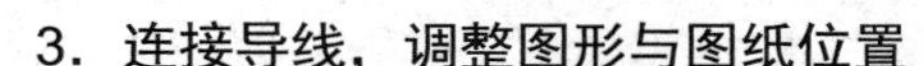

3．连接导线，调整图形与图纸位置

（1）将所有元件按图 4-31 的要求进行连接。

［第一步］放置导线操作方法如下：

【方法一】在英文输入状态下使用快捷键：PW。

【方法二】单击菜单，选取“放置→线”命令。

【方法三】在文档空白处右击鼠标弹出快捷菜单，选取“放置→线”命令。

［第二步］在连接导线时，也要根据实际情况不断地将元件进行位置与方向的调整，然后再将导线进行修正或删除，其绘制结果如图 4-43 所示。

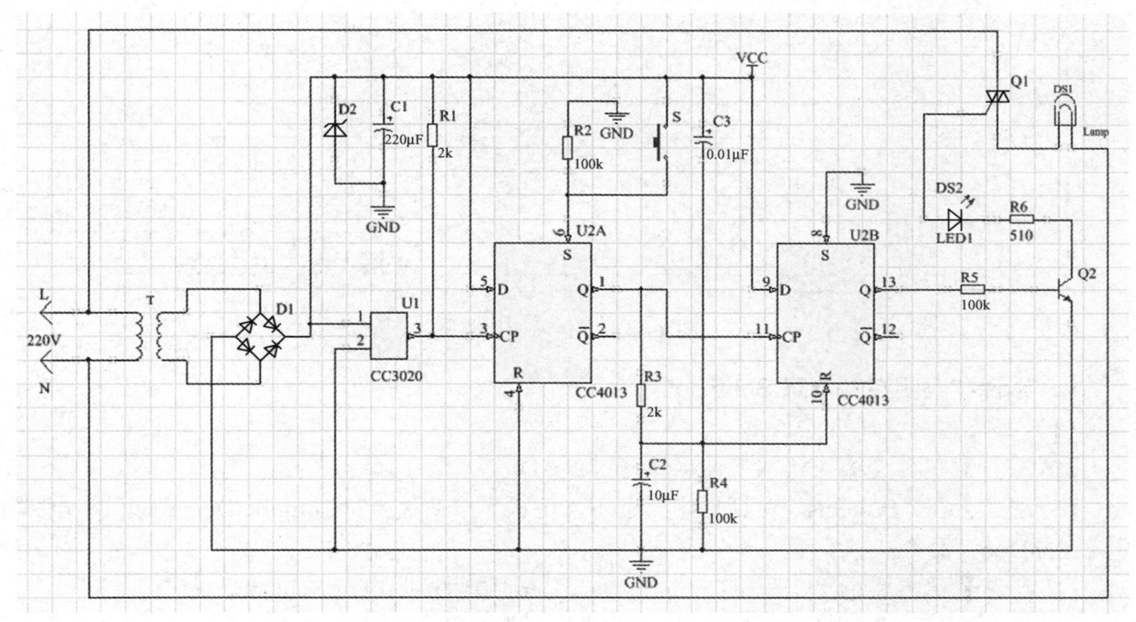

图 4-43　绘制的电路图

（2）调整图形位置。

由图 4-43 可见，图形处于整个图纸幅面偏下，需要调整。

［第一步］选择所有图形对象（除标题栏内容外），方法如下：

【方法一】在英文输入状态下使用快捷键：ESI 框选对象。

【方法二】单击菜单，选取“编辑→选中→内部区域”命令框选对象。

【方法三】使用“原理图标准”工具栏中的“选择区域内部对象”工具框选对象。

【方法四】直接用鼠标框选对象。

［第二步］选定所有图形后，移动、调整图形对象，调整完成后单击“保存”按钮，其结果如图 4-44 所示。

【方法一】用鼠标左键直接拖动选定对象，到位后放开。空白处单击鼠标解除选中状态。

【方法二】“原理图标准”工具栏中的“移动选择对象”工具，单击选定对象则所有对象处于浮动状态，移动到合适位置放开，单击空白处解除选中状态。

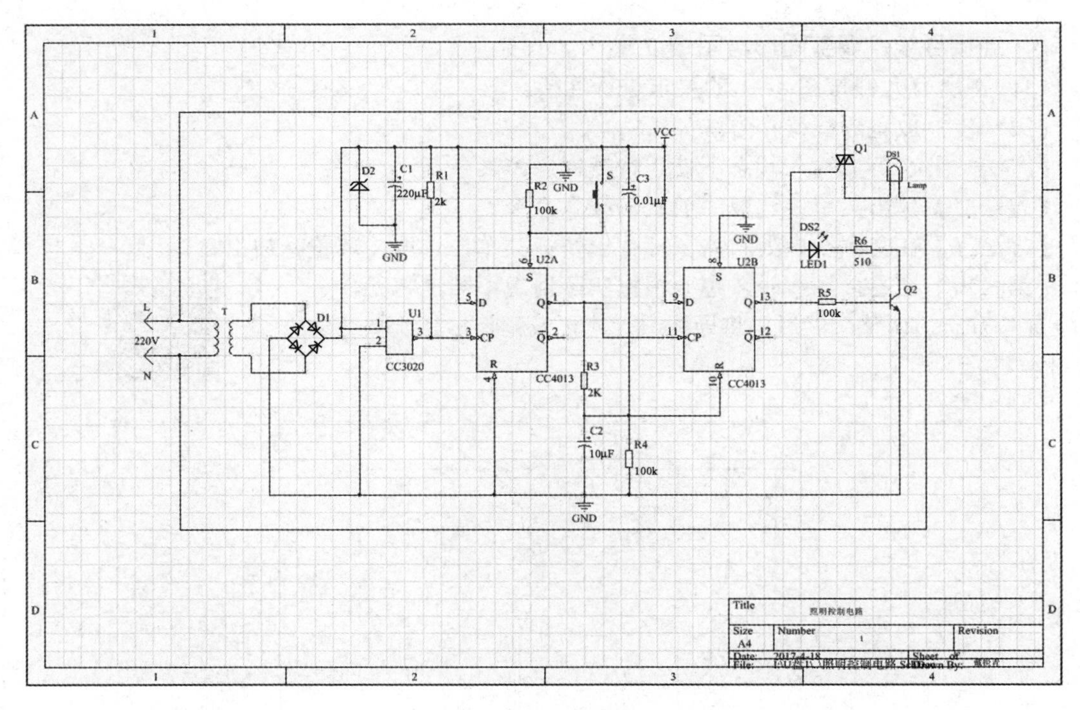

图 4-44　调整后的电路图

4．编译“照明控制电路.SchDoc”

（1）执行图纸编译方法。

【方法一】在英文输入状态下使用快捷键：CD。

【方法二】在“Projects”对话框中，单击“工程”按钮选择“Compile Document 照明控制电路.SchDoc”命令。

【方法三】单击菜单“工程→Compile Document 照明控制电路.SchDoc”命令。

执行该命令后应该出现“Messages”信息提示框。或单击界面右下方的“System”标签，勾选“Messages”命令复选框，弹出“Messages”信息提示框，如图 4-45 所示。

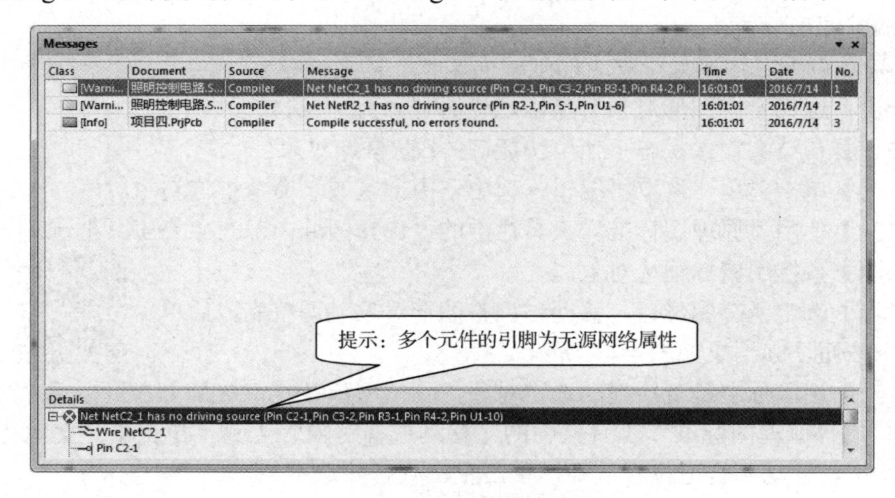

图 4-45　电气检测报警

（2）检测错误分析。

“Messages”信息提示框中有两处黄色警告，意思是发现多个元件的引脚为无源引脚。这些元件都为无源器件，实际上是正常情况，但是在软件的检测中默认设置为“警告”，故出现上述不是问题的“问题”。

（3）更改检测参数。

[第一步] 在原理图编辑环境中，单击菜单“工程→工程参数”命令，出现检测参数对话框。

[第二步] 找到“Nets with no driving source”（无源网络）选项，将其设置为“不报告”，单击“确定”按钮，如图 4-46 所示。

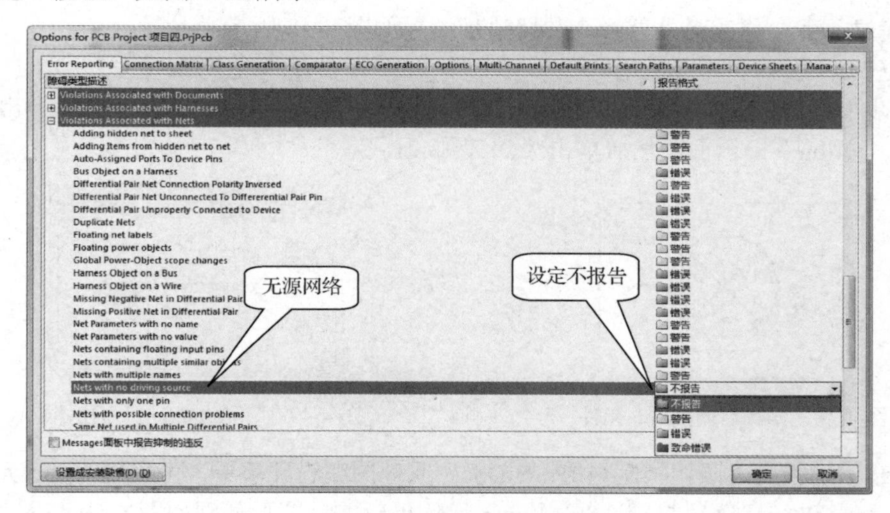

图 4-46　电气检测报警设定

[第三步] 单击菜单“工程→Compile Document 照明控制电路.SchDoc”命令，重新对原理图进行检测。其“Messages”信息提示框结果如图 4-47 所示。

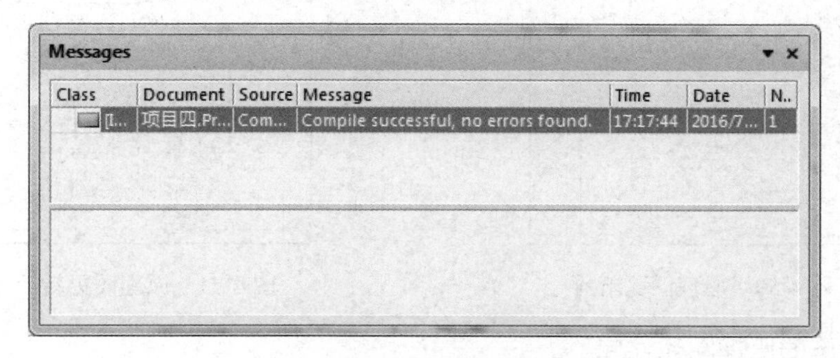

图 4-47　检测结果无错误

4.3.3　创建“照明控制电路.SchDoc”个性原理图元件库

1．修改元件（Lamp 元件）并更新原理图

（1）修改 Lamp 元件：圆圈直径为 30mil，引脚长度为 10mil。

[第一步] 切换到“Projects”对话框，单击“工程”按钮，选择“添加现有文件到工程”命令，将 C:\Users\Public\Documents\Altium\AD15\Library 路径中的 Miscellaneous Devices.IntLib

的集成元件库添加到“元件库.PrjPcb”工程中。

[第二步] 双击“Miscellaneous Devices.IntLib”文件名，自动加载一个同名的集成库包文件 Miscellaneous Devices.LibPkg。

[第三步] 双击“Miscellaneous Devices.SchLib”原理图元件库文件，进入到原理图编辑环境中。

[第四步] 在原理图编辑环境的“Projects”对话框下方会出现“SCH Library”切换标签，单击此标签，可切换到“SCH Library”工作面板。

[第五步] 在“SCH Library”工作面板中的“元件名称”栏内找到并单击 Lamp 元件。进入到元件编辑界面，修改元件外形，其修改后结果如图 4-48 所示。

（2）更新原理图。

[第一步] 在当前原理图编辑状态下，单击菜单“工具→更新原理图”命令，弹出如图 4-49 所示“Information”提示框，然后单击“OK”按钮。

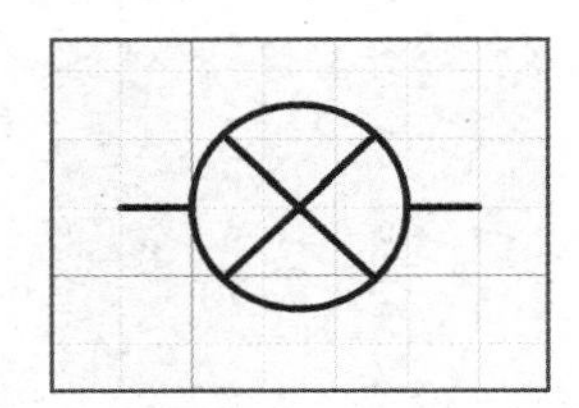

图 4-48　修改后的 Lamp 元件

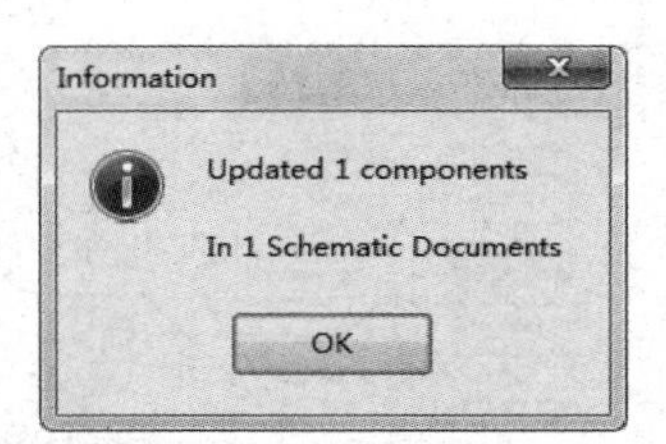

图 4-49　“Information”提示框

[第二步] 切换到“照明控制电路.SchDoc”原理图编辑环境中，可见到 Lamp 元件已经发生了变化，稍微进行调整后重新连线。Lamp 元件更新前后图形分别如图 4-50 和图 4-51 所示。

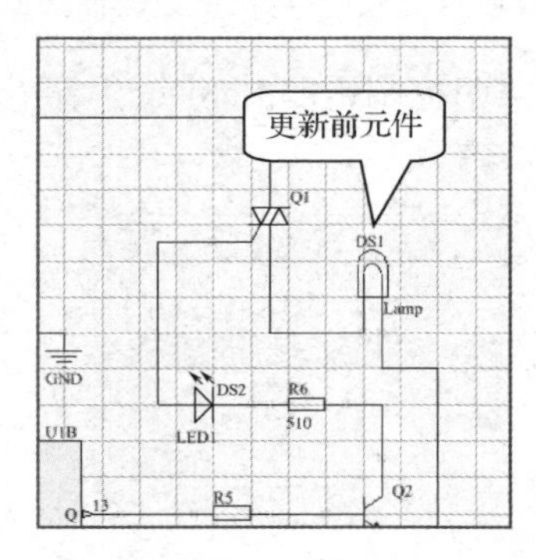

图 4-50　原理图更新前

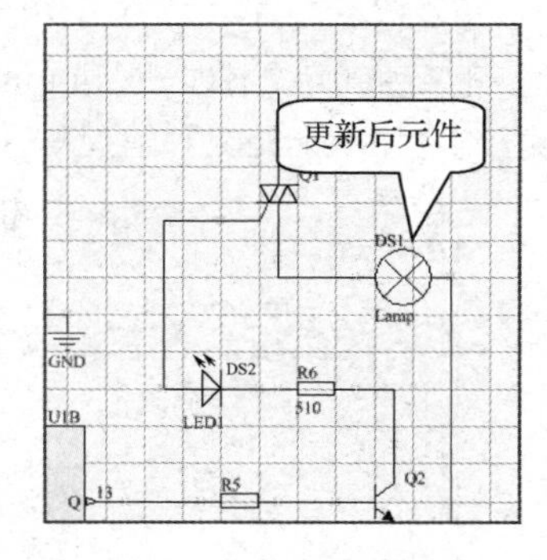

图 4-51　原理图更新后

2. 创建专属的原理图元件库

一般情况下，一张原理图中的元件来自于多个不同的元件库，在实际工作中不便于元件的管理、交流，以及生产文件的制作。因此，可以为工程中的原理图创建专属的元件库，其中包含了原理图中所用到的所有元件。

（1）单击菜单“设计→生成原理图库”命令，则生成一个专属“照明控制电路.SchLib”元件库，如图 4-52 所示。

（2）单击“保存”按钮，将“照明控制电路.SchLib”元件库保存到 EX4 中，如图 4-53 所示。

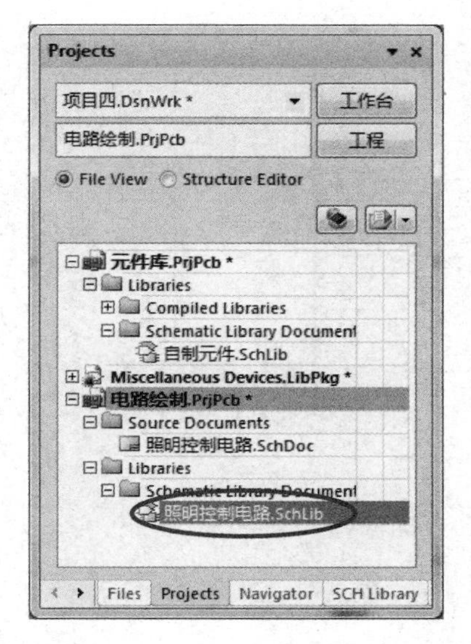

图 4-52　工程中的专属元件库

图 4-53　EX4 中专属元件库的保存

练　习　题

【练习 1】新建元件库文件，取名为“我的元件库.SchLib”。如图 4-54 所示，在新建元件库中绘制下列元件。

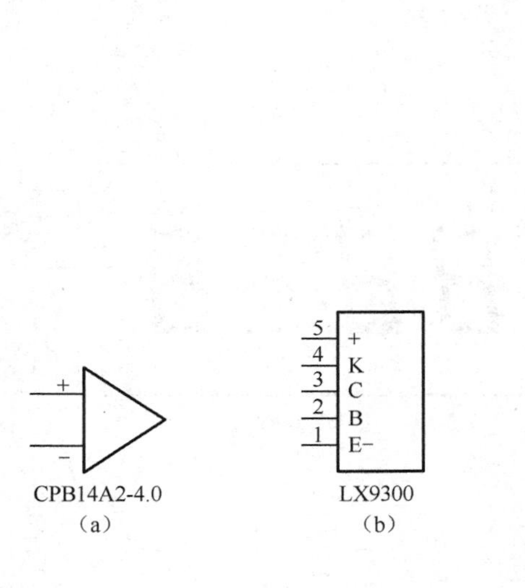

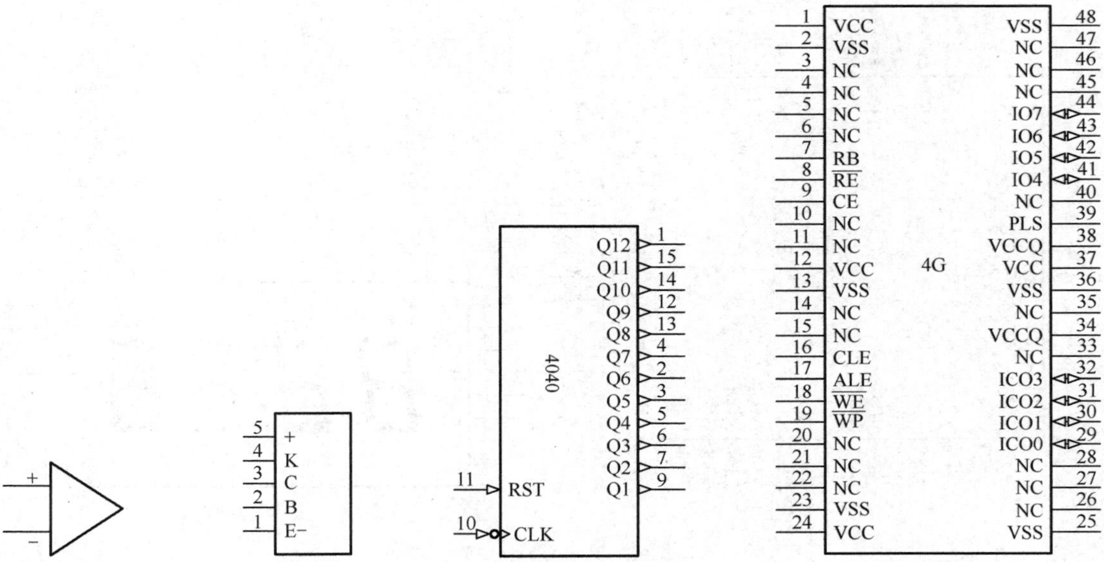

CPB14A2-4.0
（a）

LX9300
（b）

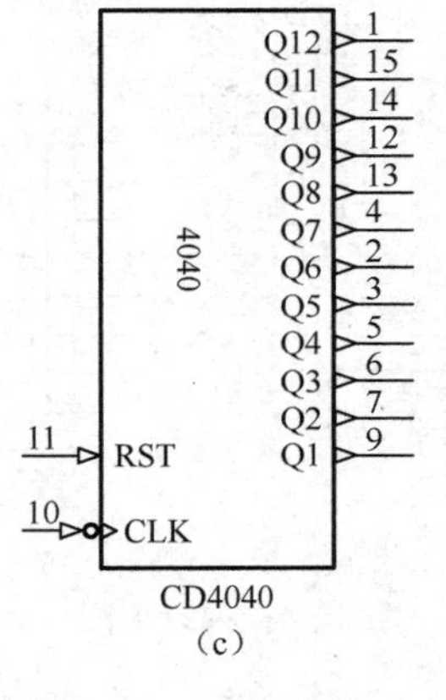

CD4040
（c）

引脚	名称	引脚	名称
1	VCC	48	VSS
2	VSS	47	NC
3	NC	46	NC
4	NC	45	NC
5	NC	44	IO7
6	NC	43	IO6
7	RB	42	IO5
8	$\overline{RE}$	41	IO4
9	CE	40	NC
10	NC	39	PLS
11	NC	38	VCCQ
12	VCC	37	VCC
13	VSS	36	VSS
14	NC	35	NC
15	NC	34	VCCQ
16	CLE	33	NC
17	ALE	32	ICO3
18	$\overline{WE}$	31	ICO2
19	$\overline{WP}$	30	ICO1
20	NC	29	ICO0
21	NC	28	NC
22	NC	27	NC
23	VSS	26	NC
24	VCC	25	VSS

4G

4G
（d）

图 4-54　练习 1 图

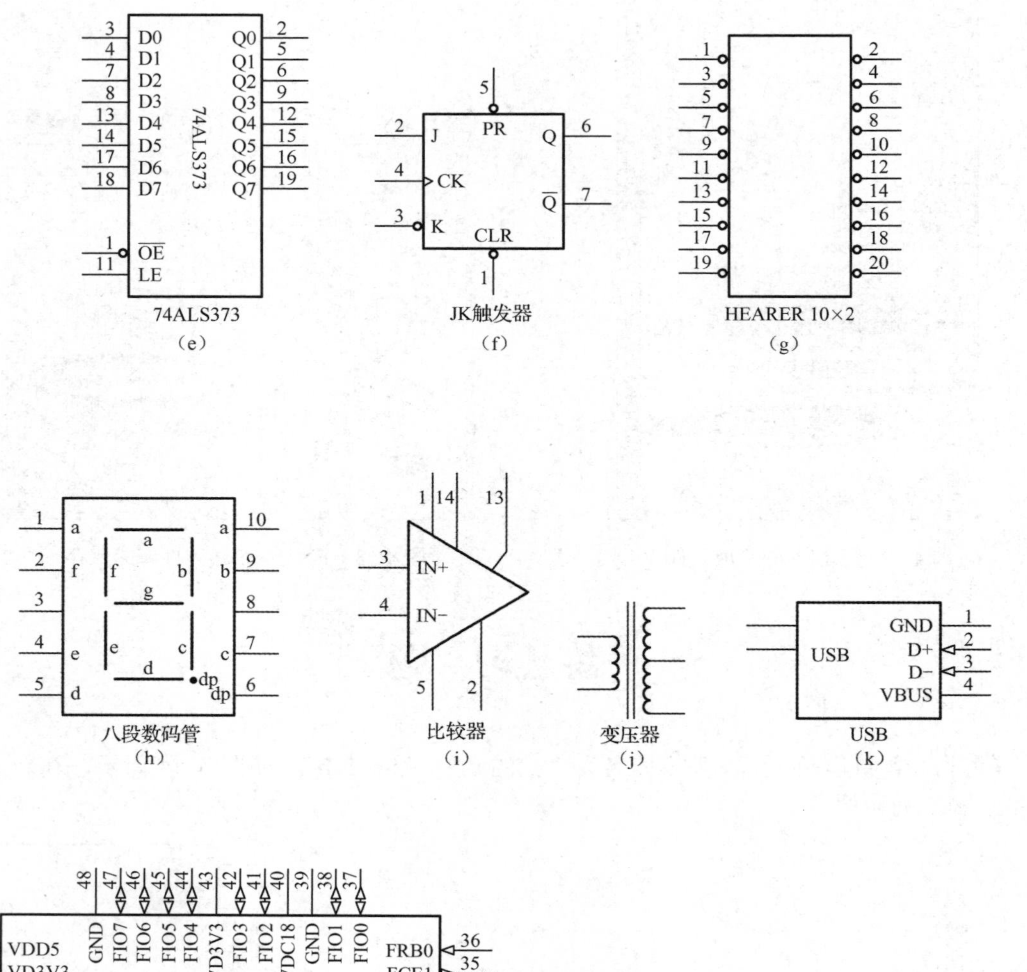

74ALS373
（e）

JK触发器
（f）

HEARER 10×2
（g）

八段数码管
（h）

比较器
（i）

变压器
（j）

USB
（k）

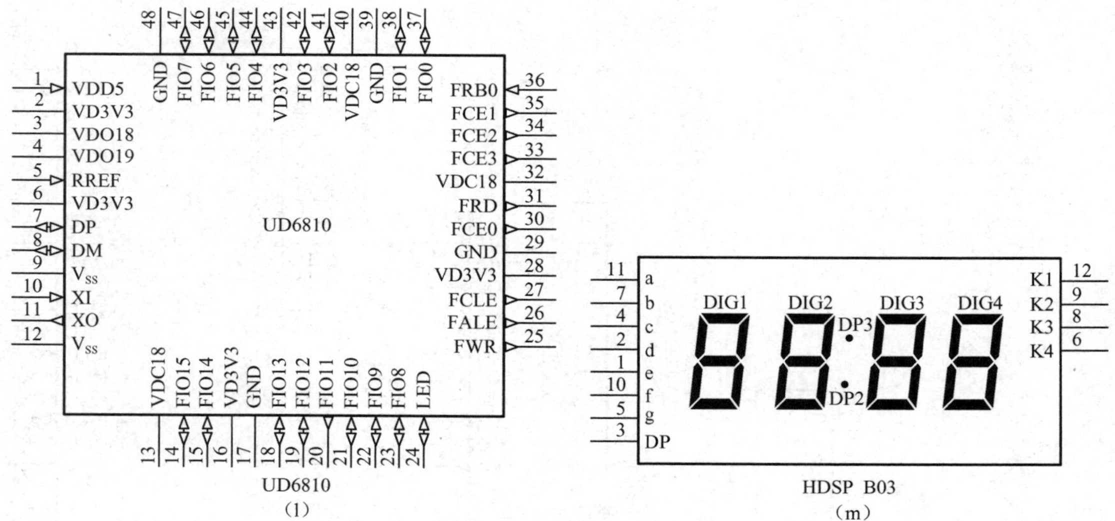

UD6810
（l）

HDSP B03
（m）

图 4-54　练习 1 图（续）

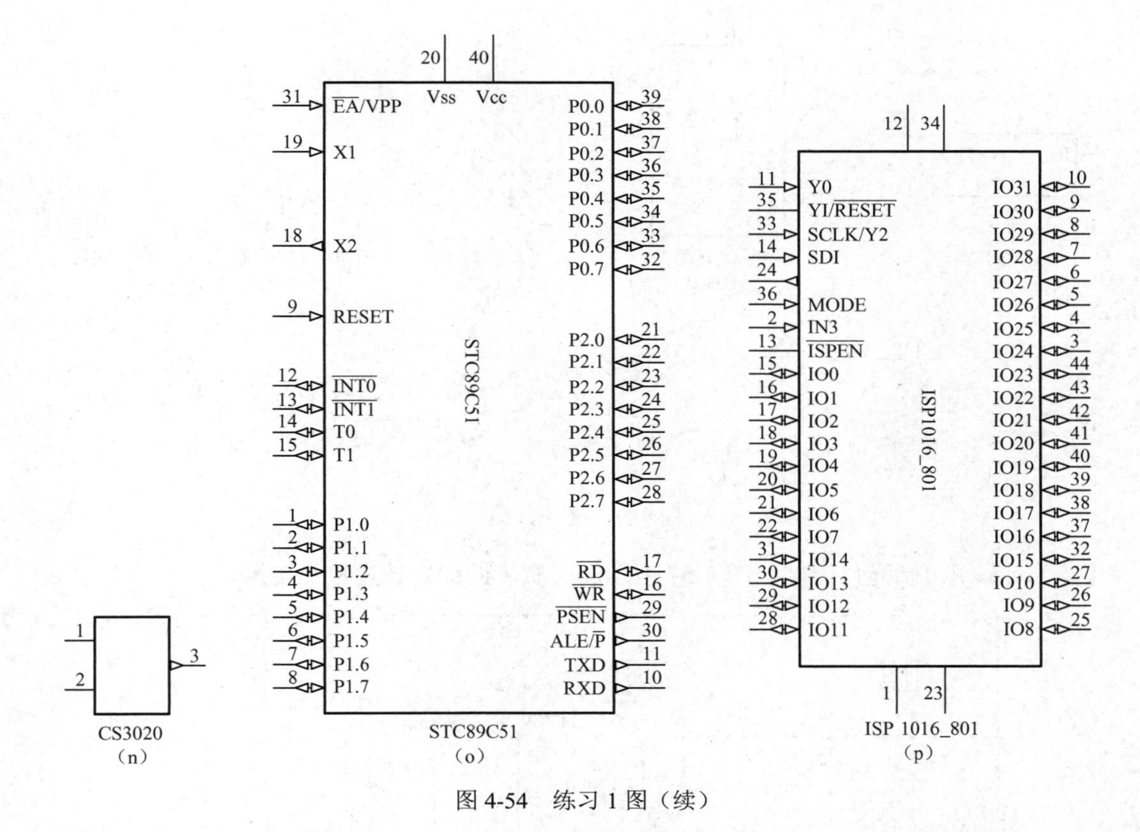

图 4-54 练习 1 图（续）

【练习 2】新建元件库文件，取名为“多部件元件.SchLib”。如图 4-55 所示，在该元件库中绘制下列元件。

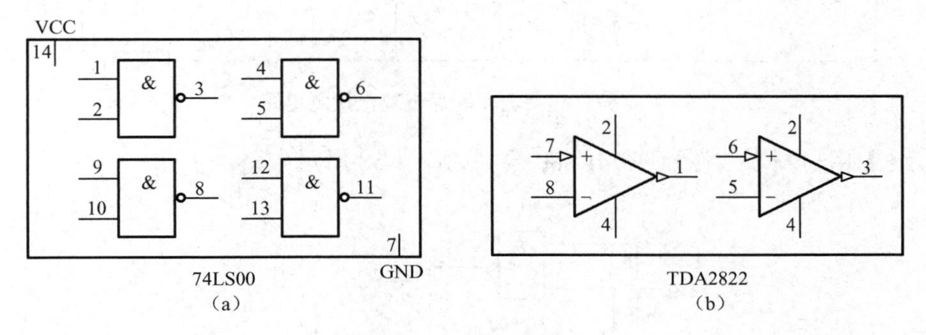

图 4-55 练习 2 图

【练习 3】新建元件库文件，取名为“常用电子器件.SchLib”。如图 4-56 所示，在该元件库中绘制下列元件。

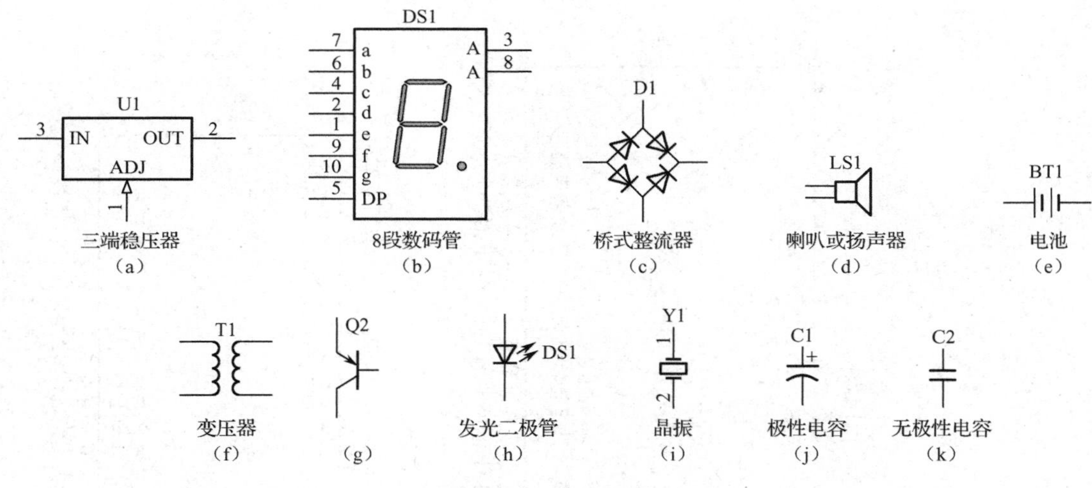

图 4-56　练习 3 图

【练习 4】用自制元件绘制如图 4-57 所示高灵敏度的静电放电检测电路。

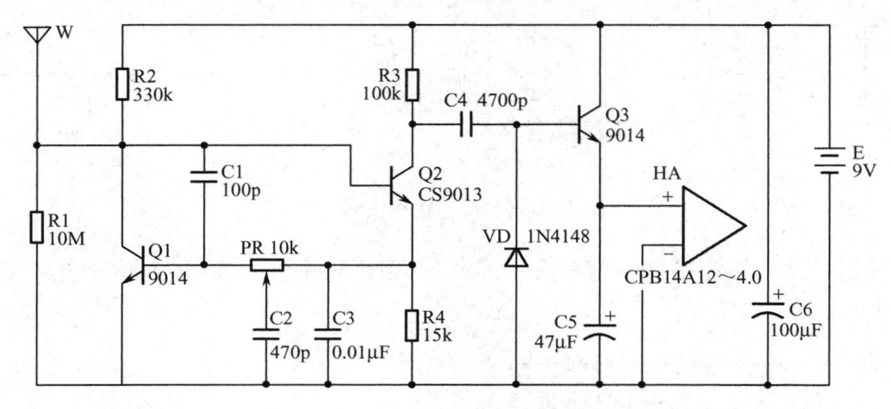

图 4-57　高灵敏度的静电放电检测电路

【练习 5】用自制多部件元件 74LS00 绘制如图 4-58 所示电路。

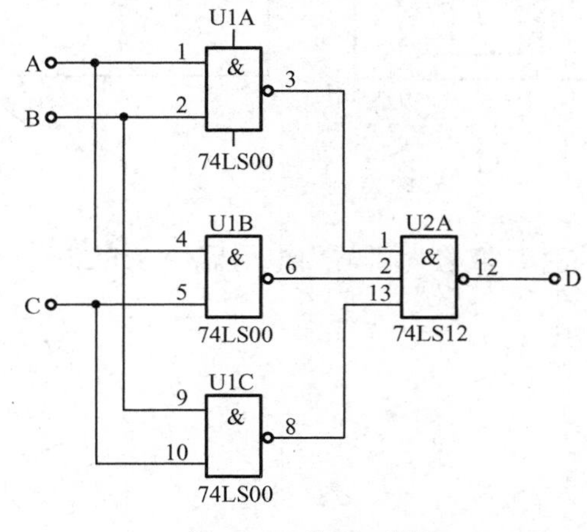

图 4-58　练习 5 图

【练习 6】建立元件库文件，取名为“电工元件库.SchLib”，如图 4-59 所示。在该元件库中绘制下列元件。

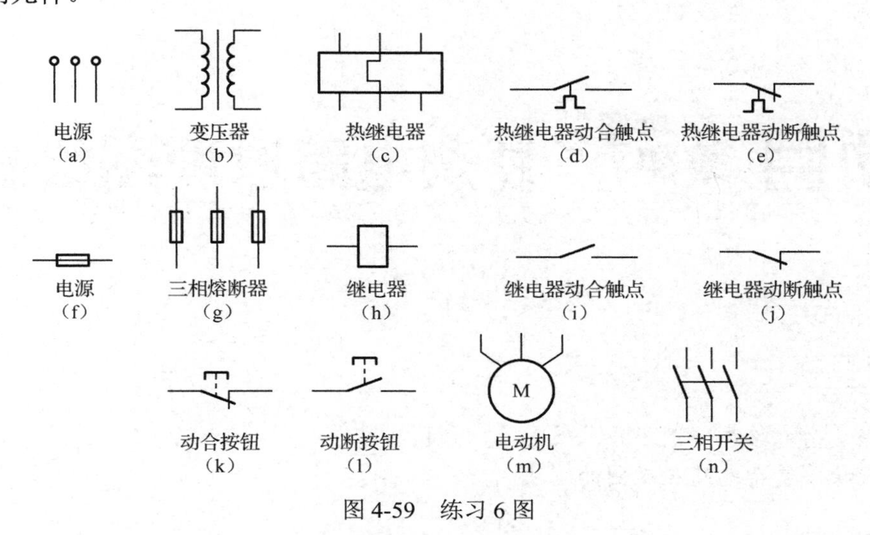

图 4-59　练习 6 图

【练习 7】用电工元件绘制如图 4-60 所示的具有过载保护的启动电路图。

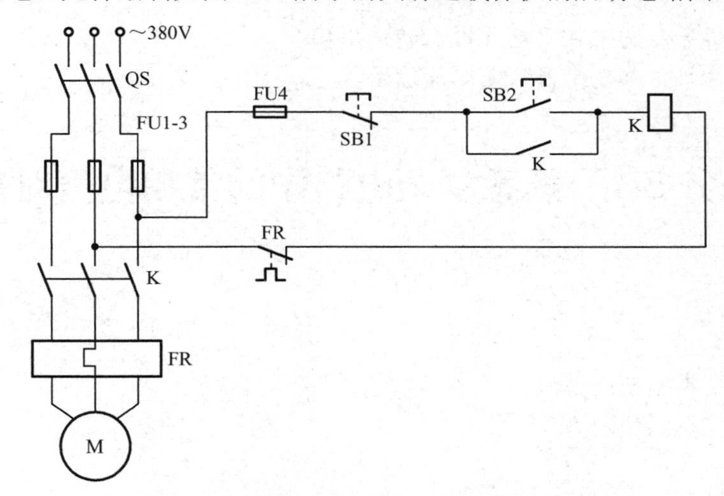

图 4-60　具有过载保护的启动电路图

项目五 复杂电路原理图绘制

学习目标

- 掌握复杂电路原理图中各电气对象的使用方法。
- 掌握绘制复杂电路原理图的方法。

工作任务

- 熟悉和理解原理图中常用电气对象的使用场合。
- 绘制“单片机信号发生器”电路原理图。

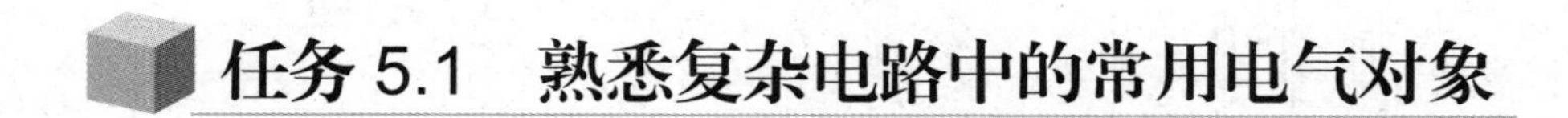

任务 5.1 熟悉复杂电路中的常用电气对象

任务目标

- 掌握布线工具的使用方法。
- 熟悉使用工具的使用方法。

任务内容

- 布线工具的使用。
- 实用工具的使用。

任务实施

首先，打开 EX5 中的“项目五设计.DsnWrk”工作台，随后添加一个新工程文件，命名为“信号发生器.PrjPcb”，然后在工程中添加一个新原理图文件，命名为“单片机信号发生器.SchDoc”，均保存到 EX5 中。打开“单片机信号发生器.SchDoc”原理图编辑界面。

5.1.1 布线工具及功能

布线工具是原理图绘制时主要的手段之一。一般打开原理图编辑界面时，“布线”工具栏会自动显示在编辑界面中，如图 5-1 所示。

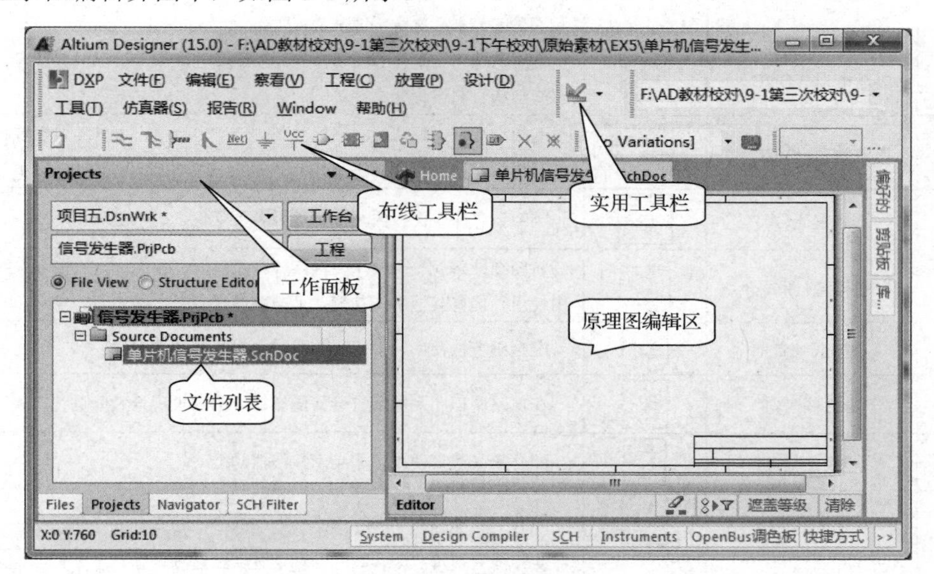

图 5-1 原理图编辑界面

1. “布线”工具栏的性能说明

在原理图绘制的过程中，充分利用“布线”工具栏可大大简化复杂原理图的绘制，使得图纸画面更为简洁，图纸的可读性大大提高。“布线”工具栏如图 5-2 所示。

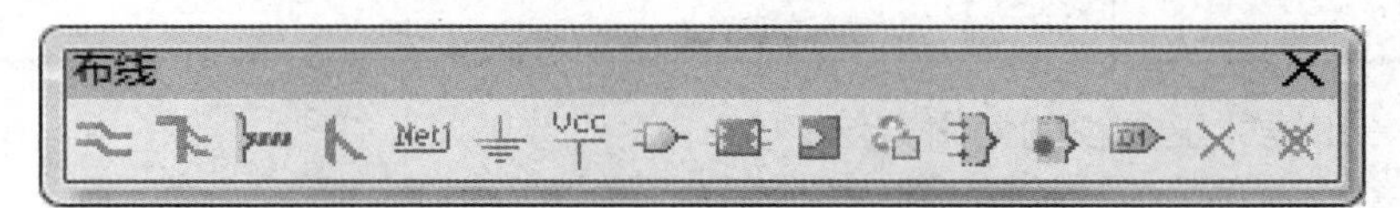

图 5-2 “布线”工具栏

“布线”工具栏中各按钮功能说明见表 5-1。

表 5-1 “布线”工具栏

序号	名称	符号	功能
1	导线		用来表示两点间的电气连接，具有电气意义。与“实用”工具栏中的画线工具不同（无电气意义）
2	总线		总线是表示一组相同电气性质的并行信号线的组合。需要和总线入口及网络标号共同使用才有意义，一根总线代表多根电线
3	信号线束		采用一种新的方法来建立元件之间的连接并降低电路图的复杂性。该方法通过汇集所有信号的逻辑组对电线和总线连接性进行了扩展，大大简化了电气配线路径和电路图设计的构架，并提高了可读性
4	总线入口		元件或导线连接到总线上的支线

续表

序　号	名　称	符　号	功　能
5	网络标号	Net	电路中的电气连接关系表面上看是导线连接，但实际上是利用电路构成的网络标号来连接的，不同的节点，如果网络标号相同，就表示它们在电气上是连接的关系，属于“文字导线”
6	接地端口（GND）		专用的端口，默认的网络标号是“GND”。用户可以对属性进行修改，如符号形状、网络标号文字等
7	电源端口（VCC）	Vcc	专用的端口，默认的网络标号是“VCC”。用户可以对属性进行修改，如符号形状、网络标号文字等
8	放置元件		类似于“库”面板的功能，放置各类元件
9	图纸符号（图表符）		将图纸抽象成一个模块，直接放到原理图上使用。一般在多张图纸的总图中使用，代替其他子图功能，是电路图的另外一种表示方法
10	图纸入口		配合图表符使用，表示子图对内、对外的连接端口
11	器件图表符		在电路原理图及图纸符号（图表符）两种表现形式间进行转换
12	线束连接器		配合信号线束使用，相当于集线器功能
13	线束入口		放在线束连接器上的导线进入的连接点
14	电路端口	D1	连接端口提供一个信号的连接方法，一般是指从一张图指向另一张图纸。连接端口的形态只改变外观，没有电气意义。其中的名称具有网络标号的作用，具有电气意义
15	通用 ERC 免检符		对放置点不进行通用的电气规则检测
16	特定 ERC 免检符		针对放置点某个网络编号或某个具体的元件不进行电气规则检测，在使用时需要设置

2. 常用“布线”工具栏的使用方法

“布线”工具栏的使用方法如图 5-3 所示。

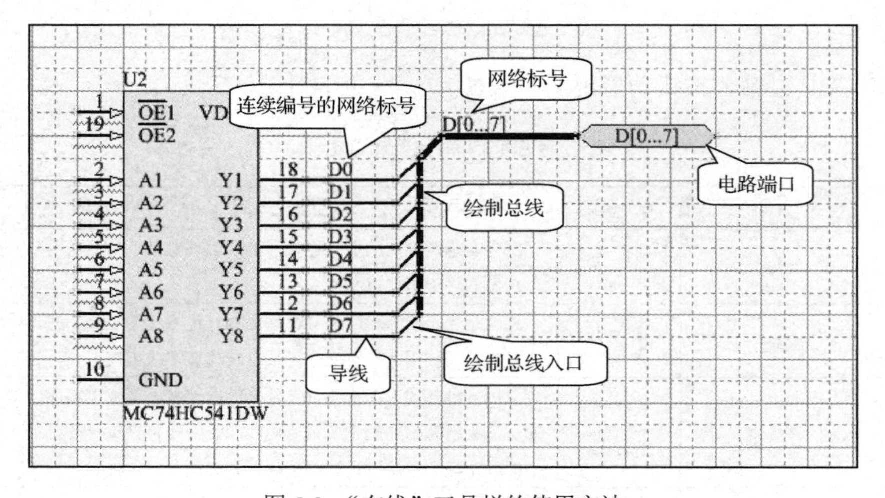

图 5-3 “布线”工具栏的使用方法

（1）放置总线。

单击“放置总线”按钮，放置方法与放置导线类似。移动光标单击鼠标放置起点，在每一个拐弯点及终点位置都需要单击鼠标，改变画线方向可按“空格”键。右击鼠标解除放置。

（2）总线入口。

单击“总线入口”按钮，一个入口随光标浮动。按“空格”键，调整方向移动到总线合适位置上，形成红色“×”时单击鼠标放置；右击鼠标解除放置，如图 5-4 所示。

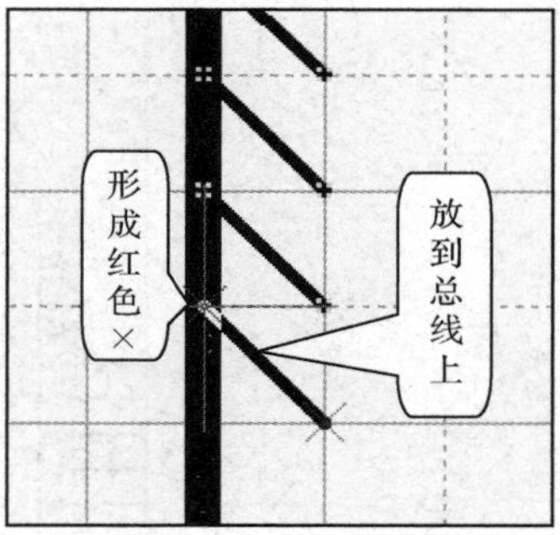

形成红色×

放到总线上

图 5-4 总线入口放置

【小提示】

一定要放在总线上，不可腾空放置，包括与导线的连接。

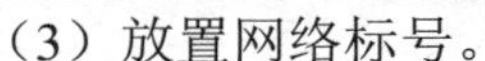

（3）放置网络标号。

单击“放置网络标号”按钮，一个网络标号就随光标浮动。按 Tab 键，出现“网络标签”对话框，如图 5-5 所示。在“网络”栏中输入网络名称，单击“确定”按钮。

【小提示】

移动光标到导线或总线上，形成红色“×”时单击鼠标放置，不可腾空放置，否则导线或总线就没有网络特性，无法连接了。

如输入的网络名称后带有数字，则在连续放置时数字编号会自动增加，如 D0，D1，D2 等。在图纸的多个节点中，网络名称相同则表示这些点在电气意义上是连接的，如图 5-6 所示。

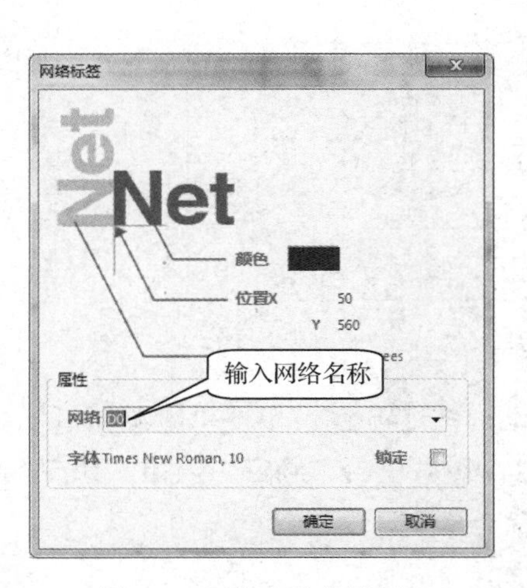

图 5-5 网络名称的设置

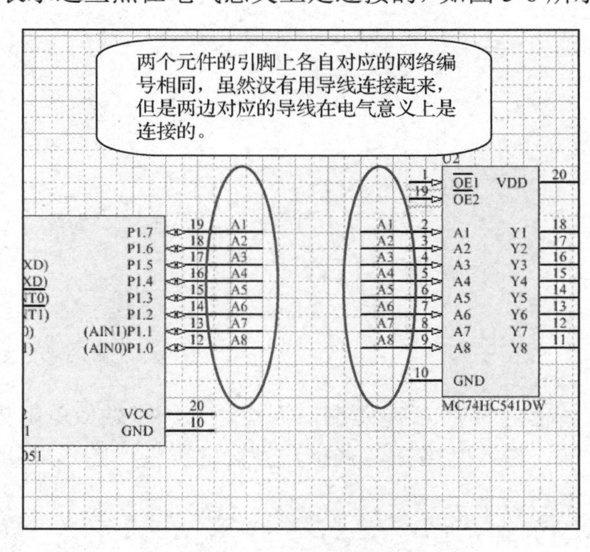

图 5-6 网络编号设置

总线上的网络标号，当支线上为 Y1、Y2、Y3、Y4、Y5、Y6、Y7、Y8 时，在总线上标注的格式为 Y[1…8]，如图 5-7 所示。

（4）电源端口及接地端口

一般用于快速放置电路中的电源正极和接地符号，实际上这两种端口就是一种带有图形和文字的网络标号。经常可以作为变通的网络标号来使用，如图 5-8 所示。

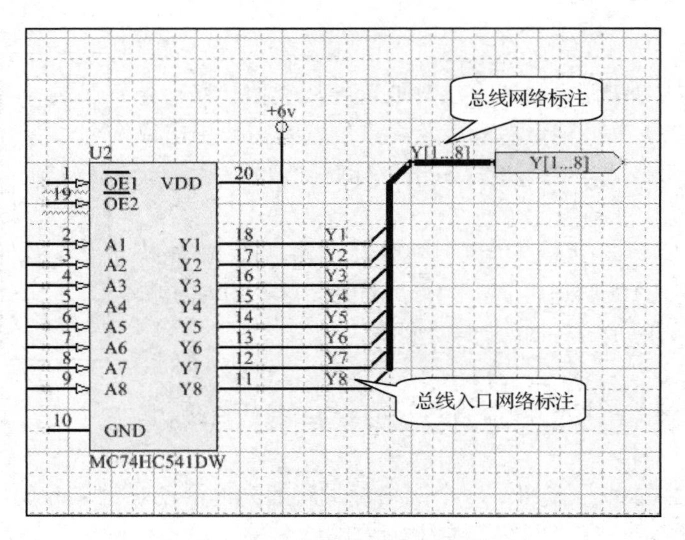

图 5-7　总线网络编号设置

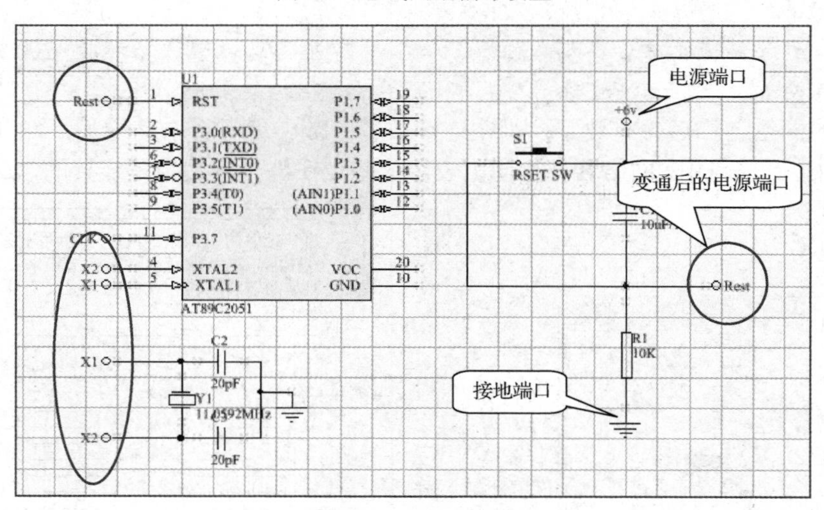

图 5-8　电源端口的变通应用

单击“VCC 电源端口”按钮，一个端口就随光标浮动。按 Tab 键，出现“电源端口”对话框。输入网络标注文字，且设置类型（图形形状）参数，然后单击“确定”按钮，如图 5-9 所示。

【小提示】

已放置的端口，双击也可修改属性。

（5）电路端口。

一般情况下，复杂电路或层次电路（多张原理图）中使用电路端口来实现电气连接。常用于多张原理图之间的电路连接，也可把它理解为“特定图形的网络标号”。通常放置于导线或总线的端点上，如图 5-10 所示。

电路端口属性设置：单击“放置端口”按钮，按下 Tab 键，出现“端口属性”对话框。具体设置如图 5-11 所示。

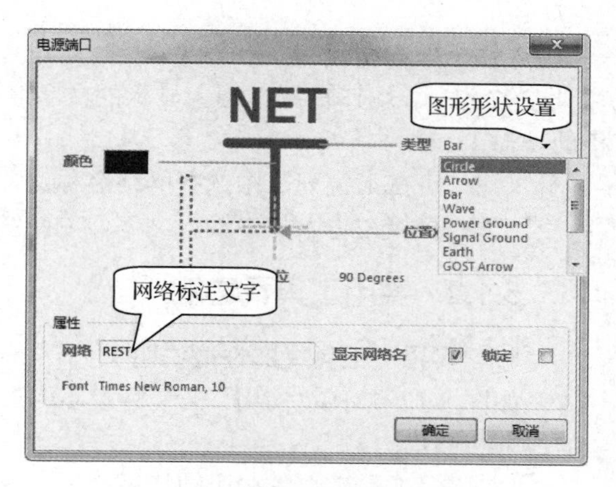

图 5-9 电源端口的变通应用

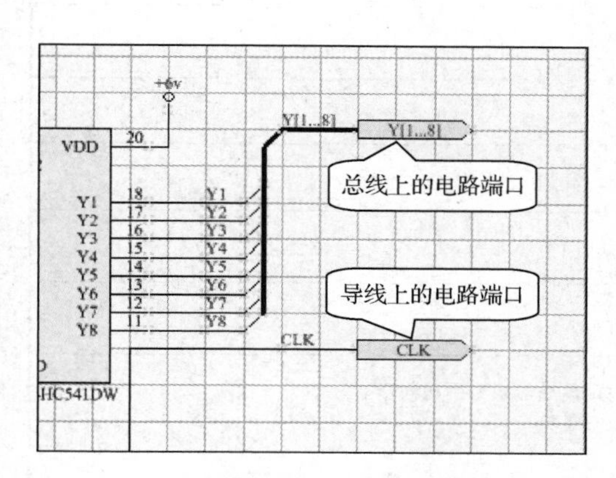

图 5-10 电路端口的应用

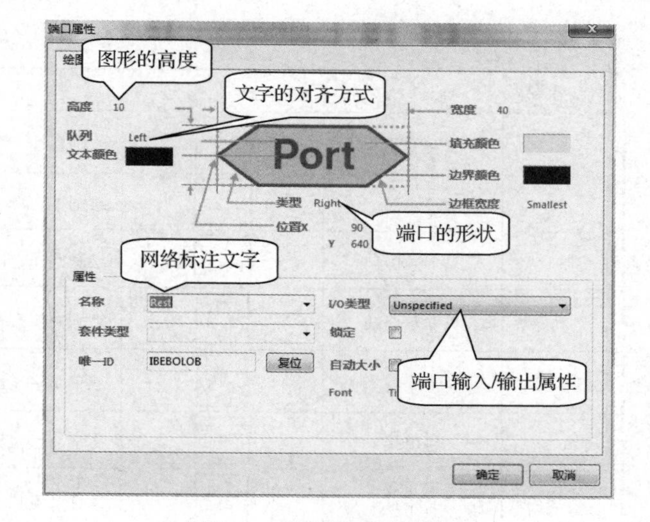

图 5-11 电路端口的设置

- 队列：文字在图形中的对齐方式。
  - ✧ Center——居中对齐。
  - ✧ Left——左对齐。
  - ✧ Right——右对齐。
- 端口形状：端口的形状。
  - ✧ None——没有箭头。
  - ✧ Left——左方向箭头。
  - ✧ Right——右方向箭头。
  - ✧ Left & Right——左右两个方向箭头。
- I/O 类型：端口属性主要参数之一。
  - ✧ Unspecified——未指明类型。
  - ✧ Output——输出型端口。
  - ✧ Input——输入型端口。

✧ Bidirectional——输入输出双向型端口。

➢ 名称：端口属性主要参数之一。端口在原理图上显示的文字名称，具有相同名称的端口说明电气是连接的。

✧ 可在下拉列表中选择网络名称。

✧ 直接在输入栏中输入文字，如网络名称。

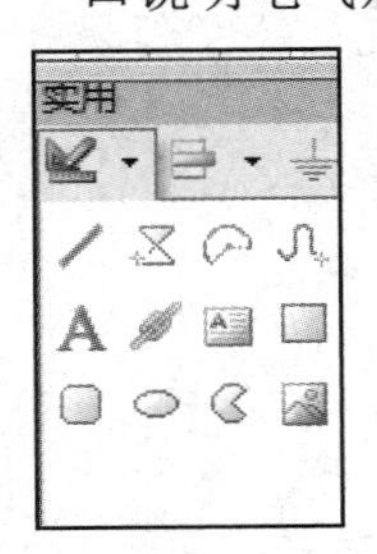

图 5-12 “实用”工具栏

5.1.2 实用工具及功能

1．“实用”工具栏的性能说明

如图 5-12 所示，“实用”工具栏主要用于绘制各种没有电气意义的线条和图形。

“实用”工具栏中各按钮功能说明见表 5-2。

表 5-2 “实用”工具栏

序　号	名　称	符　号	功　能
1	画线		绘制直线
2	多边形		绘制多边形
3	画圆		绘制圆弧、圆、椭圆
4	贝塞尔曲线		绘制不规则连续曲线
5	文本字符串		放置文字字符串
6	超链接		文字超链接设定，通过设定后访问指定网站
7	文本框		放置文本块
8	矩形		充填式矩形
9	圆角矩形		充填式圆角矩形
10	椭圆形		充填式椭圆
11	饼图		充填式饼图
12	图像		插入图片操作

2．“实用”工具栏的操作方法

在绘制图形时先选定对应的工具按钮。

（1）绘制直线。

绘制方法与放置导线类似。单击鼠标放置起点，在拐角处单击鼠标继续放置，右击鼠标解除画线，如图 5-13 所示。双击直线或单击 Tab 键，对直线进行属性修改，此线不具备电气意义，如图 5-14 所示。

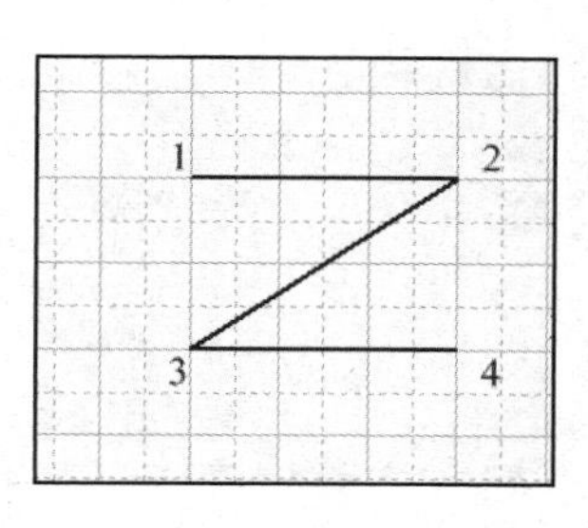

图 5-13 绘制直线步骤

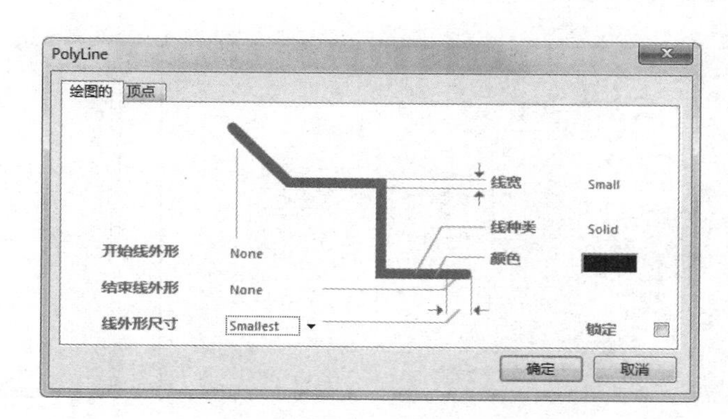

图 5-14 直线属性修改

（2）绘制多边形。

单击鼠标放置起点，每次单击鼠标时都是设置多边形的顶点；右击鼠标退出绘制，如图 5-15 所示。双击多边形或单击 Tab 键，弹出“多边形”对话框，对多边形属性进行设置，如图 5-16 所示。

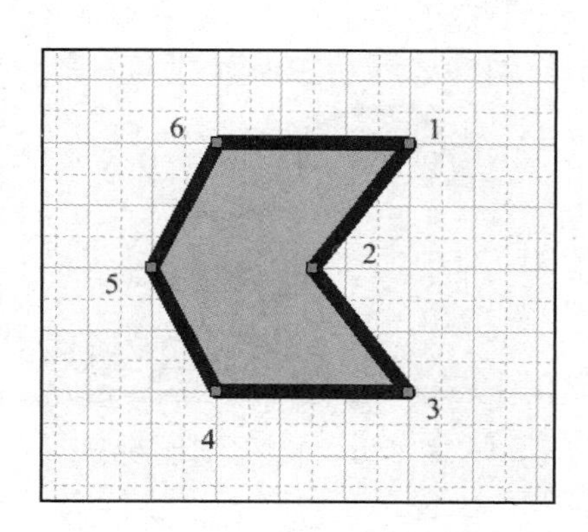

图 5-15 绘制多边形步骤

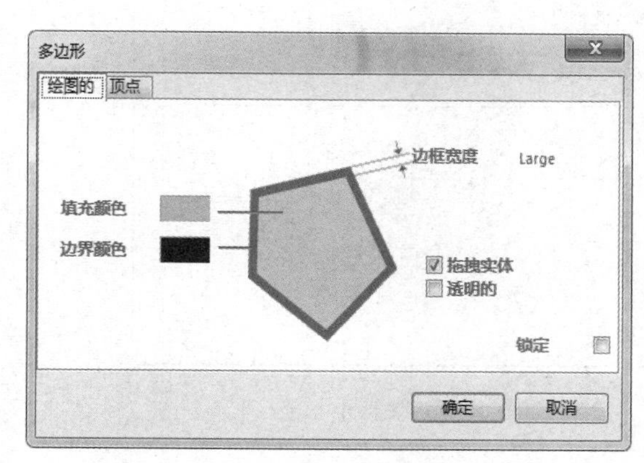

图 5-16 多边形属性设置

（3）绘制圆和圆弧。

圆和圆弧都是利用五点法绘制的：圆心→X 轴半径→Y 轴半径→起点→终点。右击鼠标退出绘制，如图 5-17 所示。

- 圆：X、Y 半径相同，起点和终点（例如起始角度 0° 与终止角度 360° ）重合。
- 椭圆：X、Y 半径不相同，起点和终点（例如起始角度 0° 与终止角度 360° ）重合。
- 圆：起点和终点（起始角度与终止角度）不重合。

双击圆或单击 Tab 键，弹出“椭圆弧”对话框，对圆属性进行设置，如图 5-18 所示。

（4）绘制贝塞尔曲线（例如正弦波图形）。

在绘制正弦波过程中，3 和 4 点处是重合的。6 和 7 是重合的，如图 5-19 所示。

双击正弦波曲线，弹出“贝塞尔曲线”对话框，对正弦波属性进行设置，如图 5-20 所示。

（5）放置超链接文字热点。

在设计图中可放置一些超链接的热点，便于快速访问相应的网址，如图 5-21 所示。

双击文字热点，弹出“超链接”对话框，对热点文字超链接进行设置，如图 5-22 所示。

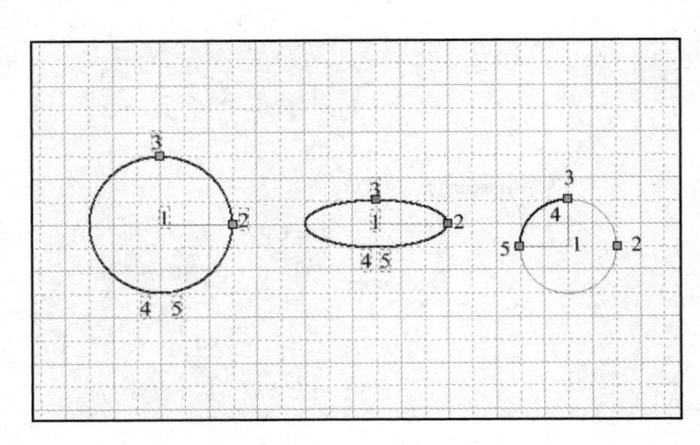

图 5-17　绘制圆、椭圆、圆弧

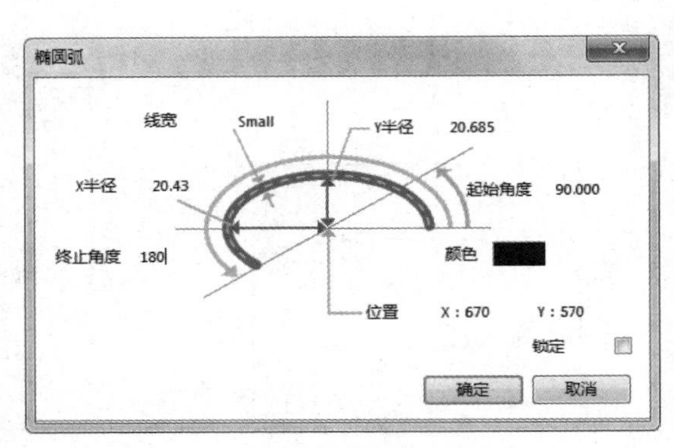

图 5-18　圆的属性设置

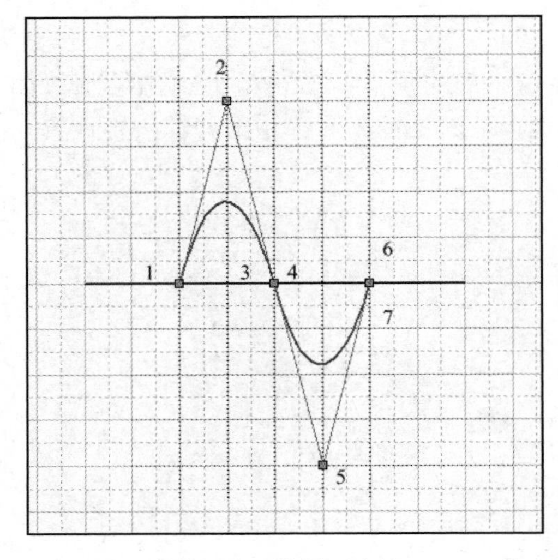

图 5-19　绘制正弦波

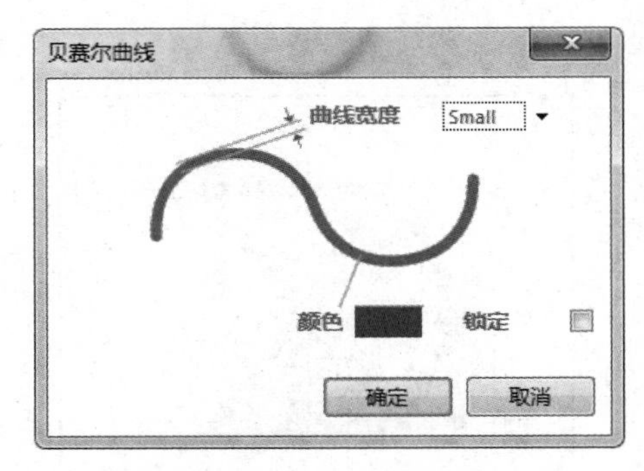

图 5-20　正弦波属性设置

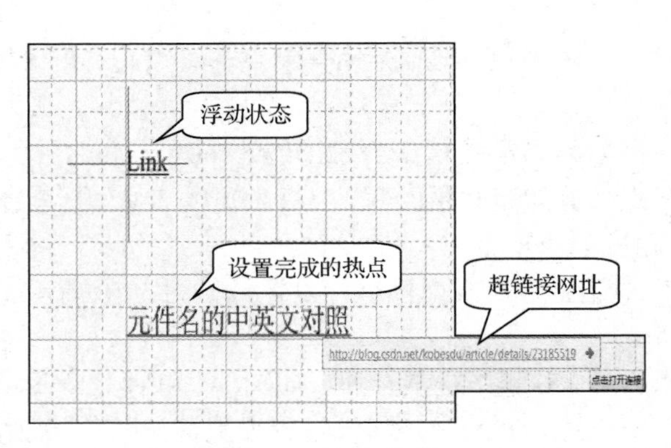

图 5-21　文字热点

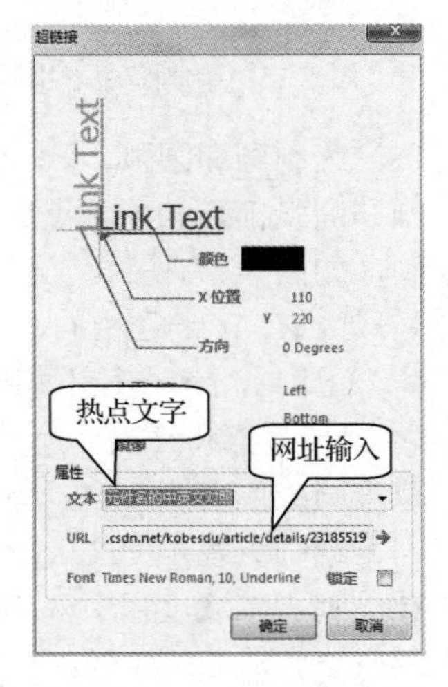

图 5-22　文字超链接设置

任务 5.2 绘制单片机信号发生器电路

任务目标

- 进一步熟悉电路原理图中元件的制作。
- 掌握绘制复杂电路原理图的方法和过程。

任务内容

- AT89C2051 元件的制作。
- 绘制单片机信号发生器的电路原理图。
- 创建单片机信号发生器电路原理图元件库。

任务实施

5.2.1 创建元件库文件

原理图中 AT89C2051 原理图元件在系统元件库中搜索不到，则需要自制创建“自制元件.SchLib”元件库文件。

（1）单击“Projects”对话框上的“工程”按钮，选择“给工程添加新的→Schematic Library”命令。

（2）继续单击“工程”按钮，选择“保存工程”命令，将元件库文件更名为“自制元件.SchLib”保存到 EX5 文件夹中，如图 5-23 和图 5-24 所示。

图 5-23 创建元件库文件

图 5-24 保存元件库文件

5.2.2 在“自制元件库.SchLib”中自制元件 AT89C2051

1．打开“自制元件库.SchLib”文件制作 AT89C2051 元件

（1）在“Projects”对话框中，双击“自制元件.SchLib”文件，打开原理图元件编辑界面。

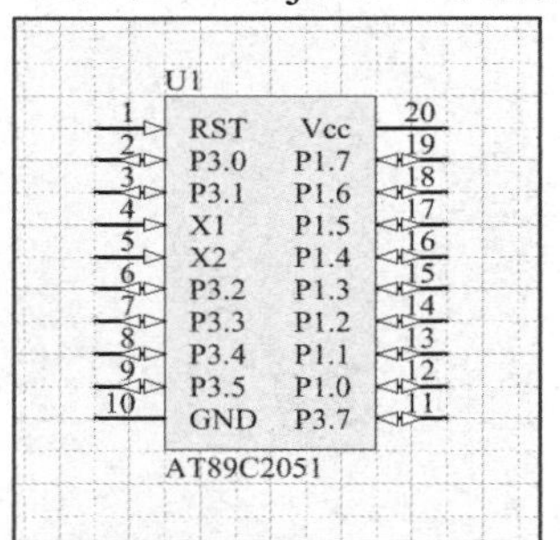

图 5-25 单片机 AT89C2051 元件图

（2）在“Projects”对话框的下方，单击“SCH Library”标签，切换到“SCH Library”工作面板，绘制元件。单片机 AT89C2051 元件图形如图 5-25 所示。

AT89C2051 元件引脚参数说明见表 5-3。

［第一步］在英文输入状态下使用快捷键：PR；或单击“实用”工具栏中的“矩形”按钮，一个矩形会在鼠标下浮动。

［第二步］按 Tab 键，出现“长方形”对话框。将边缘宽度设置为 Small，边缘颜色改为深蓝色（颜色编号为 223）。

表 5-3 AT89C2051 元件引脚参数（封装为 DIP20）

<table>
<tr><th>标 识</th><th>名 称</th><th>类 型</th><th>引脚长度</th></tr>
<tr><td>1</td><td>RST</td><td>Input</td><td rowspan="20">20mil</td></tr>
<tr><td>2</td><td>P3.0</td><td>I/O</td></tr>
<tr><td>3</td><td>P3.1</td><td>I/O</td></tr>
<tr><td>4</td><td>X1</td><td>Input</td></tr>
<tr><td>5</td><td>X2</td><td>Input</td></tr>
<tr><td>6</td><td>P3.2</td><td>I/O</td></tr>
<tr><td>7</td><td>P3.3</td><td>I/O</td></tr>
<tr><td>8</td><td>P3.4</td><td>I/O</td></tr>
<tr><td>9</td><td>P3.5</td><td>I/O</td></tr>
<tr><td>10</td><td>GND</td><td>Power</td></tr>
<tr><td>11</td><td>P3.7</td><td>I/O</td></tr>
<tr><td>12</td><td>P1.0</td><td>I/O</td></tr>
<tr><td>13</td><td>P1.1</td><td>I/O</td></tr>
<tr><td>14</td><td>P1.2</td><td>I/O</td></tr>
<tr><td>15</td><td>P1.3</td><td>I/O</td></tr>
<tr><td>16</td><td>P1.4</td><td>I/O</td></tr>
<tr><td>17</td><td>P1.5</td><td>I/O</td></tr>
<tr><td>18</td><td>P1.6</td><td>I/O</td></tr>
<tr><td>19</td><td>P1.7</td><td>I/O</td></tr>
<tr><td>20</td><td>Vcc</td><td>Power</td></tr>
</table>

［第三步］设置完成后，将矩形拖动到原理图元件编辑界面中的“第四象限”区域内，将

图形的左上角与绘图区的坐标原点重合，单击鼠标，确定第一点，然后拖动鼠标寻找图形的对角线位置再单击鼠标确定第二点，将图形放置到绘图区。右击鼠标解除放置。

［第四步］单击选中图形，图形周边出现控制点，用鼠标拖动这些点可改变图形的大小，如图 5-26 所示。

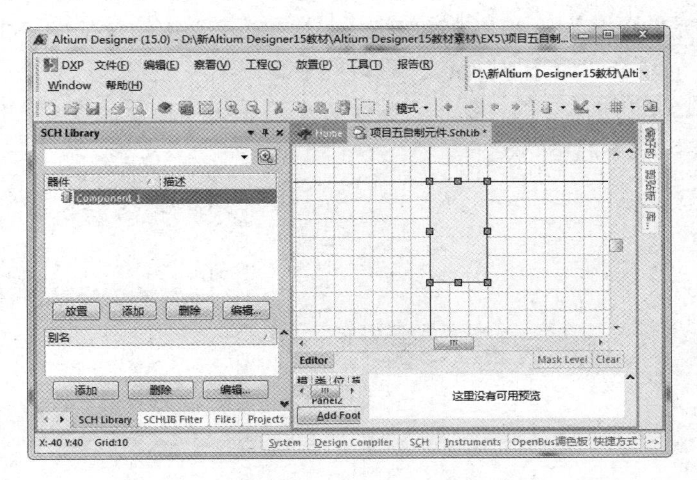

图 5-26　绘制 AT89C2051 元件外形

（3）放置元件引脚，并根据表 5-3 对引脚属性进行修改。

［第一步］在英文输入状态下使用快捷键：PP；或单击“实用”工具栏中的“放置引脚”按钮，一个引脚会在鼠标下浮动。

［第二步］按 Tab 键，出现“管脚属性”对话框，如图 5-27 所示。在电气特性栏中，设置 1 号脚显示名字为“VCC”、标识为“1”、电气类型为“Input”。显示名字到边线距离为“1”，引脚标号到边线距离为“10”，引脚长度为“20”，其余默认。

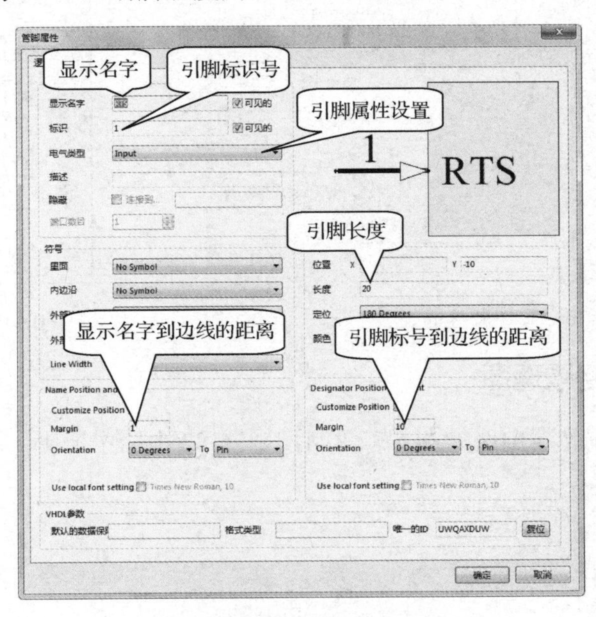

图 5-27　“管脚属性”对话框

［第三步］单击“确定”按钮，利用空格键调整元件引脚方向，单击鼠标放置引脚，右击鼠标退出设置。同理，将其余的引脚设置并放置到位。

2．保存 AT89C2051 元件并设置元件属性

（1）单击菜单“工具→重新命名器件”命令，弹出“Rename Component”对话框，如图 5-28 所示。将元件更名为“AT89C2051”，单击“确定”按钮，如图 5-29 所示，自制的元件“AT89C2051”显示在“SCH Library”对话框中。

（2）单击如图 5-29 所示中的“器件”栏下方的“编辑”按钮，设置元件属性如图 5-30 所示。完成后的元件如图 5-31 所示。

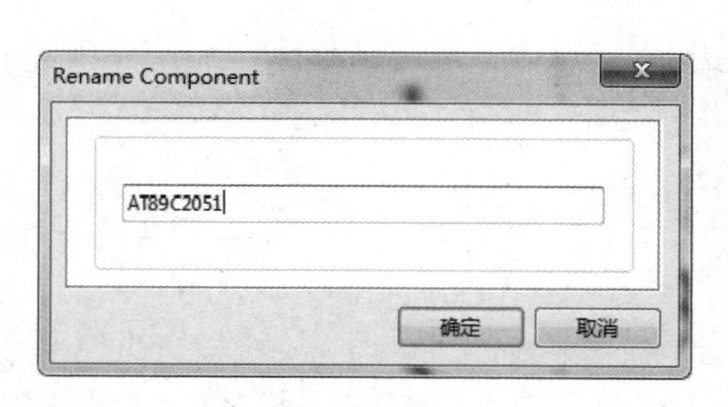

图 5-28　元件更名设置

图 5-29　自制的元件

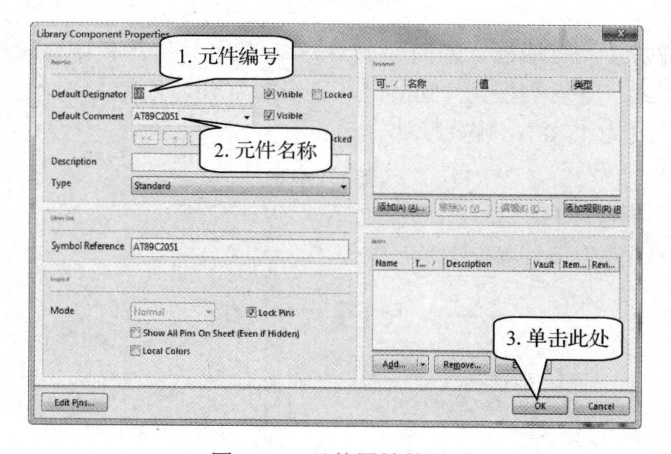

图 5-30　元件属性的设置

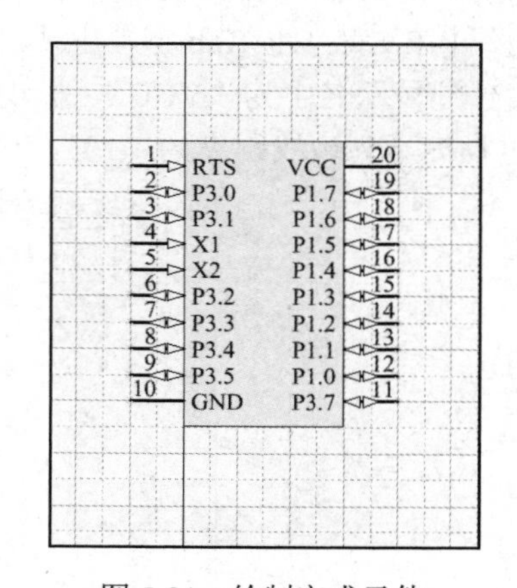

图 5-31　绘制完成元件

5.2.3　绘制电路原理图

绘制单片机信号发生器电路如图 5-32 所示。图 5-32 电路中所用元件参数见表 5-4。

扫一扫查看图 5-32

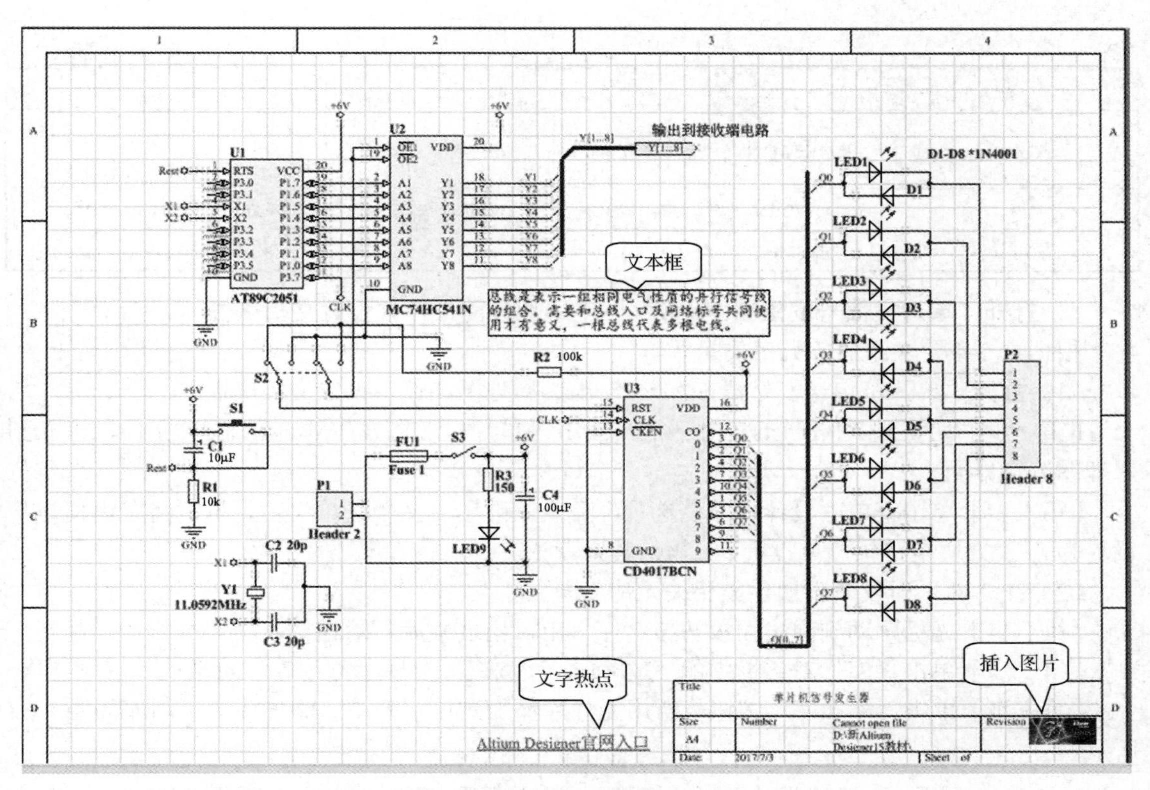

图 5-32　单片机信号发生器电路

表 5-4　电路原理图元件参数

元件编号	参　数	元件名	封　装	数量	元件库名
C1，C4	10μF，100μF	Cap Pol2	POLAR0.8	2	Miscellaneous Devices.IntLib
C2，C3	20p	Cap	RAD-0.3	2	
D1，D2，D3，D4，D5，D6，D7，D8	1N4001	Diode 1N4001	DO-41	8	
FU1	Fuse 1	Fuse 1	PIN-W2/E2.8	1	
LED1，LED2，LED3，LED4，LED5，LED6，LED7，LED8	LED1	LED1	LED-1	8	
LED9	LED0	LED0	LED-0	1	
P1	Header 2	Header 2	HDR1X2	1	Miscellaneous Connectors.IntLib
P2	Header 8	Header 8	HDR1X8	1	
R1，R2，R3	10k，100k，150	Res2	AXIAL-0.4	3	Miscellaneous Devices.IntLib
S1	SW-PB	SW-PB	SPST-2	1	
S2	SW DPDT	SW DPDT	SOT23-6_N	1	
S3	SW-SPST	SW-SPST	SPST-2	1	
U1	AT89C2051	AT89C2051	732-03	1	自制元件.SchLib（EX5 中）

续表

元件编号	参数	元件名	封装	数量	元件库名
U2	MC74HC541N	MC74HC541N	738-03	1	Motorola Logic Buffer Line Driver.IntLib（EX5 中）
U3	CD4017BCN	CD4017BCN	N16E	1	FSC Logic Counter.IntLib
Y1	11.0592MHz	XTAL	R38	1	Miscellaneous Devices.IntLib

1．打开“单片机信号发生器.SchDoc”电路原理图文件并设置文档属性

根据表 5-4 要求添加各类相关元件库。

（1）打开“单片机信号发生器.SchDoc”电路原理图文件，设置文档属性。

［第一步］切换到“Projects”对话框，双击“单片机信号发生器.SchDoc”文件，进入到原理图编辑界面。

［第二步］单击菜单“设计→文档选项”命令，弹出“文档选项”对话框。将“电栅格”设置为 8、“方块电路颜色”设置为 214，其余默认。

（2）在“库”面板中添加各类相关元件库。

［第一步］光标移动到弹出面板按钮“库”上，出现“库”对话框。

［第二步］单击“库”对话框中的“Libraries”按钮，出现“可用库”对话框。

［第三步］单击“添加库”按钮将所用元件库添加到可用库中。添加后的可用库如图 5-33 所示。

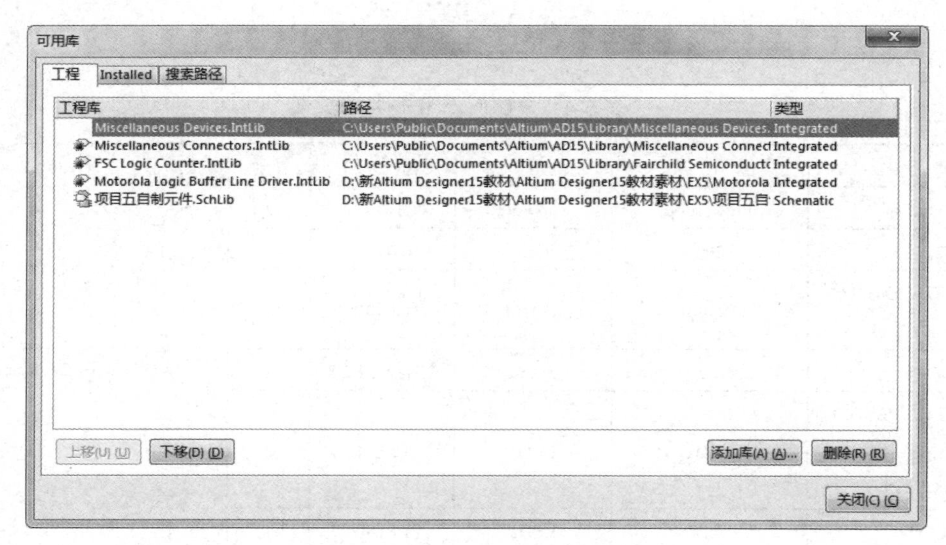

图 5-33　添加各类相关元件库

- Miscellaneous Devices.IntLib（各种常用的元件），路径为 C:\Users\Public\Documents\Altium\AD15\Library。
- Miscellaneous Connectors.IntLib（各种常用的接插件），路径为 C:\Users\Public\Documents\Altium\AD15\Library。
- FSC Logic Counter.IntLib（各种逻辑计数器元件），路径为 C:\Users\Public\Documents\Altium\AD15\Library\Fairchild Semiconductor。

- Motorola Logic Buffer Line Driver.IntLib（摩托罗拉逻辑缓冲线驱动器），路径为 D:\新 Altium Designer15 教材\Altium Designer15 教材素材\EX5。
- 项目五自制元件.SchLib，路径为 D:\新 Altium Designer15 教材\Altium Designer15 教材素材\EX5。

2．设置电路中各类元件属性并调整元件位置

根据表 5-4 和图 5-31 所示，在“单片机信号发生器.SchDoc”电路原理图编辑界面中放置各类元件并编辑元件属性、调整元件位置。

【小提示】

注意“灵巧粘贴→阵列粘贴”的运用。

（1）利用“库”对话框，放置元件。

［第一步］单击“库”对话框中的库选择栏，找到加载的元件库，如“FSC Logic Counter.IntLib”。

［第二步］在“库”对话框中的筛选栏输入“CD4017BCN”，在元件名称栏中即出现所输入的元件名称，以及图形符号、模型类型，封装等信息，如图 5-34 所示。

［第三步］单击“Place CD4017BCN”按钮取出元件，然后按 Tab 键，弹出如图 5-35 所示对话框设置元件属性。也可放置好元件后，双击元件进行属性修改设置。设置完成后单击“OK”按钮。

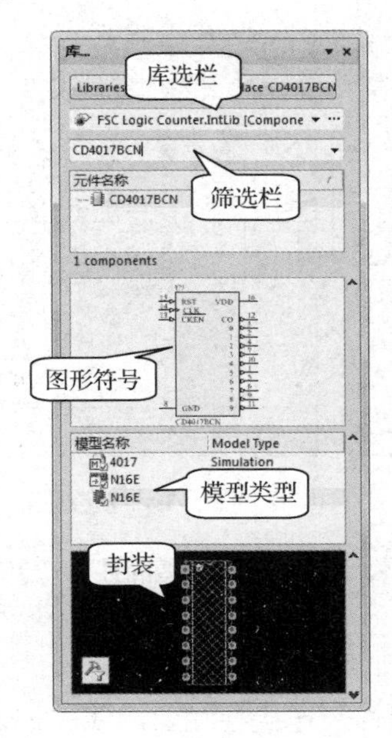

图 5-34 放置元件

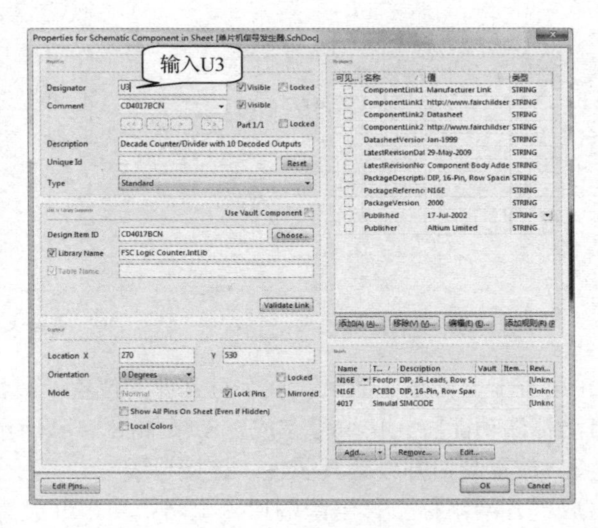

图 5-35 修改元件属性

［第四步］按此方法将所有的元件放置到原理图中，并进行简单的调整。

（2）利用“灵巧粘贴→阵列粘贴”放置重复元件。

在原理图中，LED1、D1 构成的无源网络由 8 组重复的图形构成。为提高绘图的速度和效率，可采用“灵巧粘贴→阵列粘贴”来解决类似的问题。

［第一步］在原理图中先各放置一个 LED 和 1N4001 元件，并用导线连接，如图 5-36 所示，绘制一组元件。

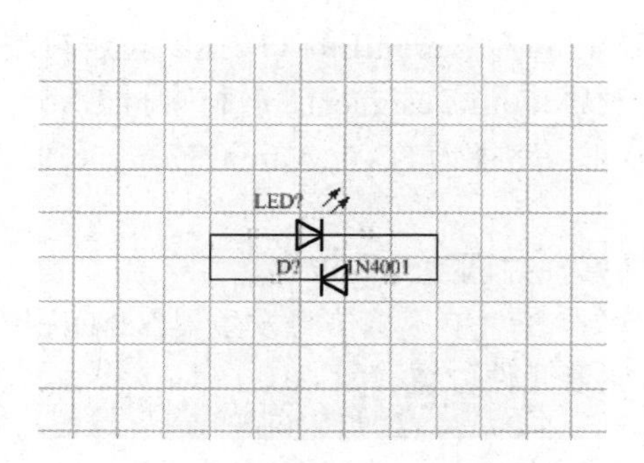

图 5-36　绘制一组元件

［第二步］选中这组元件，单击菜单“编辑→复制”命令，然后再单击菜单“编辑→灵巧粘贴”命令，出现“智能粘贴”对话框，如图 5-37 所示。

［第三步］由于先画好了一组，因此只要阵列粘贴 7 组即可，如图 5-38 所示。

［第四步］设置好阵列粘贴后单击“确定”按钮，7 组图形随鼠标浮动，调整好位置，单击放置，如图 5-39 所示。

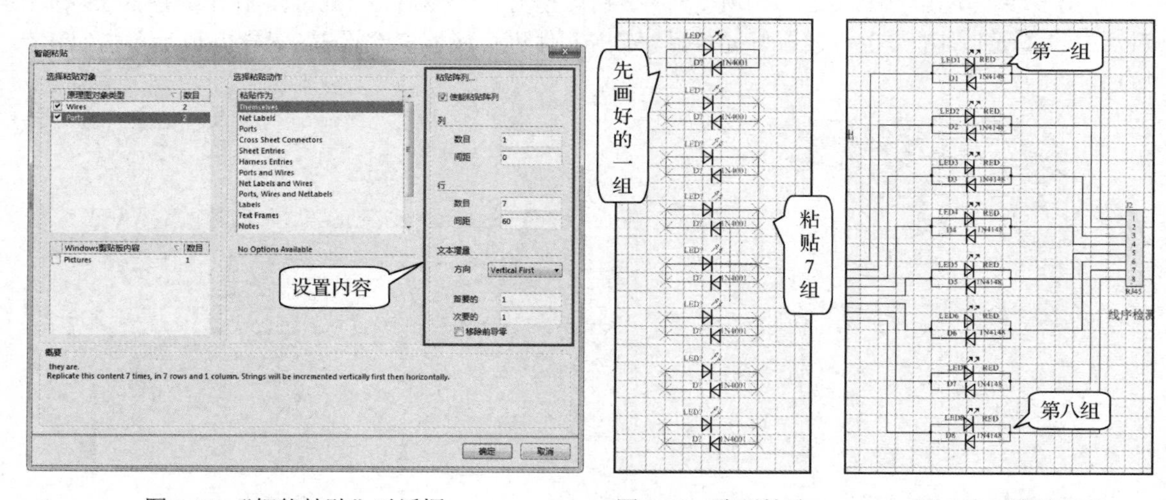

图 5-37　“智能粘贴”对话框　　图 5-38　阵列粘贴　　图 5-39　重复图形

［第五步］粘贴完成后，逐个对元件的位置及属性进行调整，或利用自动标注功能将元件编号完成，结果如图 5-40 所示。

3．放置端口并设置其属性，连接导线

放置各网络标号、电源端口、电路端口，并设置各对象属性，连接导线及总线。最后调整图纸位置。

（1）放置电源和 GND 端口，利用“电源端口”对话框修改属性完成其他端口的放置。

［第一步］单击“布线”工具栏中的“GND 端口”及“VCC 电源端口”按钮，按需要放置到位。

［第二步］单击“布线”工具栏中的“VCC 电源端口”按钮，按 Tab 键弹出“电源端口”对话框，将其形状改为“Circle”（圆形），网络名称设置为“Rest”，其余默认，如图 5-41 所示。

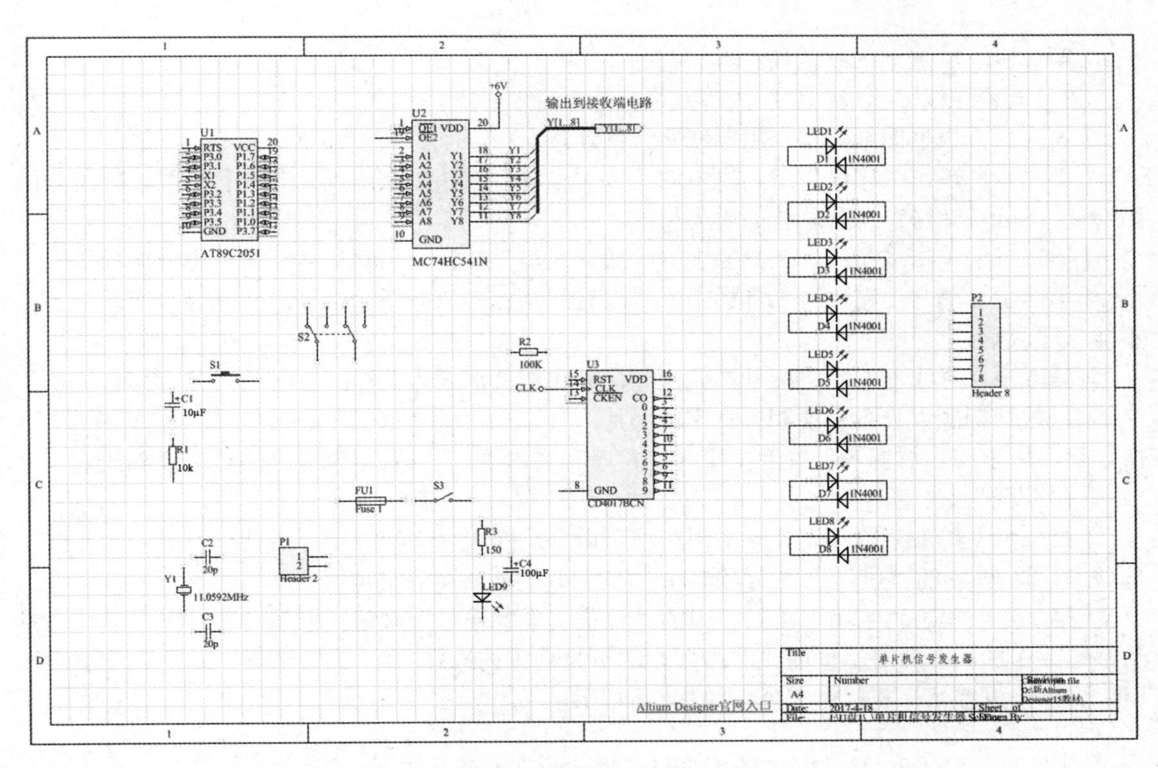

图 5-40 元件放置后调整界面

[第三步] 单击“确定”按钮，将其放置到图纸的相应位置。

【小提示】

请注意不要悬浮放置。

[第四步] 同理，将其他的端口设置并放到相应的位置。

（2）放置电路端口并设置。

[第一步] 单击“布线”工具栏中的“放置端口”按钮，按 Tab 键弹出“端口属性”对话框，修改属性如图 5-42 所示。

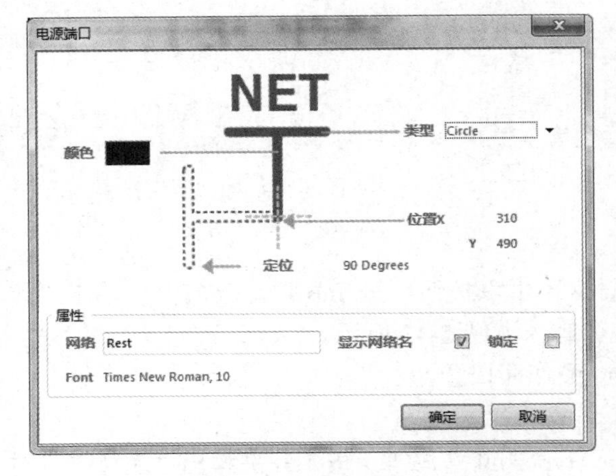

图 5-41 修改电源端口属性

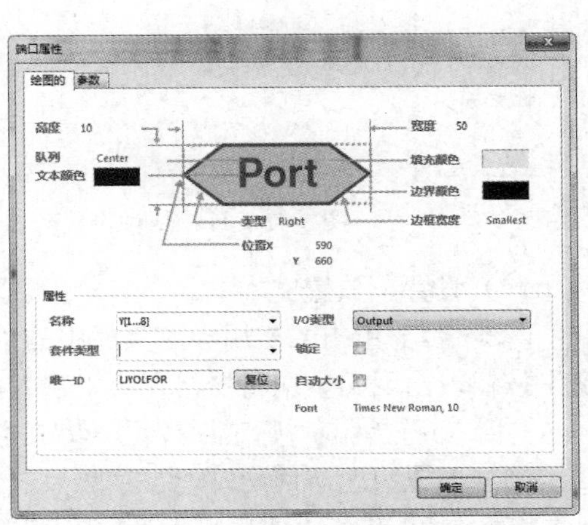

图 5-42 修改电路端口属性

［第二步］放置到图中适当位置。

（3）放置导线、总线、总线入口及网络标号。

［第一步］根据图纸要求利用导线将元件连接。

［第二步］单击“布线”工具栏中的“放置总线”按钮。在适当位置放置总线，拐角处用组合键“Shift+空格”调整总线的引脚模式。

［第三步］单击“布线”工具栏中的“放置入口”按钮。用“空格”键调整方向放置。

［第四步］单击“布线”工具栏中的“放置网络标号”按钮。必须放置到导线或总线上，不能悬浮放置。

［第五步］总线上的网络标号不能遗漏，并注意其形式为“*[1…8]”。

4．放置标题以及各种说明性文字或图片

填写标题栏、放置各种说明文字（字符串和文本框）、放置文字链接热点、插入图片等。

（1）设置标题栏。

［第一步］单击菜单“设计→文档选项”命令，弹出“文档选项”对话框，单击“参数”选项卡，将 Title 的“值”设置为“单片机信号发生器”，如图 5-43 所示。

［第二步］单击“实用”工具栏中的“放置文本字符串”按钮，按 Tab 键弹出“标注”对话框修改属性。在此对话框的“文本”栏的下拉列表内选择“=Title”选项，单击“确定”按钮，将字符放置到标题栏对应处，如图 5-44 所示。

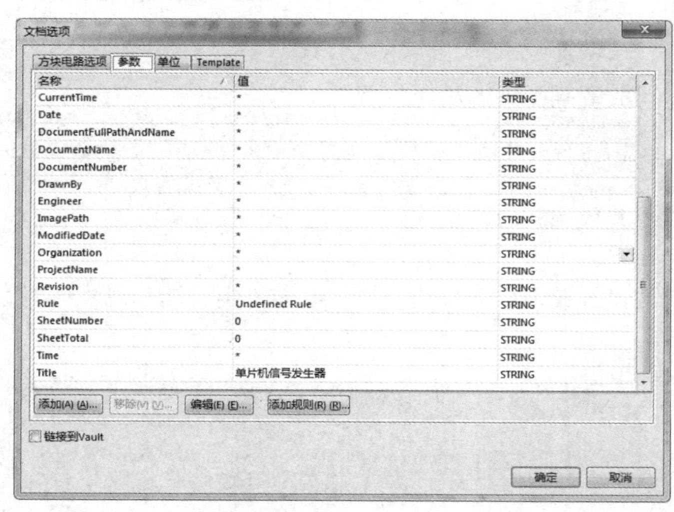

图 5-43　Title 属性设置

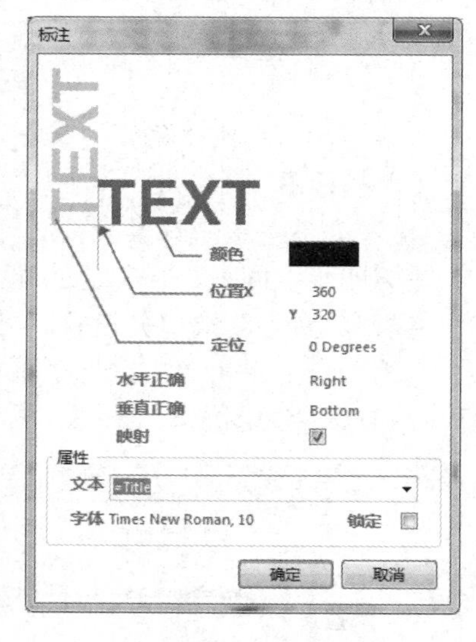

图 5-44　标注属性设置

（2）设置、放置文本框。

［第一步］单击“实用”工具栏中的“放置文本框”按钮，按 Tab 键修改属性。单击“改变”按钮，出现文本编辑器，在其中输入相应内容，如图 5-45 所示。

［第二步］单击“确定”按钮，将文本框放置到图中适当位置。

（3）放置快速访问网站的文字热点。

［第一步］单击“实用”工具栏中的“Place Hyperlink”按钮，按 Tab 键弹出“超链接”对话框修改属性。在“文本”栏内直接输入：“Altium Designer 官网入口”。在“URL”栏内输入

网址“http://www.altium.com.cn/”，如图 5-46 所示。

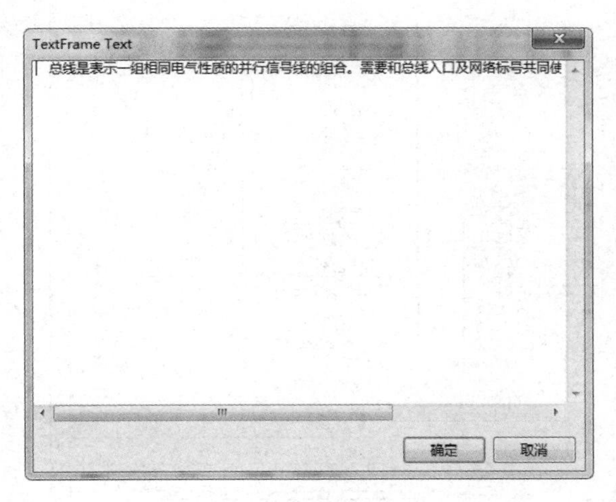

图 5-45　文本编辑器

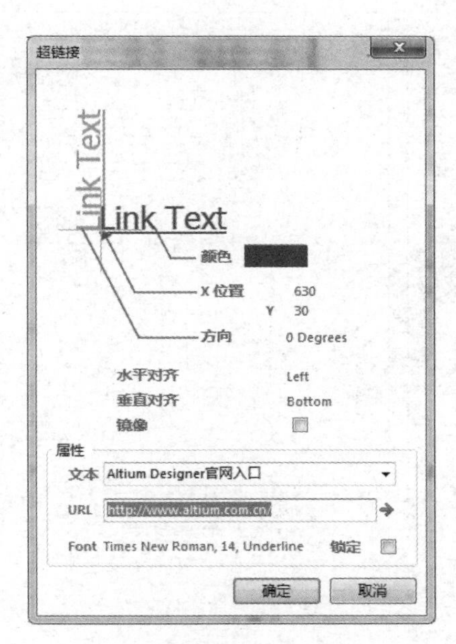

图 5-46　超链接设置

［第二步］单击“确定”按钮，将其放置到适当位置。

（4）插入图片。

［第一步］单击“实用”工具栏中的“放置图像”按钮，随后一个图像框随鼠标浮动。

［第二步］单击鼠标放置图像框对角线第一点，拖动到合适位置单击放置图像框对角线第二点，弹出“打开”对话框。

［第三步］选中 EX5 中的“Altium Designer15.jpg”，然后单击“打开”按钮，即可显示出图片。

［第四步］单击图片，出现控制点，用鼠标拖动控制点可调整图片大小。然后对准图片按下鼠标左键不放，拖动到适当位置即可，如图 5-47 所示。

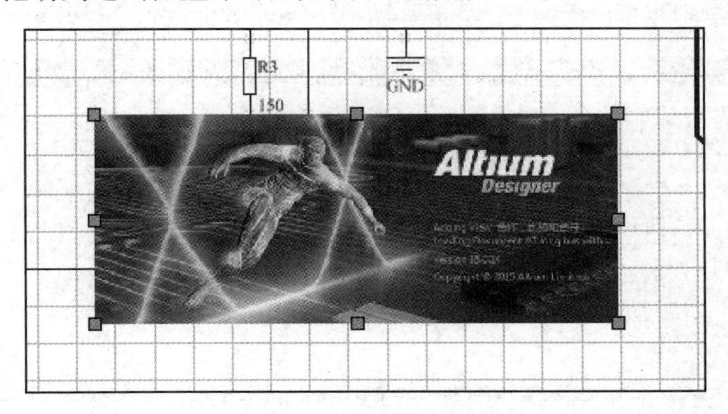

图 5-47　插入图片设置

经过调整设置，最终绘制原理图效果如图 5-48 所示。

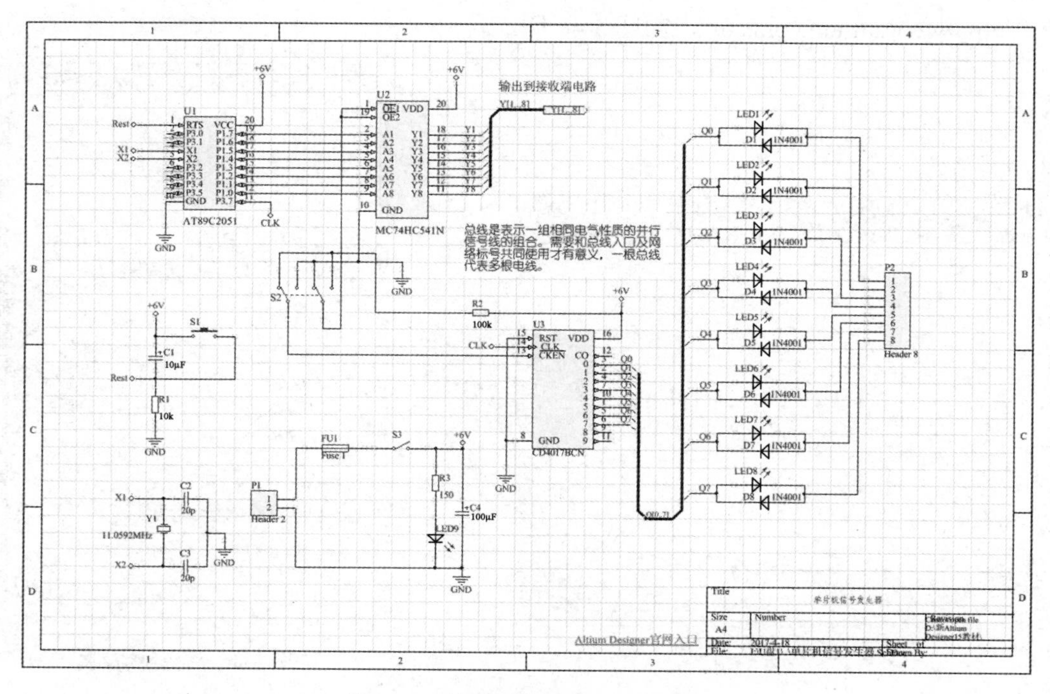

图 5-48　单片机信号发生器原理图

5.2.4　编译原理图，生成专用原理图元件库

1．编译“单片机信号发生器.SchDoc.”原理图

目测检查原理图有无明显错误并修正，对“单片机信号发生器.SchDoc”进行编译。

（1）单击菜单“工程→工程参数”命令，出现工程参数设置框。

（2）找到 Nets with no driving source（无源网络）项，将其设置为“不报告”，单击“确定”按钮，如图 5-49 所示。

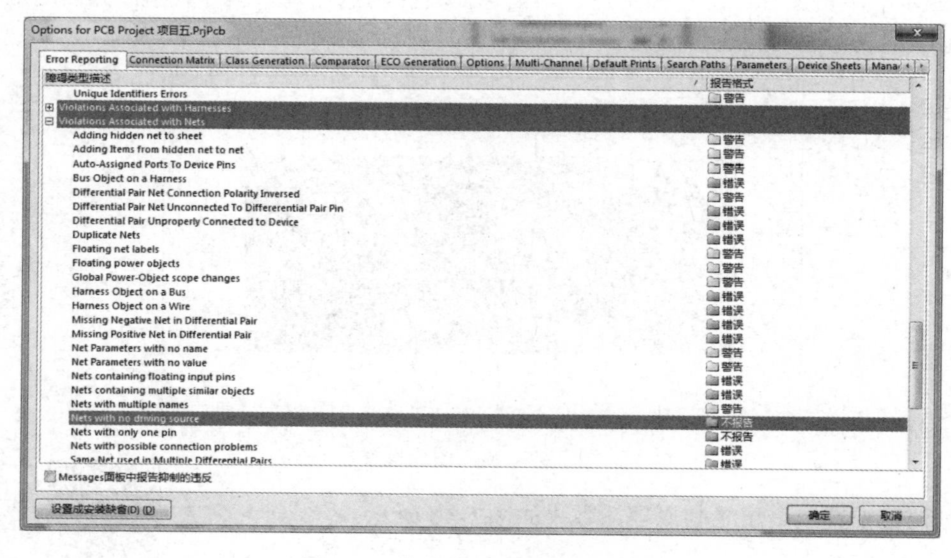

图 5-49　单片机信号发生器原理图

（3）单击菜单“工程→Compile Document 单片机信号发生器.SchDoc”命令，弹出“Messages”信息提示框。或单击界面右下方的“System”标签，勾选 Messages 命令，弹出“Messages”信息提示框，如图 5-50 所示。

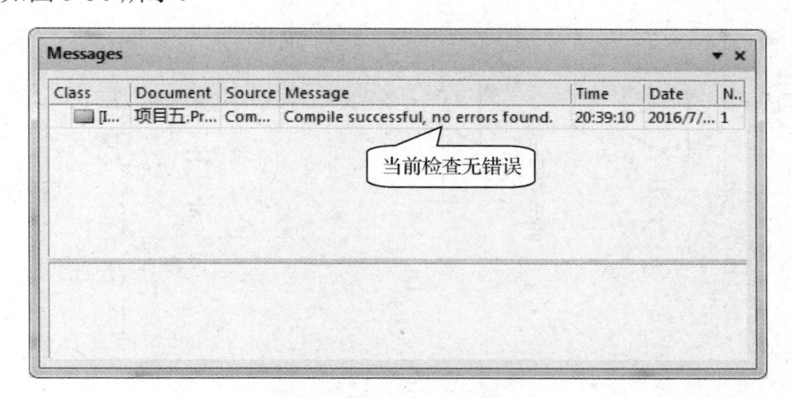

图 5-50　电气规则检查报告

2．生成“单片机信号发生器.SchDoc”专用原理图元件库

（1）单击菜单“设计→生成原理图库”命令，则生成一个“信号发生器.SchLib”元件库。

（2）单击“保存”按钮，将“信号发生器.SchLib”元件库保存到 EX5 中，分别如图 5-51 和图 5-52 所示。

图 5-51　专用原理图元件库

图 5-52　保存专用原理图元件库

练　习　题

【练习 1】峰值检波电路如图 5-53 所示，绘制电路原理图。

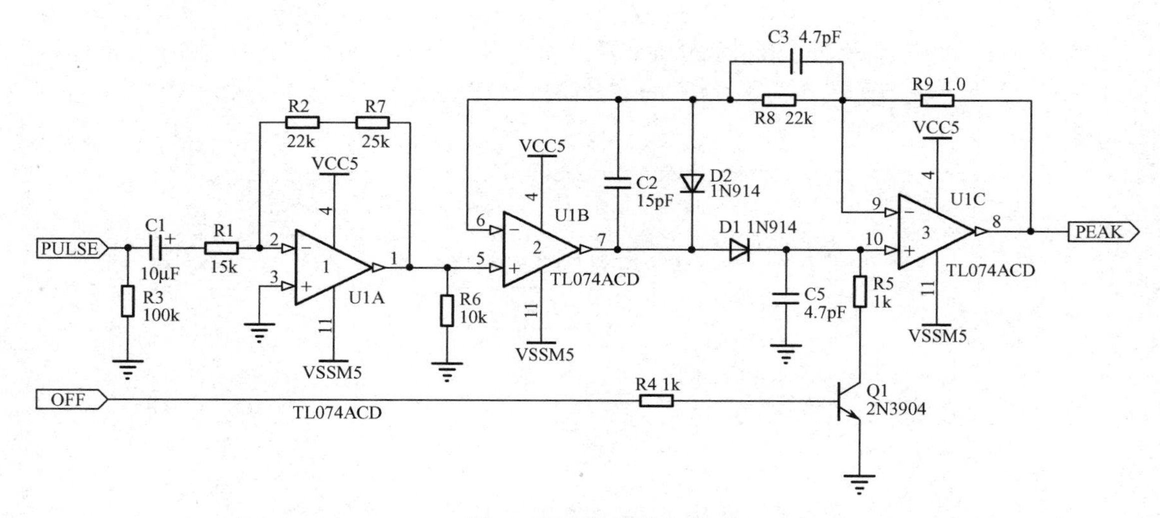

图 5-53　峰值检波电路

【练习 2】模拟信号整形电路如图 5-54 所示。注意分清电路中的网络标号、电源对象，要求绘制电路原理图，并编译检测电路。

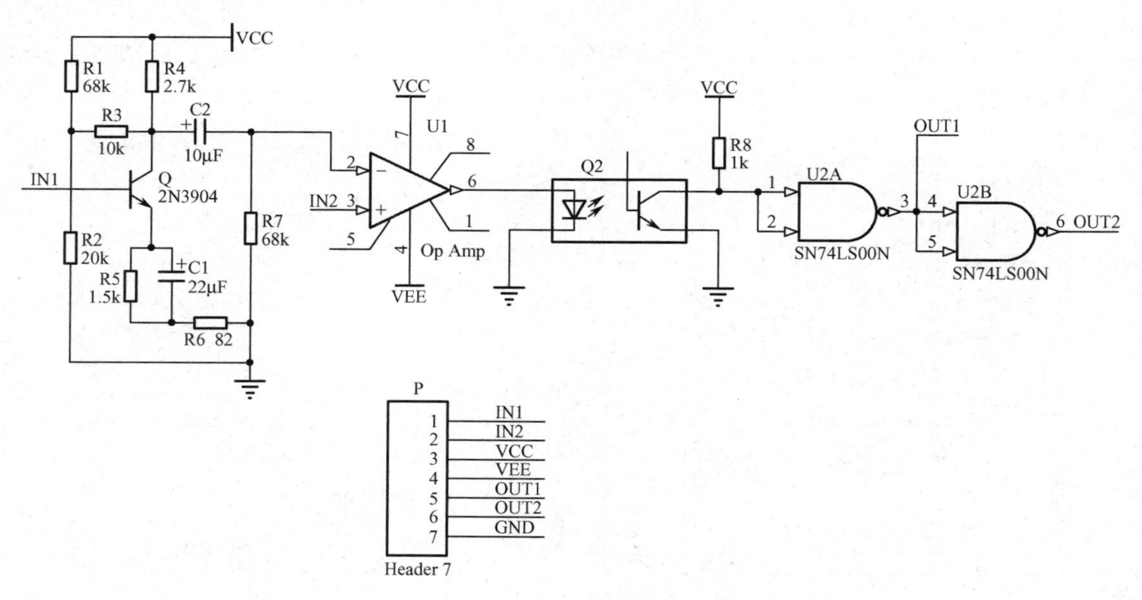

图 5-54　模拟信号整形电路

【练习 3】PLD 在线编程电路如图 5-55 所示，绘制电路原理图。注意总线的绘制。

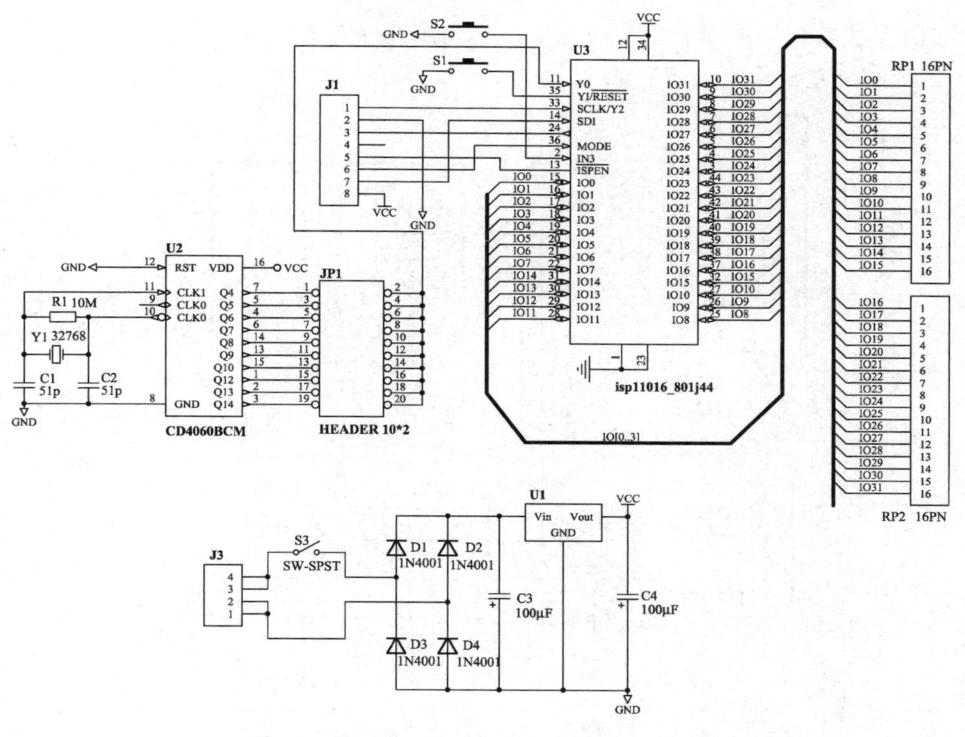

图 5-55 PLD 在线编程电路

【练习 4】利用自制元件绘制 USB 移动电子盘电路如图 5-56 所示，所有元件均采用表面贴片元件封装形式。

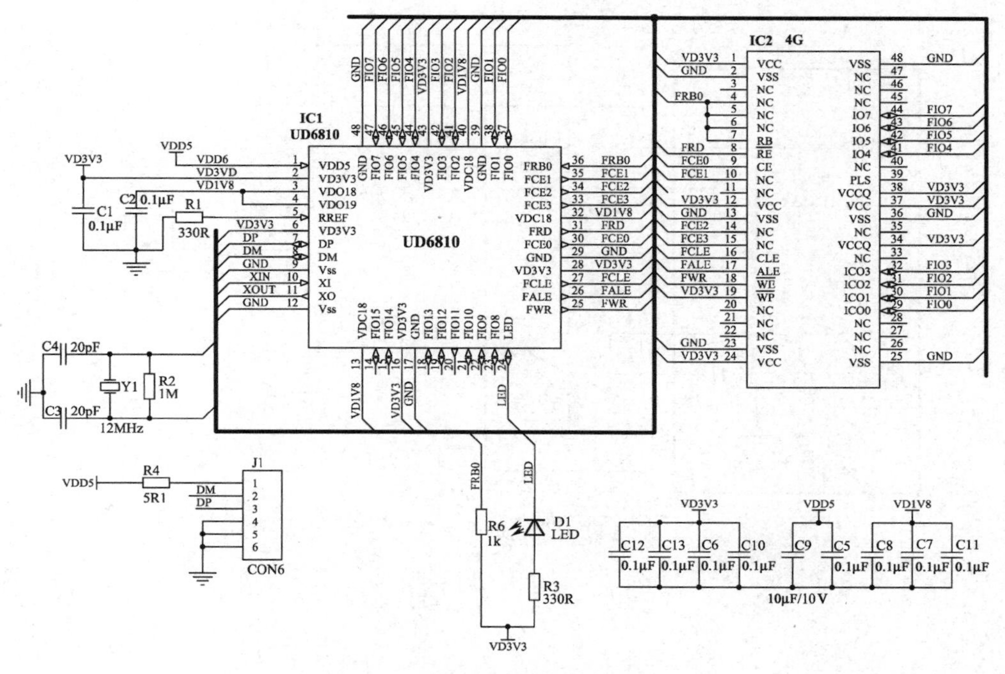

图 5-56 USB 移动电子盘电路

【练习 5】模数转换电路如图 5-57 所示，用自制元件完成电路绘制。

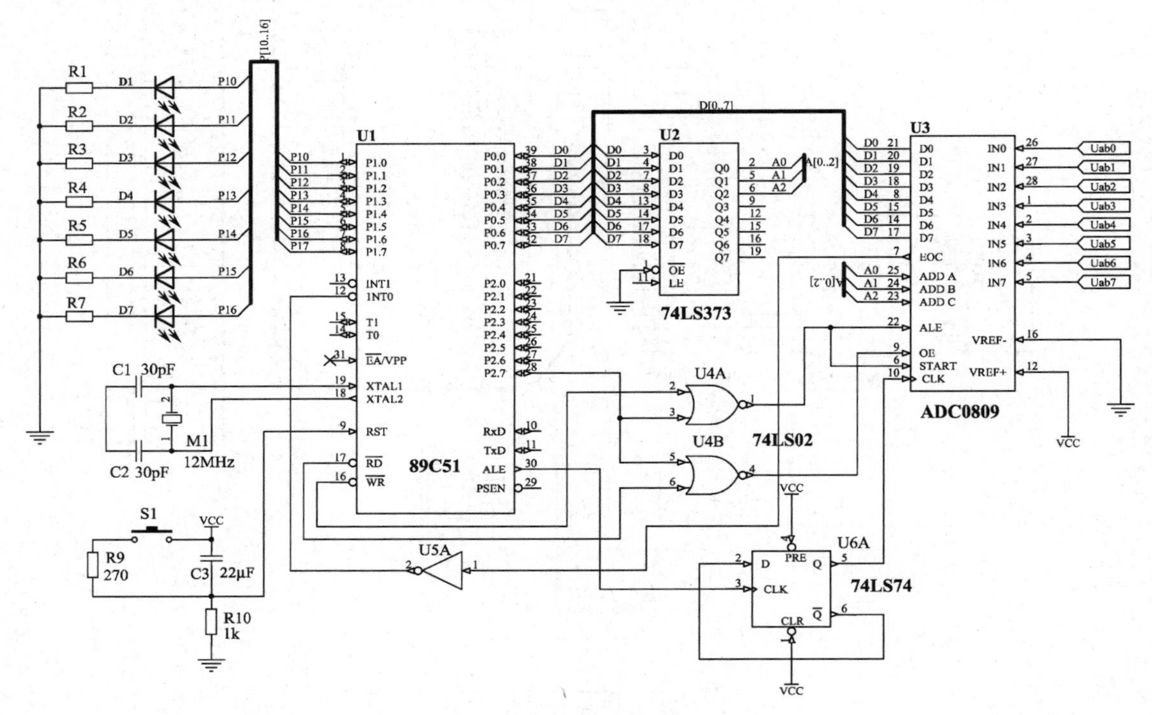

图 5-57　模数转换电路

【练习 6】用自制元件 TDA2822 绘制双通道功率放大电路，如图 5-58 所示。

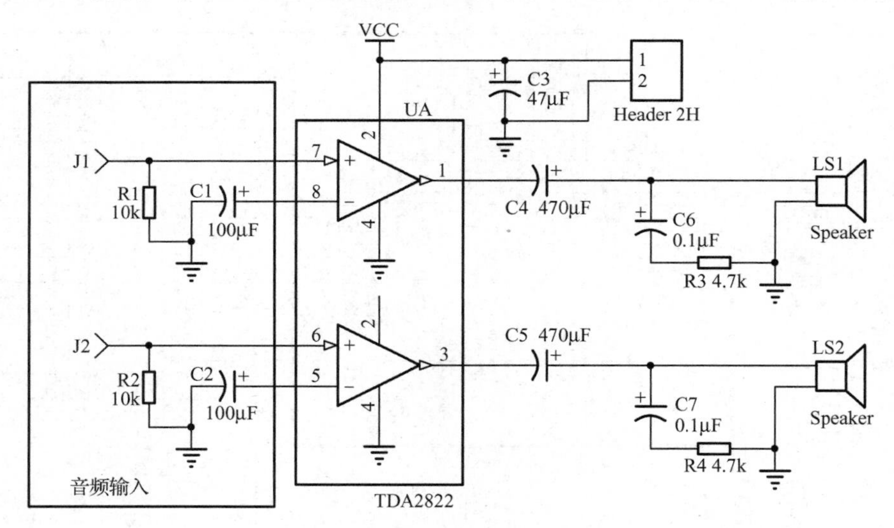

图 5-58　双通道功率放大电路

项目六 层次电路原理图绘制

Altium Designer15 支持设计多种复杂电路的方法，例如层次设计、多通道设计等，在增强了设计的规范性的同时减少了设计者的劳动量，提高了设计的可靠性。

所谓层次化设计，是指将一个复杂的设计任务分配成一系列有层次结构的、相对简单的电路设计任务。这样可以实现多个设计小组协同设计同一个项目，当完成顶层的模块设计，定义好各个模块之间的连接关系后，可将各个模块的设计任务分配给不同的小组单独完成，这样可以大大缩短开发周期。采用这种方式后，对单个模块设计的修改可以不影响系统的整体设计，提高了系统的灵活性。

Altium Designer15 支持“自顶向下”和“自底向上”这两种层次电路设计方式。与自顶向下相反，进行自底向上设计时，预先设计各个子模块，创建一个空的所谓父图，将各个子模块连接起来，成为功能更强大的上层模块。完成一个层次的设计需要经过多个层次的设计，直至满足项目要求。

学习目标

- 了解层次电路设计的基本方法。
- 掌握电路功能模块的划分原则。
- 掌握自顶向下及自底向上设计电路的方法。
- 熟悉原理图报表的创建。

工作任务

- 层次电路设计方法。
- 层次电路设计中常用的电气对象。
- 绘制层次电路。
- 创建原理图报表。

任务 6.1　层次电路图设计中常用电器对象

任务目标

- 了解层次电路图设计的两种方法。
- 熟练地放置编辑图纸符号、图纸端口。

任务内容

- 层次电路原理图设计方法。
- 放置并编辑层次电路原理图设计中的电气对象。

任务实施

6.1.1　层次电路原理图设计方法

1. “自顶向下”的层次电路设计

所谓自顶向下设计，就是按照系统设计的思想，首先在系统最上层进行模块划分，设计包含图纸符号的父图，标示系统最上层模块之间的电路连接关系，接下来分别对系统模块图中的各功能模块进行详细设计，分别细化各个功能模块的电路实现。自顶向下的设计方法适用于较复杂的电路设计，其流程如图 6-1 所示。

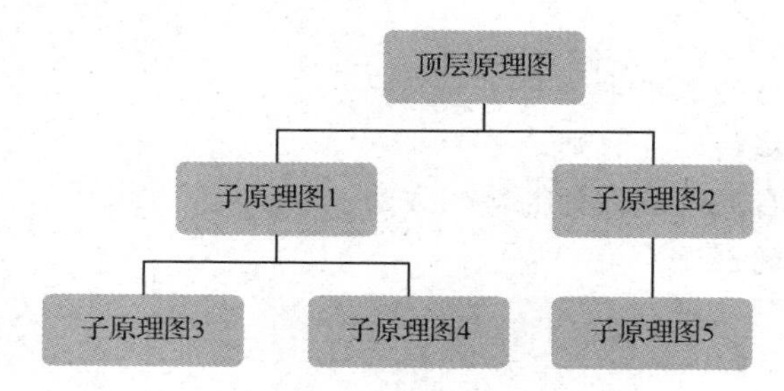

图 6-1　自顶向下设计层次电路流程

2. “自底向上”的层次电路设计

进行自底向上设计时，预先设计各个子模块，创建一个空的所谓父图，将各个子模块连接起来，成为功能更强大的上层模块。完成一个层次的设计需要经过多个层次的设计，直至满足项目要求，其流程如图 6-2 所示。

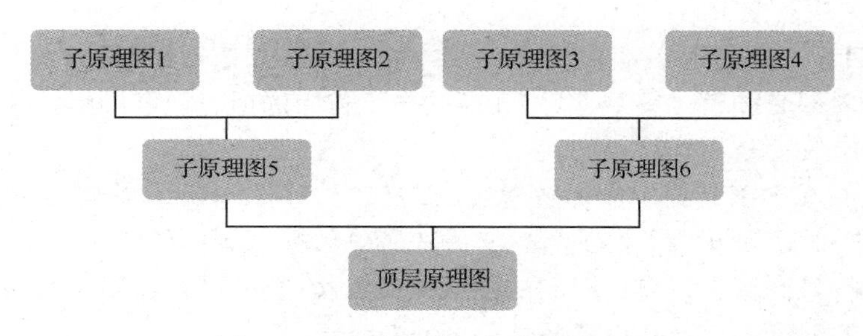

图 6-2 自底向上设计层次电路流程

6.1.2 层次电路原理图设计中常用的电气对象

层次电路图设计的关键在于正确地传递各层次之间的信号。信号的传递主要通过电路图纸符号、图纸入口和输入/输出端口来实现。电路图纸符号、图纸入口和电路输入/输出端口之间有着密切的关系。

1. 图纸符号（图表符）

层次电路图中的所有图纸符号与一张同名的电路原理图相对应。在自顶向下设计时，图纸符号必须由顶层设计者来放置和设置。

放置图纸符号操作如下：

（1）单击“布线”工具栏中的“放置图表符”按钮，出现一个浮动的图纸符号，如图 6-3 所示。

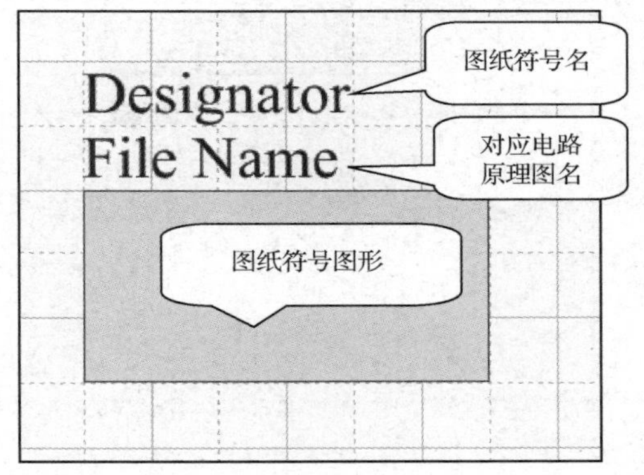

图 6-3 图纸符号

（2）按 Tab 键，出现“方块符号”对话框，也可双击放置后的图纸符号。其设置属性如图 6-4 所示。

（3）单击鼠标放置图纸符号对角线第一点，移动到合适位置再次单击鼠标放置图纸符号对角线第二点，如图 6-5 所示。

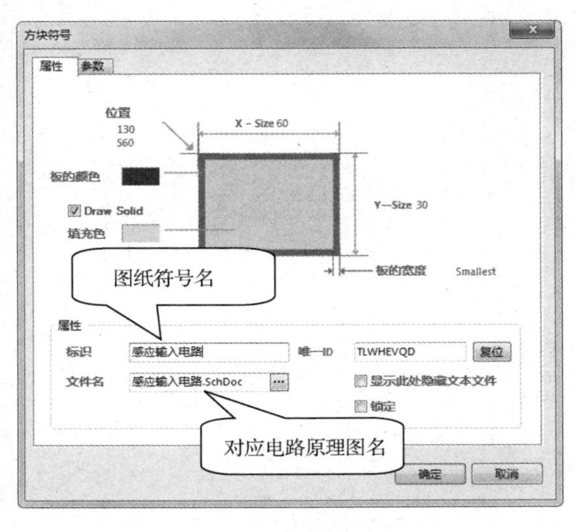

图 6-4 图纸符号属性设置

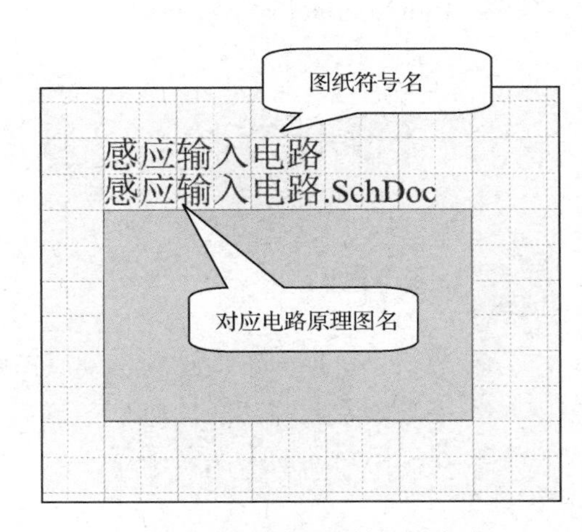

图 6-5 图纸符号属性设置完成

2．图纸入口

图纸符号的内部必须有“图纸入口”。在同一工程中的所有电路图纸符号中，同名“图纸入口”之间，在电气上是相互连接的。

（1）单击“布线”工具栏中的“放置图纸入口”按钮，出现一个浮动的图纸符号。当在图纸符号区域之外时，呈灰色无法放置，必须在图纸符号区域内放置。

（2）在图纸符号区域内，可见浮动的图纸入口。按 Tab 键，出现“方块入口”对话框，也可双击放置后的图纸入口。其设置属性如图 6-6 所示。

（3）在设置完成后，单击鼠标放置图纸入口，如图 6-7 所示。

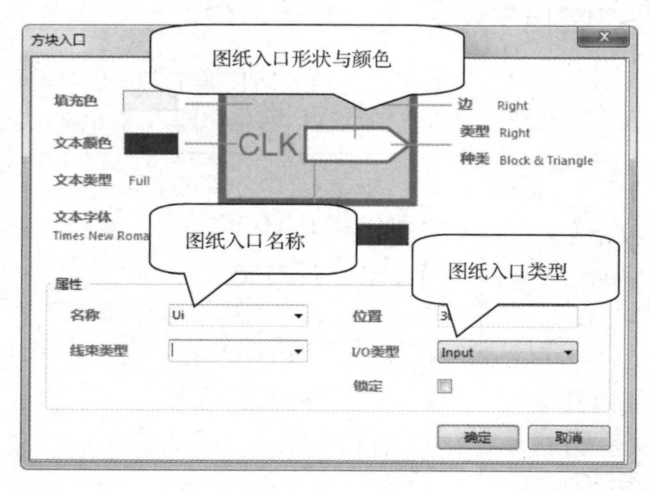

图 6-6　图纸入口属性设置

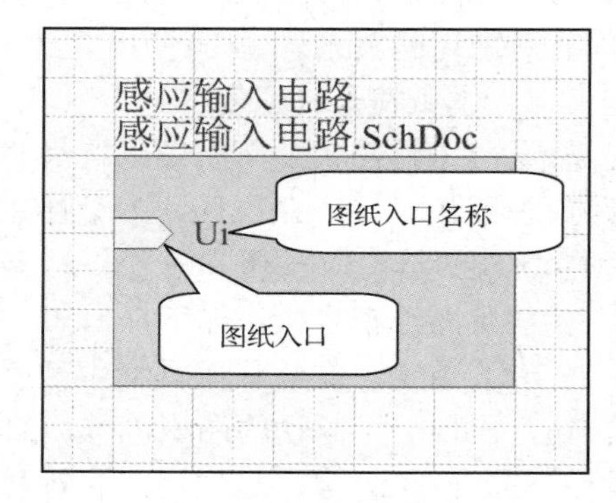

图 6-7　图纸入口放置

（4）图纸入口类型有 4 种：

- Output——输出型；
- Input——输入型；
- Unspecified——不确定型；
- Bidirectional——双向型。

任务 6.2　“自顶向下”设计层次电路图

任务目标

- 应用“自顶向下”绘制层次原理图。
- 正确划分电路功能模块。
- 建立电路间的层次关系。

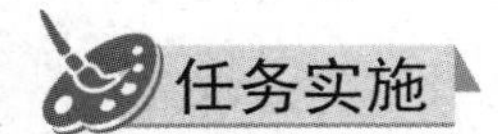

任务内容

- 应用“自顶向下”绘制“线束检测电路”层次原理图。

任务实施

6.2.1 层次电路图的设计准备

1．正确划分电路工程模块

如图 6-8 所示，将“线束检测电路”划分为 4 个功能模块：

（1）感应输入电路；

（2）选频通道电路；

（3）检测显示电路；

（4）报警电路。

各子电路功能间的关系如图 6-9 所示。

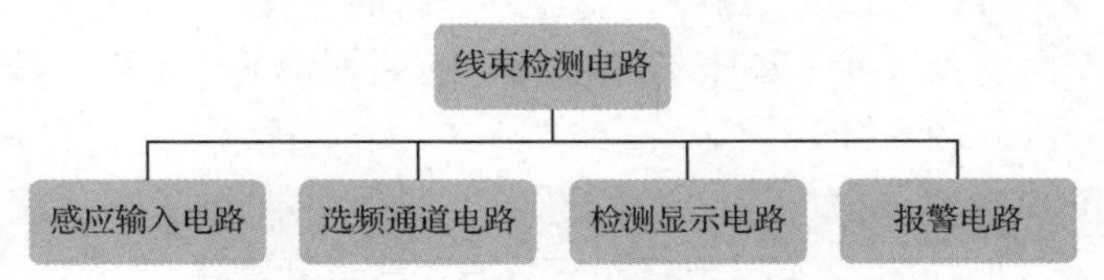

图 6-8 线束检测电路层次关系

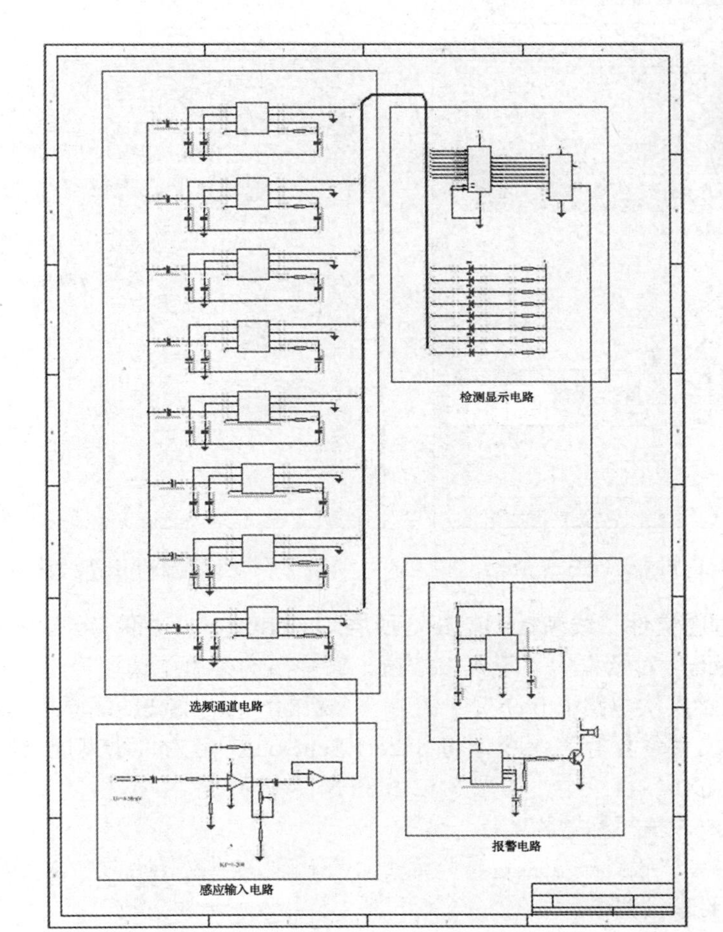

扫一扫查看图 6-9

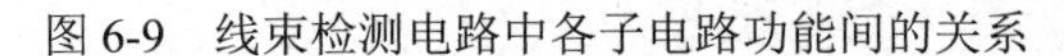

图 6-9 线束检测电路中各子电路功能间的关系

2．创建"项目六设计.DsnWrk"工作台和"层次电路.PrjPcb"工程

（1）创建"项目六设计.DsnWrk"工作台，保存到"EX6"目录中。

[第一步] 打开Altium Designer15软件，将工作面板切换到"Projects"对话框。单击菜单"文件→New→工作台（Workspace）（W）"命令，新建一个工作台（Workspace）：Workspace1.DsnWrk。

[第二步] 单击菜单"文件→保存工作台（Workspace）"命令，设置文件名为"项目六设计.DsnWrk"，保存目录为"EX6"。

（2）新建"层次电路.PrjPcb"工程，保存到"EX6"目录中。

[第一步] 单击"Projects"对话框中"工作台"按钮，在弹出的菜单中选取"添加新的工程→PCB工程"命令，创建一个新的工程。

[第二步] 单击"Projects"对话框中的"工程"按钮，在弹出的菜单中选"保存工程"命令，将新建的工程命名为"层次电路.PrjPcb"并保存到"EX6"目录中，如图6-10和图6-11所示。

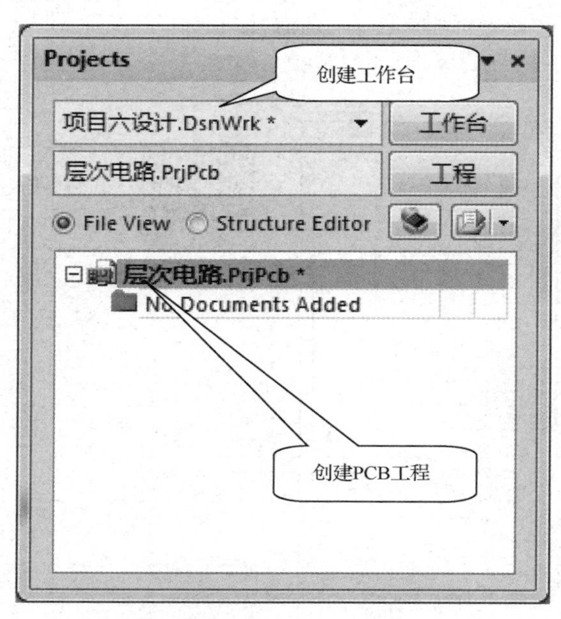

图6-10　新建设计工作区及PCB工程

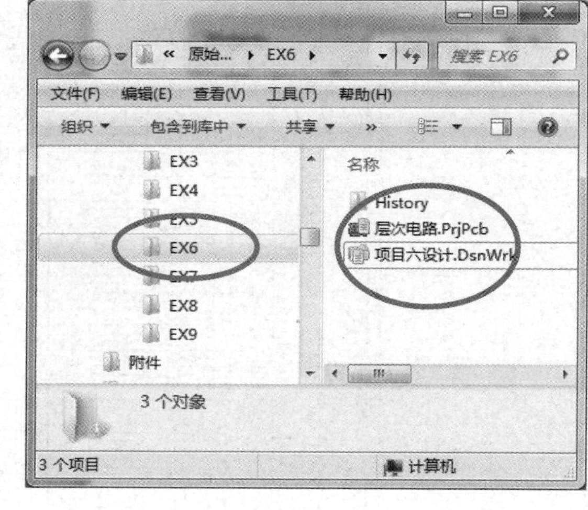

图6-11　保存工作台及PCB工程

3．创建顶层原理图文件"线束检测电路（顶层）.SchDoc"，并保存到"EX6"目录中

（1）单击"Projects"对话框中"工程"按钮，在弹出的菜单中选取"给工程添加新的→Schematic"命令，在"层次电路.PrjPcb"中创建一个新的Sheet1.SchDoc原理图文档。

（2）单击菜单"文件→保存"命令，将Sheet1.SchDoc更名为"线束检测电路（顶层）.SchDoc"并保存到"EX6"目录中，如图6-12和图6-13所示。

（3）设置文档参数，填写标题栏。

[第一步] 单击菜单"设计→文档选项"命令，在出现的"文档选项"对话框中的"方块电路"选项卡中根据要求设置。

图 6-12　创建原理图文件

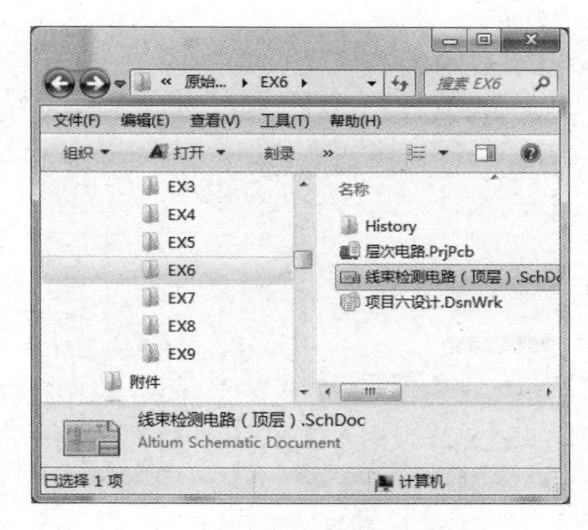

图 6-13　保存原理图文件

［第二步］单击“参数”选项卡，设置如下：

➢ Drawn By——作者姓名；
➢ Sheet Number——当前图号；
➢ Sheet Total——总图号；
➢ Title——图纸标题名称。

［第三步］单击“放置→文本字符串”命令，设置好对应的属性，分别放到标题栏中的适当位置，如图 6-14 所示。

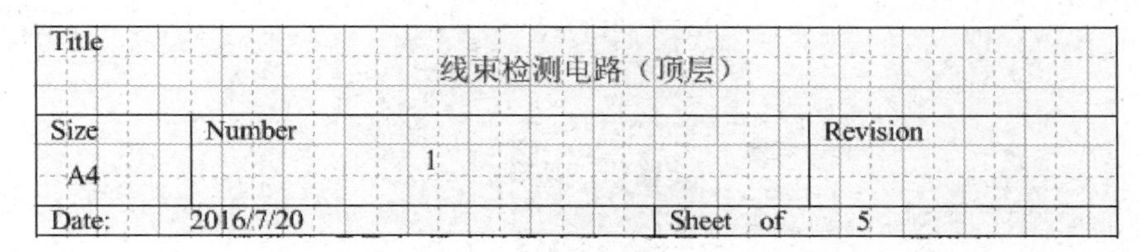

图 6-14　图纸标题栏设置

6.2.2　顶层原理图的绘制

1．图纸参数设置

（1）在“Projects”对话框的文件栏中，双击“线束检测电路（顶层）.SchDoc”打开原理图编辑界面。

（2）单击菜单“设计→文档选项”命令，将栅格范围设置为 8，其余默认，如图 6-15 所示。

（3）在“文档选项”对话框中单击“参数”选项卡，如图 6-16 所示。设置如下：

➢ Drawn By——作者姓名；
➢ Title——原理图标题，即线束检测电路（顶层）；
➢ Sheet Number——当前原理图编号数（1）；
➢ Sheet Total——项目中图纸总数（5）。

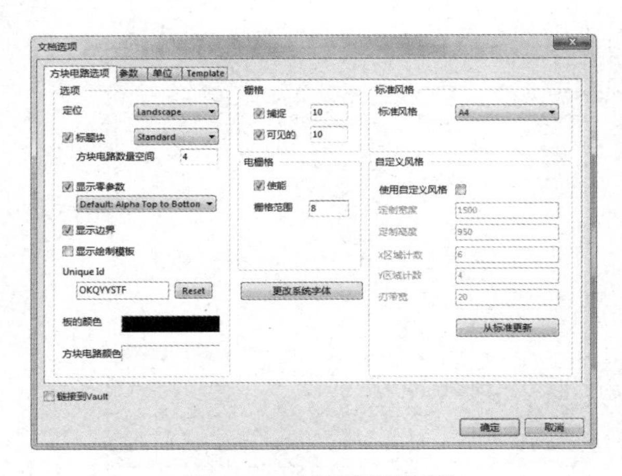

图 6-15　设置原理图属性

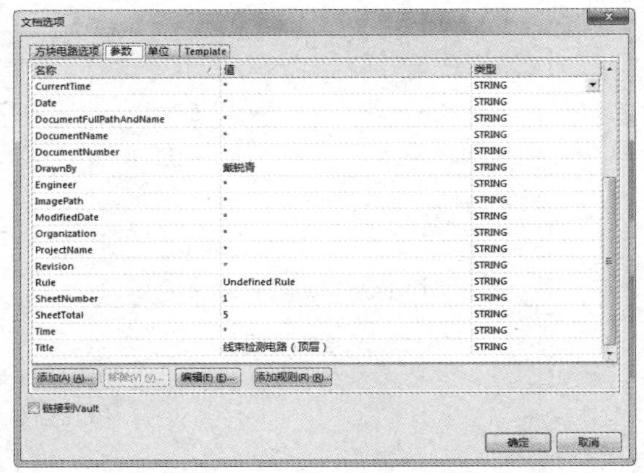

图 6-16　设置标题栏参数

2．放置图纸符号

（1）放置图纸符号常用的方法有如下几种。

【方法一】在英文输入状态下使用组合键：PS。

【方法二】单击菜单“放置→图表符”命令。

【方法三】单击“布线”工具栏中的“放置图表符”按钮。

（2）设置图纸符号属性，如图 6-17 所示。

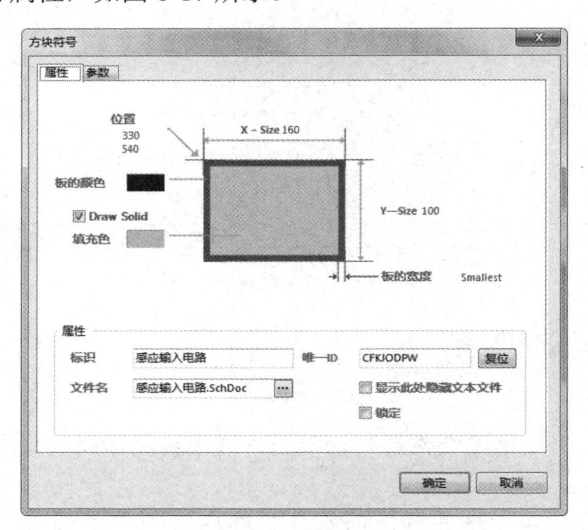

图 6-17　设置图纸符号属性

设置图纸符号属性的方法有如下两种。

【方法一】图纸符号处于浮动时，按 Tab 键。

【方法二】双击已放置的图纸符号。

（3）放置图纸符号的方法介绍如下。

两次单击鼠标，确定图纸符号的两个对角位置，如图 6-18 所示。按以上方法将其他图纸符号放置到“线束检测电路（顶层）.SchDoc”原理图中，如图 6-19 所示。

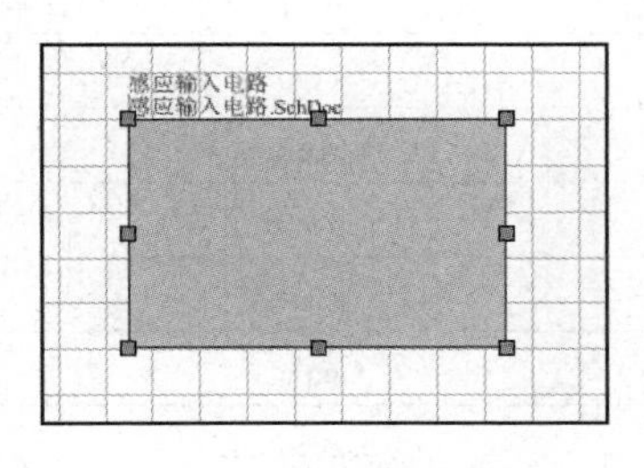

图 6-18　设置图纸符号

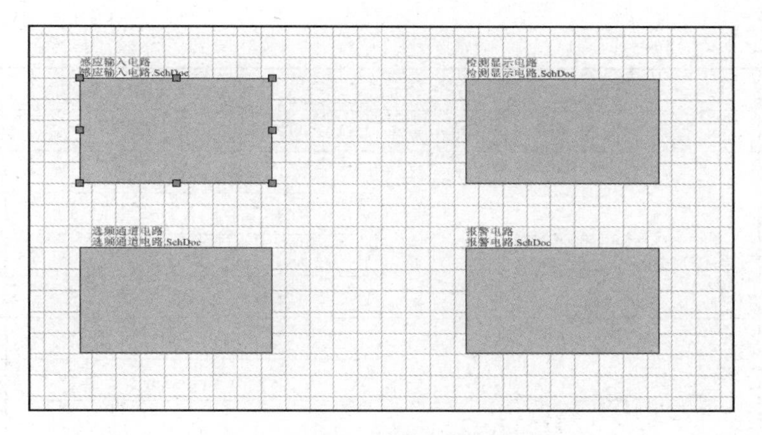

图 6-19　放置其他图纸符号

3．放置及设置图纸入口

（1）放置图纸入口的方法有如下几种。

【方法一】在英文输入状态下使用组合键：PA。

【方法二】单击菜单“放置→添加图纸入口”命令。

【方法三】单击“布线”工具栏中的“放置图纸入口”按钮。

（2）设置图纸入口属性的方法介绍如下。

图纸符号处于浮动时，按 Tab 键，或双击已放置的图纸入口，弹出“方块入口”对话框，设置图纸入口属性如图 6-20 所示。

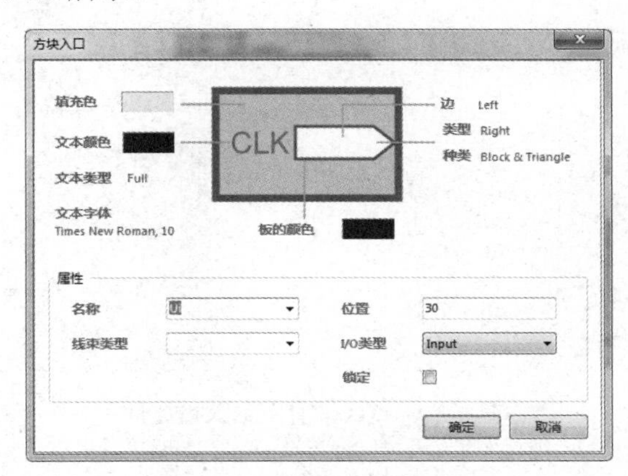

图 6-20　设置图纸入口属性

设置所有图纸入口参数见表 6-1。

表 6-1　图纸入口参数

图纸入口属性设置		
图纸符号名称	入 口 名 称	输入/输出属性
感应输入电路	+6V	Unspecified
	GND	Unspecified
	Induction Signal	Output

续表

图纸入口属性设置		
图纸符号名称	入 口 名 称	输入/输出属性
选频通道电路	Induction Signal	Input
	Q[1…8]	Output
	+6V	Unspecified
	GND	Unspecified
检测显示电路	Q[1…8]	Input
	Warning Signal	Output
	+6V	Unspecified
	GND	Unspecified
报警电路	Warning Signal	Input
	+6V	Unspecified
	GND	Unspecified

完成图纸入口属性设置后，图纸符号如图 6-21 所示。

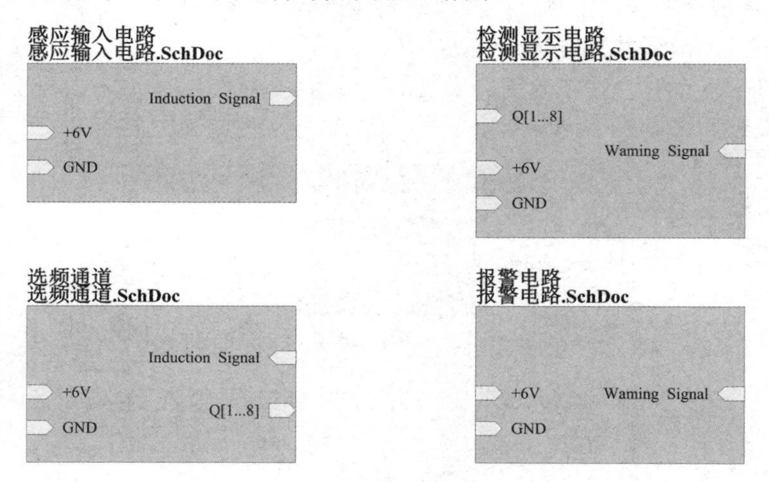

图 6-21　完成设置图纸入口属性

4．连接各图纸符号

（1）利用“布线”工具栏的“放置线”按钮，将同名的图纸入口连接起来（Q[1...8]入口除外）。

（2）利用“布线”工具栏的“放置总线”按钮，将 Q[1...8]两个入口连接起来，并在总线的相应位置放置网络标号 Q[1...8]，完成顶层原理图的设计，如图 6-22 所示。

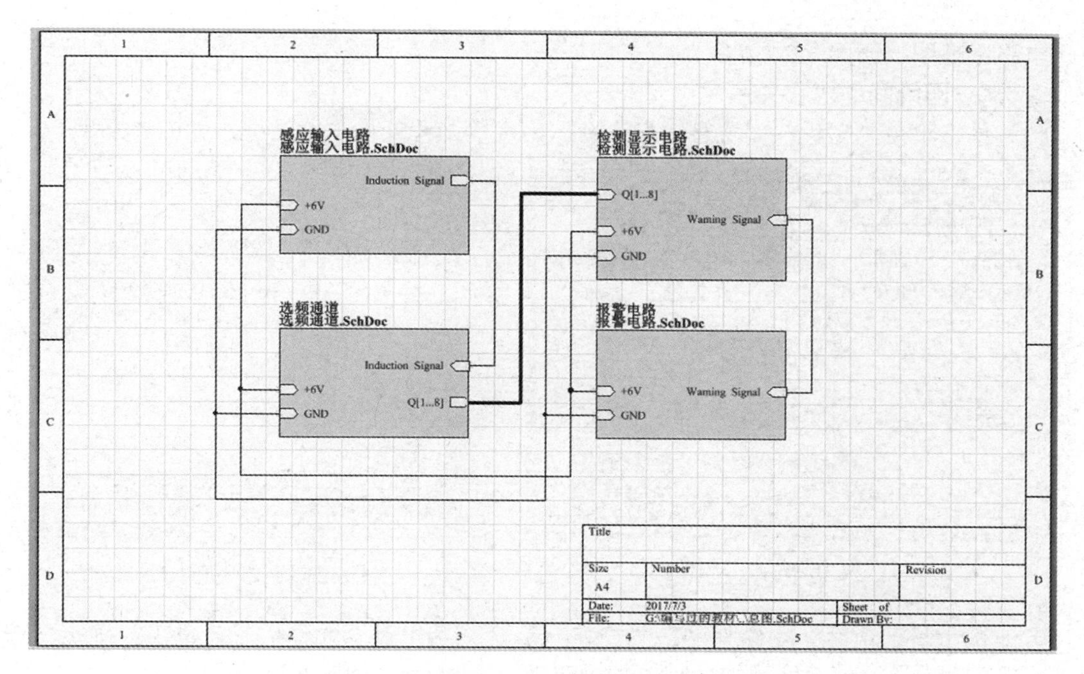

图 6-22 线束检测电路（顶层）原理图

将图 6-22 局部放大后，如图 6-23 所示。

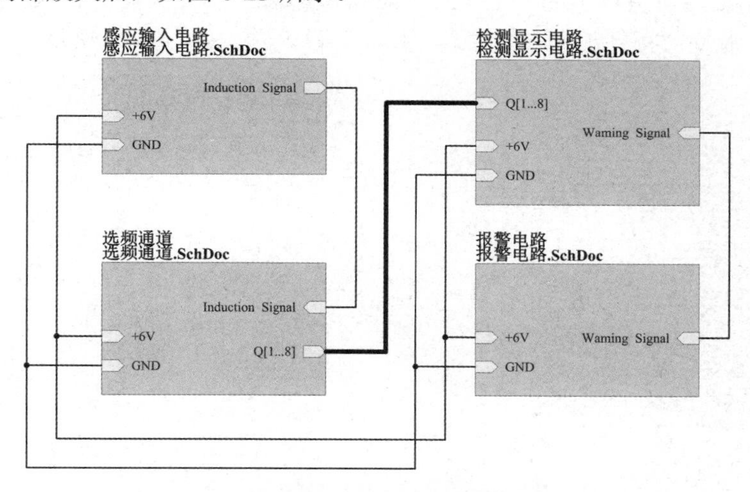

图 6-23 线束检测电路（顶层）原理图局部放大

6.2.3 创建子图及层次关系

1. 将图纸符号转换为对应的子电路原理图

（1）在“线束检测电路（顶层）.SchDoc”原理图编辑界面中，单击菜单“设计→产生图纸命令”。

（2）鼠标下带有一个浮动的十字光标，在“感应输入电路”图纸符号区域内，单击鼠标即可生成一张带有电路端口的同名空白图纸。

（3）用相同的方法，继续在“线束检测电路（顶层）.SchDoc”原理图编辑界面中生成其他子电路原理图，如图6-24所示。

2．建立图纸间的层次关系

（1）单击菜单“工程→阅览管道”命令，出现“工程元件”对话框，如图6-25所示。

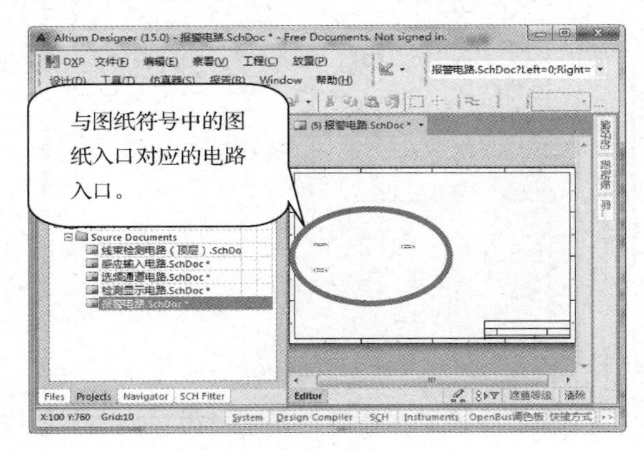

图6-24　生成子电路原理图

图6-25　“工程元件”对话框

（2）由于目前所有子电路原理图为空白状态，故其中没有元件信息。单击“确定”按钮后就可看到“Projects”对话框中呈现的各子电路层次关系，如图6-26所示。

3．保存图纸

单击“Projects”对话框中的“工作台”按钮，选取“全部保存”命令，或单击菜单“文件→全部保存”命令，将各子电路保存到“EX6”目录中，如图6-27所示。

图6-26　各子电路层次关系

图6-27　电路图保存

6.2.4　绘制各子电路原理图

1．绘制感应输入电路

（1）绘制的感应输入电路如图6-28所示。

扫一扫查看图6-28

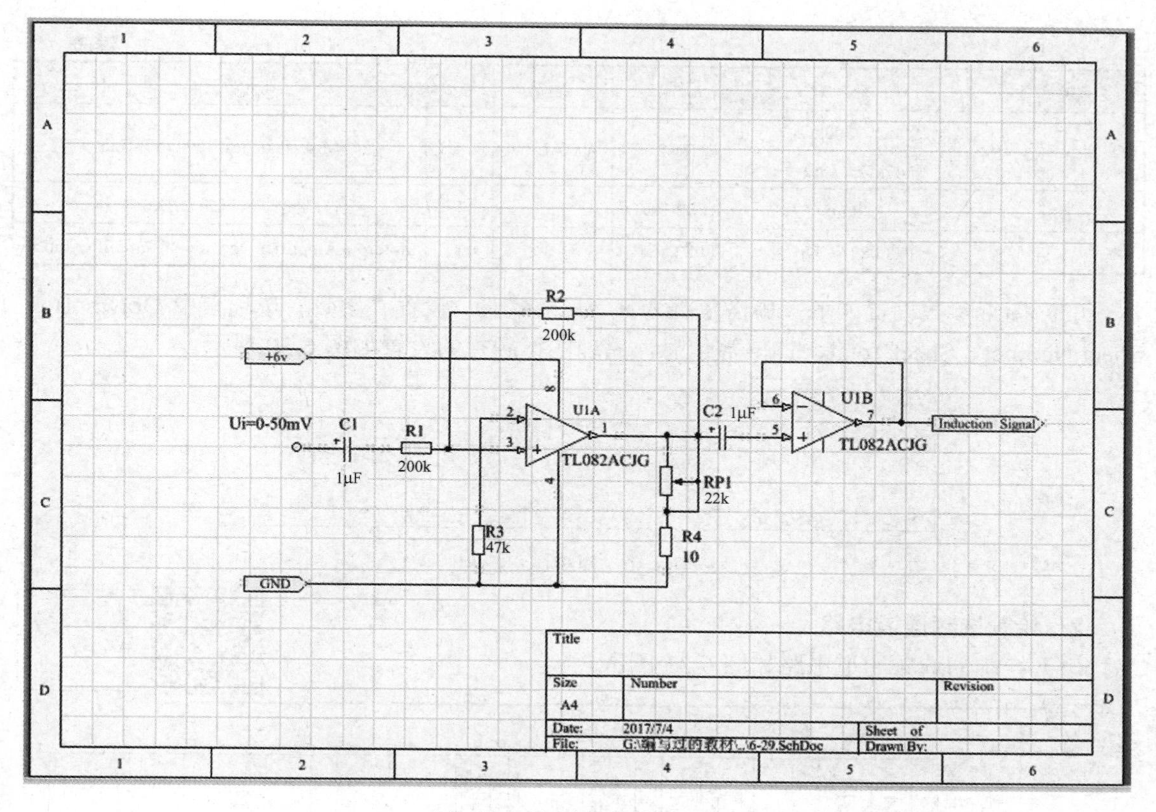

图 6-28 绘制感应输入电路

感应输入电路的放大图如图 6-29 所示。

扫一扫查看
图 6-29

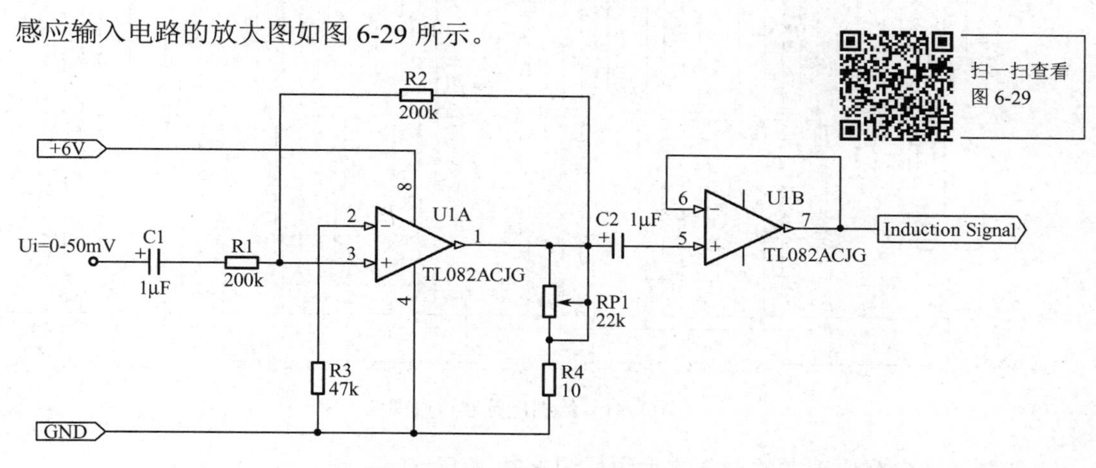

图 6-29 感应输入电路放大图

绘制感应输入电路的元件参数见表 6-2。

表 6-2 感应输入电路元件参数

元件编号	参数	元件名	封装	数量	元件库名
C1，C2	1μF	Cap Pol2	POLAR0.8	2	Miscellaneous Devices.IntLib

续表

元件编号	参数	元件名	封装	数量	元件库名
R1，R2，R3，R4	200kΩ，200kΩ，47kΩ，10Ω	Res2	AXIAL-0.4	4	Miscellaneous Devices.IntLib
RP1	22kΩ	RES2-POT	VR3	1	自制元件.SchLib（EX6 中）
U1	'TL082ACJG	TL082ACJG	DIP-8	1	Motorola Amplifier Operational Amplifier.IntLib

（2）图纸参数设置如下：栅格范围为 8，其余默认。设置“参数”选项卡中 Drawn By、Sheet Number、Sheet Total、Title 等信息。原理图标题栏的设置如图 6-30 所示。

图 6-30　原理图标题栏

2. 绘制选频通道电路

扫一扫查看
图 6-31

（1）绘制的选频通道电路如图 6-31 所示。

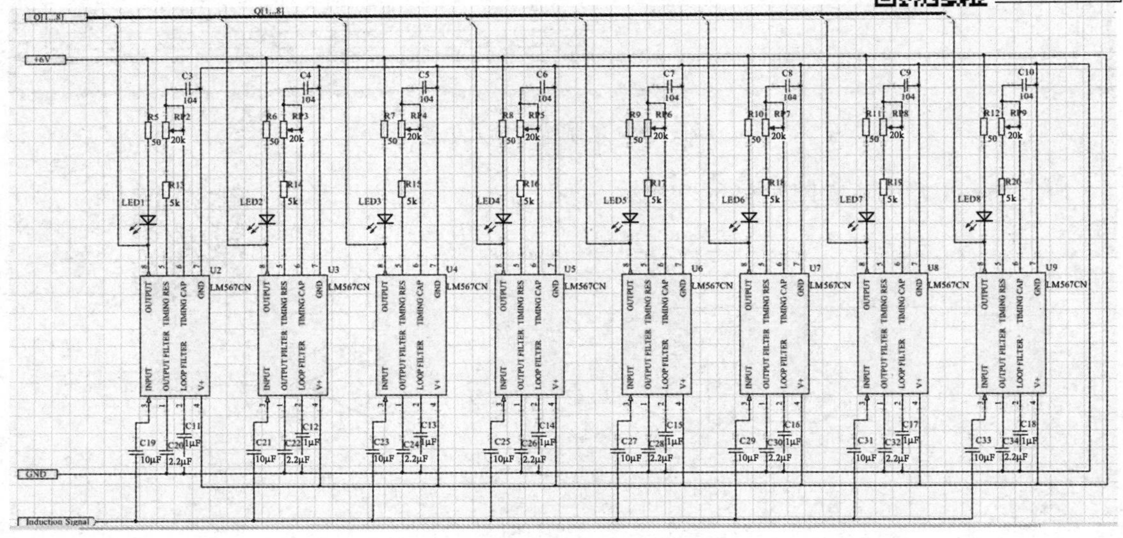

图 6-31　绘制选频通道原理图

选频通道电路原理图的局部放大图如图 6-32 所示。

扫一扫查看
图 6-32

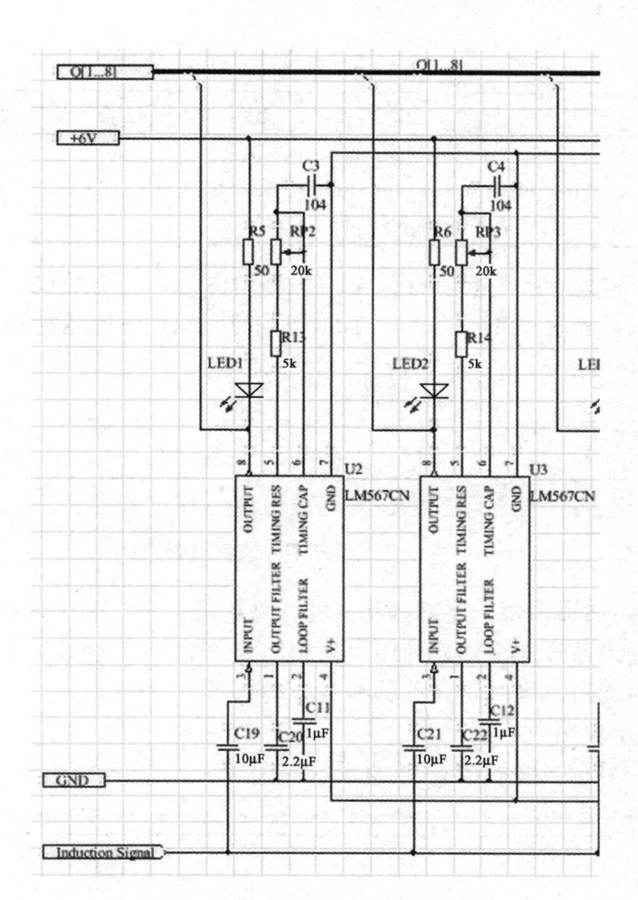

图 6-32 选频通道电路原理图局部放大图

绘制选频通道电路的元件参数见表 6-3。

表 6-3 选频通道电路元件参数

元 件 编 号	元 件 参 数	元件封装	元 件 名	数量	元 件 库 名
R5，R6，R7，R8，R9，R10，R11，R12，R13，R14，R15，R16，R17，R18，R19，R20	150Ω，150Ω，150Ω，150Ω，150Ω，150Ω，150Ω，150Ω，5kΩ，5kΩ，5kΩ，5kΩ，5kΩ，5kΩ，5kΩ，5kΩ	AXIAL-0.4	Res2	16	Miscellaneous Devices.IntLib
RP2，RP3，RP4，RP5，RP6，RP7，RP8，RP9	20kΩ	VR3	RES2-POT	8	自制元件.SchLib
U2，U3，U4，U5，U6，U7，U8，U9	LM567CN	N08E	LM567CN	8	NSC Audio.IntLib
LED1，LED2，LED3，LED4，LED5，LED6，LED7，LED8	LED	LED-1	LED 1	8	Miscellaneous Devices.IntLib
C19，C20，C21，C22，C23，C24，C25，C26，C27，C28，C29，C30，C31，C32，C33，C34	10μF，2.2μF，10μF，2.2μF，10μF，2.2μF，10μF，2.2μF，10μF，2.2μF，10μF，2.2μF，10μF，2.2μF，10μF，2.2μF	POLAR0.8	Cap Pol2	16	Miscellaneous Devices.IntLib

续表

元 件 编 号	元 件 参 数	元件封装	元 件 名	数量	元 件 库 名
C3，C4，C5，C6，C7，C8，C9，C10，C11，C12，C13，C14，C15，C16，C17，C18	104，104，104，104，104，104，104，104，1μF，1μF，1μF，1μF，1μF，1μF，1μF，1μF	RAD-0.3	Cap	16	Miscellaneous Devices.IntLib

（2）图纸参数设置如下：图纸幅面为 A3、栅格范围为 8，其余默认。设置“参数”选项卡中 Drawn By、Sheet Number、Sheet Total、Title 等信息。原理图标题栏的设置如图 6-33 所示。

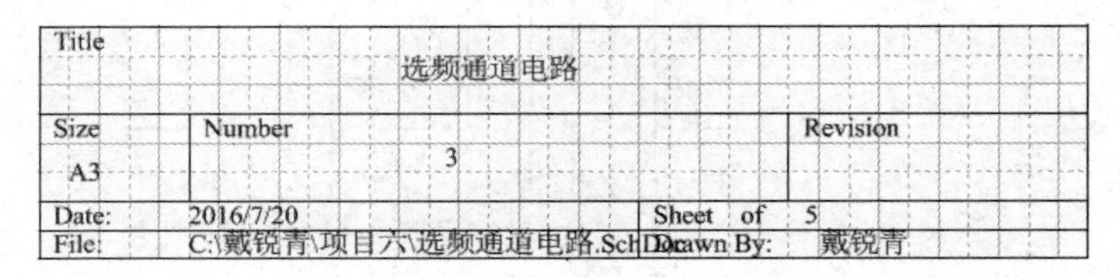

图 6-33　原理图标题栏设置

此电路中有 8 路通道，每一路都由相同的元件构成，在绘制过程中可采用“灵巧粘贴”功能。先画好一路通道原理图，然后使用“复制”或“剪切”（建议）命令，也可用“灵巧粘贴”直接复制出 8 路通道，同时将元件的编号自动编号。

3. 绘制检测显示电路

（1）绘制的检测显示电路如图 6-34 所示。

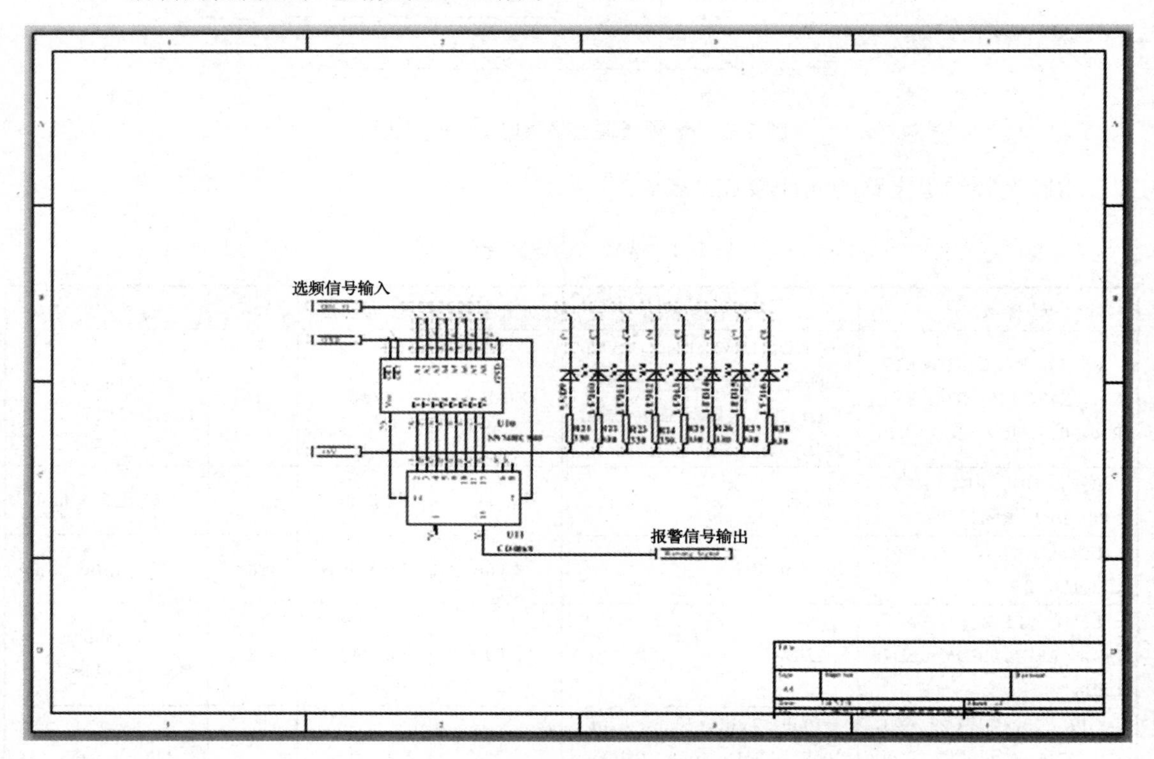

图 6-34　绘制检测显示电路原理图

检测显示电路的放大图如图 6-35 所示。

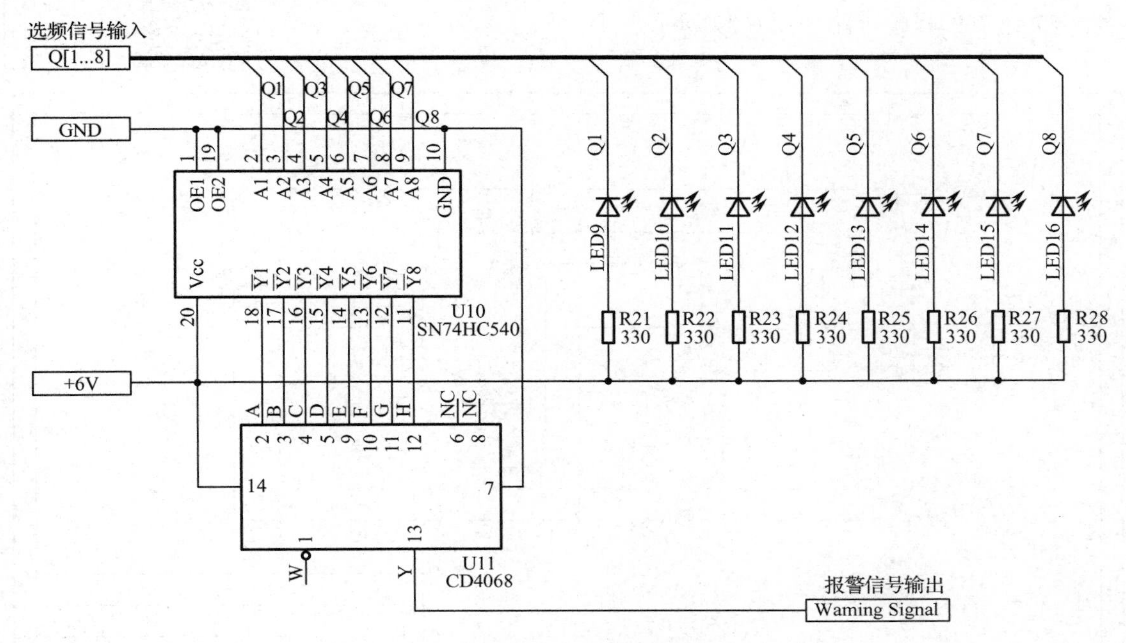

图 6-35 检测显示电路放大图

绘制检测显示电路的元件参数见表 6-4。

表 6-4 检测显示电路元件参数

元件编号	参 数	封 装	元 件 名	元件库名	数量
U11	CD4068	DIP14	CD4068	自制元件.SchLib	1
U10	SN74HC540N	N020	SN74HC540N	TI Logic Buffer Line Driver.IntLib	1
R21，R22，R23，R24，R25，R26，R27，R28，	均为 330Ω	AXIAL-0.4	RES2	Miscellaneous Devices.IntLib	8
LED9，LED10，LED11，LED12，LED13，LED14，LED15，LED16	LED	LED-1	LED1	Miscellaneous Devices.IntLib	8

（2）图纸参数设置如下：栅格范围为 8，其余默认。设置“参数”选项卡中 Drawn By、Sheet Number、Sheet Total、Title 等信息。原理图的标题栏设置如图 6-36 所示。

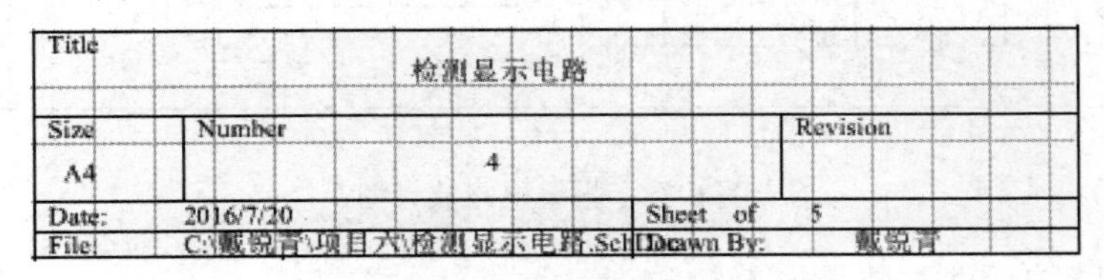

图 6-36 原理图标题栏

4．绘制报警电路

（1）绘制的报警电路如图 6-37 所示。

扫一扫查看图 6-37

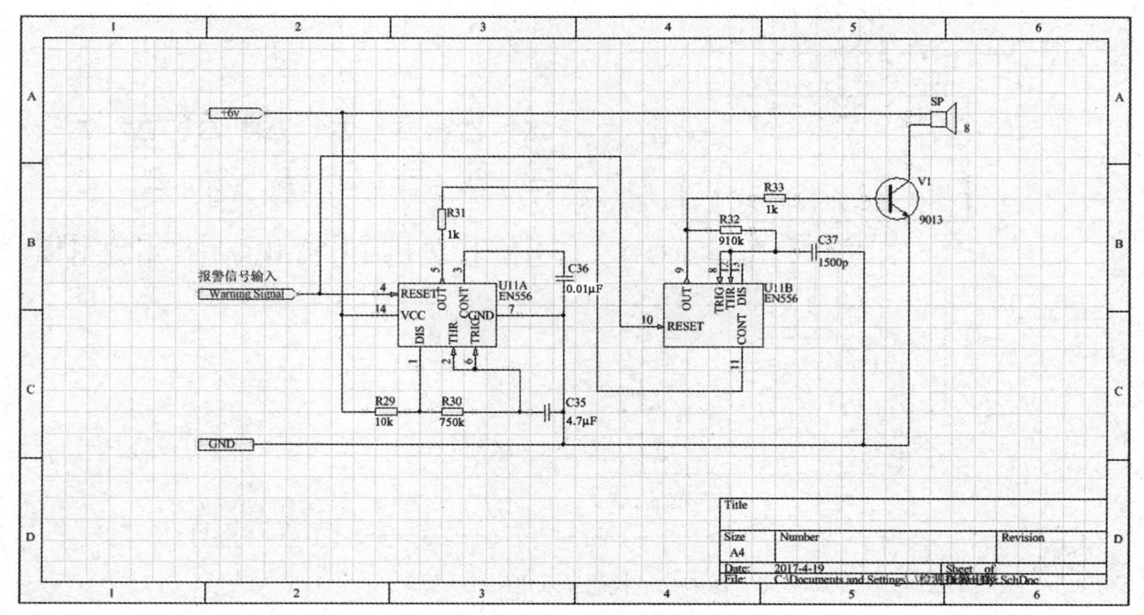

图 6-37　绘制报警电路原理图

报警电路的放大图如图 6-38 所示。

扫一扫查看图 6-38

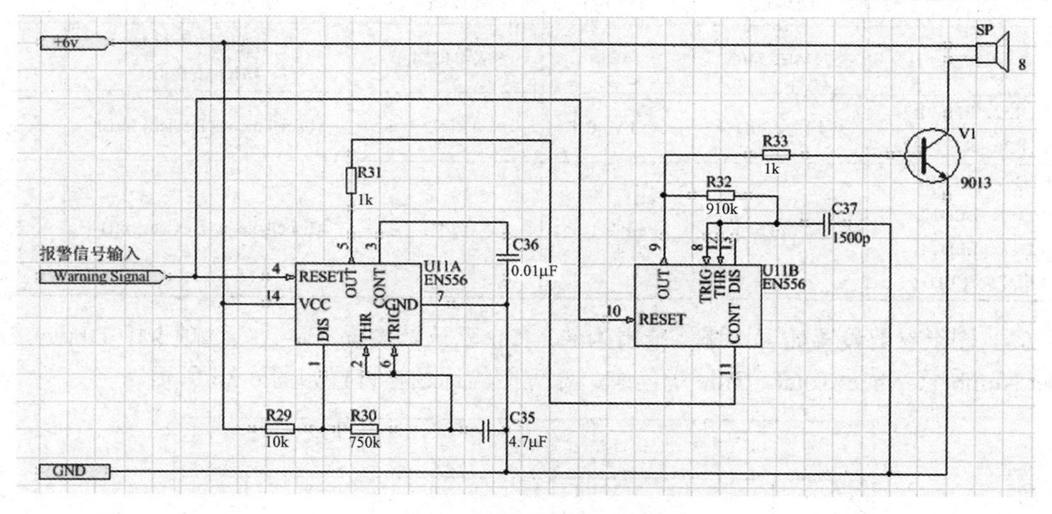

图 6-38　报警电路放大图

绘制报警电路的元件参数见表 6-5。

表 6-5 报警电路元件参数

元件编号	参 数	元件名	封 装	数量	元 件 库
C35	4.7μF	Cap Pol2	POLAR0.8	1	Miscellaneous Devices.IntLib
C36，C37	0.01μF，1500F	Cap	RAD-0.3	2	Miscellaneous Devices.IntLib
R29，R30，R31，R32，R33	10kΩ，750kΩ，1kΩ，910kΩ，1kΩ	Res2	AXIAL-0.4	5	Miscellaneous Devices.IntLib
SP	8Ω	Speaker	PIN2	1	Miscellaneous Devices.IntLib
U12	EN556	EN556	DIP12	1	自制元件.SchLib
V1	9013		TO92	1	自制元件.SchLib

（3）图纸参数设置如下：栅格范围为 8，其余默认。设置“参数”选项卡中 Drawn By、Sheet Number、Sheet Total、Title 等信息。原理图的标题栏设置如图 6-39 所示。

Title 报警电路			
Size A4	Number 5		Revision
Date:	2016/7/20	Sheet of	5
File:	C:\戴锐青\项目六\报警电路.SchDoc	Drawn By:	戴锐青

图 6-39 原理图标题栏

6.2.5 图纸间的切换操作

1．由顶层电路切换到子电路

（1）单击“原理图标准”工具栏中的“上/下层次”按钮，在顶层原理图中出现一个浮动的光标，如图 6-40 所示。

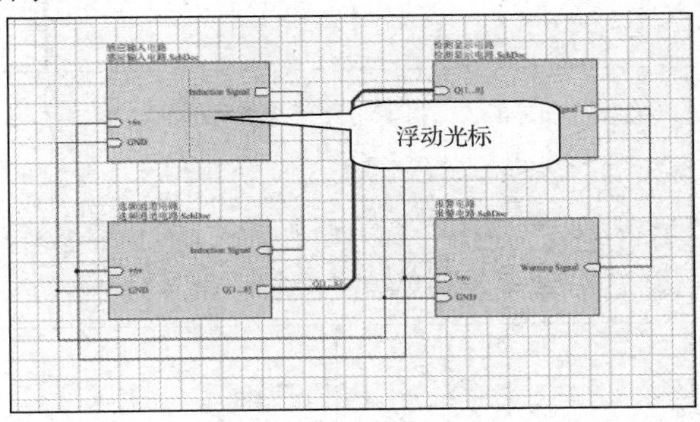

图 6-40 顶层原理图

（2）在顶层原理图中任意一个子电路的图纸符号上单击鼠标，则立刻切换到对应的子电路中，如图 6-41 所示。

2．由子电路切换到顶层电路

（1）在“报警电路”子电路中，单击“原理图标准”工具栏中的“上/下层次”按钮，出现一个浮动切换光标，如图 6-42 所示。

（2）单击“报警电路”（子电路）中的电路端口“Warning Signal”，则立刻切换到顶层电路中对应的图纸符号中。

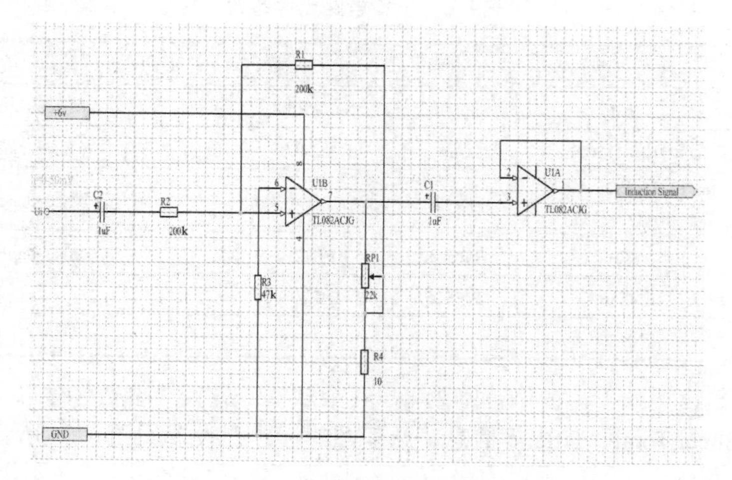

图 6-41　切换到对应的子电路中

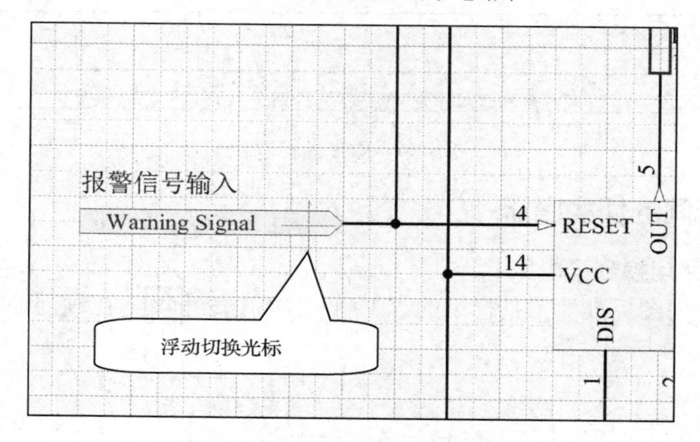

图 6-42　报警电路子电路原理图

【小提示】

当浮动光标对准图纸入口或电路入口时单击鼠标，则可直接切换到原理图的对应电路入口或图纸符号的图纸入口，可以在端口间快速互相切换，如图 6-43 所示。

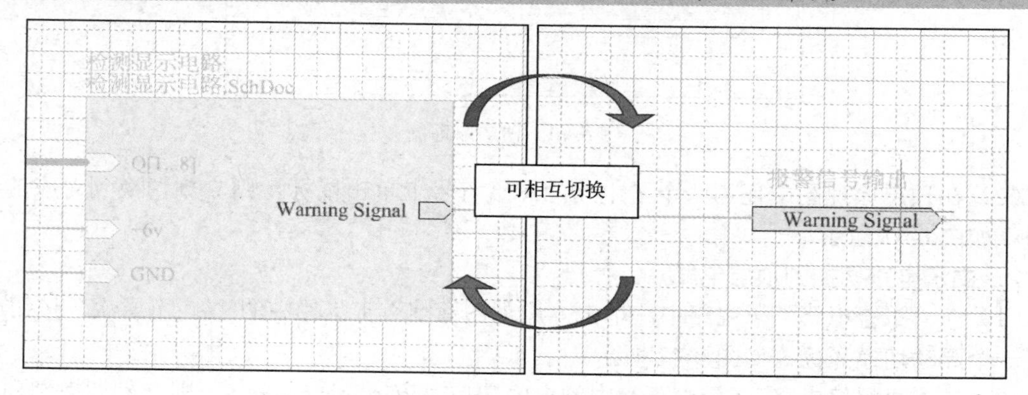

图 6-43　报警电路图纸符号入口间相互切换

练 习 题

【练习 1】如图 6-44 所示，给出了“单片机实验电路”顶层电路与 5 个子电路原理图之间的层次关系。图 6-45 给出了该系统的顶层方框图，图 6-46 至图 6-50 分别是“单片机实验电路”下各子电路图，图 6-51 为“单片机实验电路”总图。

要求：（1）绘制顶层方框图；

（2）根据自顶向下的方法绘制出各个子图。

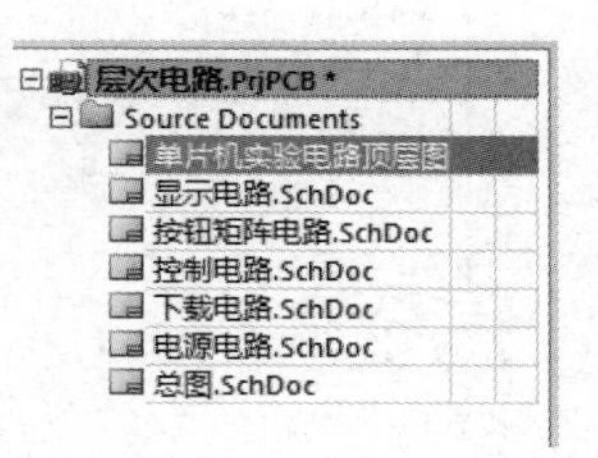

图 6-44 层次关系

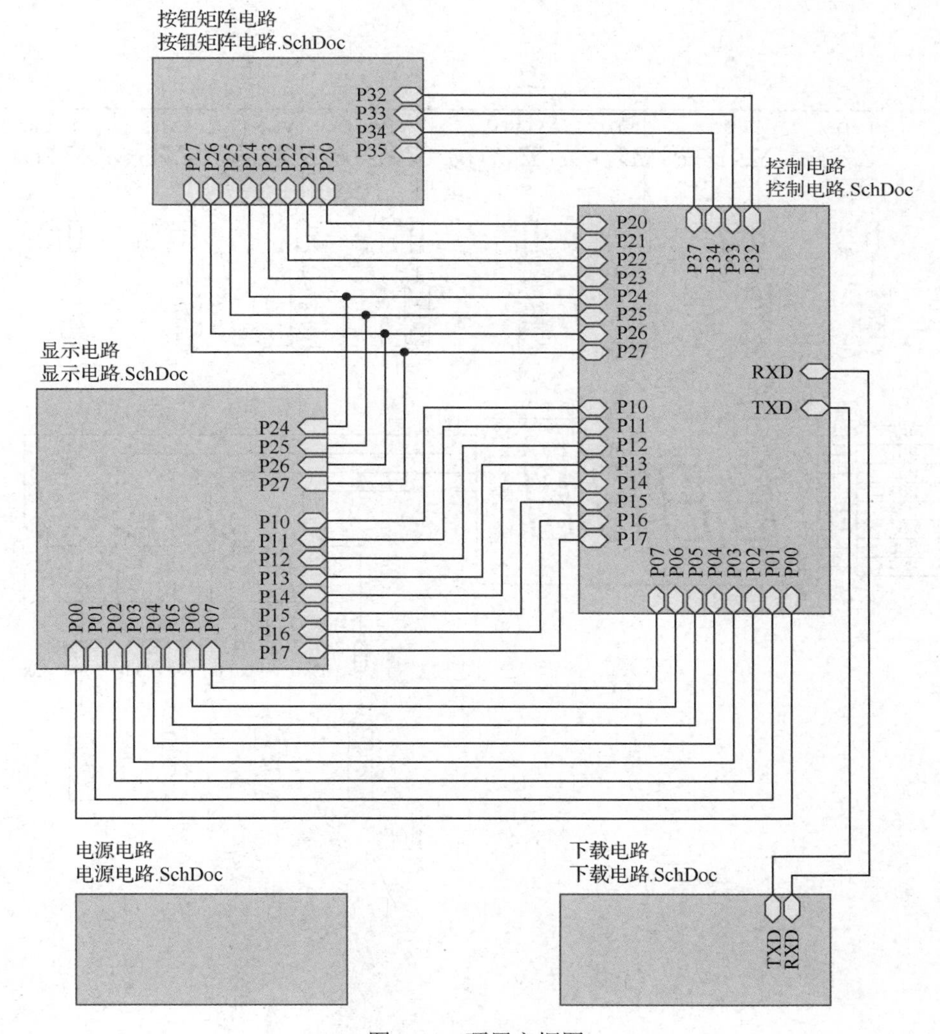

图 6-45 顶层方框图

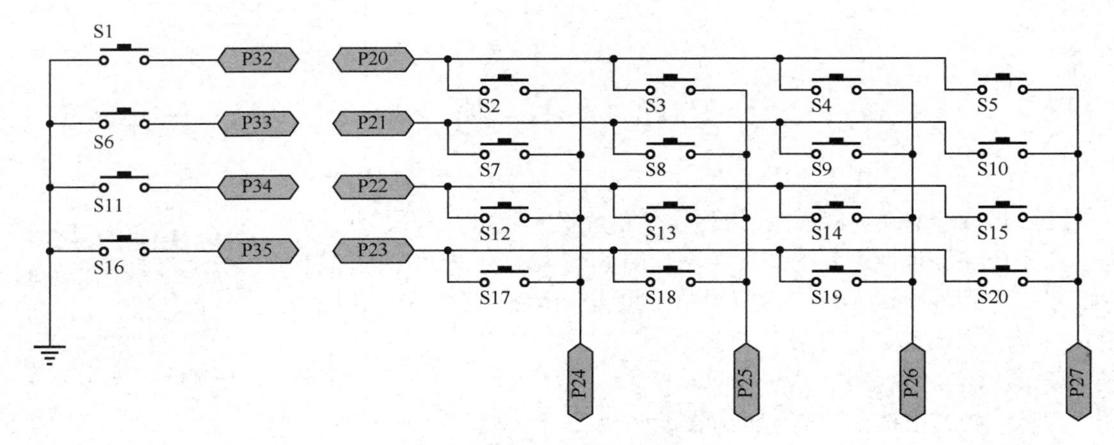

图 6-46　按钮矩阵电路

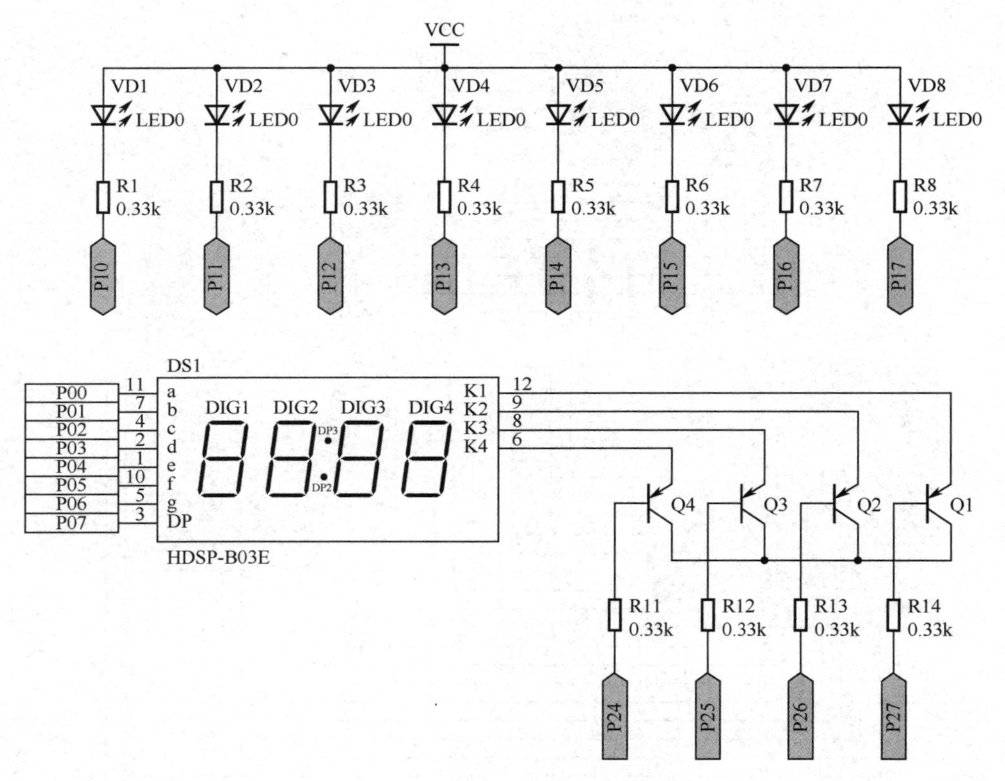

图 6-47　显示电路

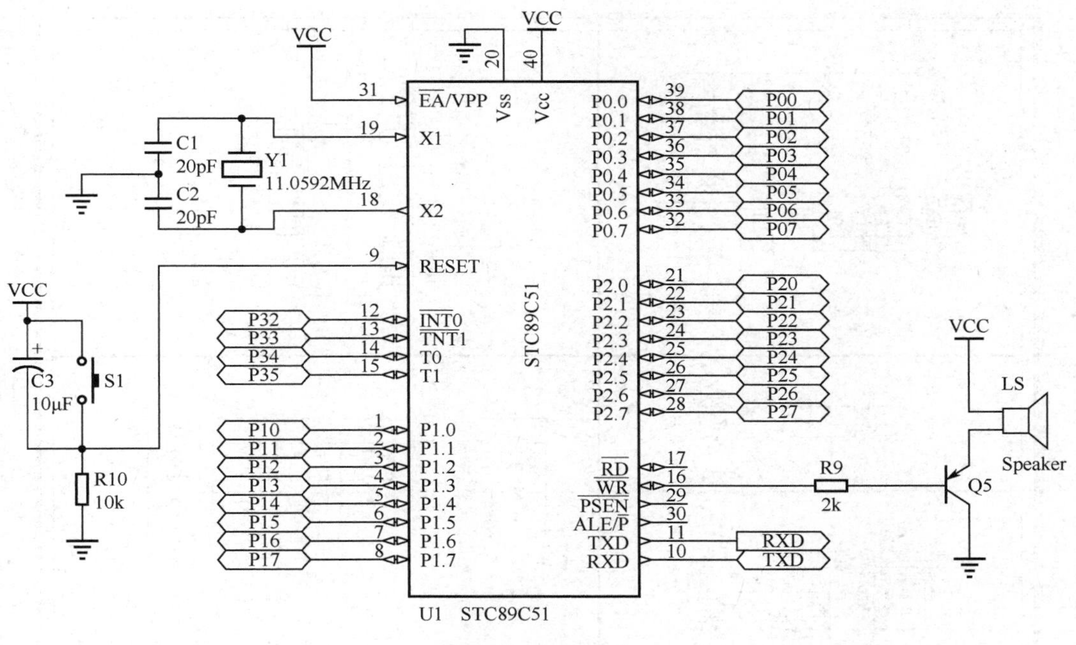

图 6-48 控制电路

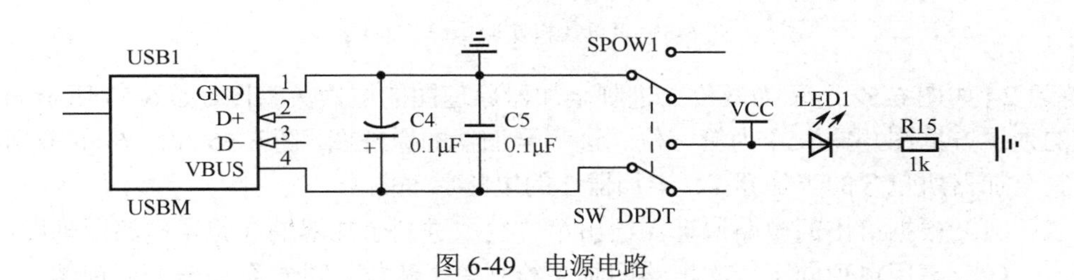

图 6-49 电源电路

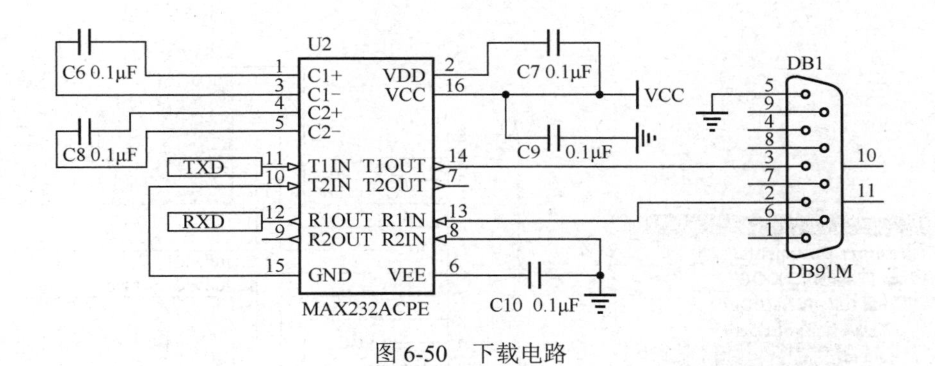

图 6-50 下载电路

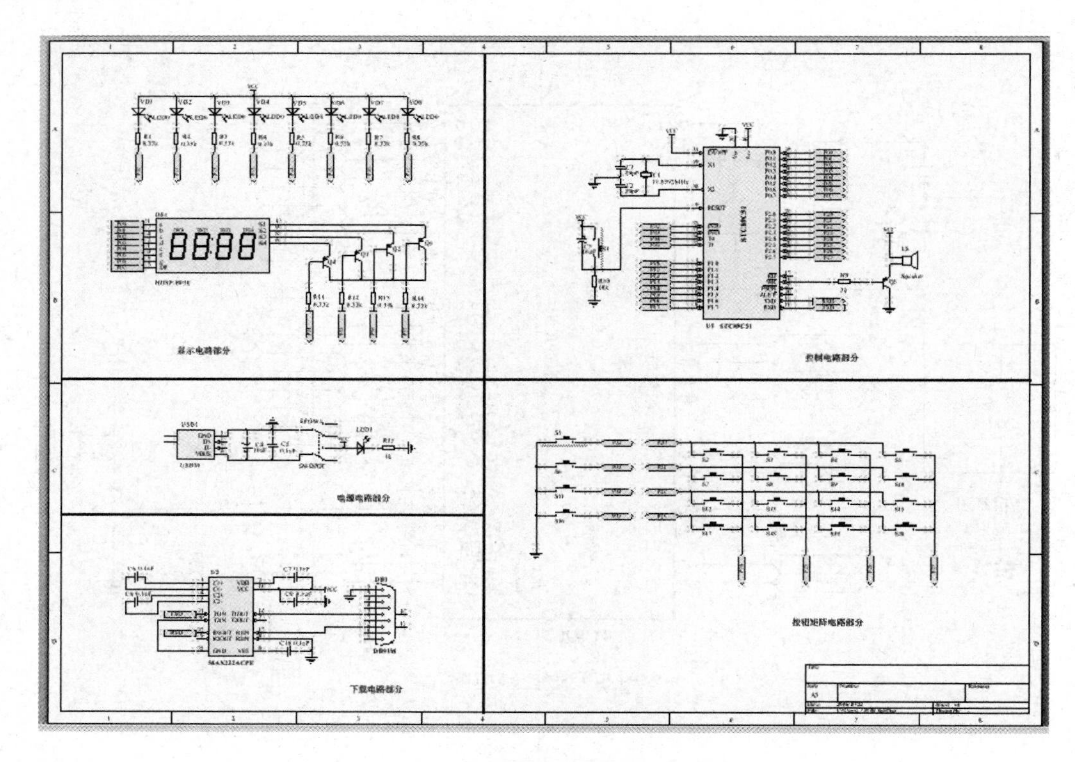

图 6-51 “单片机实验电路”总图

【练习 2】如图 6-52 所示为两位二进制全加器原理图的层次关系图，如 6-53 所示为该系统原理图的顶层方框图，图 6-54 为第一位二进制全加器的原理图，图 6-55 和图 6-56 分别为第一位二进制全加器所包含的半加器 1、半加器 2 的电路原理图。

要求：（1）根据给出的电路原理图绘出第二位二进制全加器的 3 张子电路原理图；

（2）请用自顶向下层次电路图画法绘制整个两位二进制全加器的原理图。

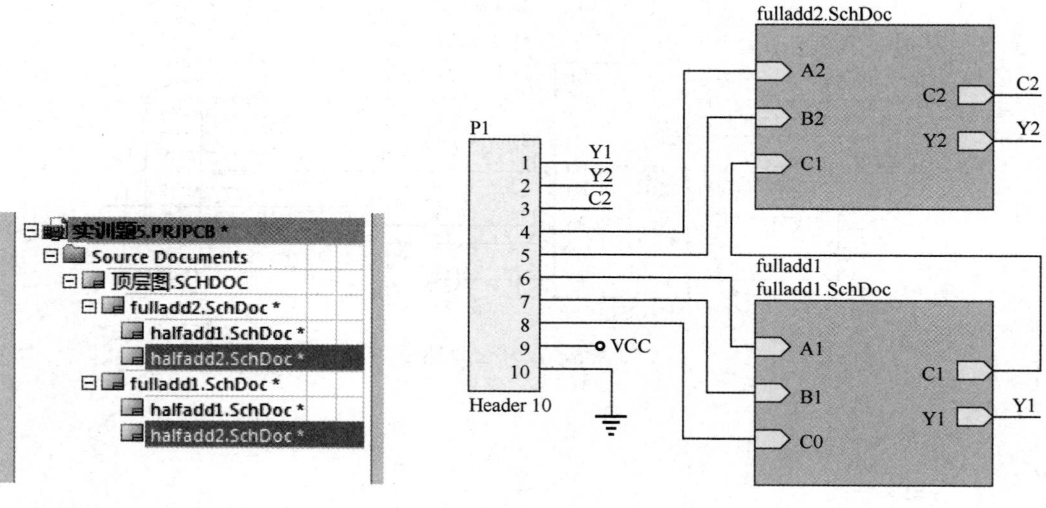

图 6-52 全加器层次关系

图 6-53 顶层方框图

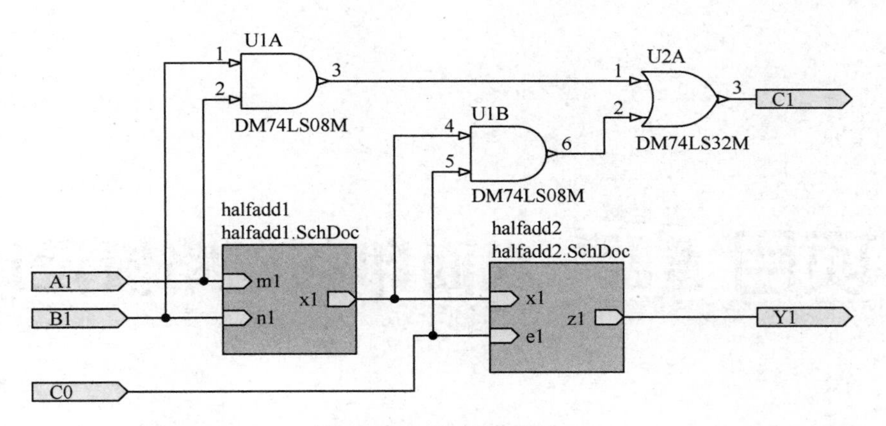

图 6-54 fulladd1.SchDoc

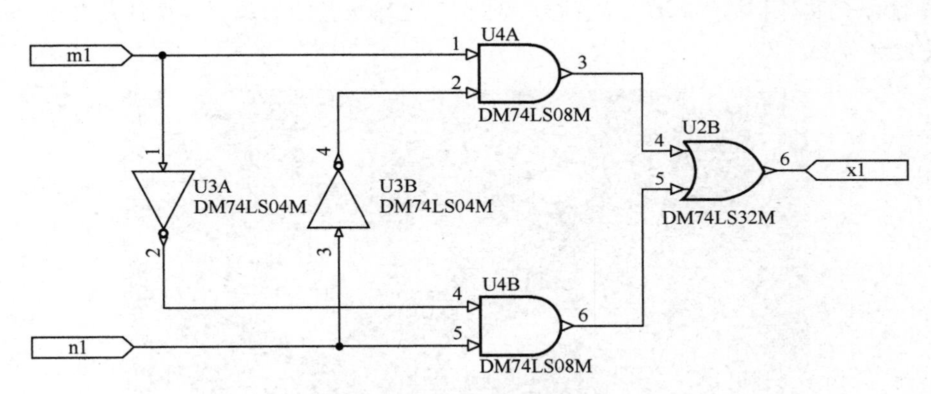

图 6-55 halfadd1.SchDoc

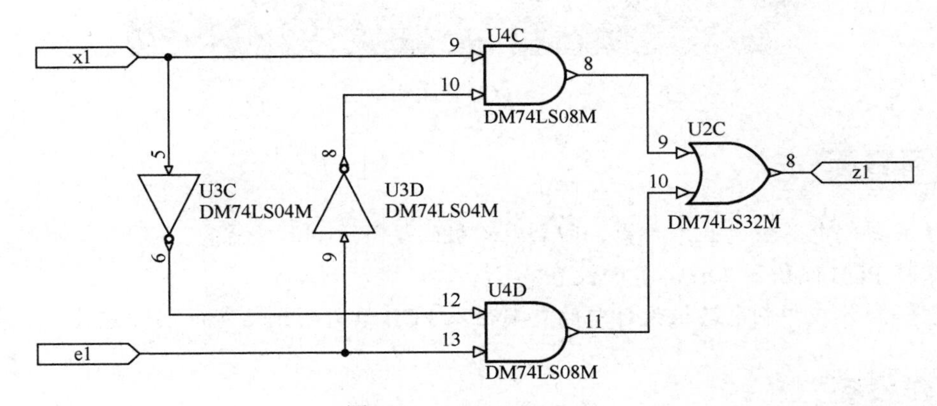

图 6-56 halfadd2.SchDoc

项目七 双面印制电路板设计

印制电路板（Printed Circuit Board，PCB）是重要的电子部件，是电子元器件的支撑体，是电子元器件电气连接的提供者，如图 7-1 所示为一计算机主板的印制电路板局部实物图。由于它是采用电子印刷术制作而成，故称为“印刷”电路板，它的编辑、设计是电子产品设计过程中的关键环节。

图 7-1　PCB 应用实物图

学习目标

- 了解印制电路板的基本元素、印制电路板的设计原则和步骤。
- 掌握 PCB 编辑器工作环境的设置。
- 理解封装在印制电路板设计中的重要性及 PCB 设计规则检查的实际意义。

工作任务

- 印制电路板基础知识。
- 用向导规划并设计 PCB。
- 手工创建 PCB 并设计 AD 转换印制电路板。
- 电路板的 DRC 检测。

任务 7.1　印制电路板基础知识

任务目标

- 熟悉印制电路板的基本结构、电路板中的电气元件封装的构成。
- 掌握印制电路板设计的一般步骤及印制电路板设计的参数设置。

任务内容

- 印制电路板的分类。
- 印制电路板的基本元素。

任务实施

7.1.1　印制电路板的组成结构

1. PCB 分类

根据 PCB 的导电层数不同，一般可分为 3 种印制电路：单面板（Signal Layer PCB）、双面板（Double Layer PCB）和多层板（Multi Layer PCB）。

（1）单面板（Signal Layer PCB）。

结构简单，只有一面覆铜，所以布线和焊接元件也只有一面。对于比较复杂的电路，在一面进行布线难度很大，布通率一般较低。因此，它比较适应简单电路的布线。

（2）双面板（Double Layer PCB）。

两面覆铜，一面叫顶层（Top Layer），一面叫底层（Bottom Layer）。双面板两面都可以布线，还可以通过导孔在不同的层面切换走线，使用较为灵活。

（3）多层板（Multi Layer PCB）。

多个工作层面，包括顶层（Top Layer）、底层（Bottom Layer）、内层（电源层与地线层）、中间层（信号层）等。

2. 组成结构（以双面板为例）

（1）顶层（Top Layer）覆铜层。

（2）底层（Bottom Layer）覆铜层。

（3）丝印层（Silkscreen Overlay）。

（4）顶层丝印层（Top Overlay）、底层丝印层（Bottom Overlay），其作用是在 PCB 板上印上文字、元件符号及其他信息等。

（5）铜膜导线，是覆铜板经过加工后留在 PCB 上的铜膜走线，简称导线，用于连接各个焊点，如图 7-2 所示。

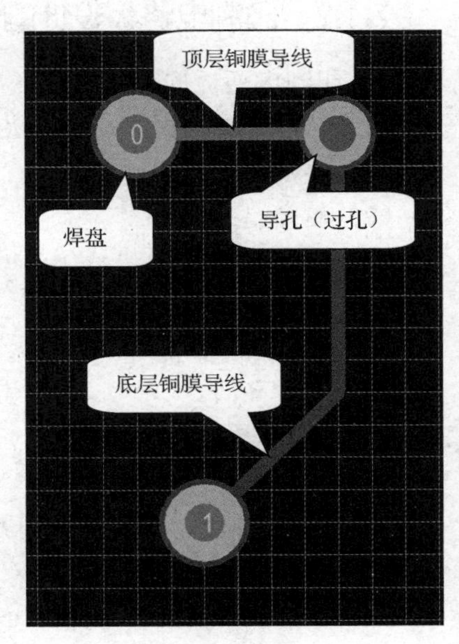

图 7-2　焊盘、导孔、导线

（6）焊盘（Pad），使用焊锡连接元件引脚和导线的部件。

（7）导孔（Via），也称过孔，是连接不同板层间导线的部件。

（8）元件封装，是指实际电子元件焊接到电路板时所指示的轮廓和焊点位置。元件的封装一般有针脚式封装和表贴式（SMT）封装。针脚式封装元件在焊接时必须先将元件针脚插入焊盘导孔中，贯穿电路板后再焊锡，如图 7-3 所示。表贴式（SMT）封装元件的安装只限于顶层和底层，不用穿孔，如图 7-4 所示。

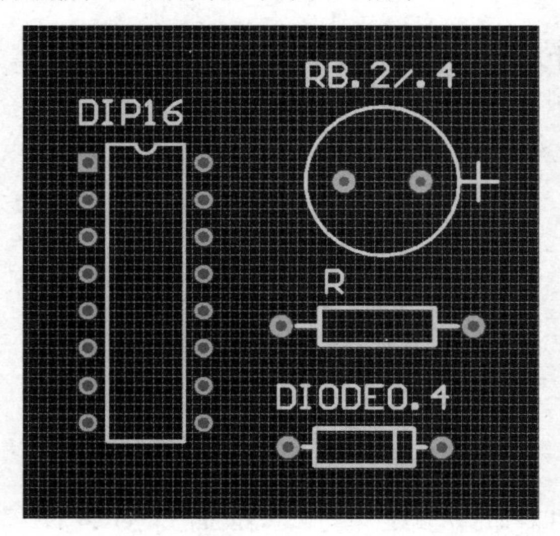

图 7-3　针脚式封装

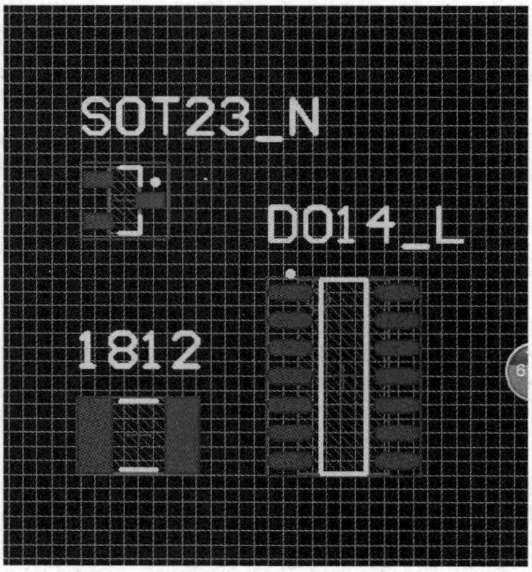

图 7-4　表贴式（SMT）封装

（9）其他。一般 PCB 除了铜膜导线外，还有阻焊层（Solder Mask）、顶层阻焊层（Top Solder Mask）、底层阻焊层（Bottom Solder Mask），作用是防止铜膜氧化和焊接短路。

7.1.2　印制电路板设计的一般原则

1. 印制电路板的产品原则

在设计印制电路板时，其产品原则考虑如下：

（1）绝缘性能；

（2）耐高温；

（3）阻燃；

（4）机械强度；

（5）尺寸大小；

（6）成本高低。

2. 元件布局原则

（1）高频元件：注意干扰。

（2）高电位差的元件：防止短路、击穿、安全间距和保护。

（3）质量太大的元件：不宜安装在电路板上。

（4）发热与热敏元件：发热元件应该远离热敏元件。

（5）可以调节的元件：方便、安全、与安装配合。

（6）电路板安装孔和支架孔：预留。

（7）功能布局：信号左进右出，上入下出。

（8）元件离电路板边缘的距离：所有元件均应该放置在离板边缘 3mm 以外的位置，或者至少距电路板边缘的距离等于板厚。要符合工艺结构要求。

3．布线原则

（1）线长：铜膜线应尽可能短，在高频电路中更应如此。铜膜线的拐弯处应为圆角或斜角，直角或尖角在高频电路和布线密度高的情况下会影响电气性能。当双面板布线时，两面的导线应该相互垂直、斜交或弯曲走线，避免相互平行，以减少寄生电容。

（2）线宽：铜膜线的宽度应以能满足电气特性要求而又便于生产为准则，它的最小值取决于流过它的电流，但是一般不宜小于 0.2mm。只要板面积足够大，铜膜线宽度和间距最好选择 0.3mm。一般情况下，1～1.5mm 的线宽，允许流过 2A 的电流。例如地线和电源线，最好选用大于 1mm 的线宽。在集成电路座焊盘之间走两根线时，焊盘直径为 50mil，线宽和线间距都是 10mil；当焊盘之间走一根线时，焊盘直径为 64mil，线宽和线间距都为 12mil。注意公制和英制之间的转换，100mil=2.54mm。

（3）线间距：相邻铜膜线之间的间距应该满足电气安全要求，同时为了便于生产，间距应该越宽越好。最小间距至少能够承受所加电压的峰值。在布线密度低的情况下，间距应该尽可能的大。

（4）屏蔽与接地：铜膜线的公共地线应该尽可能放在电路板的边缘部分。在电路板上应该尽可能多地保留铜箔做地线，这样可以使屏蔽能力增强。另外，地线的形状最好制成环路或网格状。多层电路板由于采用内层做电源和地线专用层，因而可以起到更好的屏蔽效果。

4．焊盘原则

（1）焊盘尺寸：焊盘的内孔尺寸通常情况下以金属引脚直径加上 0.2mm 作为焊盘的内孔直径，最小应该为焊盘孔径加 1.0mm。当焊盘直径为 1.5mm 时，为了增加焊盘的抗剥离强度，可采用方形焊盘。对于孔直径小于 0.4mm 的焊盘，焊盘外径/焊盘孔直径等于 0.5～3mm。对于孔直径大于 2mm 的焊盘，焊盘外径/焊盘孔直径等于 1.5～2mm。焊盘孔边缘到电路板边缘的距离要大于 1mm，这样可以避免焊盘缺损（加工时导致的）。

（2）焊盘补泪滴：当与焊盘连接的铜膜线较细时，要将焊盘与铜膜线之间的连接设计成泪滴状，这样可以使焊盘不容易被剥离，而铜膜线与焊盘之间的连线不易断开。

（3）相邻的焊盘要避免有锐角。

7.1.3 印制电路板设计的一般步骤

1．设计并绘制原理图

设定选用的元件及其封装形式，完善电路。

2．规划电路板

全面考虑电路板的功能、部件、元件封装形式、连接器及安装方式等。

3．设置工作参数

工作参数主要包括图纸网络类型及大小、板层参数等。

4. 导入元件封装库

收集原理图中所有元件的封装，将封装相关的元件封装库或集成库导入到设计环境中。

5. 载入原理图信息（网络表或 PCB 更新）

将所有元件的编号、封装形式、参数及元器件各引脚间的电气连接关系导入到 PCB 设计环境中。

6. 布局

通过自动布局和手动布局，将元件在 PCB 板中的安装位置进行合理安排。

7. 布线

设定布线规则，通过自动布线和手动布线进行调整。

8. 设计规则（DRC）检查

为确保 PCB 板图符合设计规则、网络连接正确，需要进行设计规则检查。如果有违反规则的地方，则需要对前期布局、布线进行调整，直到符合设计规则为止。

9. 保存输出文件

保存、打印各种报表文件及 PCB 制作文件。

任务 7.2　A/D 转换电路双面板设计

任务目标

- 掌握印制电路板规划。
- 掌握 PCB 编辑器各项参数的设定。
- 掌握 PCB 设计规则检查的操作方法。

任务内容

- 创建 PCB 文件并设置参数。
- AD 转换电路双面板设计。

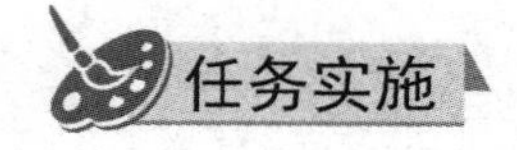

任务实施

7.2.1 电路准备

打开素材 EX7 中的“项目七设计.DsnWrk”工作台，加载“AD 转换.PrjPcb”工程，在此工程中打开“AD 转换.SchDoc”原理图文件，如图 7-5 所示。

扫一扫查看图 7-5

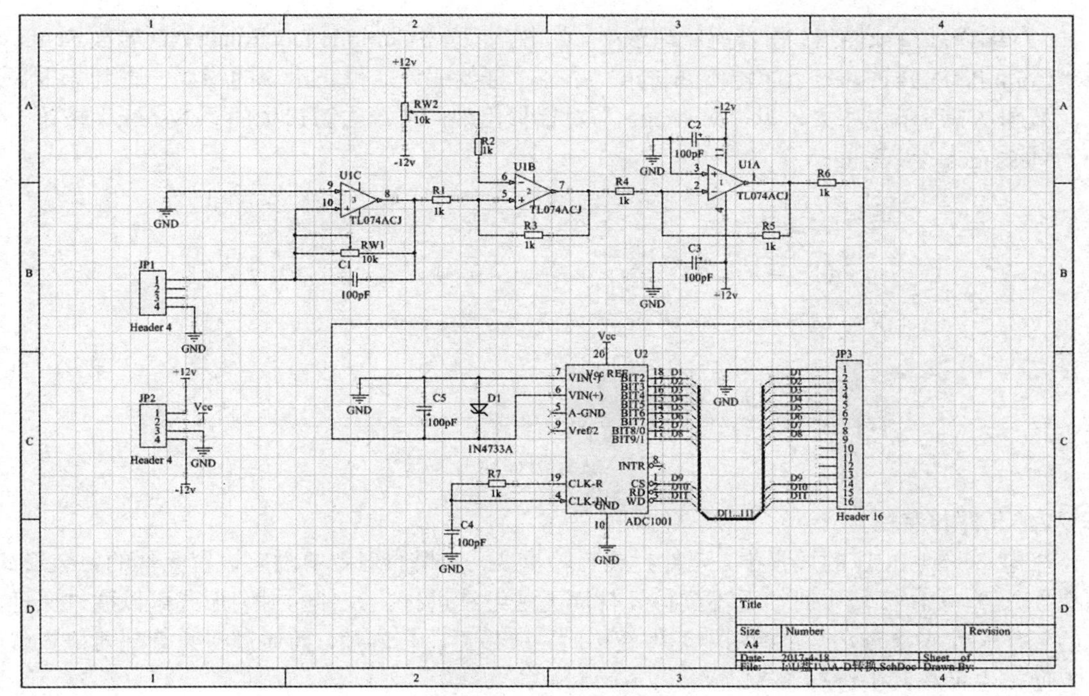

图 7-5　AD 转换电路

1．编译图纸

（1）放置通用 ERC 免检符：打开“AD 转换电路”文件，单击“布线”工具栏中的 按钮，在 U2 的 5、8、9 引脚上放置“No ERC”标志。

（2）关闭无源网络报警：单击“工程→工程参数”命令，在弹出的“Options for PCB Project 项目七.PrjPcb”对话框中将“Nets with no driving source”栏设置为“不报告”，然后单击“确定”按钮，如图 7-6 所示。

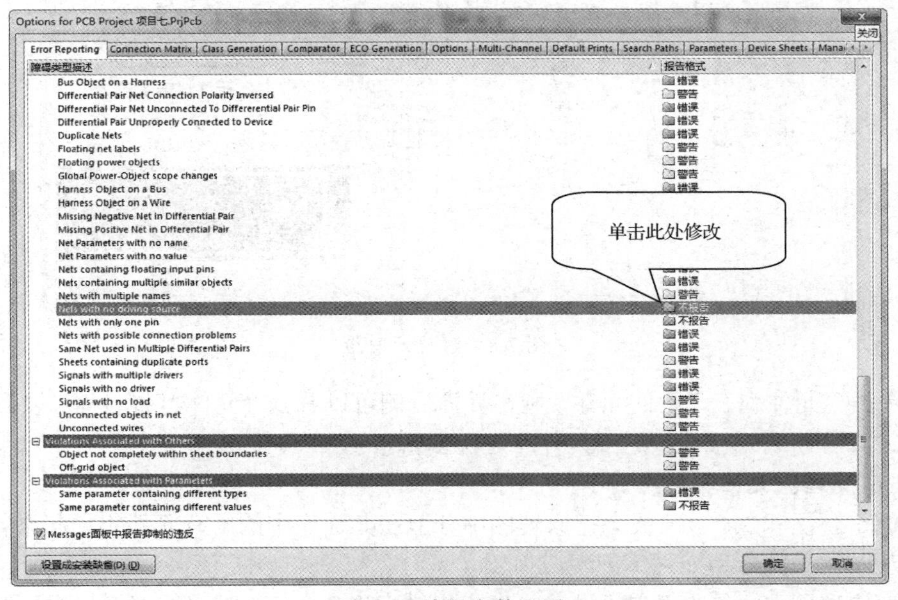

图 7-6　编译参数设置

（3）编译项目或图纸：在当前原理图中，单击“工程→Compile Document AD 转换.SchDoc”或“Compile PCB Project AD 转换.PrjPcb”命令，开始编译。修正出现的错误，直到无报警发生，如图 7-7 所示。如果未见“Messages”对话框出现，可单击窗口中的“System”按钮，勾选“Messages”复选框。

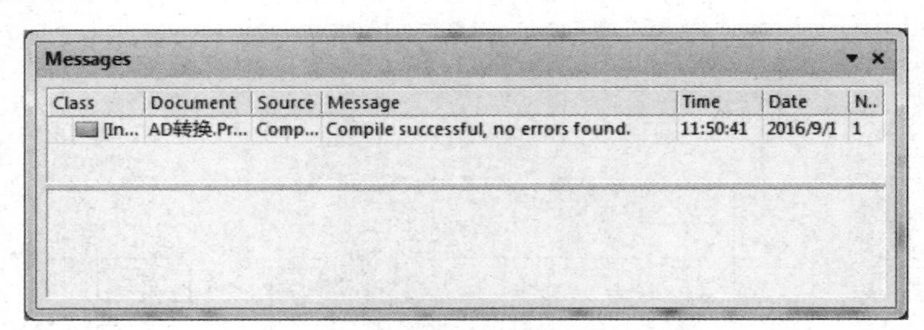

图 7-7　无报警编译信息框

2. 元件封装检查

在电路图到 PCB 的过程中，元件封装至关重要，如果原理图中没有设置元件的封装形式，则在导入到 PCB 环境中时，看不到该元件而无法继续进行。元件的封装形式可以通过原理图中的元件属性来检查，但原理图中元件较多时，就显得比较麻烦，而通过封装管理器检查就比较方便，也可在其中进行修改。

（1）在原理图环境中，单击菜单“工具→封装管理器”命令，弹出“Footprint Manager-[项目七.PrjPcb]”对话框，如图 7-8 所示。

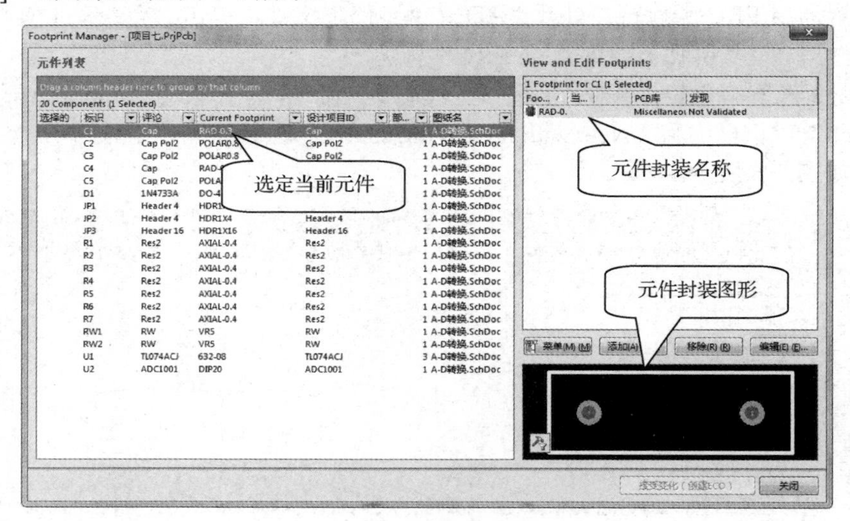

图 7-8　封装管理器

（2）单击“元件列表”中的元件，则在界面右侧可以看到“元件封装名称”以及该元件的封装图形。如有问题或修改，返回元件库进行编辑。

3. 生成原理图元件集成库

为了便于管理和生产，一般会把原理图中分散在其他库中的所有元件集中起来管理，创建一个与原理图相关的专用元件库或集成库。

在当前原理图中，单击菜单“设计→生成集成库”命令，在弹出的“复制的元件”对话框中默认设置，生成与项目同名的原理图元件库“AD 转换.IntLib”，单击“保存”按钮，将其保存在 EX7 中。

7.2.2 创建电路板

1. 利用 PCB 向导创建 PCB 文件

（1）单击左侧“Projects”工作面板上方的下拉按钮，切换到“Files”对话框，收缩其他栏目，在“从模板新建文件”栏中选择“PCB Board Wizard”（印制电路板向导）命令，如图 7-9 所示。

（2）弹出“PCB 板向导”对话框，如图 7-10 所示。

图 7-9 “Files”对话框

图 7-10 “PCB 板向导”对话框

（3）单击“下一步”按钮，出现“选择板单位”对话框。如图 7-11 所示。在 PCB 中所用到的大部分元件的引脚长度、间距、外形尺寸等都是用英制单位，建议使用英制单位，但是，在设计过程中，单位还是可以随时在公英制间切换的。

（4）单击“下一步”按钮，出现“选择板剖面”对话框，如图 7-12 所示。在其中可选择系统中已有的大量模板，也可选择自定义方式建立文件。

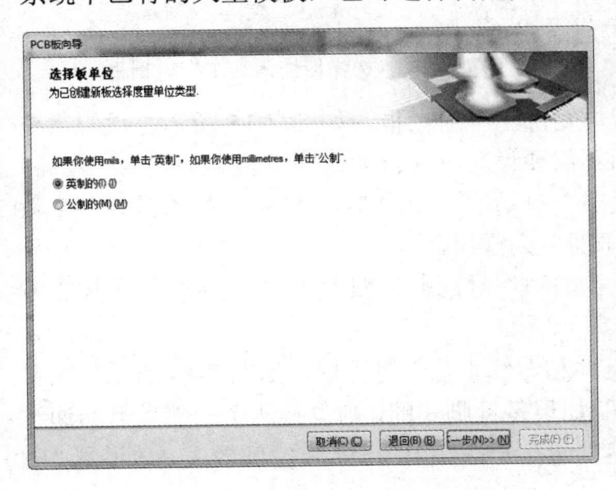

图 7-11 “选择板单位”对话框

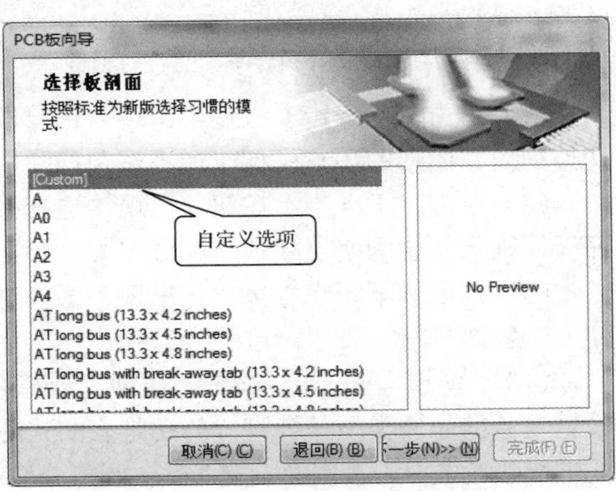

图 7-12 “选择板剖面”对话框

（5）选择自定义设置，单击“下一步”按钮，出现“选择板详细信息”对话框，如图 7-13 所示。

- 外形形状：设定 PCB 板的形状为矩形、圆形或其他定制的形状。
- 板尺寸：设定 PCB 板的长宽高、半径等。
- 尺寸层：表示 PCB 的外形尺寸线所在层面，一般默认为“Mechanical Layer 1”（机械层 1）。
- 边界线宽：确定绘制 PCB 外形尺寸线的宽度，一般默认为 10mil。
- 尺寸线宽：在 PCB 设计环境中的尺寸标注线的宽度，一般默认为 10mil。
- 与板边缘保持距离：表示边界线到实际物理边界的距离，一般默认为 50mil。
- 标题块和比例：用于定义是否在 PCB 设计环境中设置标题栏。
- 图例串：在 PCB 中添加图例字符串。
- 尺寸线：定义是否在 PCB 中设置尺寸线。
- 切掉拐角：是否要在 PCB 外边框中切掉一个角。
- 切掉内角：截取 PCB 内部中间区域。

（6）单击“下一步”按钮，出现“选择板切角加工”对话框，如图 7-14 所示。如需要切掉 PCB 一角，则在相应处输入切角的长宽数值（单位 1mil=千分之一英寸）即可。如不需要，则可保持数值为零即可。

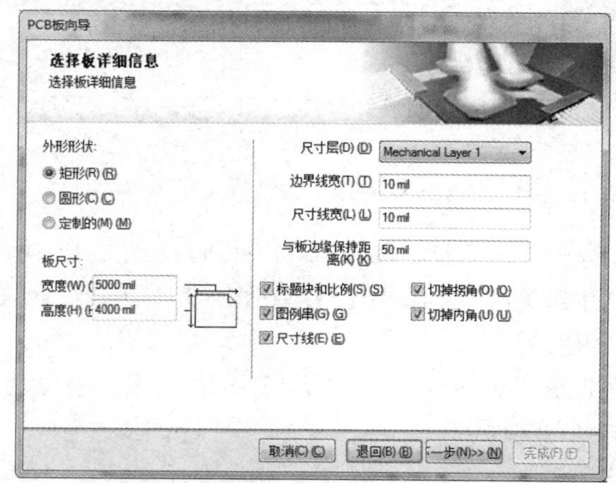

图 7-13 “选择板详细信息”对话框

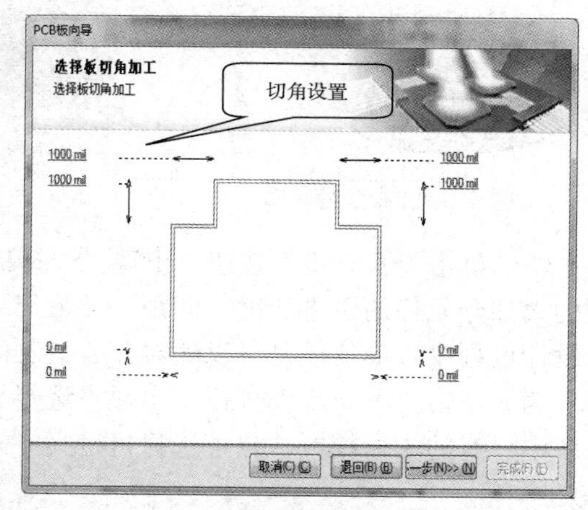

图 7-14 “选择板切角加工”对话框

（7）单击“下一步”按钮，出现“选择板内角加工”对话框，如图 7-15 所示。设置需要切掉的内角图形的顶点坐标。如不需要切除则不需要设置，保持默认即可。

（8）单击“下一步”按钮，出现“选择板层”对话框，如图 7-16 所示。如果需要制作双面板，则信号层为两层（顶层和底层），电源平面应为零层。

（9）单击“下一步”按钮，出现“选择过孔类型”对话框，如图 7-17 所示。为了加工方便，一般选择默认设置，过孔为通孔。

（10）单击“下一步”按钮，出现“选择元件和布线工艺”对话框，如图 7-18 所示。主要设置安装的元件类型是针脚式的还是表贴式的，如果是针脚式的，则设置两个相邻焊盘间通过的铜膜线的数量。本例中设置“板主要部分”为“通孔元件”，由于 PCB 空间较大，故设置“临近焊盘两边线数量”仅通过一根导线。

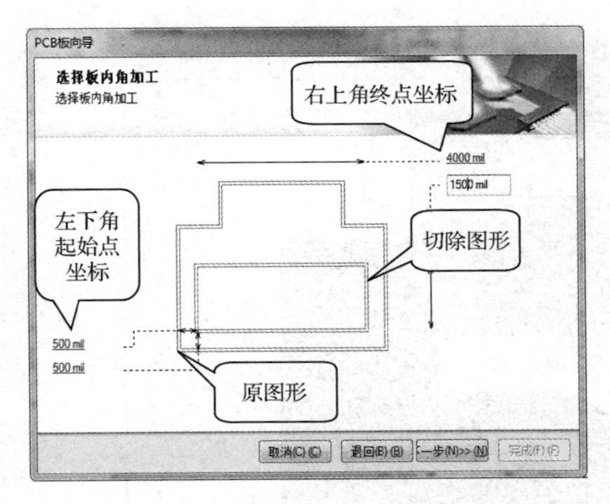

图 7-15 “选择板内角加工”对话框

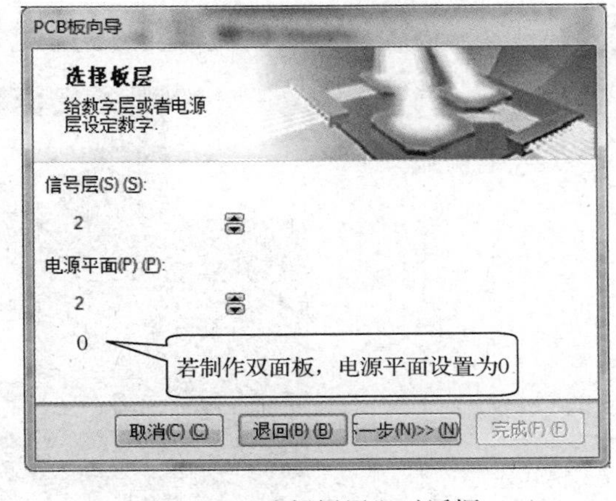

图 7-16 “选择板层”对话框

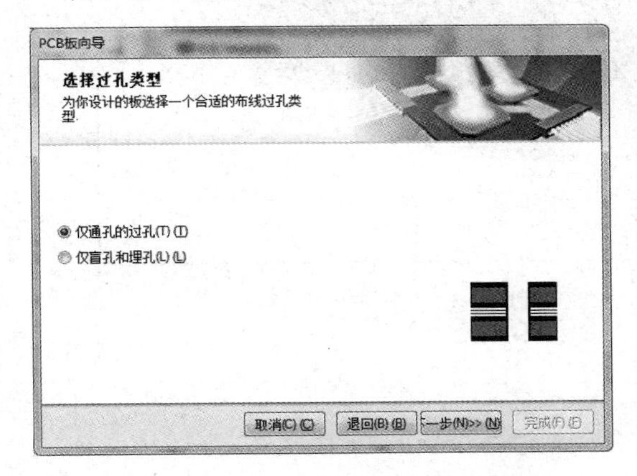

图 7-17 “选择过孔类型”对话框

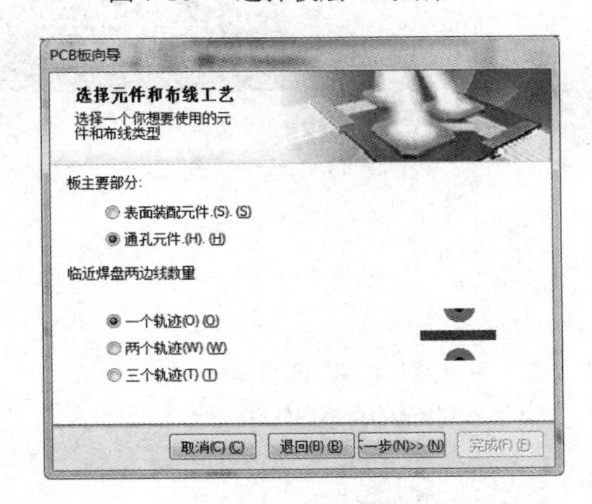

图 7-18 “选择元件和布线工艺”对话框

（11）单击“下一步”按钮，出现“选择默认线和过孔尺寸”对话框，如图 7-19 所示。设置铜膜的最小宽度、最小过孔尺寸、最小间隔等。一般为默认。

（12）单击“下一步”按钮，出现“板向导完成”对话框，如图 7-20 所示。如需要修改可单击“返回”按钮。

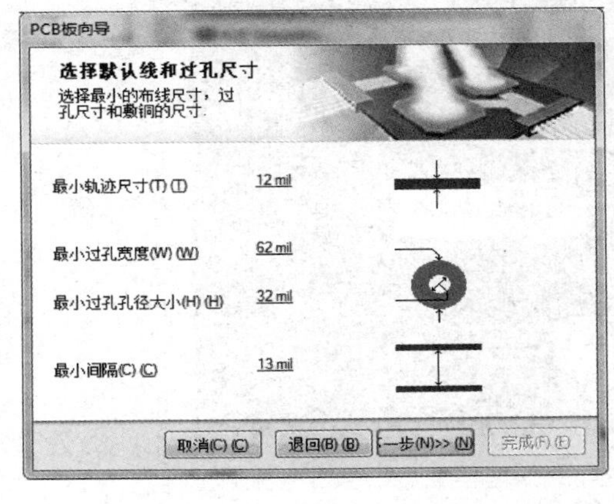

图 7-19 “选择默认线和过孔尺寸”对话框

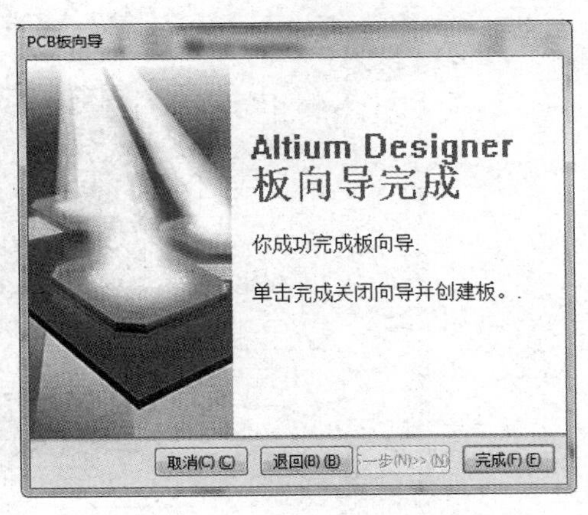

图 7-20 “板向导完成”对话框

单击“完成”按钮，结束向导。生成的PCB如图7-21所示。

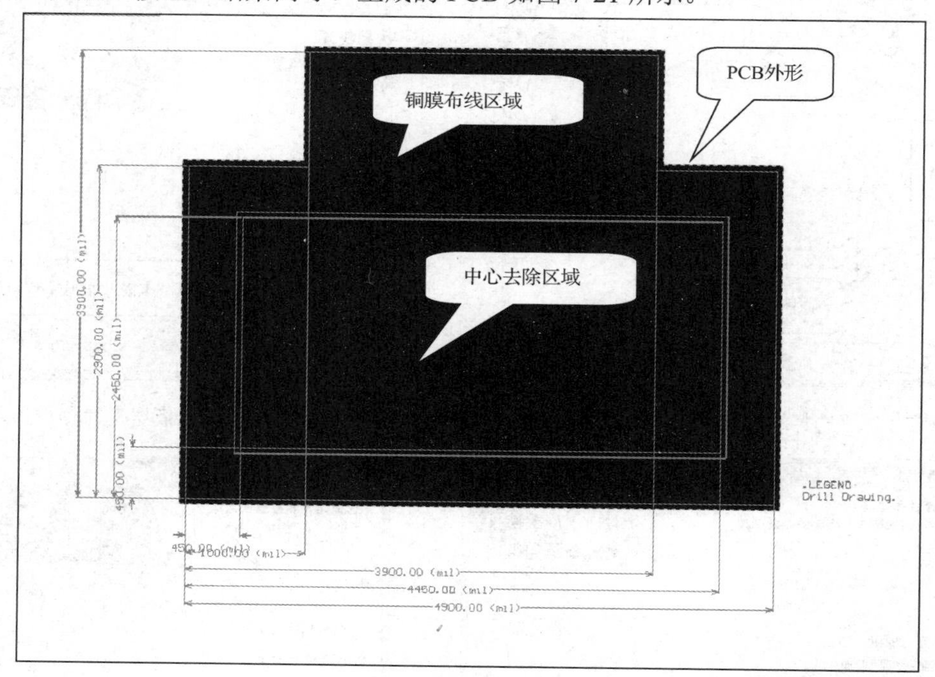

图7-21 生成的PCB

2．手工创建PCB文件

（1）创建PCB编辑环境。

【方法一】单击“文件→新建→PCB”命令，创建一个新的PCB文件。

【方法二】在Altium Designer 15中的“Projects”对话框中切换工作面板到“Files”，在“新的”栏内，单击“PCB Files”命令，创建的新的PCB文件打开后默认为黑色带有栅格的区域，如图7-22所示。

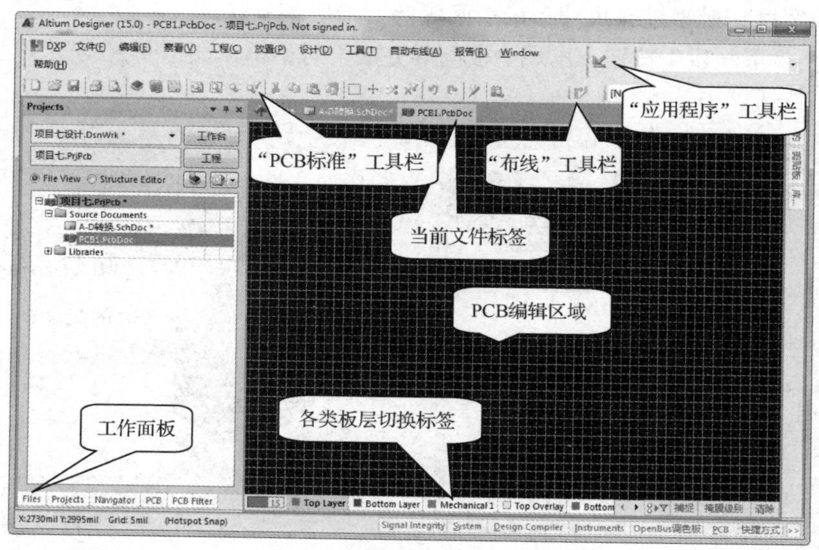

图7-22 PCB编辑环境

（2）工具栏。

➢ “PCB 标准”工具栏：为设计者提供了常用的窗口操作，如图 7-23 所示。

图 7-23 “PCB 标准”工具栏

“PCB 标准”工具栏中各按钮具体功能见表 7-1。

表 7-1 “PCB 标准”工具栏各按钮功能

图　形	功　能	图　形	功　能
	打开所有的文件，在左侧切换到“Files”工作面板		剪切
	打开已有的文件		复制
	保存		粘贴
	打印		橡皮图章
	打印预览		区域内选择
	打开器件视图界面		移动选择的对象
	打开 PCB 发布视图		取消所有的选择
	打开工作台文件		清除当前过滤器
	整个 PCB 文件视图		撤销
	指定区域视图		返回
	选定对象的居中视图		对文件进行交叉探测
	显示所有 PCB 区域		

➢ “应用程序”工具栏：给设计者在设计过程中提供了许多实用便捷的操作，在使用中大多不具有电气意义，如图 7-24 所示。

图 7-24 “应用程序”工具栏

“应用程序”工具栏中各父按钮具体功能见表 7-2。

表 7-2 “应用程序”工具栏各父按钮功能

图　形	功　能	图　形	功　能
	应用工具		放置尺寸
	排列工具		放置 Room
	发现选择		栅格设置

“应用工具”中各子按钮具体功能见表 7-3。

表 7-3　应用工具

应用工具父图形			
子　图　形	功　能	子　图　形	功　能
	放置走线（无电气意义）		放置坐标
	放置标准尺寸标注		重新设置绘图原点
	从中心放置圆弧		通过边沿放置圆弧
	放置圆环		阵列式粘贴

“排列工具”中各子按钮具体功能见表 7-4。

表 7-4　排列工具

排列工具父图形			
图　形	功　能	图　形	功　能
	左对齐		垂直间距相等
	垂直居中对齐		增加垂直间距
	右对齐		缩短垂直间距
	水平间距相等		在 Romm 内排列器件
	增加水平间距		在区域内排列器件
	缩短水平间距		移动器件到栅格上
	上对齐		Manage Unions of Objects
	水平居中对齐		元器件对齐设定
	底对齐		

“发现选择”中各子按钮具体功能见表 7-5。

表 7-5　发现选择

发现选择父图形			
图　形	功　能	图形	功　能
	跳转到第一个选中的对象，并放大显示		跳转到第一个选中的分组，并放大显示
	跳转到选中的前一个对象，并放大显示		跳转到选中的前一个分组，并放大显示
	跳转到下一个选中的对象，并放大显示		跳转到选中的下一个分组，并放大显示
	跳转到最后一个选中的对象，并放大显示		跳转到最后一个选中的分组，并放大显示

“放置尺寸”中各子按钮具体功能见表 7-6。

表 7-6　放置尺寸

放置尺寸父图形			
图　形	功　能	图　形	功　能
	放置水平尺寸线		放置角度尺寸
	放置射线半径尺寸		放置引线尺寸（字符串）
	放置连续水平尺寸		放置基线尺寸
	放置中心尺寸标记		放置直径尺寸
	放置半径尺寸		放置标准尺寸

Room 是 PCB 的一种设计对象，其主要含义是定义一个局部元件集合摆放的相对关系。从实用角度而言，Room 最大的便利在于多通道设计时可以非常方便快捷地完成阵列化的元件布局。“放置 Room”中各子按钮具体功能见表 7-7。

表 7-7　放置 Room

放置 Room 父图形			
图　形	功　能	图　形	功　能
	放置矩形 Room		由器件产生非直角 Room
	放置多边形 Room		由器件产生直角 Room
	复制 Room 格式		由器件产生矩形 Room

续表

图　形	功　能	图　形	功　能
	由器件产生直角 Room		切割 Room

【小提示】

Room 是一种高效布局的工具，缺点是每个子图定义一个 Room。可以拖动这个 Room，把上面所有的元件放置到 PCB 中，然后调整 Room 中的元件布局。另外一个非常实用的功能是，如果有许多形式一样的 PCB 布局和布线，要做好一个 Room 的布局和布线，然后使用“Design→room→copy room formats”命令来完成其他 Room 的布局和布线。

➢ “布线”工具栏，如图 7-25 所示。

图 7-25 “布线”工具栏

“布线”工具栏中各按钮具体功能见表 7-8。

表 7-8 “布线”工具栏

图　形	功　能	图　形	功　能
	绘制铜膜线		放置圆弧
	交互式布多根连接线		放置填充
	交互式差分对连接		放置覆铜
	放置焊盘		放置字符串
	放置过孔		放置元件

【小提示】

“应用程序”工具栏和“布线”工具栏的大部分功能，还可以使用菜单命令“放置→…”实现。

7.2.3 设置电路板参数

1. 确定电路板的板层

（1）PCB 的实际需要板层（以双面板为例，绝缘层除外）。

➢ Top Overlay（顶层丝印层）。

➢ Top Solder（顶层阻焊层）。

➢ Top Layer（顶层信号层）。

➢ Bottom Layer（底层信号层）。
➢ Bottom Solder（底层阻焊层）。
➢ Bottom Overlay（底层丝印层）。

（2）设置电路板板层。

[第一步] 单击菜单“设计→层叠管理”命令，弹出“Layer Stack Manager”对话框，PCB板层设置如图 7-26 所示。

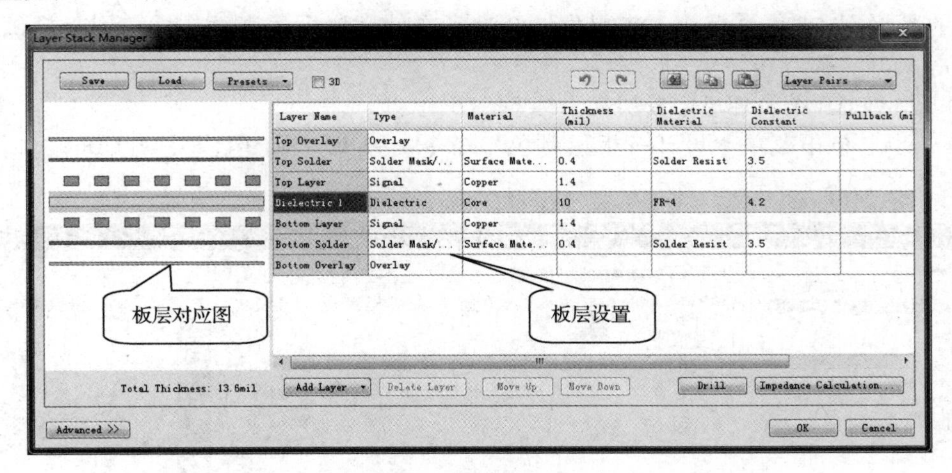

图 7-26　PCB 板层设置

[第二步] 通过“Add Layer”及“Delete Layer”按钮，分别添加或删除层。

[第三步] 单击“OK”按钮确定设置完成。

（3）系统提供的板层含义（在 PCB 编辑界面中）。

➢ Top Layer（顶层信号层）：设计为顶层铜箔走线。顶层信号层主要用来放置元器件，对于双层板和多层板可以用来布线，若为单面板则没有该层。
➢ Bottom Layer（底层信号层）：设计为底层铜箔走线。底层信号层主要用于布线及焊接，有时也可放置元器件。
➢ Mechanical Layer（机械层）：一般用于设置电路板的外形尺寸、数据标记、对齐标记、装配说明以及其他的机械信息，共有 32 层。
➢ Top/Bottom Overlay（顶层/底丝印层）：设计为各种丝印标识，如元器件的标号、字符、商标等。一般各种标注字符都在顶层丝印层，底层丝印层可关闭。
➢ Top/Bottem Paste（顶层/底层锡膏层）：是过焊炉时用来对应 SMD（Surface Mounted Devices，表面贴装器件）元件焊点的。本板层采用负片输出，所以板层上显示的焊盘和过孔部分代表电路板上敷设锡膏的区域，也就是可以进行焊接的部分。如果板全部放置的是针脚式元件，这一层就不需要了。
➢ Top/Bottom Solder（顶层/底层阻焊层）：是 PCB 对应于电路板文件中的焊盘和过孔数据自动生成的板层，主要用于敷设阻焊漆。板层上显示的焊盘和过孔部分代表电路板上不敷设阻焊漆的区域，也就是可以进行焊接的部分。
➢ Keep-Out Layer（禁止布线层）：用于定义在电路板上能够有效放置元件和布线的区域。在该层绘制一个封闭区域作为布线有效区域，在该区域外是不能自动布局和布线的。

➢ Muli-layer（多层）：电路板上焊盘和穿透式过孔要穿透整个电路板，与不同的导电图形层建立电气连接关系，因此系统专门设置了一个抽象的层——多层。一般焊盘与过孔都要设置在多层上，如果关闭此层，焊盘与过孔就无法显示出来。

➢ Drill Guide（钻孔定位层）和 Drill Drawing（钻孔描述层）：Drill Guide 主要是为了与手工钻孔以及老的电路板制作工艺保持兼容，而对于现代的制作工艺而言，更多的是采用 Drill Drawing 来提供钻孔参考文件。属于生产性文件，用于提供给生产厂家。

（4）设定 PCB 编辑环境中板层显示标签。

［第一步］单击菜单“设计→板层颜色”命令，弹出“视图配置”对话框，如图 7-27 所示。

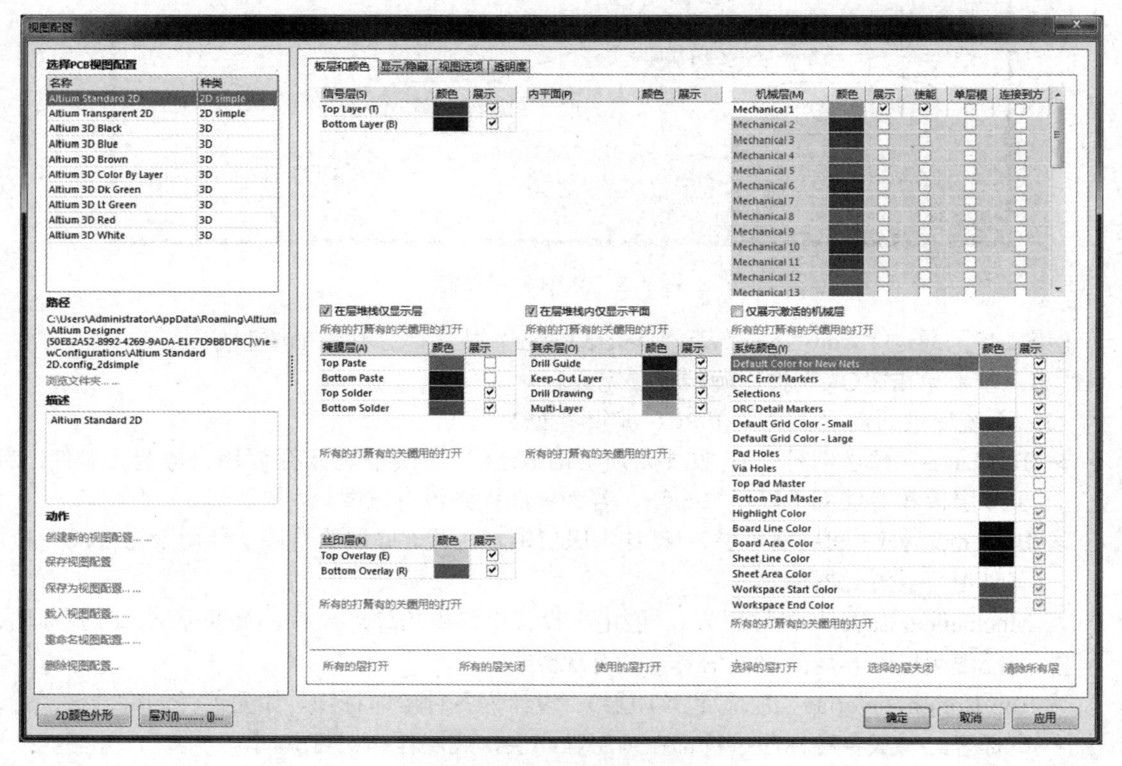

图 7-27 “视图配置”对话框

［第二步］选择 Mechanical 1，用于绘制 PCB 板的物理边框，其余机械层不选。

［第三步］去除 Top/Bottom Paste（顶层/底层锡膏层）的选项，本电路中元件为针脚式，不需要这两层。其余的默认。

［第四步］单击各项右侧的色块，可为各层重新定义颜色，建议使用默认设置。

（5）设定图纸参数。

单击菜单“设计→板参数选项”命令，弹出“板选项”对话框，如图 7-28 所示。

图 7-28 “板选项”对话框

PCB 各参数设置完成后，如图 7-29 所示。

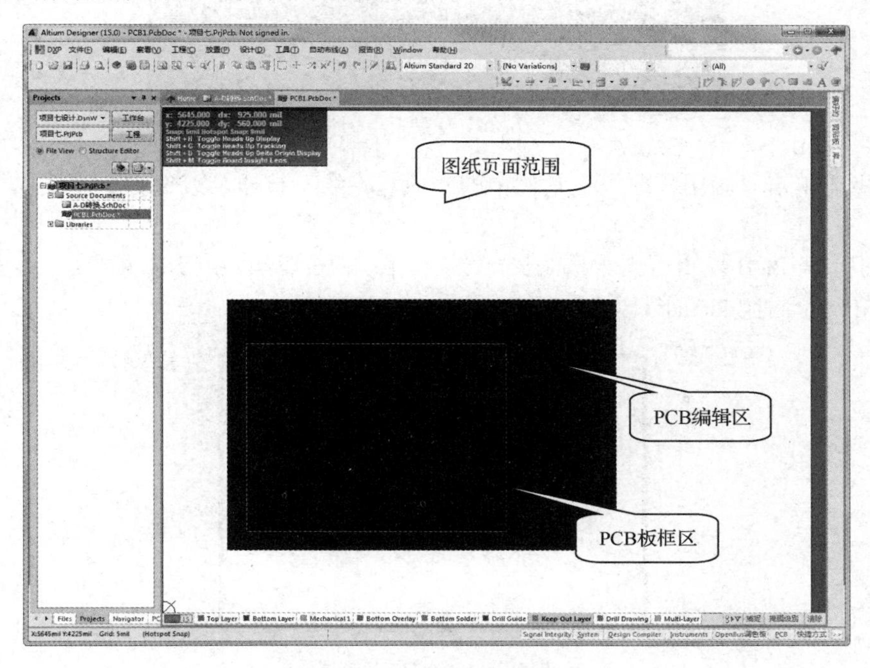

图 7-29 图纸参数设置完成

2．确定电路板的边框（4000mil×3000mil）

如果采用 PCB 向导直接生成的 PCB 会自动定义好板边尺寸和外形，但是手工创建的 PCB 则必须手工绘制 PCB 的外形和电路元件的布线区（在 Keep-Out Layer（禁止布线层）

内）等。

（1）绘制 PCB 外形（物理边框）。

［第一步］单击编辑窗口下方的“Mechanical1”（机械层 1）选项卡，使得该层处于当前窗口中。

［第二步］单击“应用程序”工具栏中的“设置原点”按钮，或选择菜单“编辑→原点→设置”命令，在编辑区的合适位置单击鼠标，编辑区出现一个“设计原点”标记，如图 7-30 所示。此点的坐标为（0，0），选择菜单“编辑→原点→复位”命令可去除该原点。

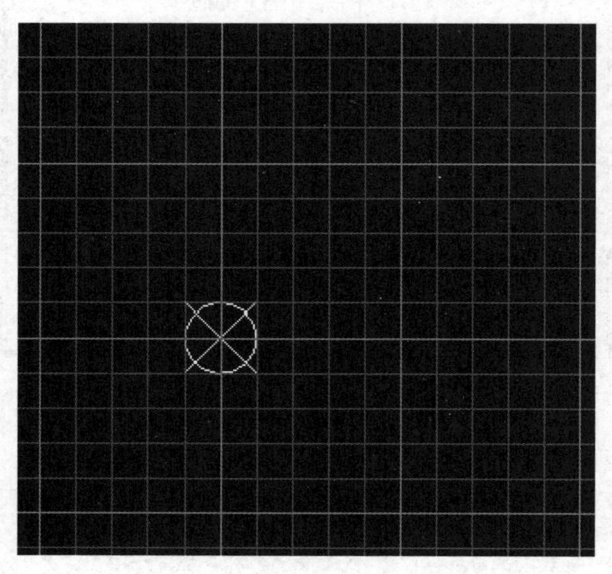

图 7-30　设置原点标记

［第三步］单击“应用程序”工具栏中的“放置走线”按钮，或选择单击菜单“放置→走线”命令。

［第四步］在 PCB 编辑区内大概画出一条线，然后双击该直线修改属性（如线条的起始点坐标），画好一个封闭的矩形，如图 7-31 所示。

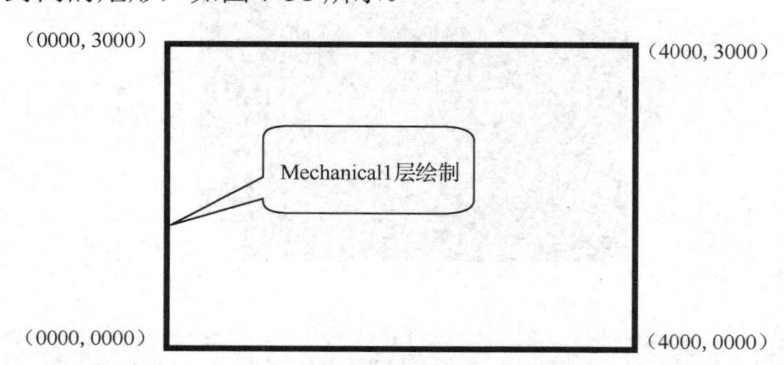

图 7-31　绘制物理边框

（2）绘制禁止布线层（电路的电气边界）区域。

禁止布线层区域必须是一个封闭的区域，否则无法进行后面的自动布线工作。一般将此线与板边的距离保持在 50mil 左右。

［第一步］单击编辑窗口下方的“Keep-Out Layer”（禁止布线层）选项卡，使得该层处于当前窗口中。

［第二步］单击“应用程序”工具栏中的“放置走线”按钮，或单击菜单“放置→走线”命令。

［第三步］在前面的矩形中根据要求绘制内部框线，如图 7-32 所示（单位 mil）。

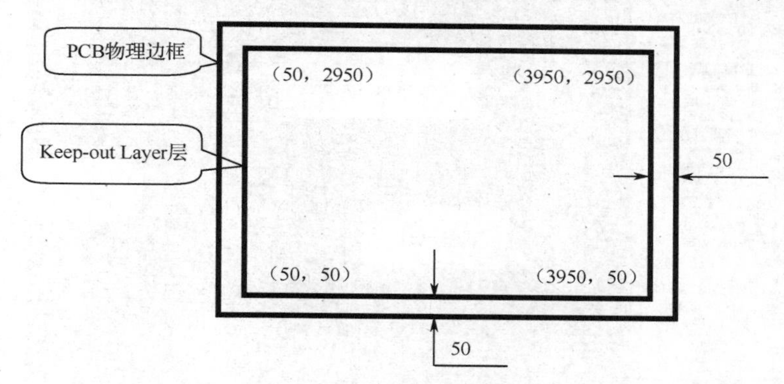

图 7-32　绘制禁止布线层

［第四步］绘制一条直线，然后双击该直线修改属性，如图 7-33 所示。

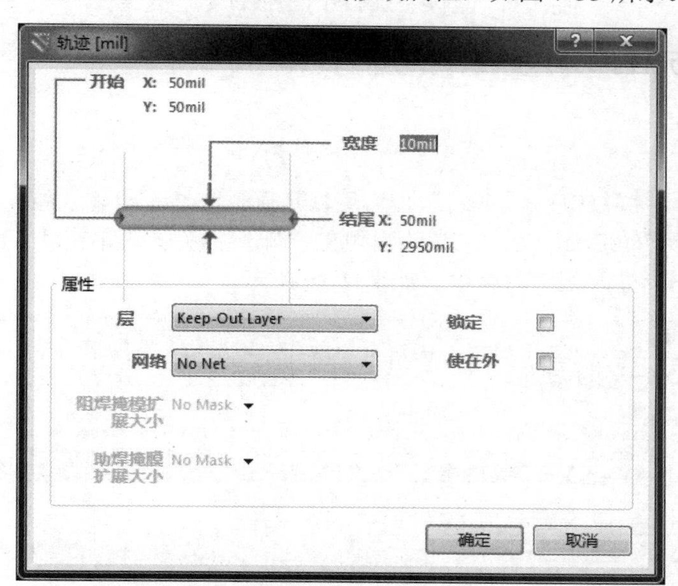

图 7-33　修改直线属性

通过设定四条直线的起、始点坐标，则可在 Keep-Out Layer 层内绘制一个封闭的矩形，如图 7-34 所示。

［第五步］单击“保存”按钮，将 PCB 文件命名为“AD 转换.PcbDoc”，保存到 EX7 中。

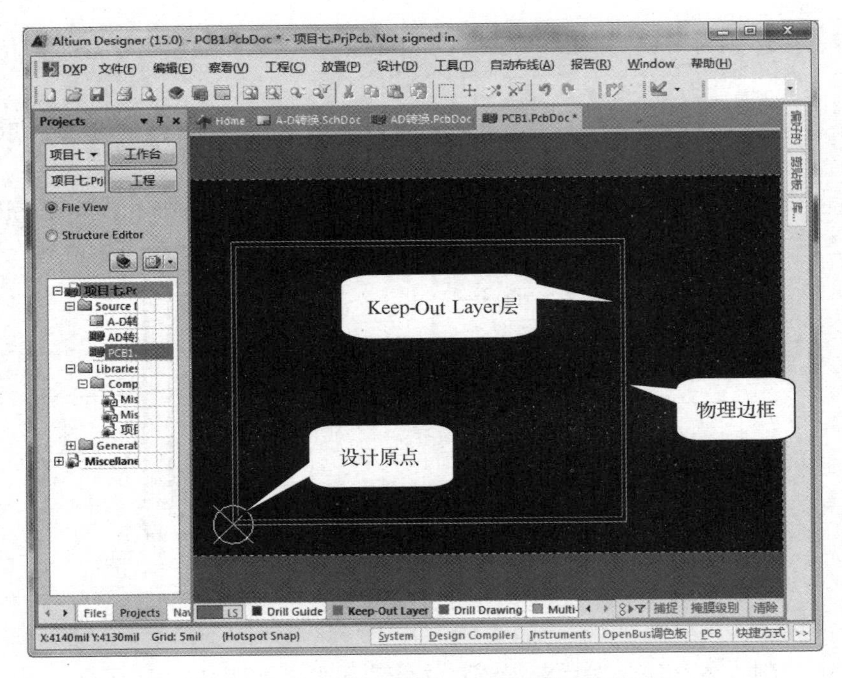

图 7-34　绘制完成的 PCB 边框和禁止布线层

7.2.4　装载元件库导入原理图网络信息

1．装载元件库

【小提示】

如果在原理图设计时就安装了元件的 PCB 封装模型或相关的集成库，可省略此步。

打开“AD 转换.PcbDoc”界面。单击右侧的“库”标签，再单击“Libraries”把 EX7 中的“AD 转换.IntLib”导入到当前库中，如图 7-35 所示。

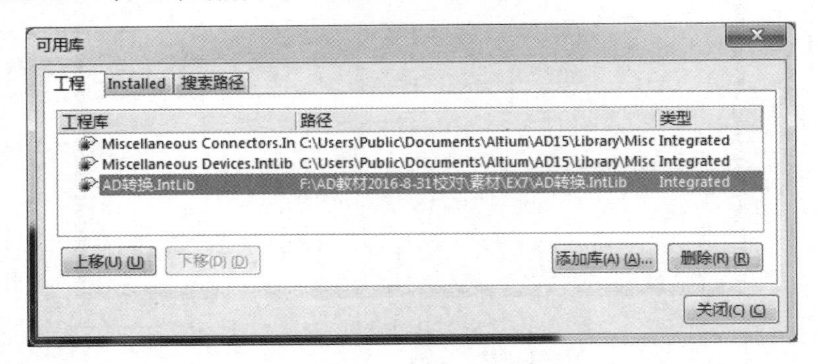

图 7-35　加载集成元件库

2．利用同步器将原理图导入 PCB

同步设计是 Altium 系列软件电路绘图最基本的绘图方法，是一个非常重要的概念。设计过程中，原理图文件和 PCB 文件在任何情况下保持同步。即原理图上的元件电气连接意义必须和 PCB 上的电气连接意义完全相同，要保持同步必须使用同步器。

打开“AD 转换”原理图和“AD 转换”PCB 文档。

（1）在原理图环境中，单击菜单“设计→Update PCB Document AD 转换.PcbDoc”命令。

（2）在 PCB 环境中，单击菜单“设计→Import Changes From AD 转换.PrjPcb”命令。

（3）执行以上命令后，弹出“工程更改顺序”对话框，如图 7-36 所示。

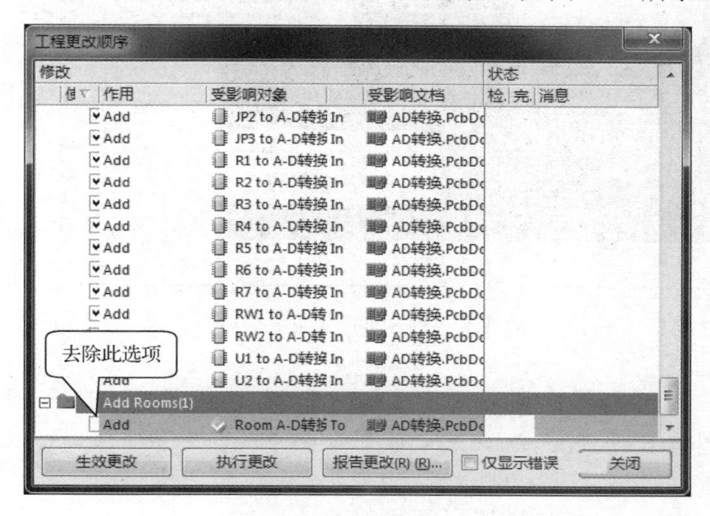

图 7-36 “工程更改顺序”对话框

（4）单击“生效更改”按钮，PCB 中实现的合法改变如图 7-37 所示。

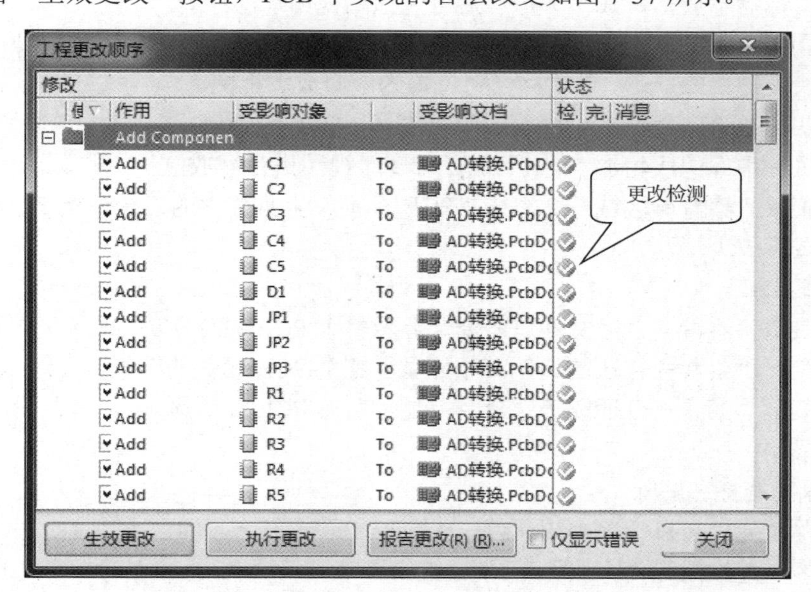

图 7-37 PCB 中可以实现的合法改变

（5）单击“执行更改”按钮，如图 7-38 所示。可见到原理图的所有元件已经导入到 PCB 编辑器中了。单击“关闭”按钮退出该对话框。

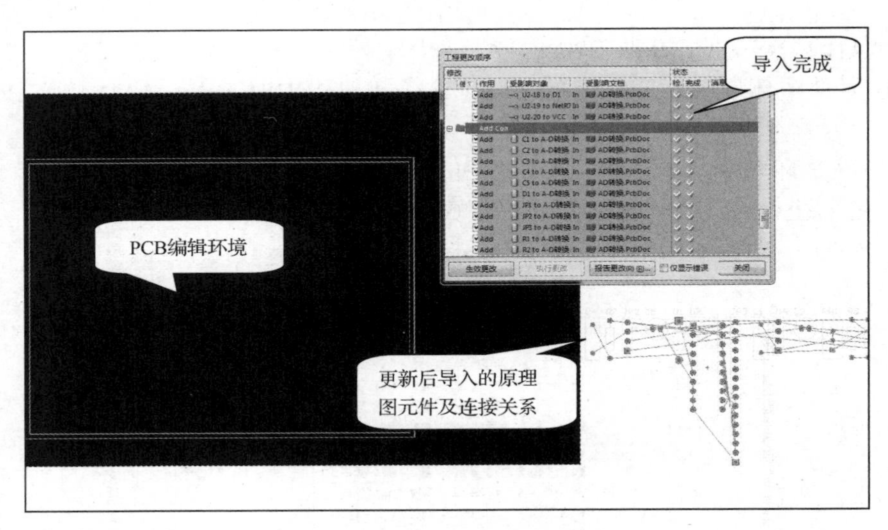

图 7-38 执行变更命令后

7.2.5 布局

1. PCB 视图操作

（1）视图的移动。

➢ 利用鼠标中间的滚轮可对视图进行上下移动。

➢ 利用鼠标中间的滚轮加“Shift”键，可对视图进行左右移动。

➢ 右击鼠标后不放，形成“手形”后可以拖动视图任意移动。

（2）视图的缩放。

➢ 利用快捷键“PgUp”，以鼠标当前位置为中心放大视图。

➢ 利用快捷键“PgDn”，以鼠标当前位置为中心缩小视图。

➢ 利用鼠标中间的滚轮加“Ctrl”键，可以对视图进行缩放。

➢ 单击菜单“察看→区域”命令或“PCB 标准”工具栏中的“合适指定的区域”按钮选定区域后放大。

（3）整体显示。

➢ 单击菜单“察看→合适文件”命令，显示整个 PCB 设计板。

➢ 单击菜单“察看→合适图纸”命令，显示整个 PCB 相关的图纸。

➢ 单击菜单“察看→合适板子”命令，显示所有 PCB 编辑区。

2. 对象操作

（1）对象的选择和解除。

➢ 选择单个元件：鼠标单击该元件。

➢ 选择多个连续的元件方法如下。

【方法一】直接鼠标左键框选。

【方法二】单击“PCB 标准”工具栏中的“选择区域内部”按钮来框选对象。

【方法三】单击菜单“编辑→选中→区域内部”命令来框选对象。

➢ 选择多个不连续的元件：利用快捷键“Shift”加单击鼠标左键。

➢ 选择全部元件：利用菜单“编辑→选中→全部”命令。

➢ 解除选中对象：

【方法一】单击“PCB 标准”工具栏中的“取消所有选定”按钮。

【方法二】利用菜单“编辑→取消选中→…”命令。

（2）元件的对齐操作。

【方法一】单击“应用程序”工具栏中的“排列工具”按钮。

【方法二】利用菜单“编辑→对齐→…”命令将选中的元件进行调整。

（3）元件说明性文字调整。

【方法一】利用鼠标直接拖动字符串进行调整。

【方法二】利用菜单“编辑→对齐→定位器件文本”命令，在弹出的对话框中对元件编号、元件名称位置进行设定。

（4）对象的移动。

【方法一】直接拖动可平移元件，但是铜膜不会跟着一起移动。

【方法二】选中对象后，单击“PCB 标准”工具栏中的“移动选择”按钮；或单击元件可移动元件。

【方法三】利用菜单“编辑→移动→…”命令。

（5）元件的方向调整。

【方法一】元件任意角度放置：双击元件弹出元件属性对话框，如图 7-39 所示。

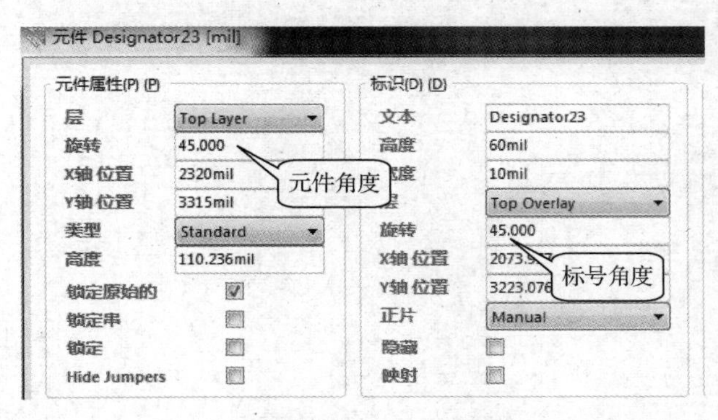

图 7-39　元件角度的设置

【方法二】单击鼠标左键选中对象不放（英文输入状态）。

➢ 按“空格”键一次逆时针旋转 90°。

➢ 按“X”键水平翻转。

➢ 按“Y”键垂直翻转。

3. 手动布局操作

自动布局通常很难达到理想的布局效果，因此一般设计者会根据经验来进行手工布局。

（1）在同步器将原理图导入到 PCB 中时，所有的元件都会在 PCB 编辑区的左侧出现，同时还能看见元件引脚之间的连接线（飞线或鼠线，表示连接关系）。

（2）用鼠标框选所有元件或单独选中并拖动元件到封闭的 Keep-Out Layer（禁止布线层）内部，如图 7-40 所示。

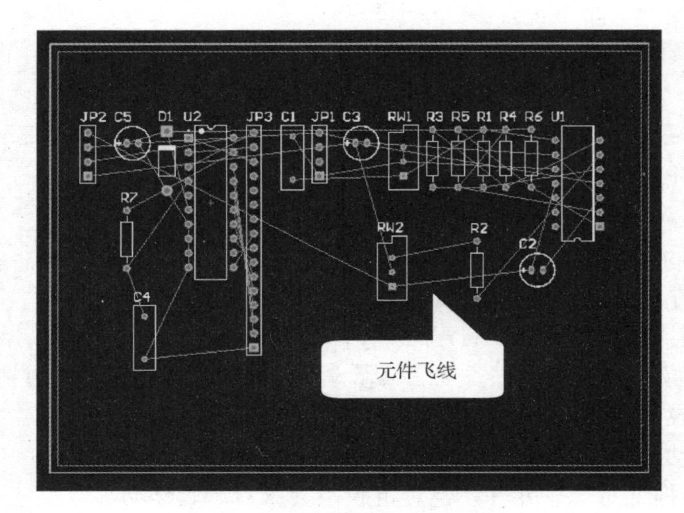

图 7-40　元件拖动到布线区域内

（2）手动布局调整：通过鼠标的拖动、元件的转动和排列，将元件的布局调整到合适位置。如图 7-41 所示。

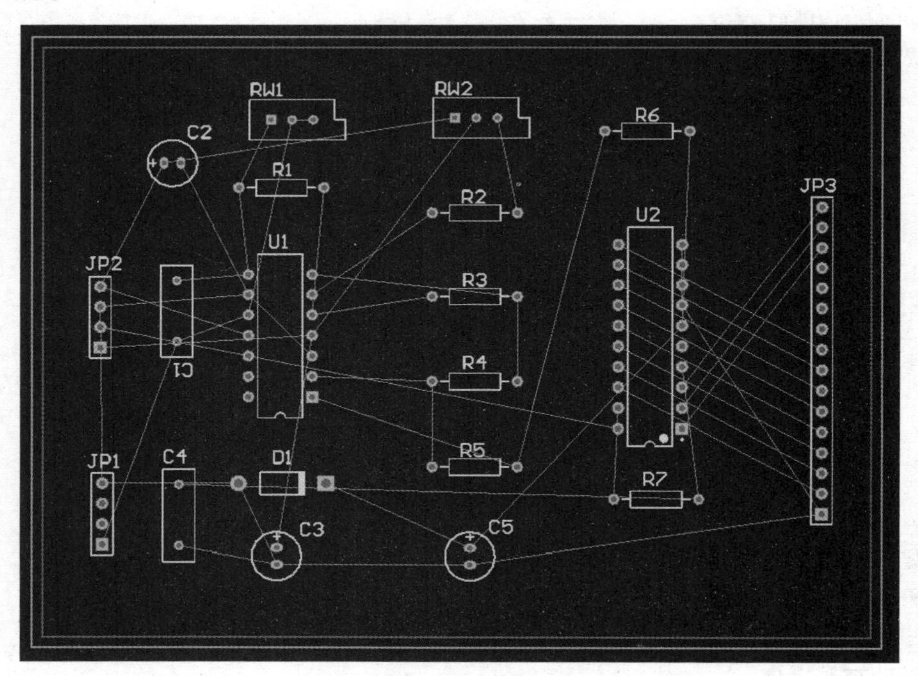

图 7-41　元件手工布局效果图

7.2.6　布线

1．设置布线规则设置

在 PCB 环境中，单击菜单“设计→规则”命令会弹出“PCB 规则及约束编辑器”对话框，如图 7-42 所示。

（1）电气规则（Electrical）：在对 PCB 进行 DRC 电气检查时，违反这些规则的对象将会变成高亮的绿色，以提示设计者。

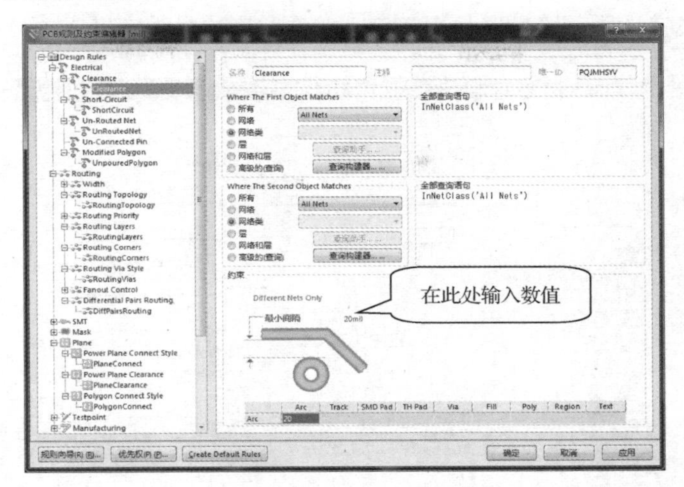

图 7-42 “PCB 规则反约束编辑器”对话框

➢ Clearance（电气间隙）：设置两个对象之间的最小间距，如导线与焊盘之间的最小间距等。在上下两个对象的设置中勾选“网络类”，并在其中选择“All Nets”所有网络（电气意义的），不包括元件外形线。然后单击“应用”按钮。

【小提示】

如果勾选“所有”的话，表示除了电气意义的对象外还包括元件的外形这些无电气意义的对象，在元件设计过程中如果外形线到焊盘间距较小，当最小间距设置值超过此值时，规则检测就会对该元件一直报警。

➢ Short Circuit（短路）：设置允许短路电流，一般为默认，如图 7-43 所示。

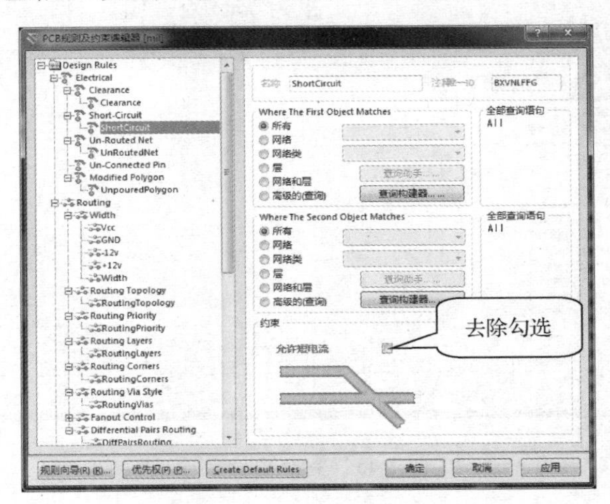

图 7-43 是否允许短路

（2）Routing（布线规则设置）：常用的参数介绍如下。

➢ Width（线宽）：是指所有的信号线，电源的正、负极及其他特殊的导线，可以单独对各类导线设置宽度。

➢ 信号线的线宽设置：可设置最小宽度、首选宽度、最大宽度 3 项，如图 7-44 所示。

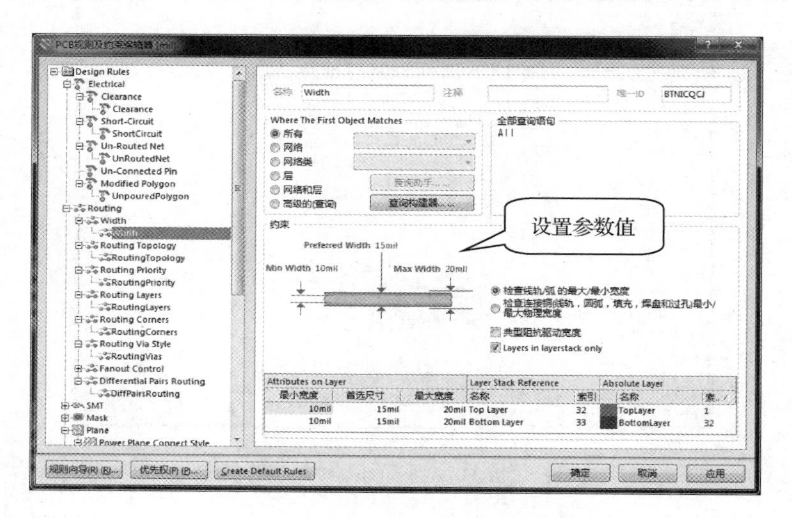

图 7-44　所有信号线的线宽设置

➢ 电源及接地线设置：单击“Routing→Width”条目，然后单击“规则向导”按钮，添加一个“Width_1”的新规则，如图 7-45 所示。

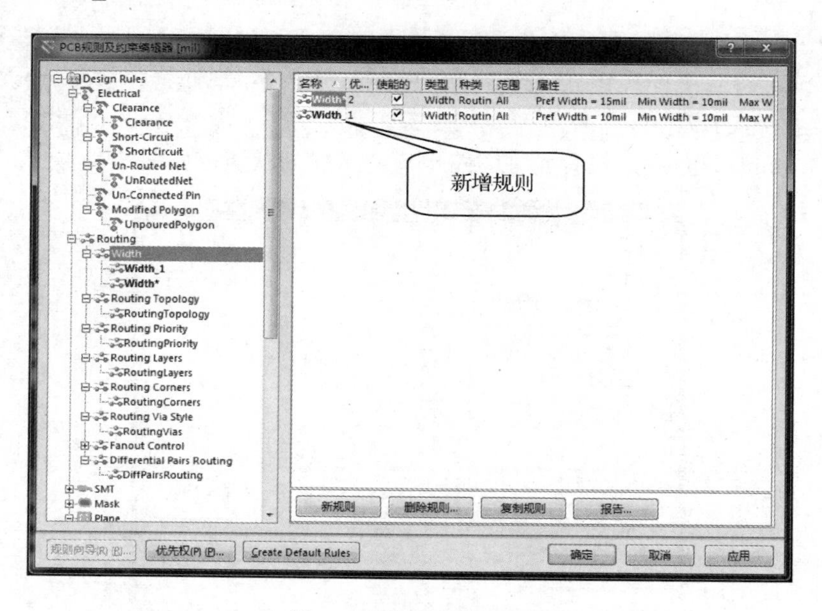

图 7-45　新增线宽规则

单击左侧“Width_1”新条目，规则名称改为 GND，勾选“网络”选项，在下拉列表中选择“GND”，将 GND 线宽设置为 50mil、60mil、80mil，其他默认，如图 7-46 所示。

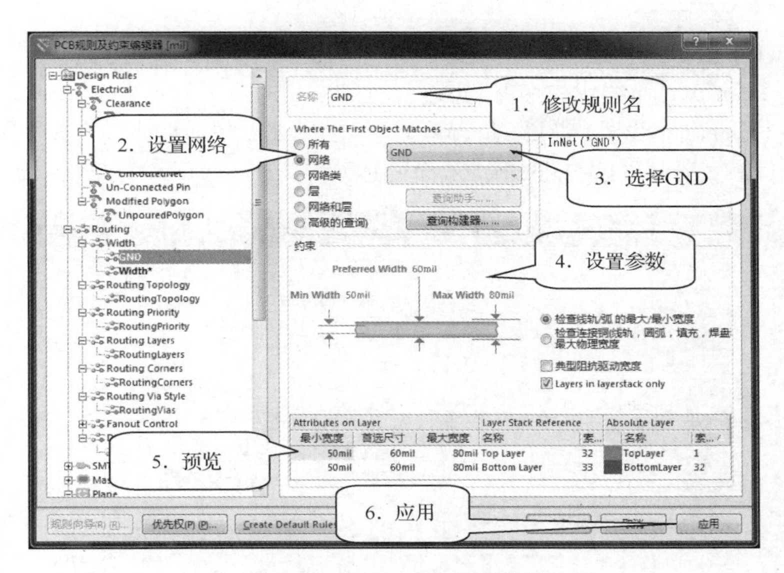

图 7-46 设置 GND 线宽参数

对 GND 线宽参数设置完成后，单击“应用”按钮，如图 7-47 所示。

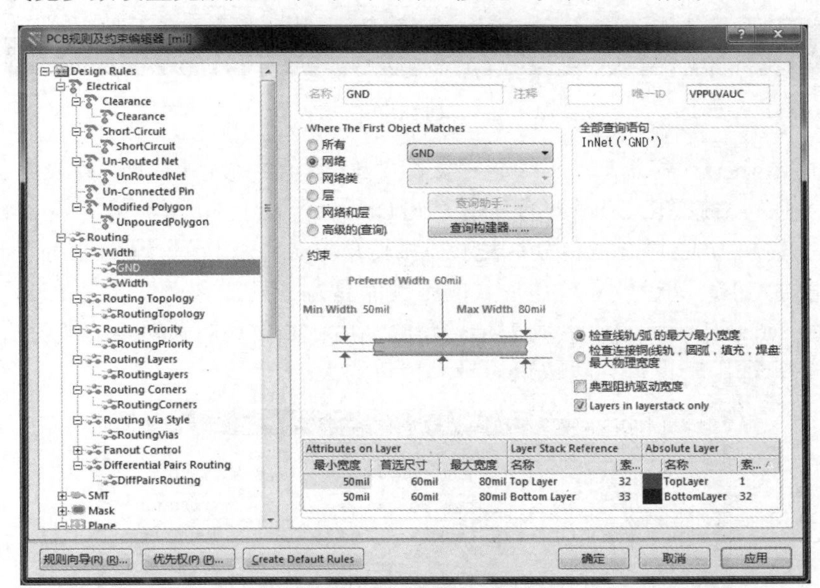

图 7-47 GND 线宽参数设置完成

用相同的方法将其他特殊的导线分别进行设置，如图 7-48 所示。

名称	优...	使能的	类型	种类	范围	属性		
-12v	2	✓	Width	Routing	InNet('-12V')	Pref Width = 25mil	Min Width = 20mil	Max Width = 30mil
+12v	3	✓	Width	Routing	InNet('+12V')	Pref Width = 25mil	Min Width = 20mil	Max Width = 30mil
GND	4	✓	Width	Routing	InNet('GND')	Pref Width = 60mil	Min Width = 50mil	Max Width = 80mil
Vcc	1	✓	Width	Routing	InNet('VCC')	Pref Width = 40mil	Min Width = 30mil	Max Width = 60mil
Width	5	✓	Width	Routing	All	Pref Width = 15mil	Min Width = 10mil	Max Width = 20mil

图 7-48 其他特殊线宽参数设置

➢ Routing Topology（拓扑结构）设置：默认。

➢ Routing Priority（布线优先级）设置：默认。

➢ Routing Layers（布线层）设置：进行单双面布线设置。单面板一般勾选的布线层为 Bottom Layer，同时去除 Top Layer 选项；双面板必须将两个布线层都勾选上，如图 7-49 所示。

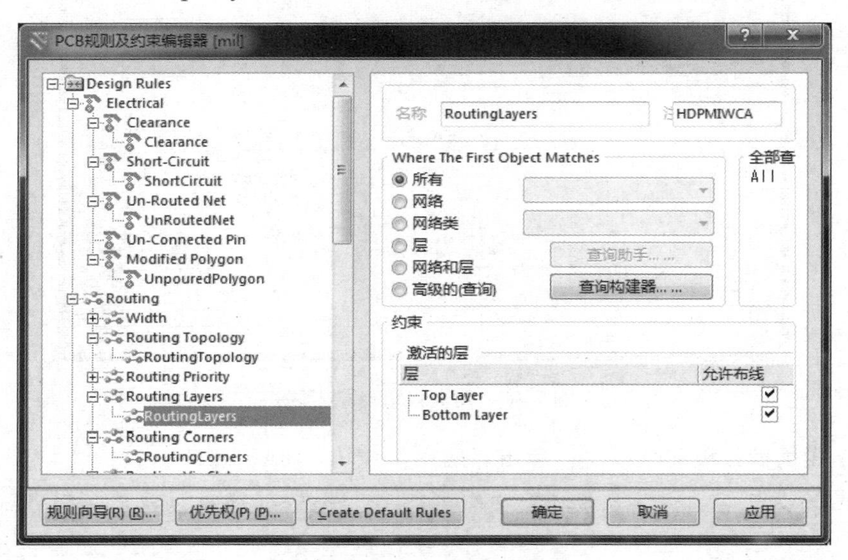

图 7-49 双面板布线层设置

➢ Routing Corners（拐角形状）设置：如图 7-50 所示。“类型”下拉列表用于设置导线转角的形式，系统提供 3 种转角形式，“90 Degree”表示 90° 转角方式；“45 Degree”表示 45° 转角方式；“Rounded”表示圆弧转角方式。“退步”编辑框用于设置导线的最小转角的大小，其设置随转角形式的不同而具有不同的含义。如果是 90° 转角，则没有此项；如果是 45° 转角，则表示转角的高度；如果是圆弧转角，则表示圆弧的半径。“To”编辑框用于设置导线转角的最大转角的大小。

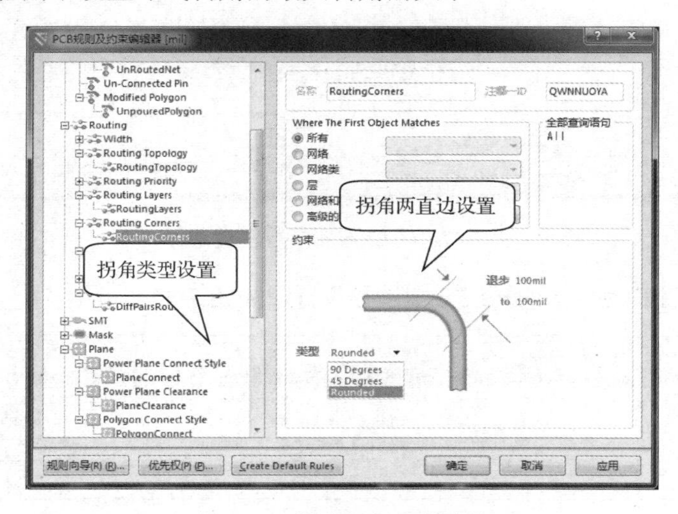

图 7-50 铜膜拐角形式设置

➢ Routing Vias（布线过孔）：用于设置过孔的外径及中间通孔的内径，如图 7-51 所示。

图 7-51　过孔设置

2. 自动布线

（1）单击“自动布线→全部”命令，弹出“Situs 布线策略”对话框，单击“编辑层走线方向”按钮，弹出“层说明”对话框，在其中可设置顶层及底层走线的方向。设置完成后单击“确定”按钮，关闭“层说明”对话框，一般可设置为默认，如图 7-52 所示。

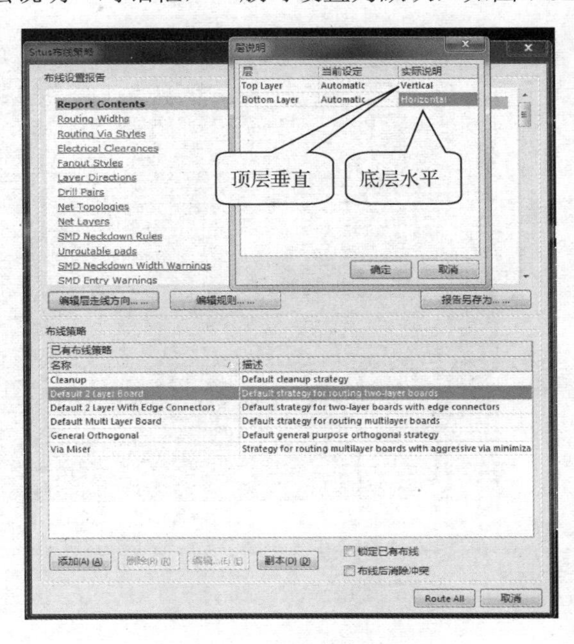

图 7-52　布线走向设置

（2）单击“Situs 布线策略”对话框中的“Route All”按钮，弹出“Messages”对话框，显示当前布线情况，同时开始布线，如图 7-53 所示。

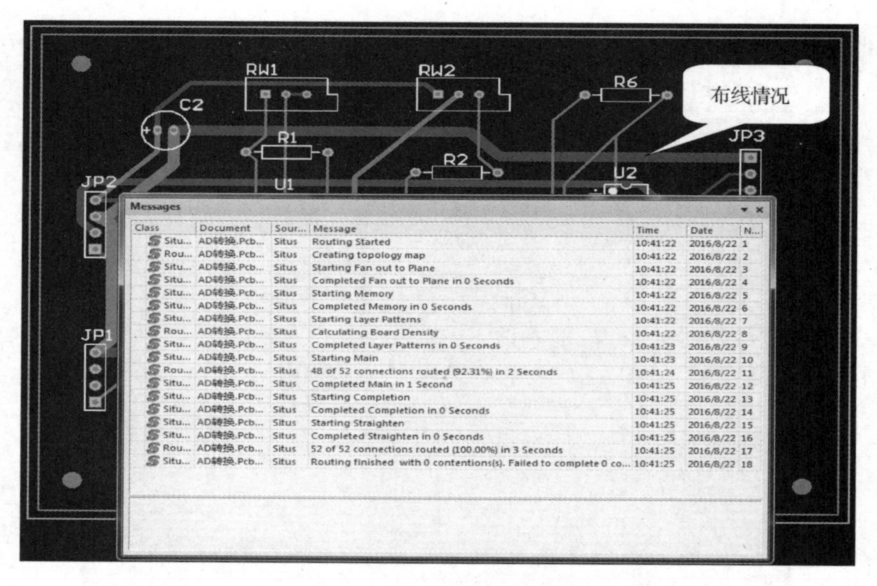

图 7-53　自动布线操作

（3）关闭“Messages”对话框，单击菜单“察看→合适文件”命令，观察布线效果。可以观察到电源线及地线（GND）都已经根据设定的参数加宽了，如图 7-54 所示。

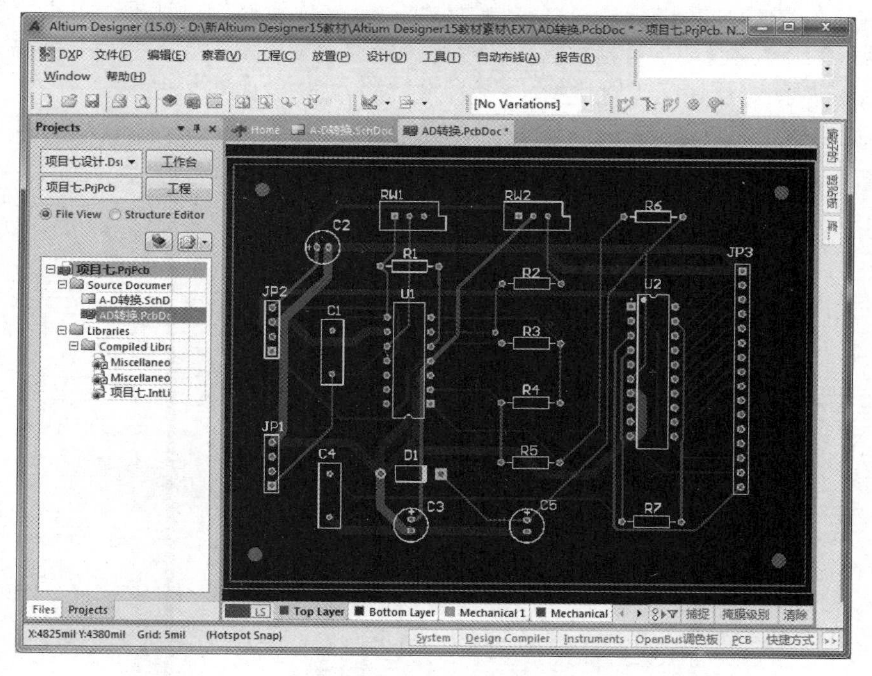

图 7-54　自动布线效果图

3．调整布线

（1）拆除不合理的布线。

对自动布线中的不合理布线，可以直接删除走线。通过菜单“工具→取消布线→…”命令取消全部对象、指定网络、连接（飞线）、器件和 Room 空间的布线。

将图纸放大后。可见在布线时地线（GND）的效果不理想，如图 7-55 所示。单击菜单“工具→取消布线→网络”命令，用出现的十字光标单击 GND 网络号的地线，删除 GND 的布线后返回飞线状态，如图 7-56 所示。

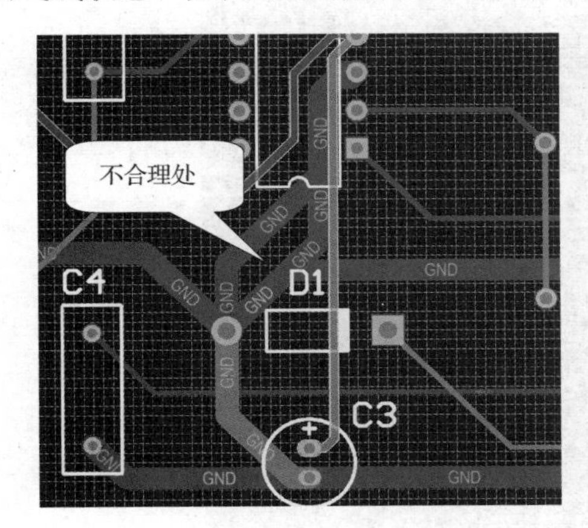

图 7-55 不合理的 GND 布线

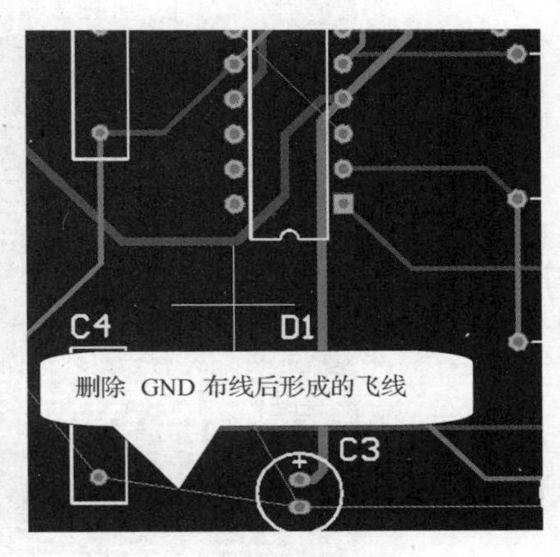

图 7-56 删除 GND 布线

（2）重新对指定网络自动布线。

单击菜单“自动布线→网络”命令，用形成的光标对准 GND 的飞线单击，则可重新对 GND 进行布线，如图 7-57 所示。

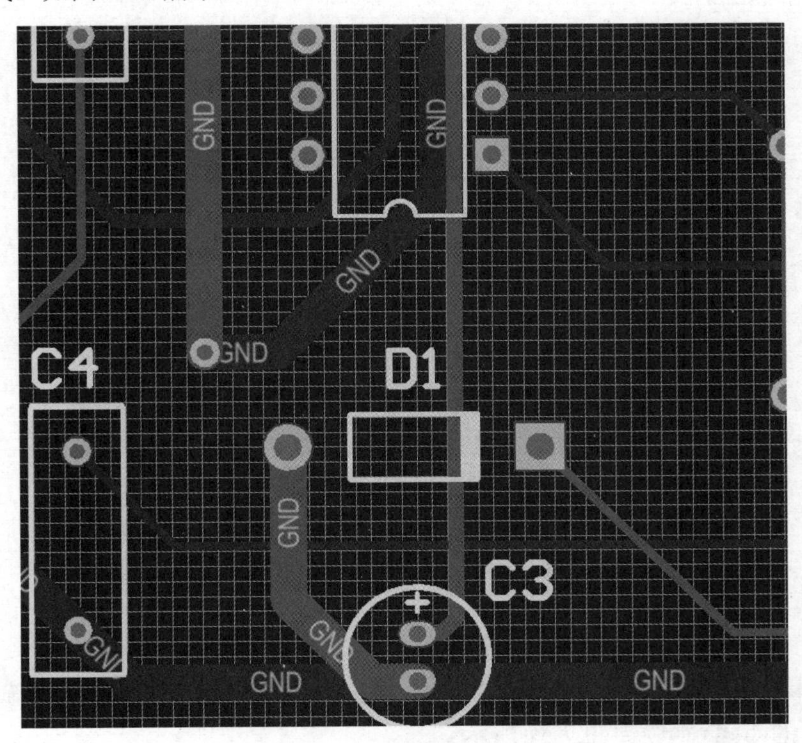

图 7-57 重新对 GND 布线

（3）手动布线操作。

自动布线的结果经常不能令人满意，如图 7-58 所示，圆圈内部分的 GND 布线比较烦琐，不简洁。

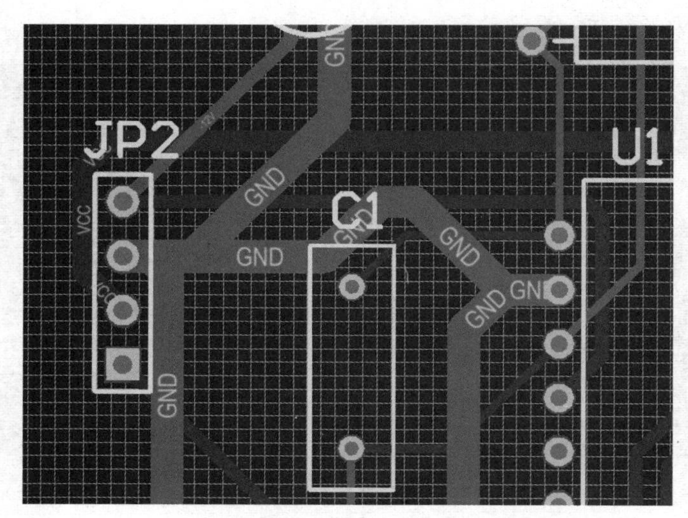

图 7-58　自动布线后的 GND 铜膜

这就需要对其进行手动修改，手动修改的步骤如下。

［第一步］单击铜膜线，然后按键盘中的“Delete”键，删除不理想的布线。删除结果如图 7-59 所示。

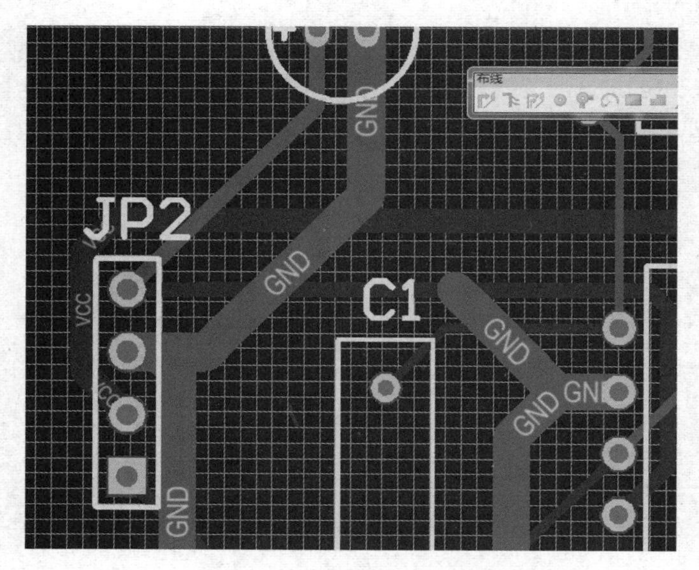

图 7-59　删除不合理的 GND 铜膜

［第二步］单击菜单“放置→交互式布线”命令。用鼠标重新绘制 GND 铜膜线，如图 7-60 所示。绘制后的 GND 铜膜如图 7-61 所示。

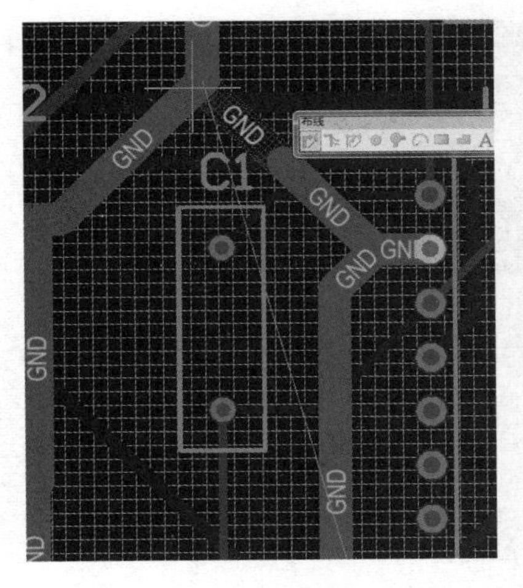

图 7-60 手工绘制 GND 铜膜

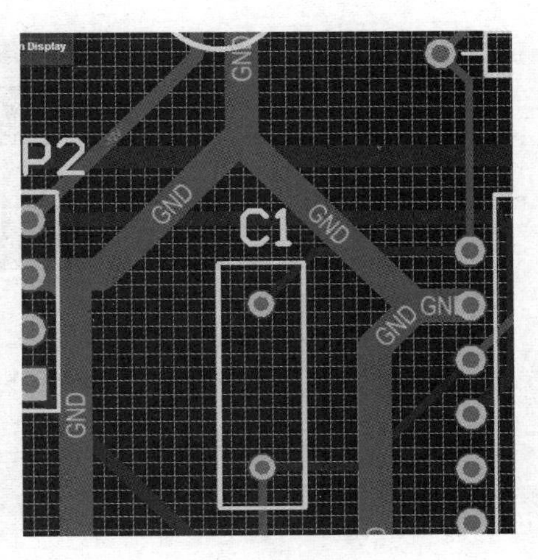

图 7-61 绘制后的 GND 铜膜

［第三步］鼠标直接拖动铜膜改变铜膜的位置，铜膜拖动前后分别如图 7-62 和图 7-63 所示。

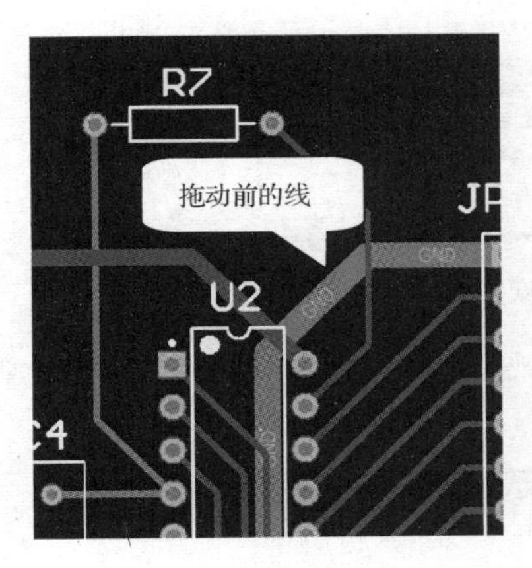

图 7-62 拖动前的铜膜

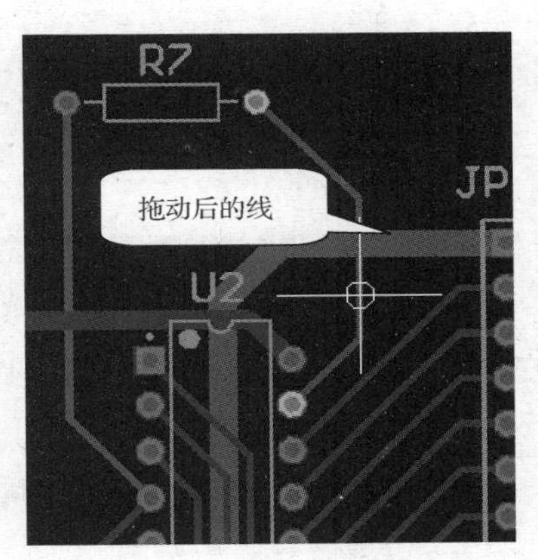

图 7-63 拖动后的铜膜

➢ 手动布线中层的切换：在进行交互式布线时，按“*”键可以在不同的信号层间切换，系统将自动设置一个过孔，如图 7-64 所示。

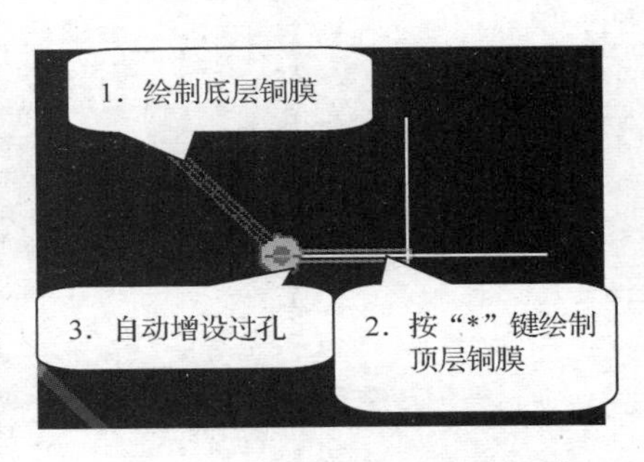

图 7-64 切换绘制不同层的铜膜

（4）放置安装孔。

单击菜单“放置→焊盘”命令，或单击“Tab”键，弹出“焊盘”对话框，将外形尺寸设置为 0，通孔尺寸设置为 100mil，如图 7-65 所示。然后单击“确定”按钮，在 4 个角上的合适位置放置焊盘即可。

4．布线结果（DRC）检查

在所有的布线完成后，可以通过 DRC（设计规则检查）对布线的结果进行检查，查看是否有违反设计规则的布线。

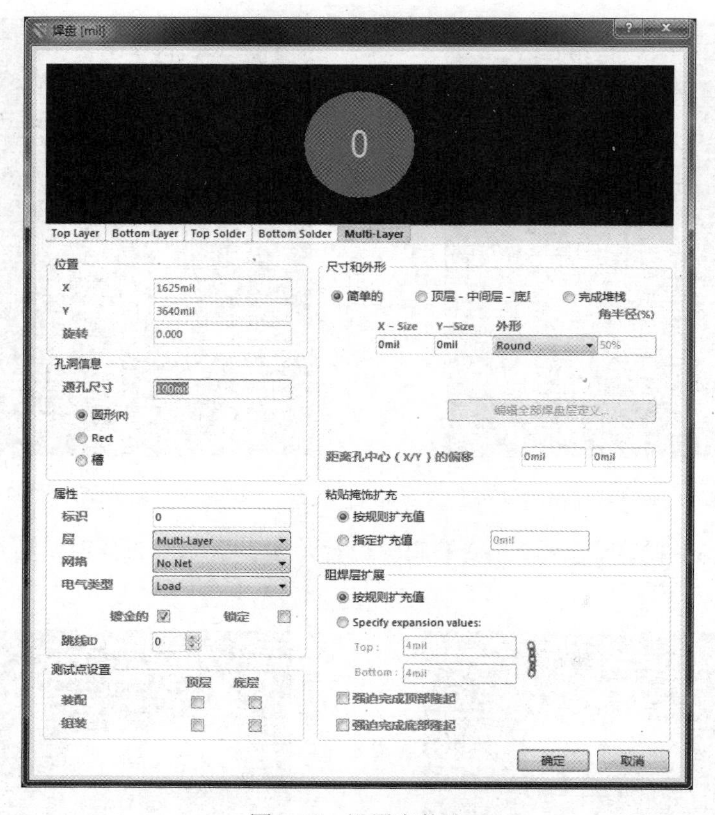

图 7-65　设置安装孔

（1）在 PCB 环境中，单击菜单“工具→设计规则检查”命令，弹出“设计规则检测”对话框如图 7-66 所示。

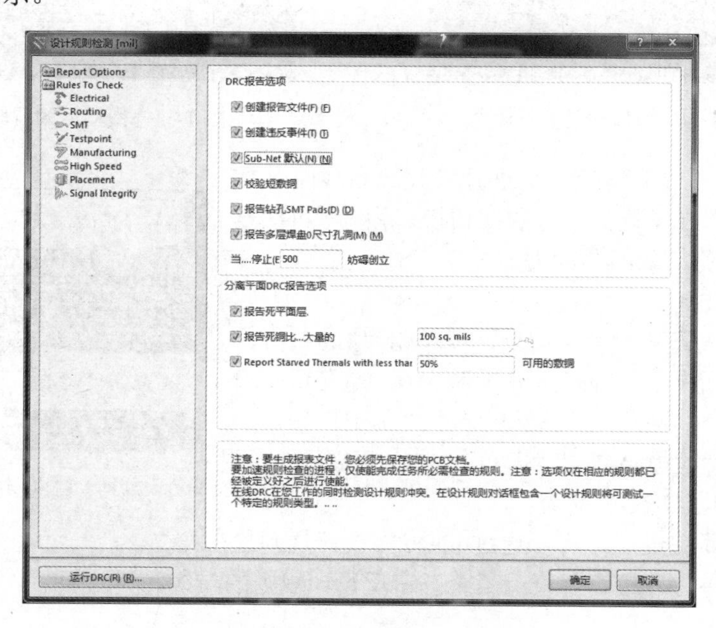

图 7-66　“设计规则检测”对话框

（2）因在布局和布线前设置了各种规则，在此选择默认即可。单击“运行 DRC”按钮，弹出“Messages”对话框以及网页形式的 RDC 报告，当前布线成功，没有违反规则的问题，如图 7-67 所示。

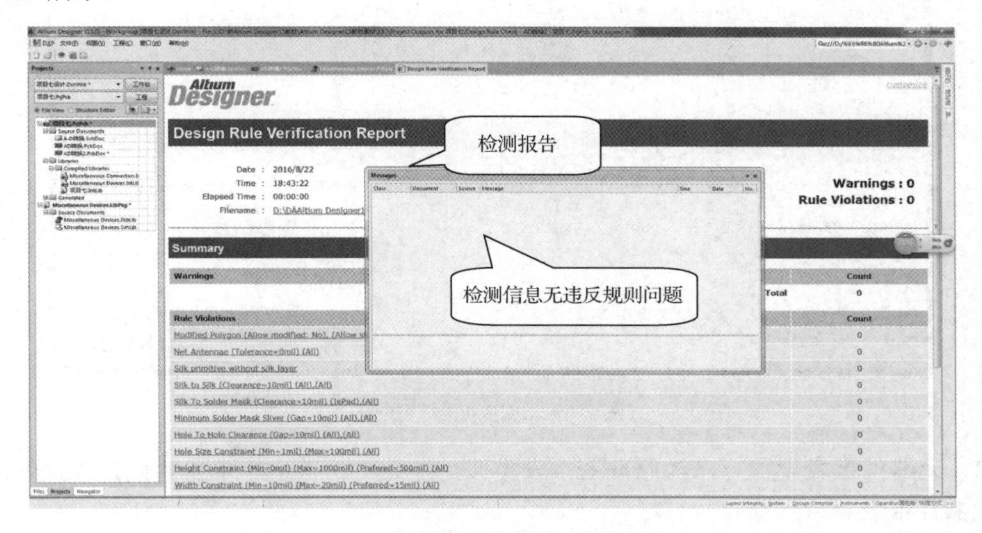

图 7-67　DRC 检测信息及报告

（3）关闭检测信息对话框，设计完成的 PCB 文件如图 7-68 所示。

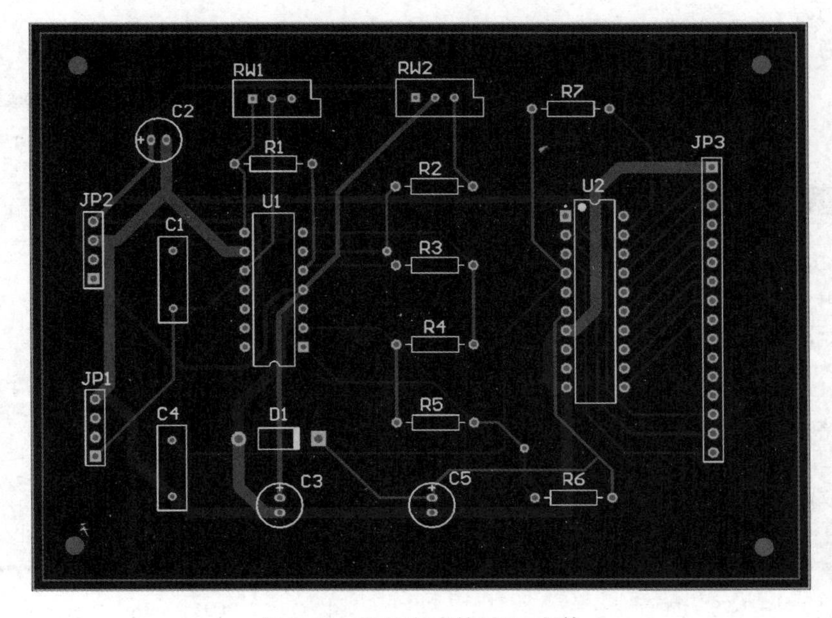

图 7-68　设计完成的 PCB 文件

7.2.7　PCB 报表输出

1．元器件报表

（1）在 PCB 环境中，单击菜单“报告→Bill of Materials”命令，弹出“Bill of Materials For PCB Document”对话框，PCB 元器件报表如图 7-69 所示。

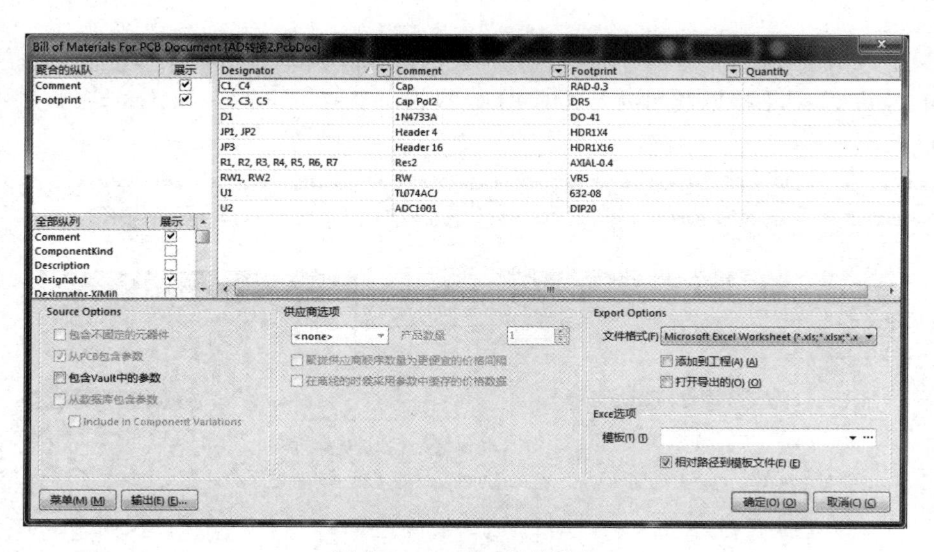

图 7-69 PCB 元器件报表

（2）元器件报表设置方法与原理图报表类似，在此不再赘述。单击“确定”按钮，生成PCB 元器件报表。

2．打印输出设置

（1）单击菜单“文件→页面设置”命令，弹出“Composite Properties”对话框，页面设置如图 7-70 所示。

（2）单击“高级”按钮，弹出“PCB Printout Properties”对话框，如图 7-71 所示。

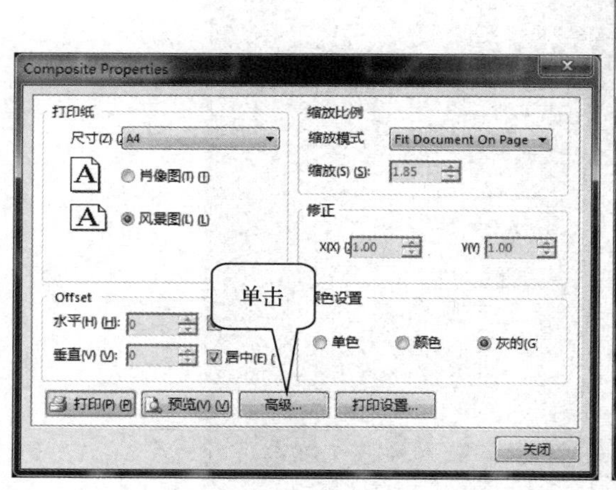

图 7-70 页面设置

图 7-71 “PCB Printout Properties”对话框

（3）双击左上角的图标，进入到“打印输出特性”对话框，如图 7-72 所示。

（4）添加打印层。在图 7-72 中单击“添加”按钮，进入到“板层属性”对话框，如图 7-73 所示。在“打印板层类型”下拉列表中选择要打印的板层。重复以上步骤，将需要打印的板层添加进来。

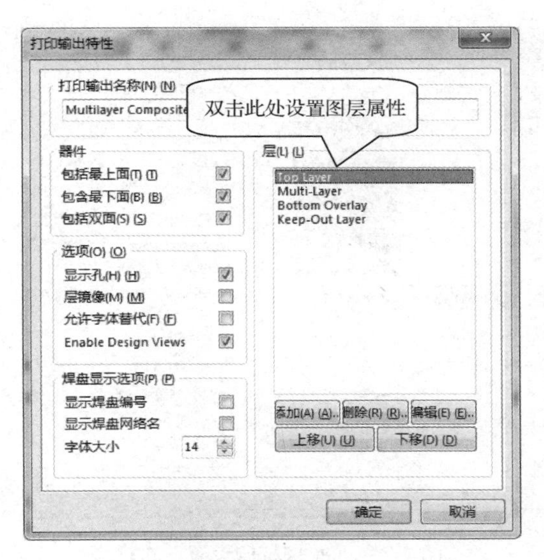

图 7-72 “打印输出特性”对话框

（5）在图 7-72 中单击“编辑”按钮，进入到“板层属性”对话框，如图 7-74 所示。将所有的内容设置为“Full”（全部），其余默认。

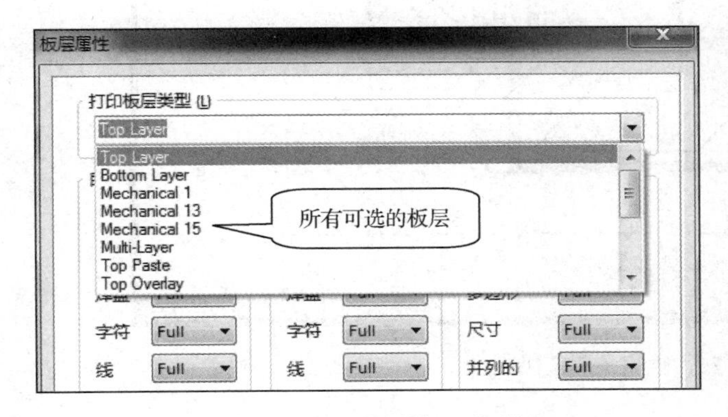

图 7-73 “板层属性”对话框 1

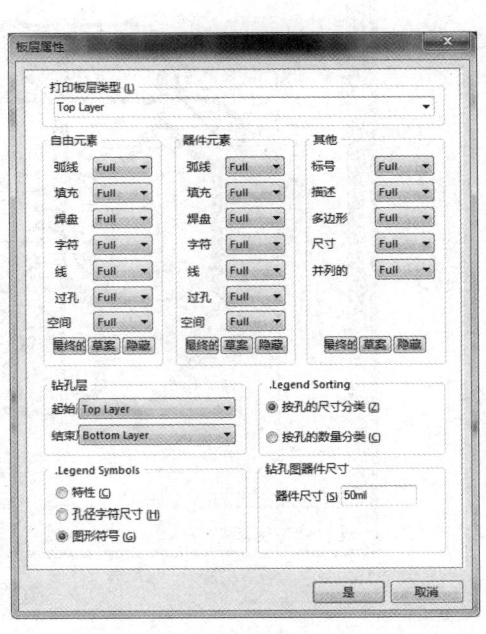

图 7-74 “板层属性”对话框 2

（6）在图 7-74 中单击“是”按钮，返回“打印输出特性”对话框。单击“确定”按钮，返回“PCB Printout Properties”对话框。单击“Preferences…”按钮，进入到“PCB 打印设置”对话框，如图 7-75 所示。在此，设计者可以设置每层的灰度或彩色色彩。然后单击“OK”按钮。

（7）在图 7-70 中单击“预览”按钮可观察打印效果，如图 7-76 所示。

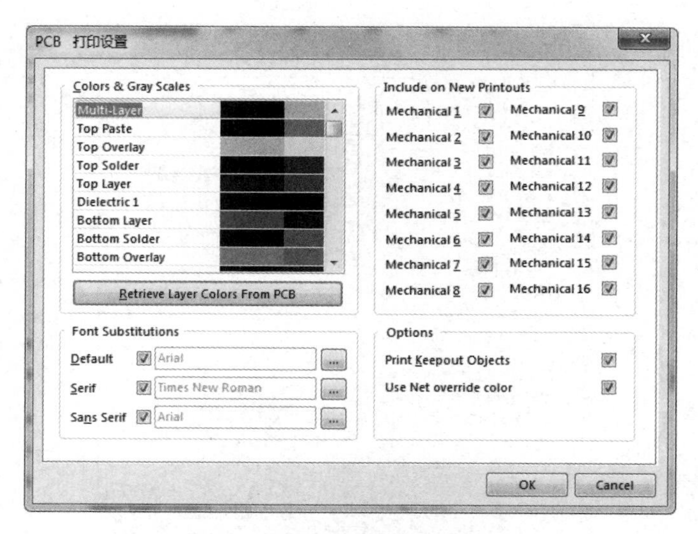

图 7-75 “PCB 打印设置”对话框

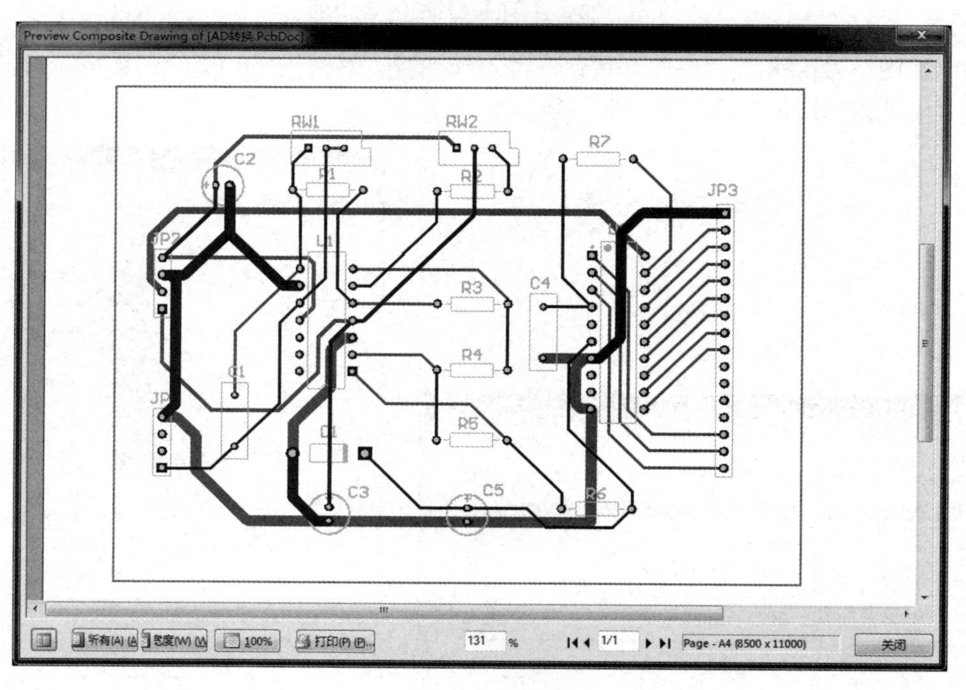

图 7-76 打印预览效果图

练 习 题

【练习 1】建立“单管放大电路”工程，并建立“单管放大电路”原理图文件。

要求：（1）原理图 Q1、C1 自制在 1500mil×1000mil（宽高）图纸中，单管放大电路如图 7-77 所示，并生成网络表。

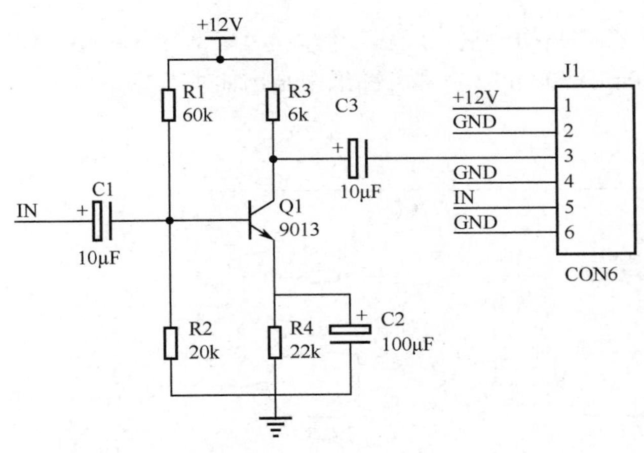

图 7-77 单管放大电路

单管放大电路元件参数见表 7-9。

表 7-9 单管放大电路元件参数

元件名称	元件序号	元件型号	元件封装
电阻	R1、R2、R3、R4	60kΩ、20kΩ、6kΩ、22kΩ	AXIAL0.3
电解电容	C1、C2	10μF、10μF	CAPPR2-5x6.8
电解电容	C3	100μF	RB.2/.4
三极管	Q1	9013	TO-18
连接器	J1	CON6	SIP6

（2）进行 PCB 设计。

① 用向导模板方式生成 1800mil×1300mil PCB 板。

② 加载相应的封装库并导入网络文件。

③ 手动布局元件如图 7-78 所示。进行布线规则设置：电源和地线布线宽度为 30mil；其他导线布线宽度为 20mil；设置 IN、GND、Vcc、测试点焊盘。

④ 做好双面布板后，在 TopOverlay 层上，每块 PCB 右上角写学号——姓名（AA——XXX）。

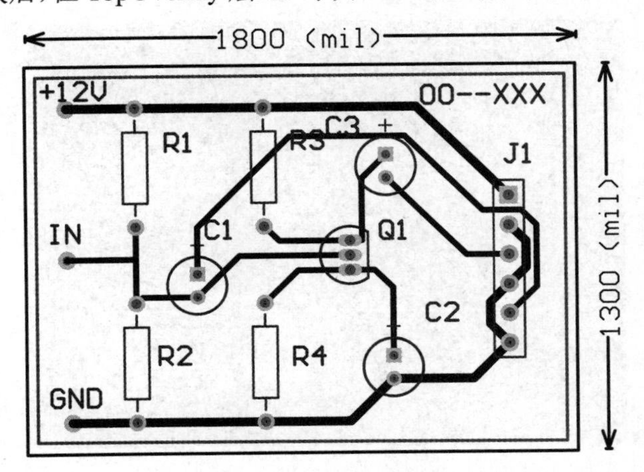

图 7-78 单管放大电路 PCB 文件

【练习 2】建立“多谐振荡电路”工程，并建立“多谐振荡电路”原理图文件。

要求：（1）在 900mil×600mil（宽高）图纸中画出如图 7-79 所示的多谐振荡电路，并生成网络表。

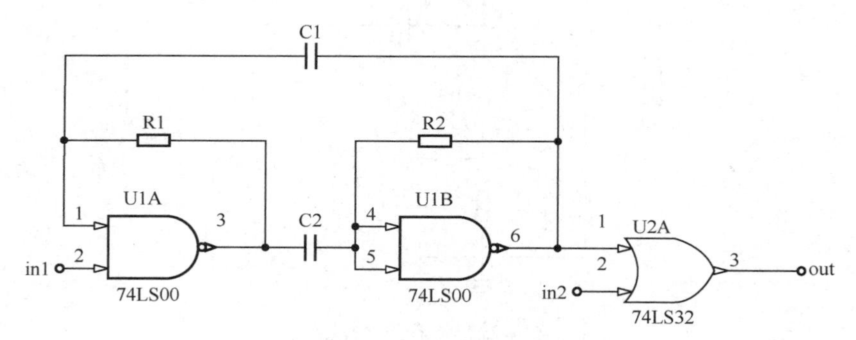

图 7-79　多谐振荡电路

多谐振荡电路元件参数见表 7-10。

表 7-10　多谐振荡电路元件参数

元件名称	元件序号	元件型号	元件封装
RES2	R1、R2	RES2	AXIA0.4
CAP	C1、C2	CAP	RAD0.2
74LS00	U1	74LS00	DIP14
74LS32	U2	74LS32	DIP14

（2）进行 PCB 设计。

① 用向导模板方式建立“多谐振荡电路 PCB 文件”，尺寸如图 7-80 所示。

② 加载相应的封装库，导入网络文件。

③ 手动布局元件如图 7-80 所示。进行布线规则设置：电源和地线布线宽度为 30mil；其他导线布线宽度为 20mil；设置 in1、in2、out 三个测试点焊盘；双层布线就如图 7-80 所示进行布线。

④ 在 TopOverlay 层上，每块 PCB 右上角写上学号及姓名。

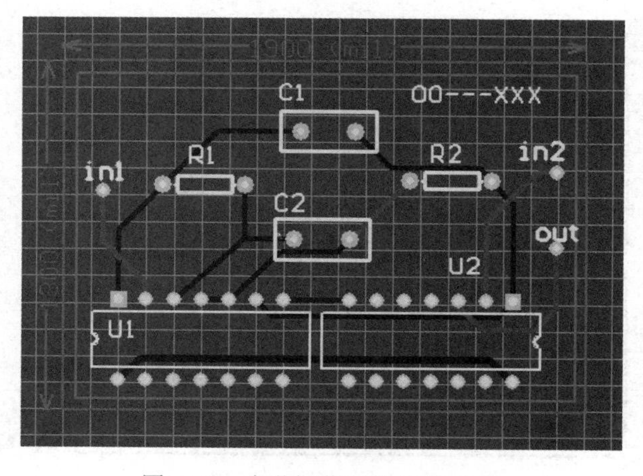

图 7-80　多谐振荡电路 PCB 文件

【练习 3】稳压电源电路如图 7-81 所示，试设计该电路的印制电路板。设计要求：

（1）使用双层电路板。

（2）电源地线的铜膜线宽度为 25mil。

（3）一般布线的宽度为 20mil。

（4）人工放置元件封装，并排列元件封装。

（5）人工连接铜膜线。

（6）布线时考虑顶层和底层都走线，顶层走水平线，底层走垂直线。

（7）尽量不用过孔。

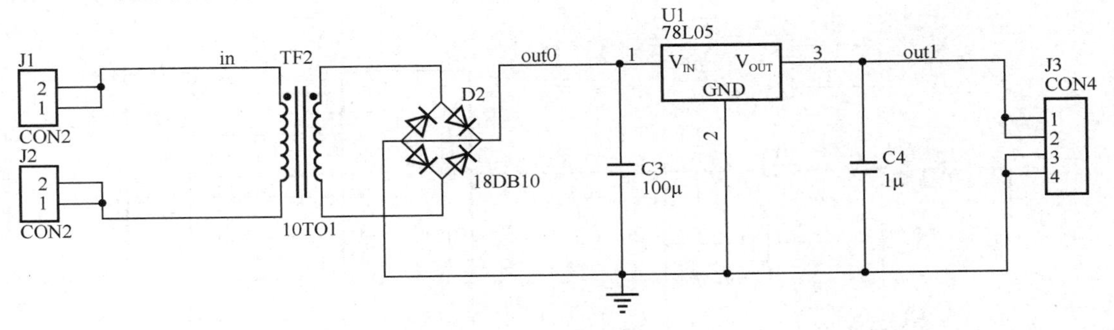

图 7-81　稳压电源电路

稳压电源电路元件参数见表 7-11。

表 7-11　稳压电源电路元件参数

标　识　符	型号（值）	封　　装
C4	1μF	RAD-0.1
TF2	10TO1	FLY-4
D2	18DB10	D-37
U1	78L05	TO220V
C3	100μ	RB-.3/.6
J2	CON2	SIP-2
J1	CON2	SIP-2
J3	CON4	FLY-4

稳压电源电路 PCB 文件参考如图 8-82 所示。

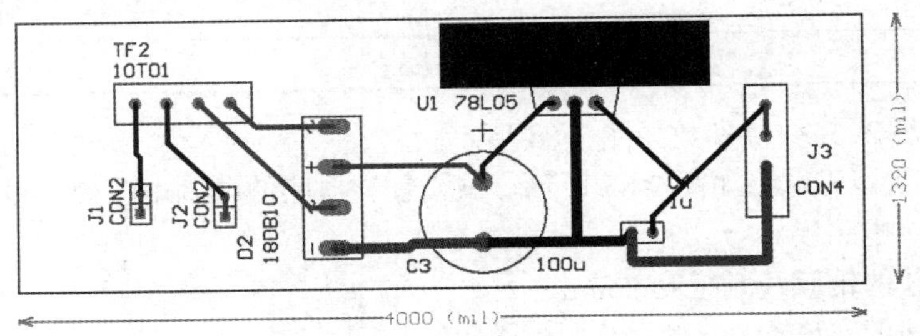

图 7-82　稳压电源电路 PCB 文件

【练习4】振荡分频电路如图7-83所示，试设计该电路的印制电路板。设计要求：

（1）使用双层电路板。

（2）电源地线的铜膜线宽度为25mil。

（3）一般布线的宽度为20mil。

（4）人工放置元件封装，并排列元件封装。

（5）人工连接铜膜线。

（6）布线时考虑顶层和底层都走线，顶层走水平线，底层走垂直线。

（7）尽量不用过孔。

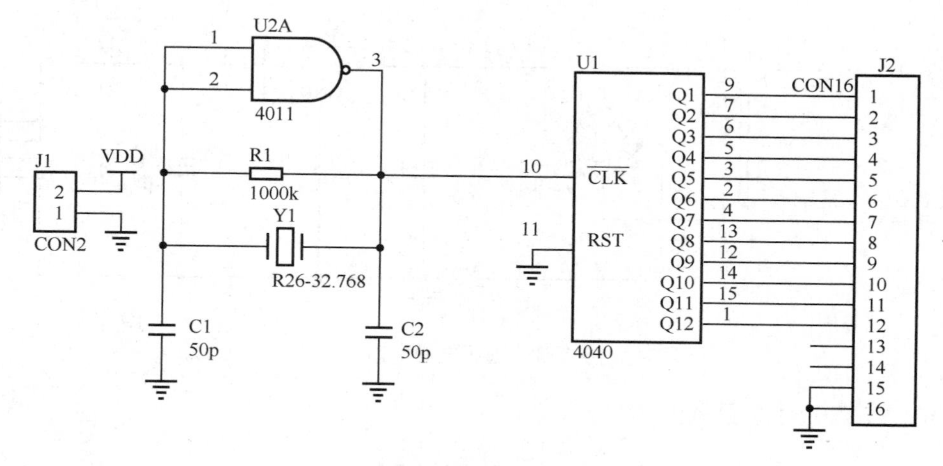

图7-83 振荡分频电路

振荡分频电路元件参数见表7-12。

表7-12 振荡分频电路元件参数

标 识 符	型号（值）	封 装
C2	50pF	RAD-0.1
C1	50pF	RAD-0.1
R1	1000kΩ	AXIAL0.3
U2	4011	DIP-14
U1	4040	DIP-16
J1	CON2	SIP-2
J2	CON16	SIP-16
Y1	R26-32.768	SIP-2

振荡分频电路PCB文件参数如图7-84所示。

【练习5】计数译码电路如图7-85所示，试设计该电路的印制电路板。设计要求：

（1）使用双层电路板。

（2）电源地线的铜膜线宽度为25mil。

（3）一般布线的宽度为10mil。

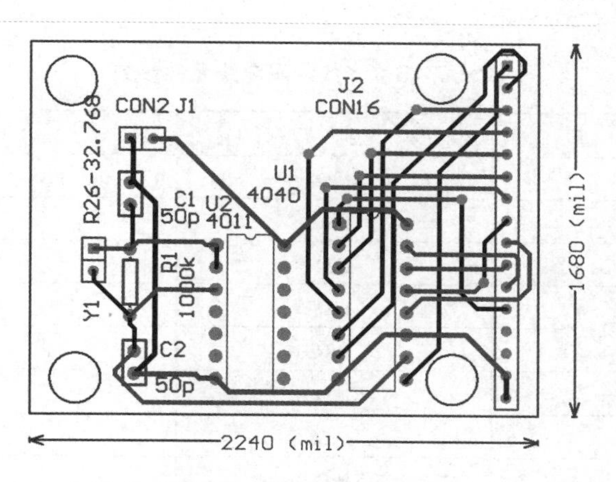

图 7-84 振荡分频电路 PCB 文件

（4）人工放置元件封装，并排列元件封装。
（5）人工连接铜膜线。
（6）布线时考虑顶层和底层都走线，顶层走水平线，底层走垂直线。
（7）尽量不用过孔。

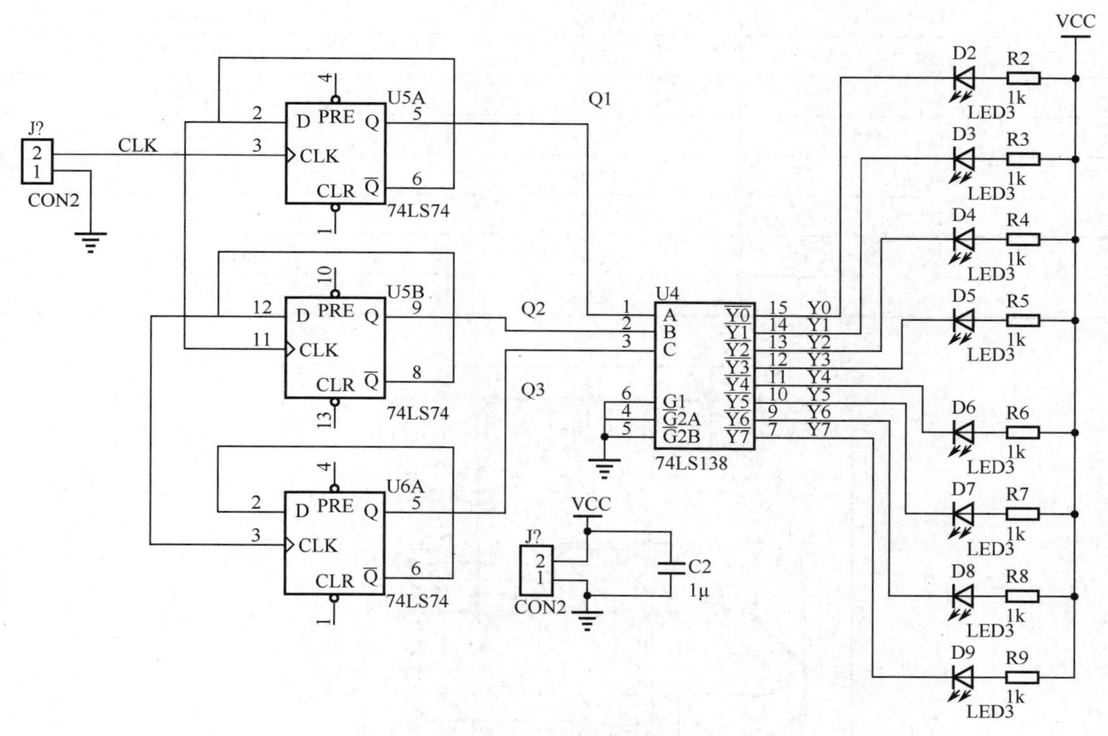

图 7-85 计数译码电路

计数译码电路元件参数见表 7-13。

计数译码电路 PCB 文件参数如图 7-86 所示。

表 7-13 计数译码电路元件参数

标识符	型号（值）	封装
R4	1kΩ	AXIAL0.3
R9	1kΩ	AXIAL0.3
R3	1kΩ	AXIAL0.3
R5	1kΩ	AXIAL0.3
R7	1kΩ	AXIAL0.3
R6	1kΩ	AXIAL0.3
R8	1kΩ	AXIAL0.3
R2	1kΩ	AXIAL0.3
C2	1μF	RAD0.1
U6	74LS74	DIP-14
U5	74LS74	DIP-14
U4	74LS138	DIP-16
J?	CON2	SIP-2
D8	LED3	DIODE-0.4
D9	LED3	DIODE-0.4
D4	LED3	DIODE-0.4
D3	LED3	DIODE-0.4
D2	LED3	DIODE-0.4
D7	LED3	DIODE-0.4
D6	LED3	DIODE-0.4
D5	LED3	DIODE-0.4

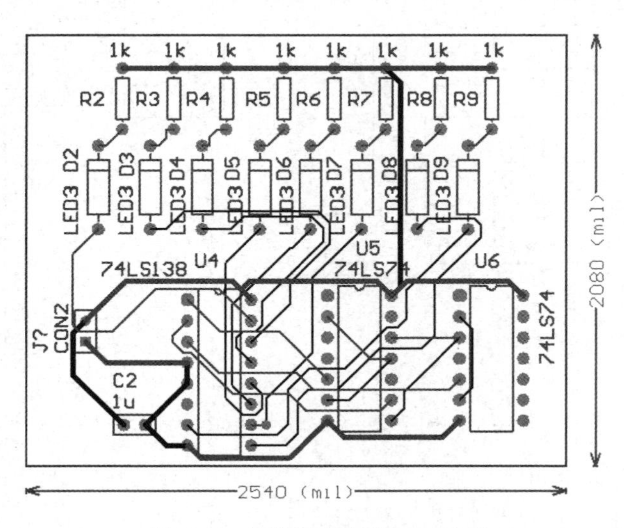

图 7-86 计数译码电路 PCB 文件

项目八 PCB 元件库管理

虽然 Altium Designer 提供了大量丰富的元件封装库，但是实际绘制 PCB 文件的过程还是会经常遇到封装库中没有所需元件，设计人员需根据元件的实际引脚排列、外形、尺寸大小等自制 PCB 封装元件。为方便用户处理设计中的 PCB 元件封装，Altium Designer 提供了 PCB 元件封装编辑器，用户可以在该编辑器中对 PCB 元件封装库进行编辑操作，包括复制 PCB 元件封装、删除 PCB 元件封装、新建自定义的 PCB 元件封装以及修改 PCB 元件封装等操作。

学习目标

- 了解常用元件的封装库及常用的封装形式。
- 掌握 PCB 元件封装的制作方法。
- 掌握集成元件库的创建方法。

工作任务

- 了解 PCB 封装基础知识。
- 制作元件封装。
- 创建电路的集成元件库。

任务 8.1　认识和应用系统内置常用元件封装

任务目标

- 了解常用元件的封装形式。
- 熟悉电路板中的电气元件封装的构成。

任务内容

- 了解常见元件封装形式。
- 熟悉设计封装的原则。

● 熟悉封装的命名原则。

任务实施

8.1.1 常用元件及封装模型（Miscellaneous Devices.IntLib 库）

1．电阻

（1）普通电阻的实物如图 8-1 所示，其封装形式如图 8-2 所示。

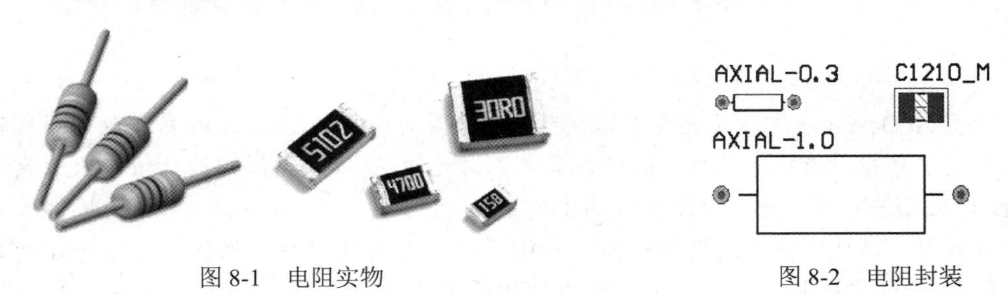

图 8-1　电阻实物　　　　图 8-2　电阻封装

（2）可调电阻的实物如图 8-3 所示，其封装形式如图 8-4 所示。

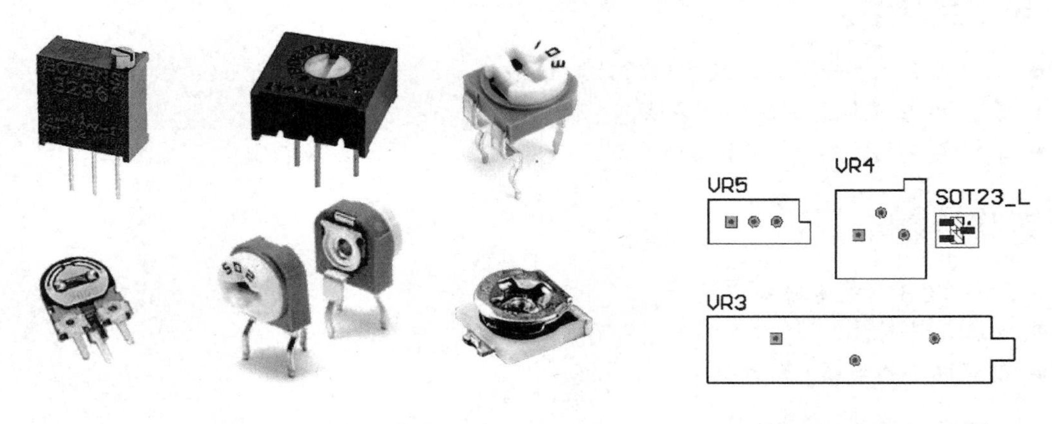

图 8-3　可调电阻实物　　　　图 8-4　可调电阻封装

2．电容

（1）电解电容的实物如图 8-5 所示，其封装形式如图 8-6 所示。

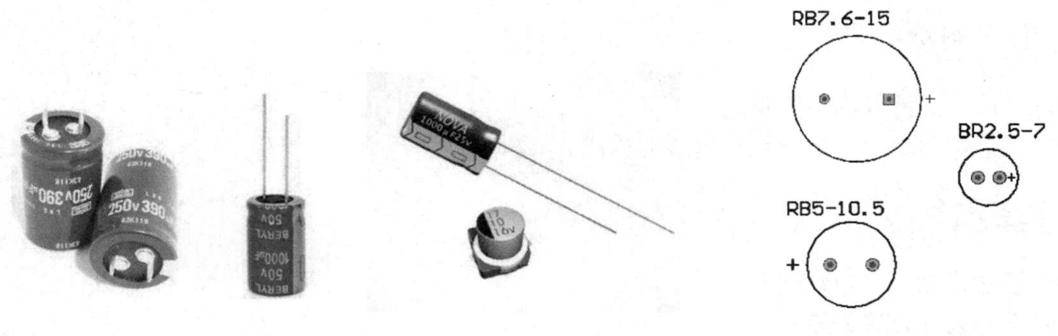

图 8-5　电解电容实物　　　　图 8-6　电解电容封装

（2）无极性电容的实物如图 8-7 所示，其封装形式如图 8-8 所示。

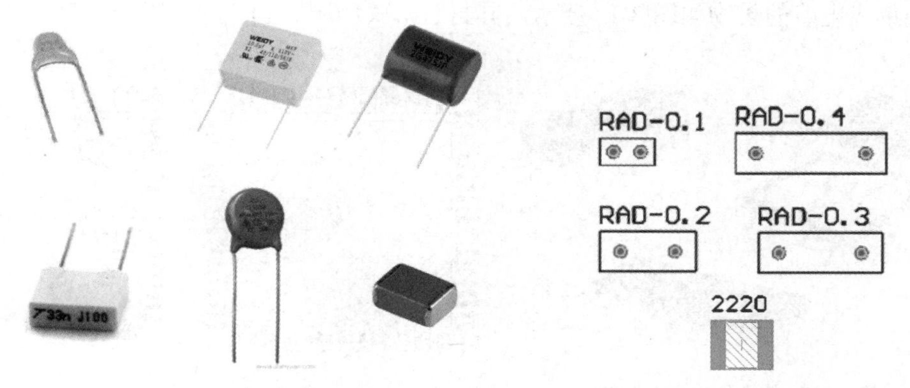

图 8-7　无极性电容实物　　　　图 8-8　无极性电容封装

3．晶体管

（1）各类二极管的实物如图 8-9 所示，其封装形式如图 8-10 所示。

图 8-9　各类二极管实物　　　　图 8-10　各类二极管封装

（2）各类三极管（如场效应管、晶闸管）的实物如图 8-11 所示，其封装形式如图 8-12 所示。

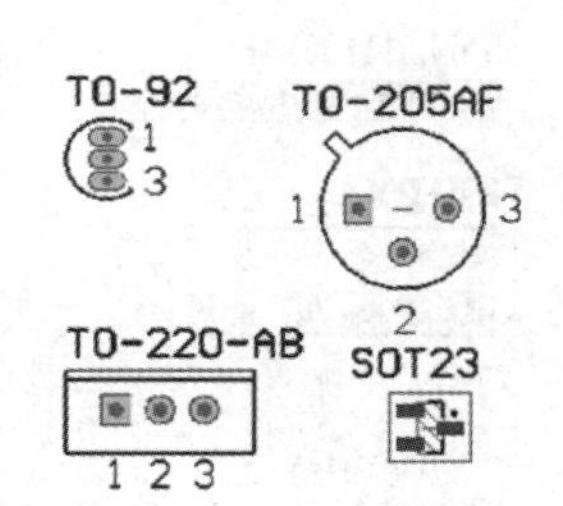

图 8-11　各类三极管封装　　　　图 8-12　各类三极管封装

4．集成电路

各类集成电路的实物如图8-13所示，其封装形式如图8-14所示。

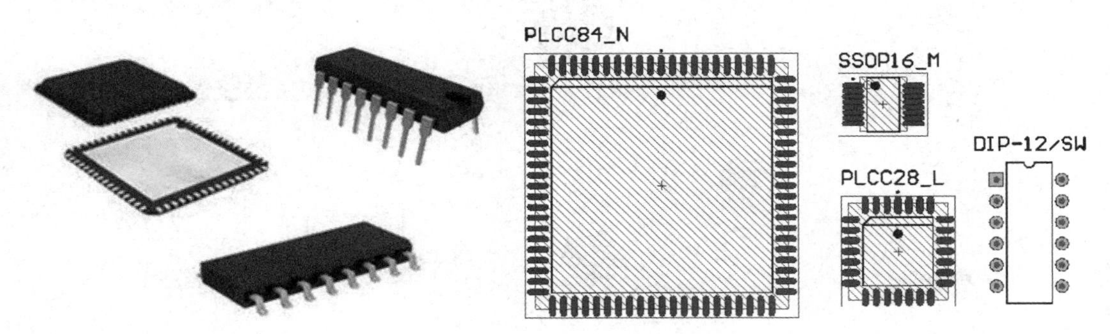

图8-13　各类集成电路实物　　　　图8-14　各类集成电路封装

8.1.2　常用器件的接插件（Miscellaneous Connectors.IntLib库文件）

1．常用接插件实物

各类常用接插件的实物如图8-15所示。

图8-15　各类常用接插件实物

2．常用接插件的封装

各类常用接插件的封装如图8-16所示。

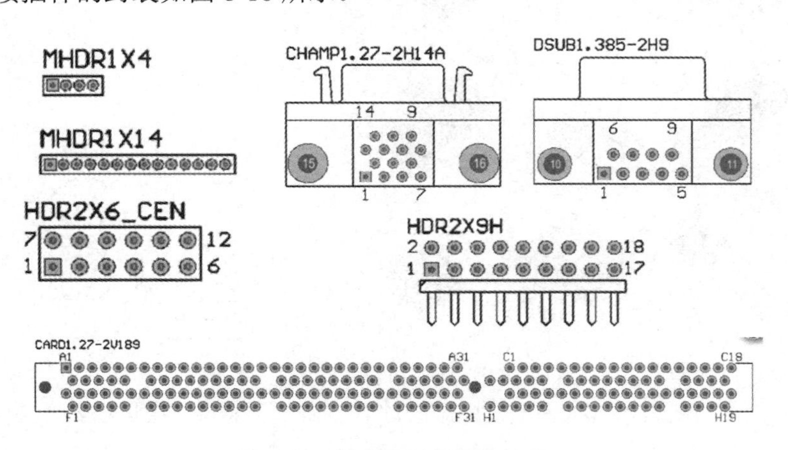

图8-16　各类常用接插件封装

8.1.3 常用零件封装设计要点

零件封装是指实际零件焊接到电路板时所指示的外观和焊点的位置，是纯粹的空间概念。因此不同的元件可共用同一零件封装，同种元件也可有不同的零件封装，像电阻，有传统的针脚式封装，这种元件体积较大，电路板必须钻孔才能安置元件，完成钻孔后，插入元件，再过锡炉或喷锡（也可手焊），成本较高。较新的设计都是采用体积小的表面贴片式元件（SMD），这种元件不必钻孔，用钢膜将半熔状锡膏倒入电路板，再把 SMD 元件放上，即可焊接在电路板上。

1．针脚式元件封装设计

（1）普通焊点：焊盘的直径一般不小于 60mil（约 1.5mm）。

（2）接线端子：若为工频交流电输入点，则焊盘的直径要大于 3mm（约 118mil），若电流超过 0.5A 时，焊盘直径大于 4mm（约 160mil）。

（3）一个元件中两个焊盘间距应大于 50mil。

（4）DIP 封装的焊盘内孔为 0.8mm（32mil）。

【小提示】

在 PCB 设计中常用的单位一般有英寸（in）和毫米（mm）。

1in=1000mil=25.4mm

2．贴片式元件封装设计

SOT 封装、SOP 封装、QFP 封装、PLCC 封装一般不建议自己设计，可以利用系统元件库中的元件进行修改即可。

3．常用元件封装的命名

（1）针脚式电阻 AXIAL：AXIAL0.4～AXIAL0.7。其中，0.4～0.7 是指电阻卧式安装时的引脚长度（英寸），一般用 AXIAL0.4。

（2）无极性电容 RAD：RAD0.1～RAD0.3。其中，0.1～0.3 为引脚间距长度（英寸），一般用 RAD0.1。

（3）有极性电容 RB：RB.1/.2～RB.4/.8。其中，.1/.2～.4/.8 是指电容引脚间距/外形直径大小（英寸）。例如，RB.1/.2 表示引脚安装间距为 100mil，封装外形直径为 2mil。

（4）电位器 VR：VR-1～VR-5。

（5）二极管 DIODE：DIODE0.4～DIODE0.7。其中，0.4～0.7 是指元件卧式安装引脚间距（英寸）。

（6）三极管、场效应管 TO：TO -18、TO -22、TO -3。

（7）电源稳压块：78 和 79 系列，如 TO-126H 和 TO-126V。

（8）整流桥：D 系列，如 D-44、D-37、D-46。

（9）单排多针插座：CONSIP。

（10）双列直插元件 DIP：DIP8-DIP40 用 DIP+引脚数量+尾缀来表示双列直插封装。尾缀有 N 和 W 两种，用来表示器件的体宽。N 为体窄的封装，体宽为 300mil，引脚间距为 2.54mm。W 为体宽的封装，体宽为 600mil，引脚间距为 2.54mm。例如，DIP-16N 表示的是体宽为 300mil、引脚间距为 2.54mm 的 16 引脚窄体双列直插封装。

（11）贴片式（SMD）电阻、电容、电感、发光二极管封装：

- 电阻——R+规格，如 R0402、R0603；
- 电容——C+规格，如 C0402、C0603；
- 钽电容——T+规格，如 T3216、T3528；
- 电感——L+规格，如 L0402、L0603；
- 发光二极管——D+规格，如 D0805。

（12）晶振 XTAL1

任务 8.2　PCB 元件“可调电阻”封装的制作

任务目标

- 熟悉元件向导制作元件封装。
- 掌握手工制作元件封装的方法。

任务内容

- 创建 PCB 元件库文件并设置 PCB 封装编辑环境。
- 手工制作“可调电阻”元件封装。
- 用向导法制作“4 位七段数码管”元件封装。

任务实施

8.2.1　创建元件封装库文件并设置编辑环境

1．新建“项目八”工程文件

（1）打开素材 EX8 中的“项目八设计.DsnWrk”工作台文件。

（2）在“Projects”对话框中，单击 “工程”按钮，在出现的快捷菜单中选择“添加新的工程→PCB 工程”命令来创建一个新的工程文件。

（3）单击“文件→保存工程”命令，将此工程文件以“元件管理.PrjPcb”文件名命名并保存到“……\EX8\元件管理”中。

2．新建“自制 PCB 元件.PcbLib”元件库文件

（1）单击菜单“文件→New→Library→PCB 元件库”命令，创建一个元件库文件。

（2）单击工具栏上的“保存”按钮，将元件库文件以“自制 PCB 元件.PcbLib”文件名命名并保存到“……\EX8\元件管理”中。

（3）PCB 元件库编辑环境如图 8-17 所示，将工作面板切换到“PCB Library”面板。

（4）“PCB 库放置”工具栏及功能说明见表 8-1。

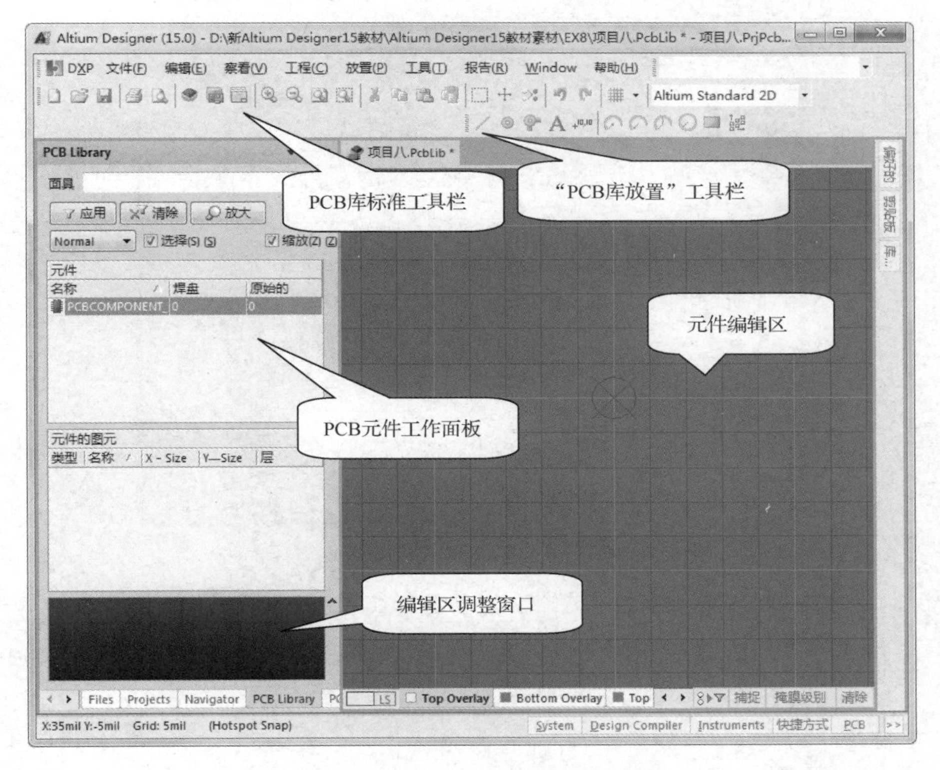

图 8-17 PCB 元件库编辑环境

表 8-1 “PCB 库放置”工具栏

图 形	功 能	图 形	功 能
	放置走线		从中心放置圆弧
	放置焊盘		从边沿放置圆弧
	放置过孔		从边沿放置任意角度圆弧
	放置字符串		放置圆环
	放置坐标		放置填充
	阵列式粘贴		

3. 设置及放置工作原点

工作原点也称为相对原点，工作原点的坐标就是（0，0）。封装在工作原点附近绘制时便于坐标的换算，会给封装的制作带来较大的方便。

（1）单击菜单“工具→优先选项”命令，弹出“参数选择”对话框，如图 8-18 所示。

（2）在图 8-18 左侧栏中选中“Display”项，单击“跳转到激活视图配置”按钮，弹出“视图配置”对话框，如图 8-19 所示。

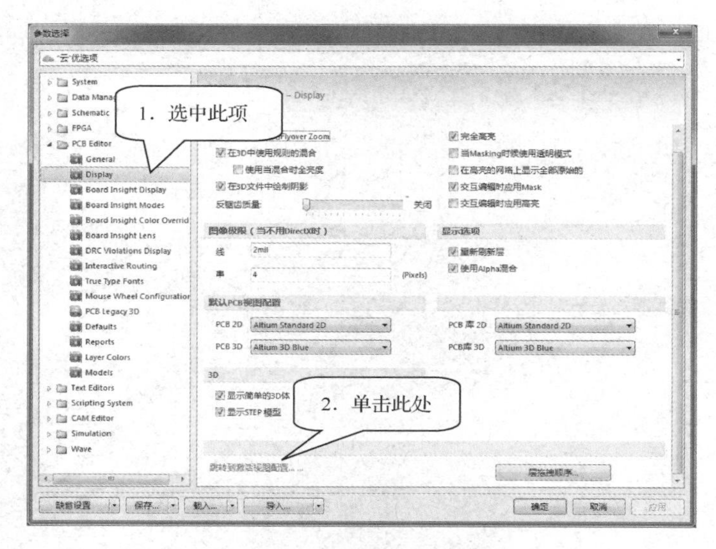

图 8-18 “参数选择”对话框

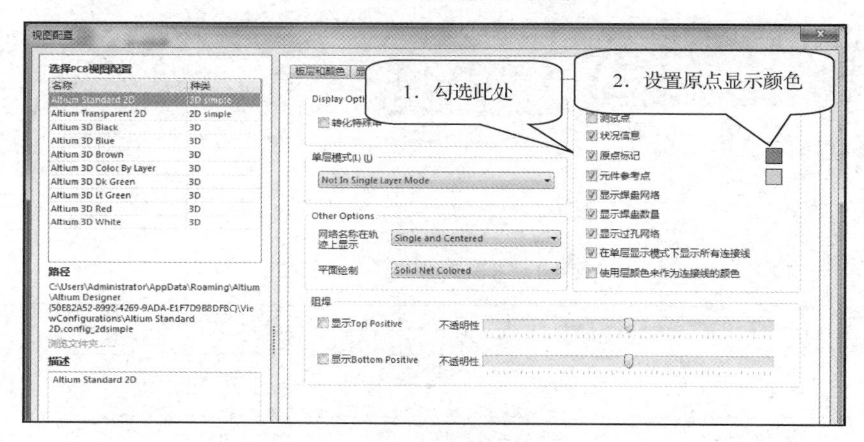

图 8-19 “视图配置”对话框

（3）单击“确定”按钮保存并退出“参数选择”对话框设置（此设置只需设置一次）。

（4）单击菜单“编辑→设置参考点→定位”命令，在编辑区中的合适位置单击鼠标，出现原点标记，如图 8-20 所示。

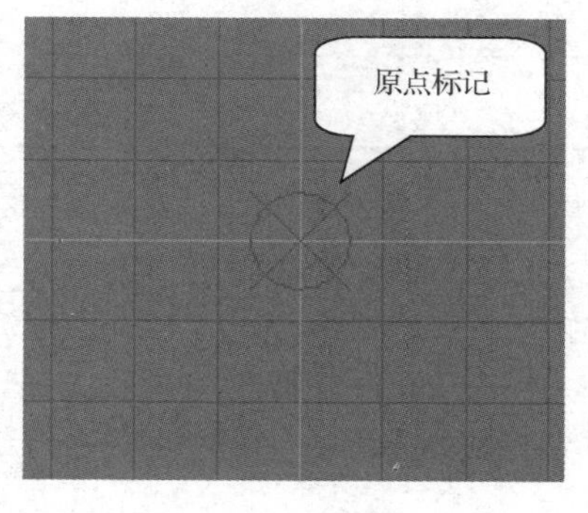

图 8-20 设置原点

8.2.2 手工创建“可调电阻”元件封装

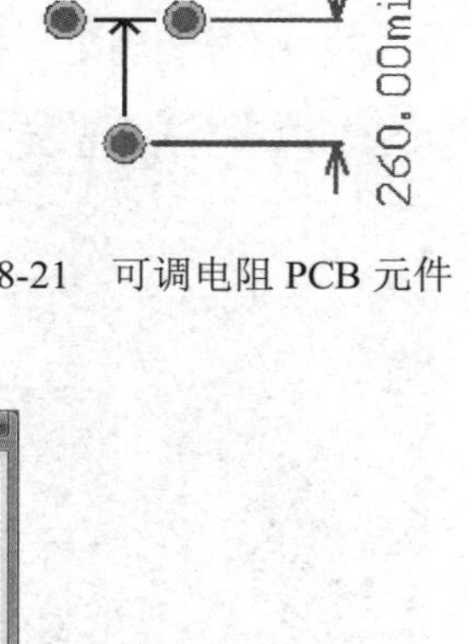

图 8-21 可调电阻 PCB 元件

创建“可调电阻”PCB 元件如图 8-21 所示。

1. 放置焊盘

（1）单击“PCB 库放置”工具栏中的“放置焊盘”按钮，将焊盘放到原点附近。

（2）双击焊盘弹出“焊盘”对话框进行属性设置：焊盘外径为 80mil，孔内径为 60mil，放置坐标为（-120,0），如图 8-22 所示。单击“确定”按钮放置第一个焊盘。

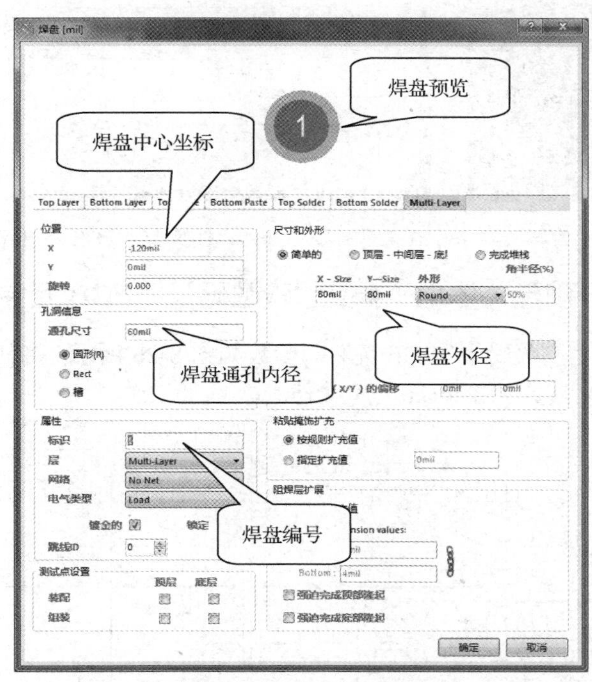

图 8-22 焊盘属性设置

（3）调整视图，放置第二个焊盘，设置编号为 2，中心坐标为（120,0）；第三个焊盘编号为 3，中心坐标为（0,-260），其余参数同前。放置 3 个焊盘如图 8-23 所示。

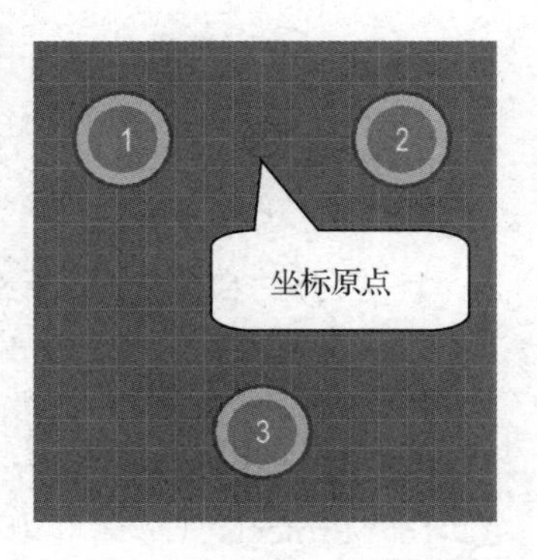

图 8-23 放置 3 个焊盘

2. 绘制元件图形（在“Top Overlay”层中）

（1）单击编辑区下方的“Top Overlay”标签，将编辑图层切换到“Top Overlay”层。

（2）单击“PCB 库放置”工具栏中的“放置走线”按钮。

（3）放置横线坐标为（-60,0）和（60,0）。

（4）放置竖线坐标为（0,-200）和（0,0）。

（5）放置箭头线：左线为（0,0），（-25, -25）；右线为（0,0），（25, -25）。

（6）完成元件封装图形如图 8-24 所示。

3．更名并保存元件封装

（1）单击菜单“工具→元件属性”命令，弹出“PCB 库元件”对话框，在“名称”栏中输入“RW”，如图 8-25 所示。

（2）单击“确定”按钮，保存元件。

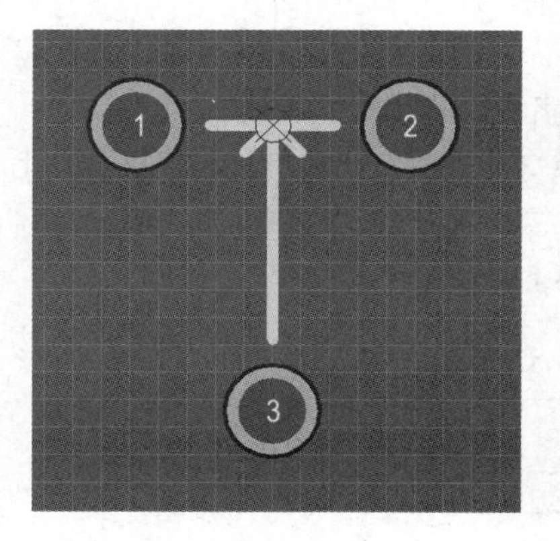

图 8-24　完成元件封装

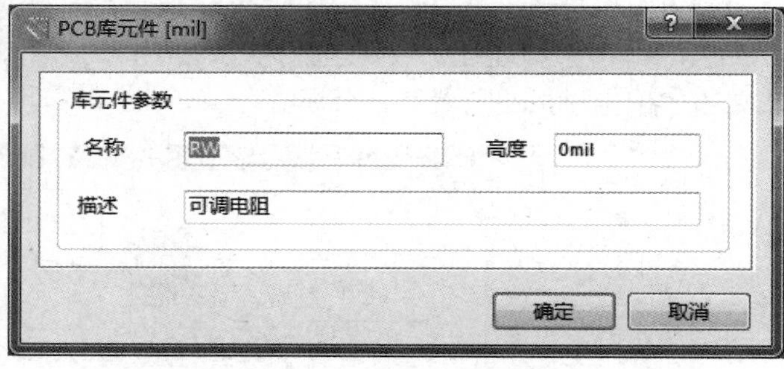

图 8-25　PCB 元件更名

8.2.3　利用向导创建一体化“4 位七段数码管”PCB 元件封装

创建一体化“4 位七段数码管”PCB 元件，参数如图 8-26 所示，将其名称以“4in1 DIP12”，保存到先前的“自制 PCB 元件.PcbLib”库文件中。

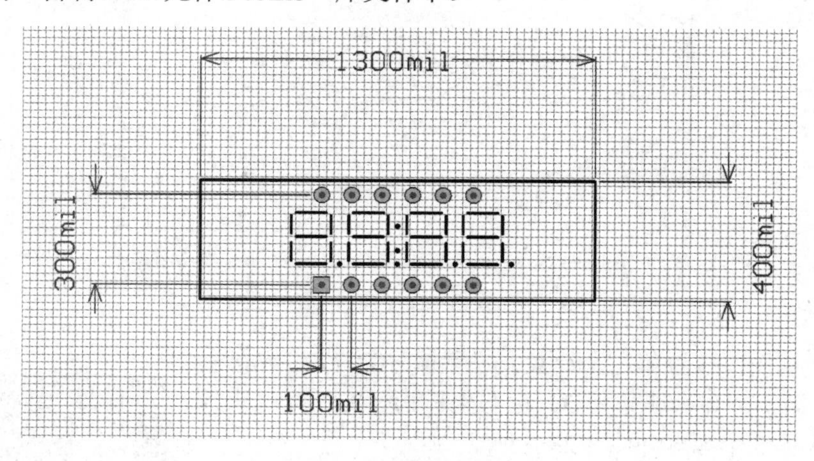

图 8-26　创建“4 位七段数码管”PCB 元件封装参数

1．打开“自制 PCB 元件.PcbLib”库文件编辑界面

（1）在 EX8 中，双击“项目八设计.DsnWrk”工作台文件。

（2）打开“Projects”对话框中。

（3）加载“元件管理.PrjPcb”工程文件

在“Projects”对话框中，单击“工作台”按钮，在出现的菜单中选取“添加现有工程”命令。将保存在“……\EX8\元件管理”文件夹中的“元件管理.PrjPcb”工程文件添加到“项目八设计.DsnWrk”工作台中。

（4）加载“自制 PCB 元件.PcbLib”库文件。

在“Projects”对话框中，右击“元件管理.PrjPcb”工程文件，在出现的菜单中选取“添加现有的文件到工程”命令。将保存在“……\EX8\元件管理”文件夹中的“自制 PCB 元件.PcbLib”文件添加到“元件管理.PrjPcb”工程中。

（5）打开“自制 PCB 元件.PcbLib”文件，切换到“PCB Library”工作面板。

2．打开“元件向导”设置数据参数

（1）单击菜单“工具→元件向导”命令出现“PCB 器件向导”对话框，如图 8-27 所示。

（2）单击“下一步”按钮，设置元件类型为 DIP 型，如图 8-28 所示。

图 8-27 “PCB 器件向导”对话框

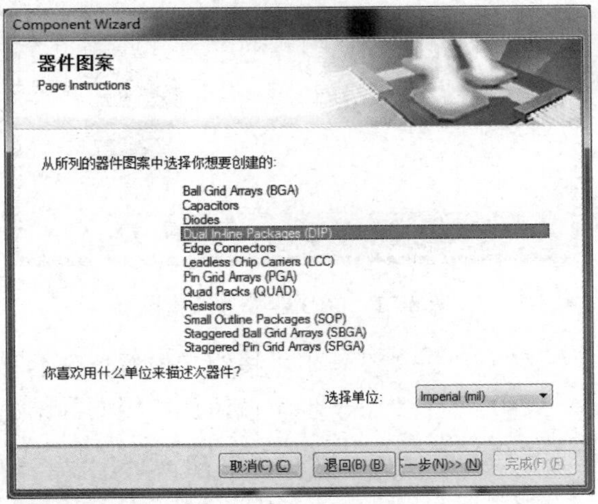

图 8-28 PCB 器件类型设置

（3）单击“下一步”按钮，设置器件焊盘参数，将焊盘的长宽分别设置为 50mil，如图 8-29 所示。

（4）单击“下一步”按钮，设置器件焊盘间距参数，将焊盘横向间距设置为 300mil，其余默认，如图 8-30 所示。

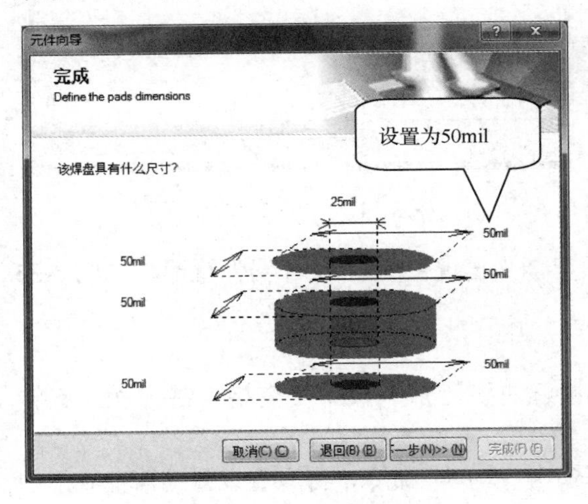

图 8-29 PCB 器件焊盘设置

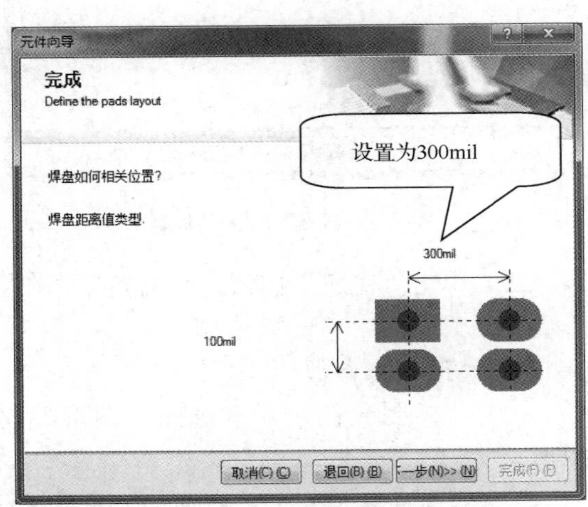

图 8-30 PCB 器件焊盘间距设置

（5）单击“下一步”按钮，设置器件外形线参数，使用默认设置如图8-31所示。

（6）单击“下一步”按钮，设置器件焊盘数量参数，“选择焊盘总数数值”设置为12，如图8-32所示。

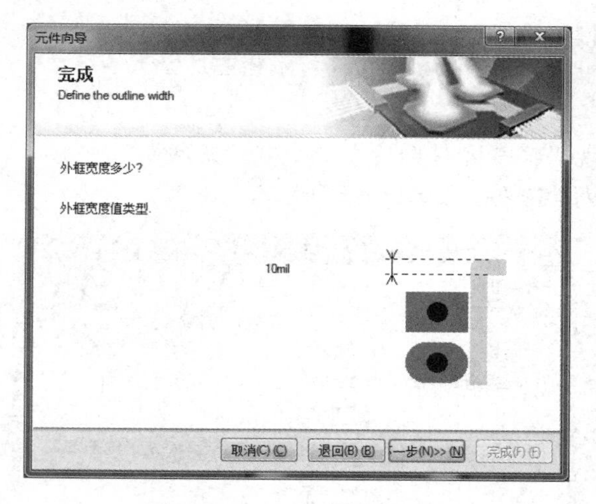

图8-31　PCB器件外形线设置

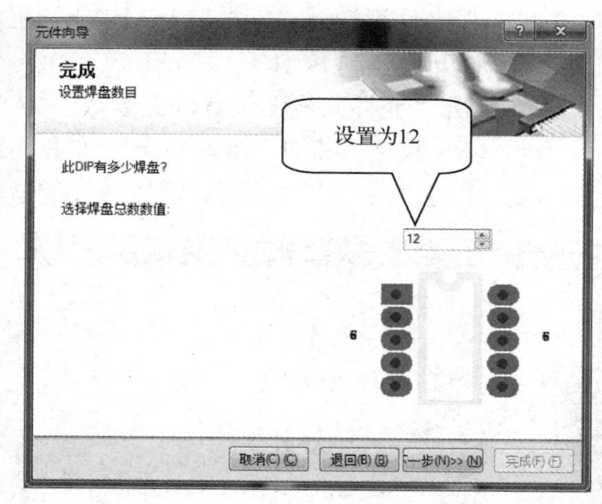

图8-32　PCB器件焊盘数量设置

（7）单击“下一步”按钮，设置器件名称为“4in1 DIP12”，如图8-33所示。

（8）单击“下一步”按钮，出现向导结束提示框，如图8-34所示

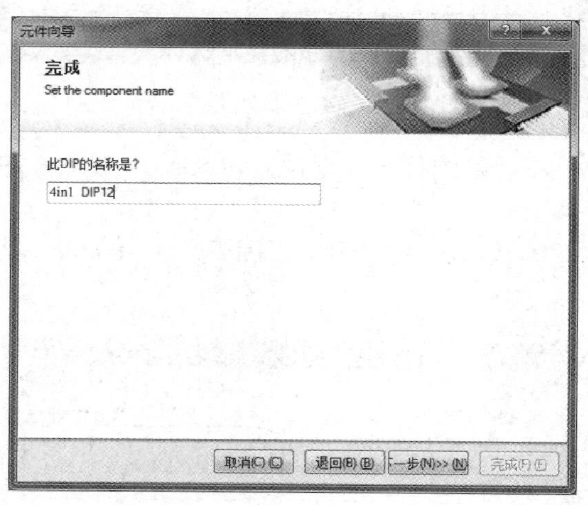

图8-33　PCB器件名称设置

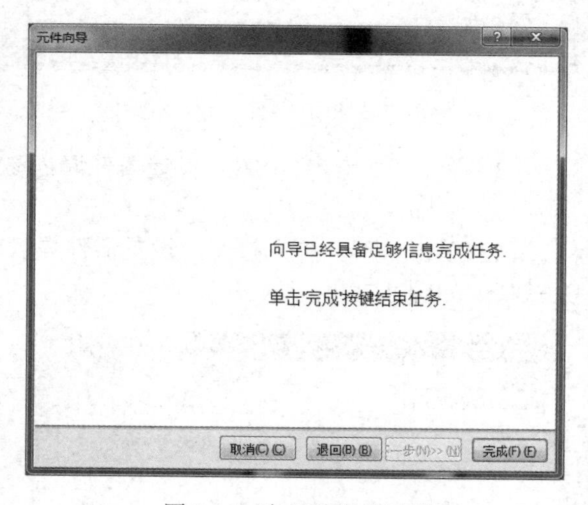

图8-34　向导结束提示框

（9）单击“完成”按钮，结束向导，在编辑界面中出现生成的PCB器件雏形，如图8-35所示。

3．修改元件参数

（1）旋转封装图形：框选元件图形，按住鼠标左键不放，按下“空格”键一次，旋转图形。

（2）设置工作原点：单击菜单“编辑→设置参考→1脚”命令，将原点设置到器件雏形的1脚，如图8-36所示。

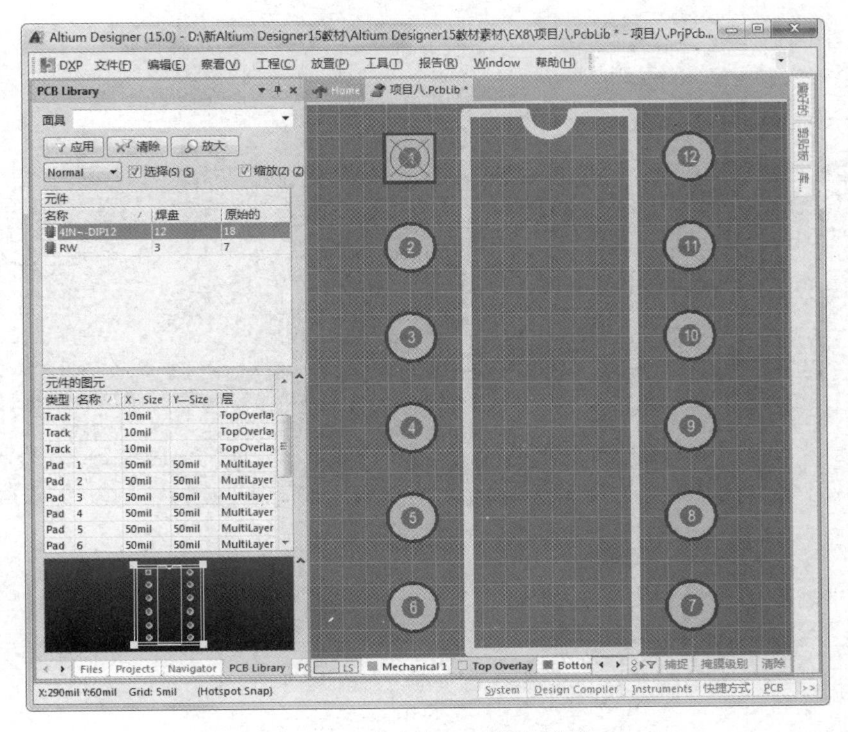

图 8-35 生成的 PCB 器件雏形

（3）选中元件外形线，按“Delete”键，删除原先的元件外形线。

（4）单击编辑区下方的“Top Overlay”标签，切换到该层。

（5）重新绘制外形线。单击菜单“放置→走线”命令，画出 4 条边线。设置边线坐标参数后如图 8-37 所示。边线坐标参数：上边线为（-400mil, 350mil）和（900mil, 350mil）；下边线为（-400mil, -50mil）和（900mil, -50mil）；左边线为（-400mil, -50mil）和（-400mil, 350mil）；右边线为（900mil, 350mil）和（900mil, 350mil）。

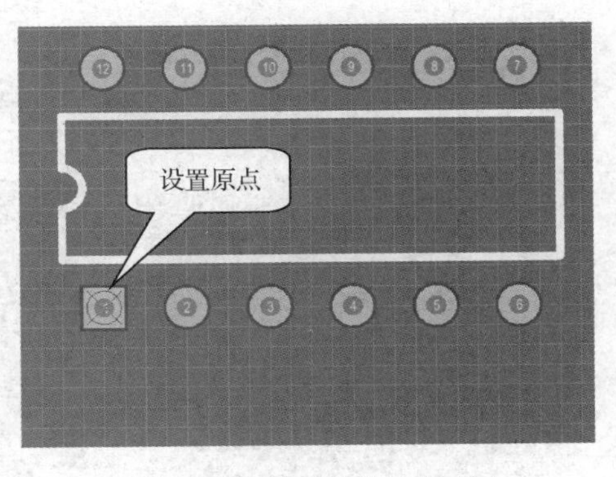

图 8-36 旋转元件并设置原点

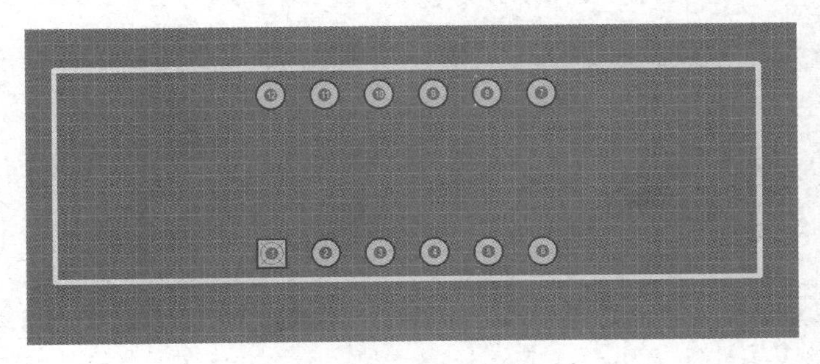

图 8-37 绘制元件外形线

（6）绘制图形中间的 8 字形。

先画出一个 8 字形，主要是一种附加信息，位置、大小不需要很精确。“阵列粘贴”出其他的 8 字形，如图 8-38 所示。

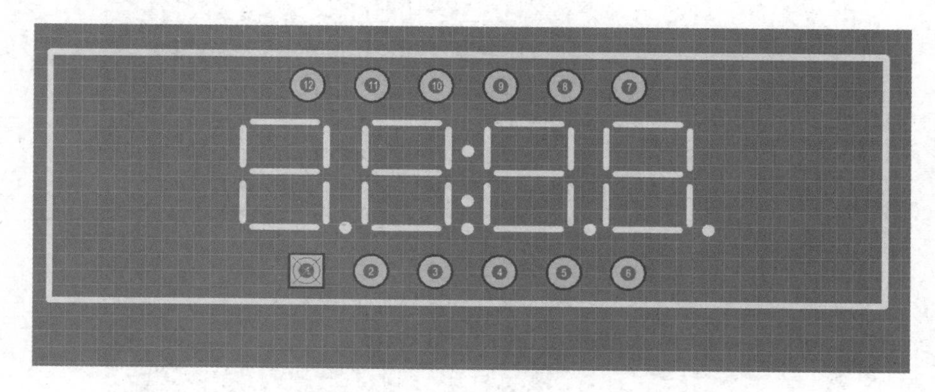

图 8-38 “4in1 DIP12”元件

自制元件库中的元件如图 8-39 所示。

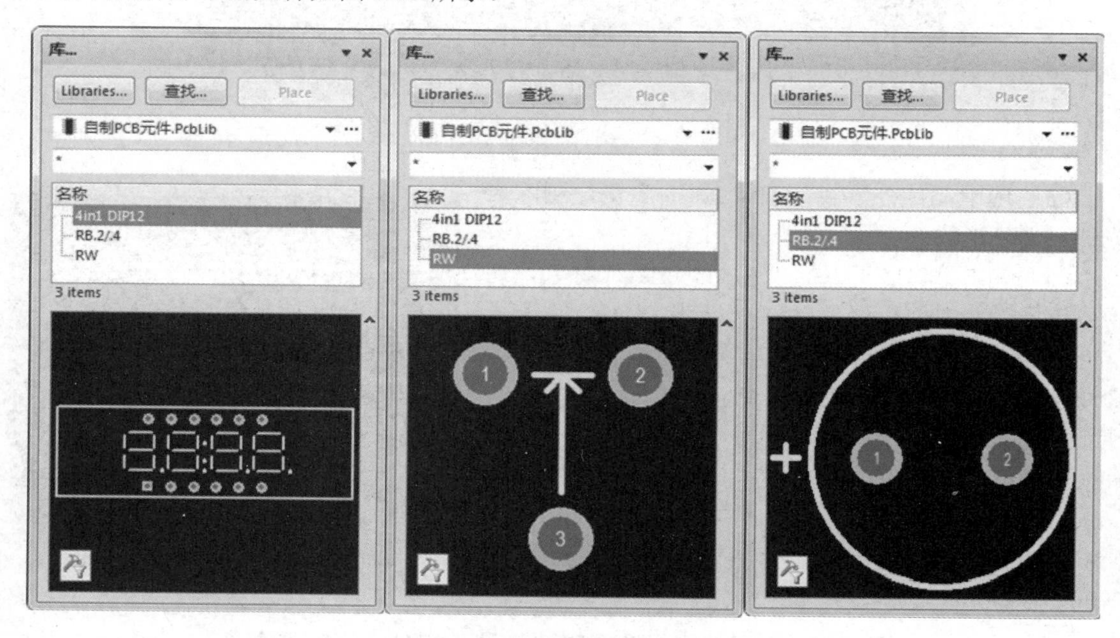

图 8-39 自制元件库中的元件

任务 8.3 创建集成元件库

Altium Designer 采用了集成库的概念。在集成库中的元件不仅具有原理图中代表元件的符号，还集成了相应的功能模块，如 Footprint 封装模块、电路仿真模块、信号完整性分析模块等。集成库具有便于移植和共享、元件和模块之间的连接具有安全性等一系列优点。

任务目标

- 掌握独立元件库的创建方法。
- 掌握项目工程集成元件库的创建方法。

任务内容

- 创建工程独立元件库。
- 创建项目工程集成元件库。

任务实施

8.3.1 创建“波形发生器.PrjPcb”工程独立元件库

一般情况下，同一个原理图中用到的元件来自多个不同的库文件，这些库文件，有些由系统提供，有些由用户自己创建，非常不利于元件的管理和应用。所以有必要为项目原理图创建一个个性化的独立的元件库，对项目中的元件进行集中管理，也为以后生成项目专用的集成库打下基础。

工程中的独立元件库主要是指从原理图或 PCB 设计图中生成的专用的原理图元件库及 PCB 封装库。

1. 打开工作台环境

（1）双击打开素材 EX8 中的“项目八设计.DsnWrk”工作台文件，打开“Projects”对话框。

（2）单击“工作台”按钮，执行“添加现有工程…”命令，将“……\EX8\波形发生器\波形发生器.PrjPcb”加载到工作台中。

2. 创建原理图专用独立元件库

（1）在“Projects”对话框中，右击“波形发生器.PrjPcb”工程，在弹出的快捷菜单中选取“添加现有文件到工程…”命令，将“……\EX8\波形发生器”中的“波形发生器.SchDoc”“波形发生器自制元件.SchLib”“波形发生器.PcbDoc”“波形发生器自制 PCB 元件.PcbLib”以及两个常用的基本元件库加载到“元件管理.PrjPcb”工程中，如图 8-40 所示。

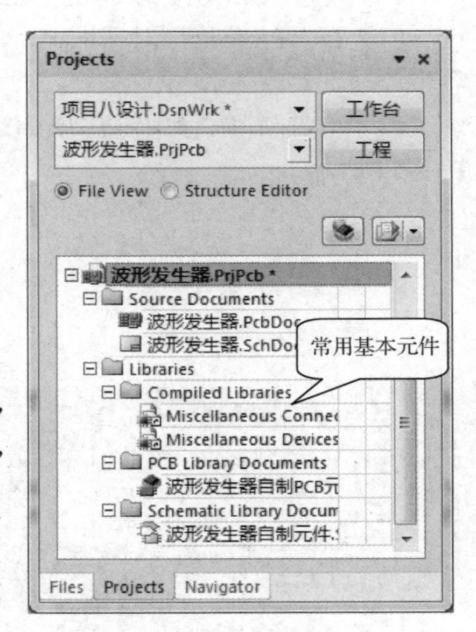

图 8-40 打开工作环境

（2）双击打开“波形发生器.SchDoc”原理图，单击“设计→生成原理图库”命令，弹出“复制的元件”对话框，默认生成与工程同名的元件库，分别如图 8-41 和图 8-42 所示。

（3）单击工具栏上的“保存”按钮，将生成的原理图专有元件库保存到“……\EX8\波形发生器”文件夹中，如图 8-43 所示。

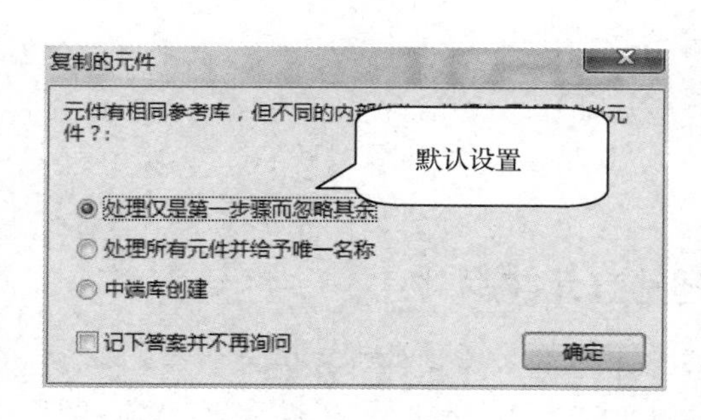

图 8-41　生成元件提示

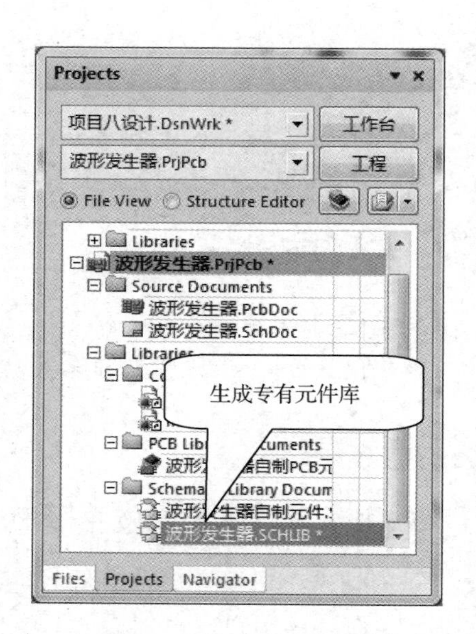

图 8-42　默认生成与工程同名的原理图元件库

3. 创建 PCB 对应的专用独立封装库

（1）在“Projects”对话框中，单击打开“波形发生器.PcbDoc”文件，进入 PCB 编辑环境中。

（2）单击菜单“设计→生成 PCB 库”命令，生成并打开“波形发生器.PcbLib”文件，如图 8-44 所示。

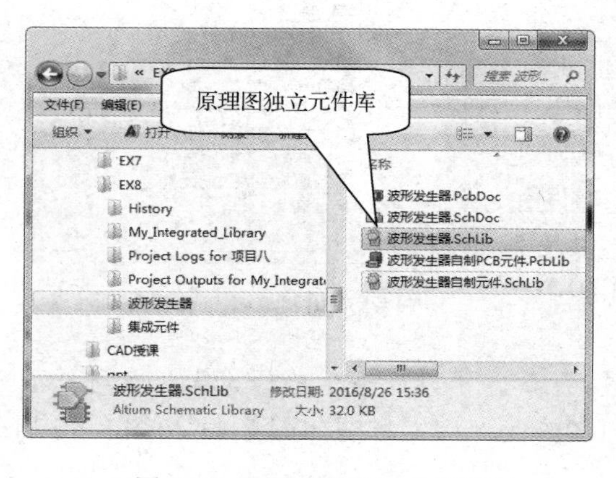

图 8-43　原理图独立元件库保存

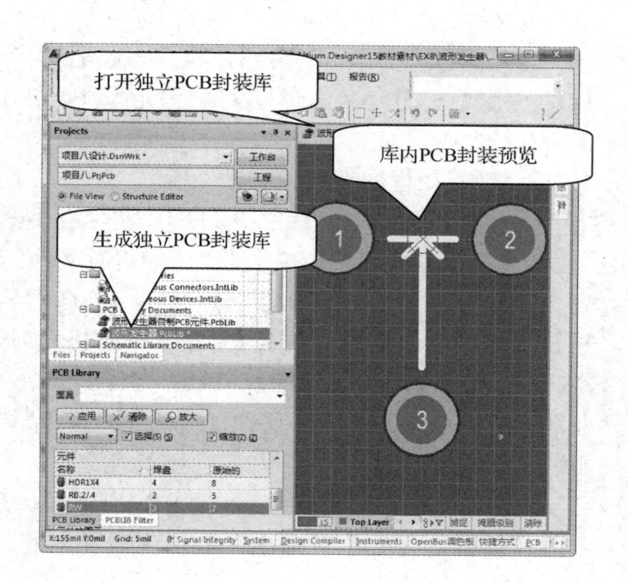

图 8-44　原理图独立元件库保存

（3）单击“保存”按钮，PCB 独立封装库保存到“……\EX8\波形发生器”文件夹中，如图 8-45 所示。

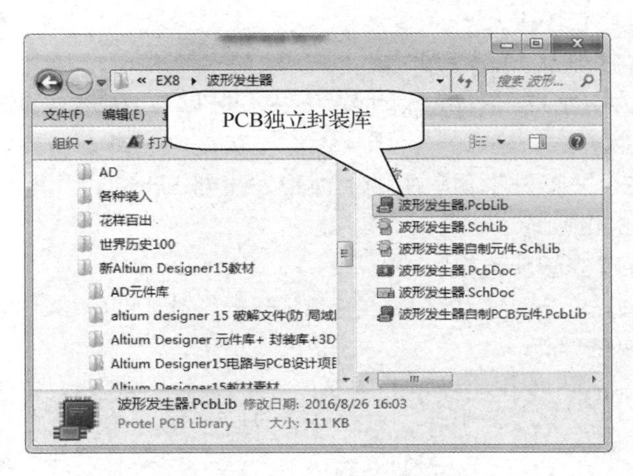

图 8-45　PCB 板独立封装库保存

8.3.2　创建工程专用集成库

集成库的创建主要有以下几个步骤：创建集成库包、添加原理图元件库及 PCB 封装库、为原理图元件建立模块连接、编译集成库。

1．创建集成库包

（1）在“项目八设计.DsnWrk”工作台中，单击菜单“文件→New→Project”命令，弹出“New Project”对话框。

（2）设置“New Project”对话框，如图 8-46 所示。

在“New Project”对话框中“Project Types”区域列表中选择“Integrated Library”（集成库）项，在“Name”栏中输入“波形发生器”，在“Location”栏中设置路径为“……\EX8\波形发生器”。

单击“OK”按钮后在“项目八设计.DsnWrk”工作台中创建了一个集成库包，如图 8-47 所示。

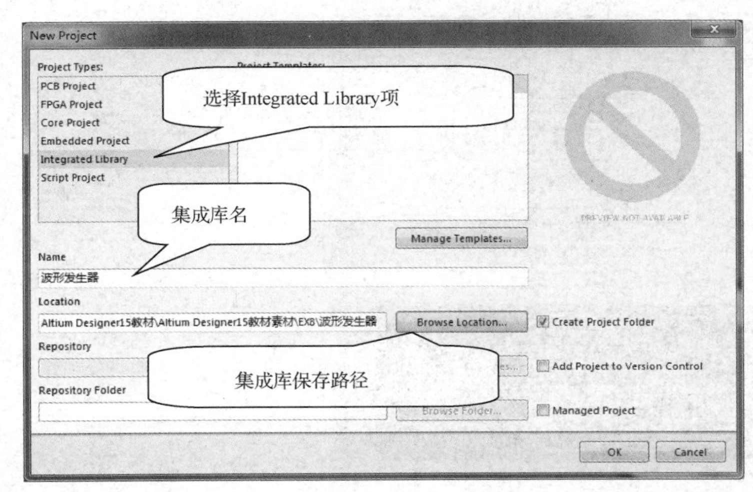

图 8-46　在“New Project”对话框中设置

图 8-47　创建新的集成库包

2．添加原理图元件库及PCB封装库

（1）在“Projects”对话框中右击“波形发生器.LibPkg”，在弹出的快捷菜单中选择“添加现有文件到工程”命令。

（2）将“……\EX8\波形发生器”中的“波形发生器.SchLib”“波形发生器.PcbLib”加载到集成库包中，如图8-48所示。

3．为原理图元件建立模块连接

（1）切换到“SCH Library”工作面板，在“Projects”对话框中，对准“波形发生器.SchLib”文件双击打开原理图编辑界面。

（2）在“SCH Library”工作面板中的“器件”栏，选择“Cap”元件，原理图与封装的链接如图8-49所示。

图8-48　导入原理图元件库及PCB封装库

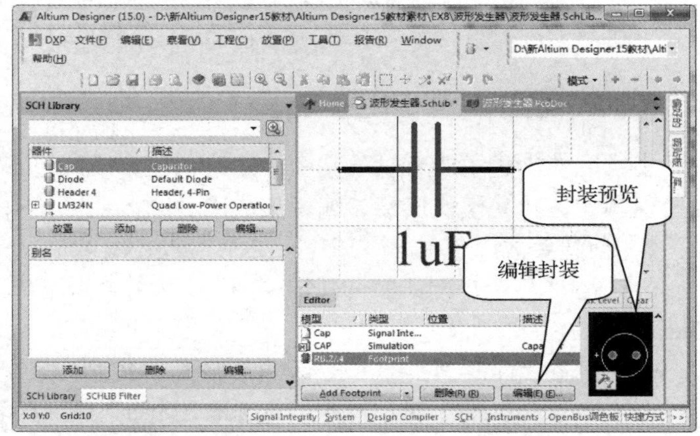

图8-49　原理图与封装的链接

（3）如果在图8-49中没有看到封装的预览，则表示原理图元件与PCB封装没有建立链接。此时，可以通过“编辑”按钮，重新设置原理图元件与封装的链接，如图8-50所示。

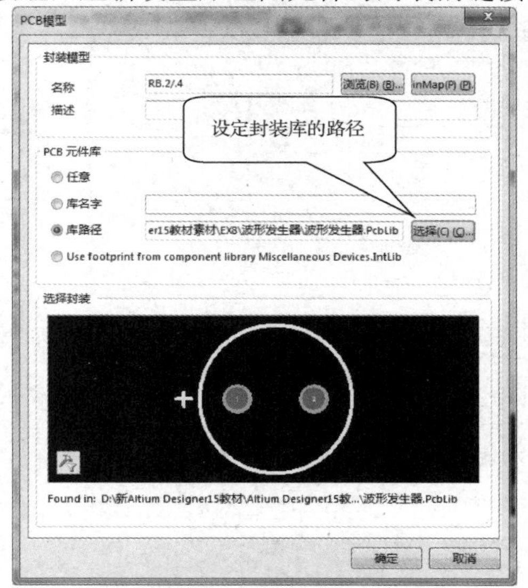

图8-50　通过“编辑”建立原理图元件与封装的链接

（4）用同样的方法，检查原理图元件库中的元件与PCB封装的链接情况。

4．编译集成库

（1）在“Projects”对话框中右击“波形发生器.LibPkg”，在弹出的快捷菜单中选择“保存工程”命令。将“波形发生器.LibPkg”集成库包保存到EX8中默认的“波形发生器”文件夹中，如图8-51所示。

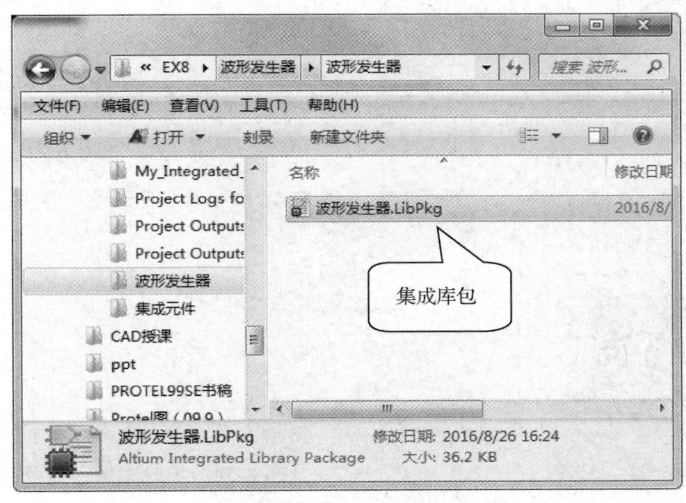

图8-51 保存的集成库包文件

（2）编译集成库。

单击菜单“工程→Compile Integrated Library 波形发生器.Libpkg”命令。

- 单击“OK”按钮，弹出Confirm提示框，如图8-52所示。

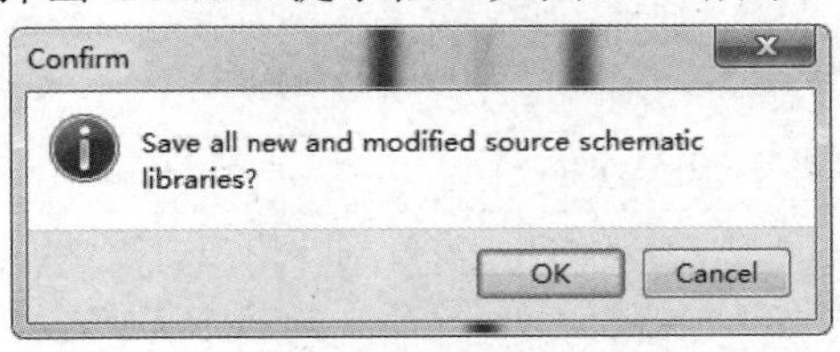

图8-52 提示框

- 单击“OK”按钮，弹出“库”对话框，显示集成库元件的信息，如图8-53所示；集成库自动保存到“\EX8\波形发生器\波形发生器\Project Outputs for 波形发生器”文件夹中，如图8-54所示。

8.3.3 创建自制的集成元件库文件

自制的集成库不同于专用集成库，在自制的集成库中，一个原理图元件可以链接多个封装模型，在PCB设计制作后期的生产过程中会带来许多方便。

1．创建集成库包

（1）在“项目八设计.DsnWrk”工作台中，单击菜单“文件→New→Project”命令，弹出“New Project”对话框。

（2）设置“New Project”对话框。

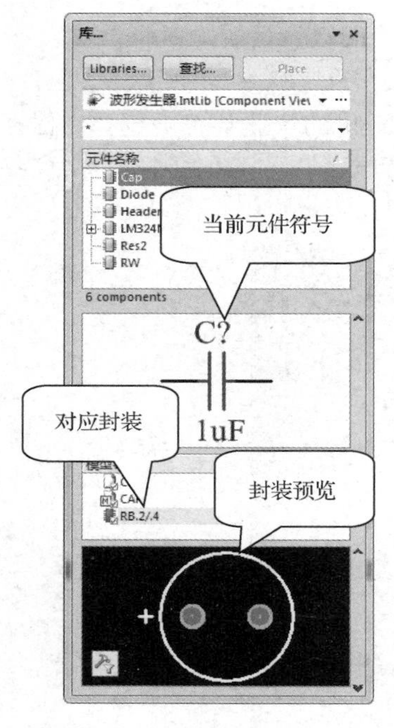

图 8-53　波形发生器集成库情况

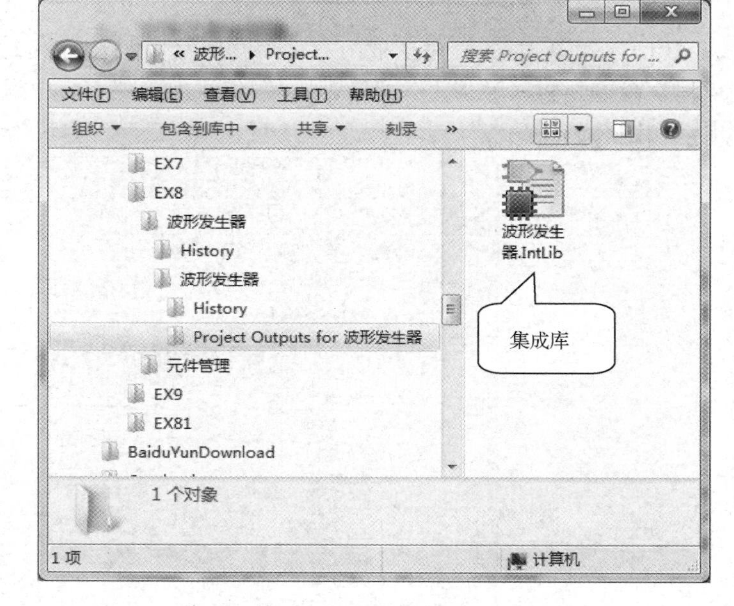

图 8-54　集成库保存情况

在“New Project”对话框中“Project Types”区域列表中选择“Integrated Library”（集成库）项，在“Name”栏中输入“My_Integrated_Library”，在“Location”栏中设置路径为“……\EX8\元件管理”。单击“OK”按钮后在“项目八设计.DsnWrk”工作台中创建了一个集成库包，如图 8-55 所示。

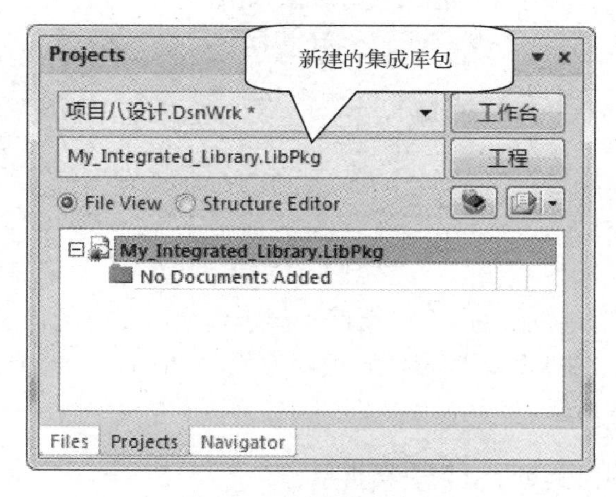

图 8-55　创建集成库包

2．添加原理图元件库

添加的原理图元件库可以是新建的，通过创建若干新的元件来丰富元件库；当然也可以添加已有的原理图元件库，PCB 库主要是对应在原理图电路中的封装链接。PCB 库可以是自制的，也可是现有的（是独立的元件库，不是导入集成库）。

（1）在“Projects”对话框中右击“My-Integrated_Library.LibPkg”，在弹出的快捷菜单中

选择“添加现有文件到工程”命令。

（2）将“……\EX8\元件管理”中的“自制元件.SchLib”加载到集成库包中，如图 8-56 所示。

3. 为原理图元件建立PCB封装模型链接

（1）在“Projects”对话框中，对准“自制元件.SchLib”文件双击，打开原理图界面。

（2）在“SCH Library”工作面板的“器件”栏中，选择“RW”元件，如图 8-57 所示。

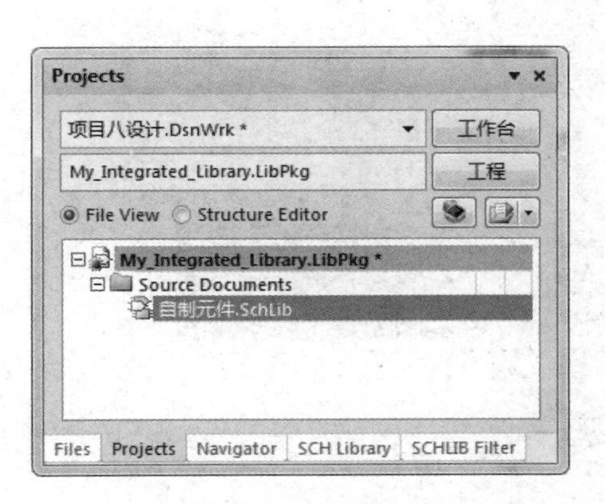

图 8-56 导入原理图元件库

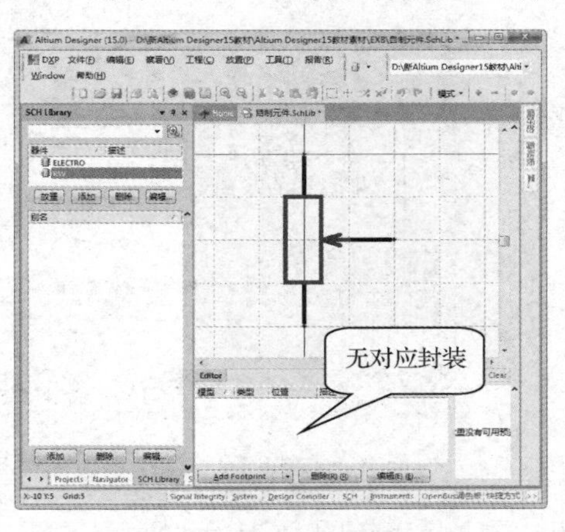

图 8-57 打开原理图编辑环境

4. 链接封装模型

（1）单击图 8-57 中的“Add Footprint”（添加封装）按钮，弹出“PCB 模型”对话框，如图 8-58 所示。

（2）在图 8-58 中输入封装名及封装所在的 PCB 元件库的路径，看到预览图形后，单击“确定”按钮。

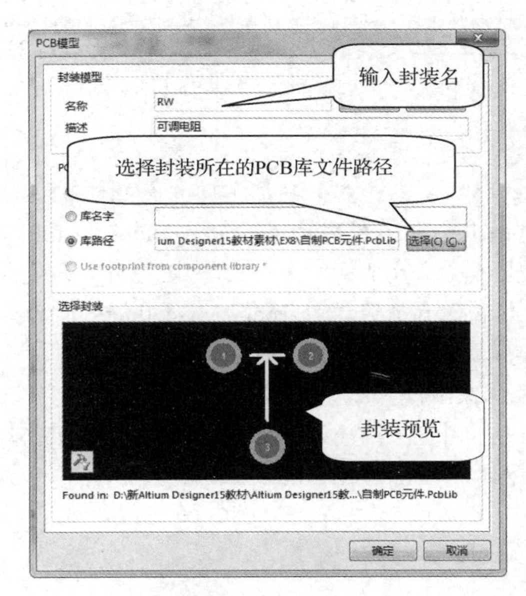

图 8-58 添加封装模型

（3）用同样的方法，将封装模型“VR3”“VR4”“VR5”添加到原理图元件“RW”中，如图 8-59 所示。

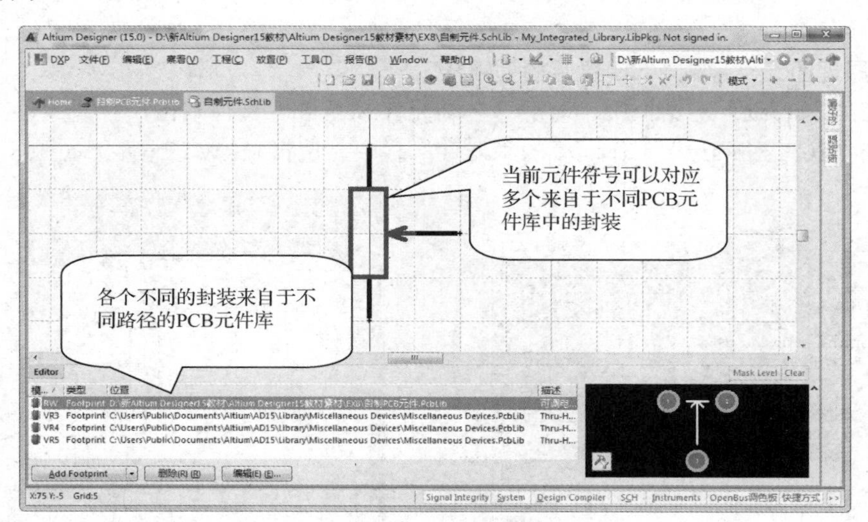

图 8-59　将原理图元件与 PCB 元件库建立封装对应关系

5．导入已链接的 PCB 元件库

（1）在原理图元件库中的元件“RW”共有 4 个封装与之链接，这些封装分别来自于两个不同的封装库，封装库一为“自制 PCB 元件.PcbLib”；封装库二为“Miscellaneous Devices.PcbLib”，如图 8-60 所示。

模型	类型	位置
RW	Footprint	D:\新Altium Designer15教材\Altium Designer15教材素材\EX8\自制PCB元件.PcbLib
VR3	Footprint	C:\Users\Public\Documents\Altium\AD15\Library\Miscellaneous Devices\Miscellaneous Devices.PcbLib
VR4	Footprint	C:\Users\Public\Documents\Altium\AD15\Library\Miscellaneous Devices\Miscellaneous Devices.PcbLib
VR5	Footprint	C:\Users\Public\Documents\Altium\AD15\Library\Miscellaneous Devices\Miscellaneous Devices.PcbLib

图 8-60　一个原理图元件添加多个封装模型

【小提示】

在使用时要注意元件的路径。本书中的封装库路径如图 8-60 所示。

（2）在“Projects”对话框中右击“My-Integrated_Library.LibPkg”，在弹出的快捷菜单中选择“添加现有文件到工程”命令，分别将“……\EX8 中\原件管理”的“自制 PCB 元件.PcbLib”和 C:\Users\Public\Documents\Altium\AD15\Library\Miscellaneous Devices 中的“Miscellaneous Devices.PcbLib”导入到集成库包里，如图 8-61 所示。

6．保存集成库包及编译集成库

（1）在“Projects”对话框中右击“My-Integrated_Library.LibPkg”，在弹出的快捷菜单中选择“保存工程为…”命令，将“My_Integrated_Library.LibPkg”包保存到“……\EX8\元件管理”中，如图 8-62 所示。

图 8-61　导入各相关的 PCB 封装库

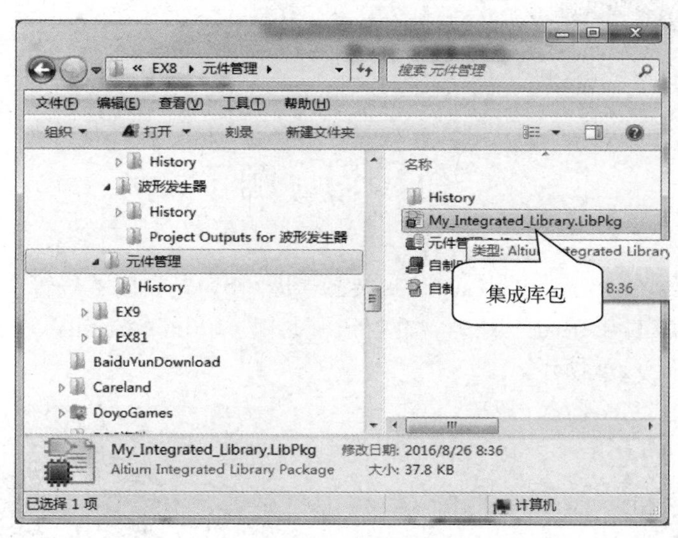

图 8-62　保存的集成库包文件

（2）编译集成库。

单击菜单“工程→Compile Integrated Library My_ Integrated_ Library.Libpkg”命令。

单击“OK”按钮，弹出 Confirm 提示框，如图 8-63 所示。

图 8-63　提示框

单击“OK”按钮，弹出“库”对话框，显示集成库元件的信息，如图 8-64 所示；集成库自动保存到“…\EX8\元件管理\Project Outputs for My_Integrated_Library”文件夹中，如图 8-65

所示。

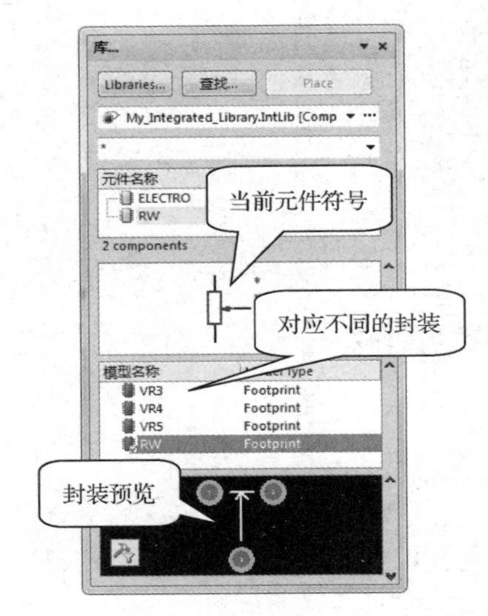

图 8-64　集成库元件信息

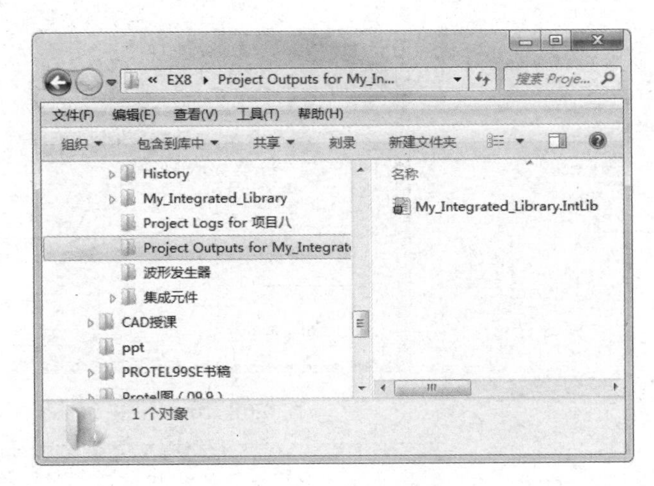

图 8-65　集成库的保存

练　习　题

【练习 1】如图 8-66 所示，图（a）是封装图，图（b）是七段数码管实物图。利用向导制作七段数码管封装 LED_DIP10。其中，焊盘外径尺寸为 100mil×60mil，焊盘孔径为 32mil，其他各焊盘的尺寸如图（a）所示。

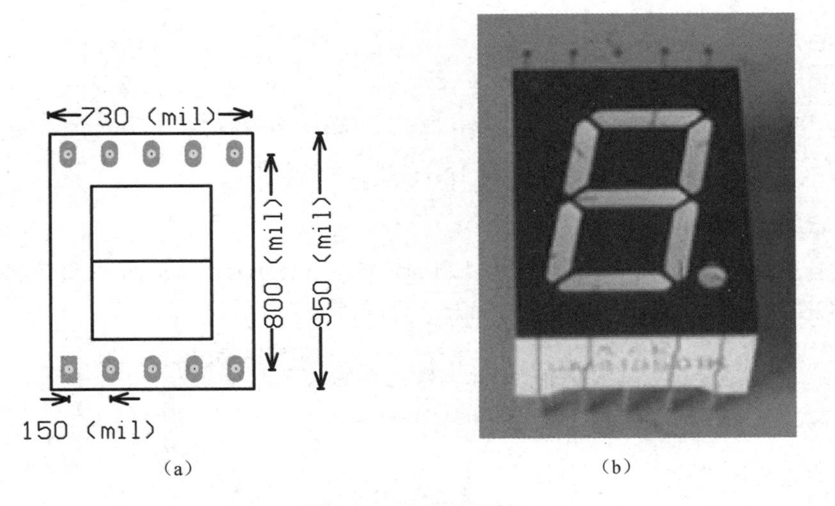

（a）　　（b）

图 8-66　七段数码管

【练习 2】如图 8-67 所示，图（a）是封装图，图（b）是数码管实物图，利用向导制作数码管封装。其中，焊盘外径尺寸为 100mil×60mil，焊盘孔径为 32mil，其他各焊盘的尺寸如图（a）所示。

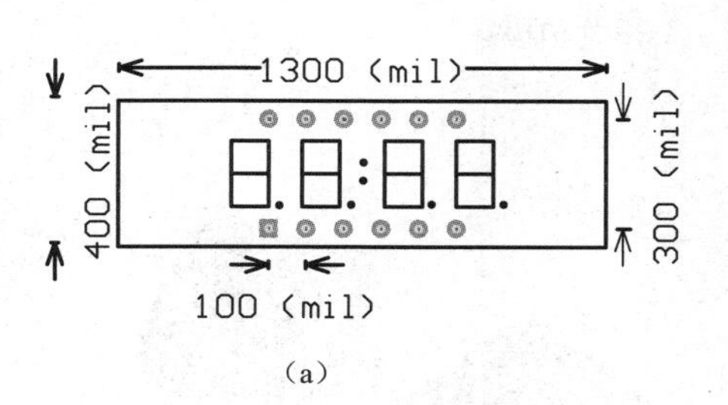

（a）

（b）

图 8-67　数码管

【练习 3】软件封装库中有一个 DSUB1.385-2H9 封装类型，请在它的基础上制作图 8-68 所示的 COM 口公头封装 DB9/M。

【小提示】

封装 DSUB1.385-2H9 在集成元件库 Miscellaneous Connectors.IntLib 中。

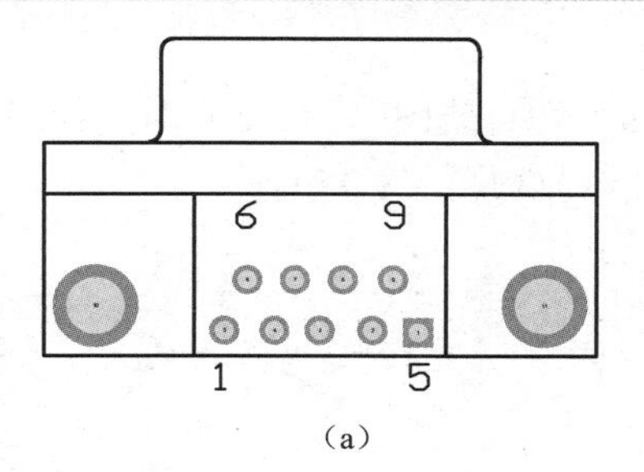

（a）

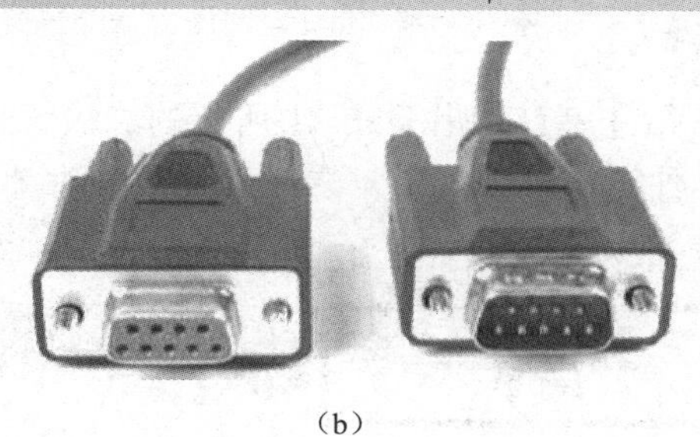
（b）

图 8-68　COM 口

【练习 4】手工制作图 8-69 所示的继电器封装 JDQ。图（a）为封装图，图（b）为实物图。其中，焊盘外径尺寸为 80mil×80mil，焊盘孔径为 32mil。

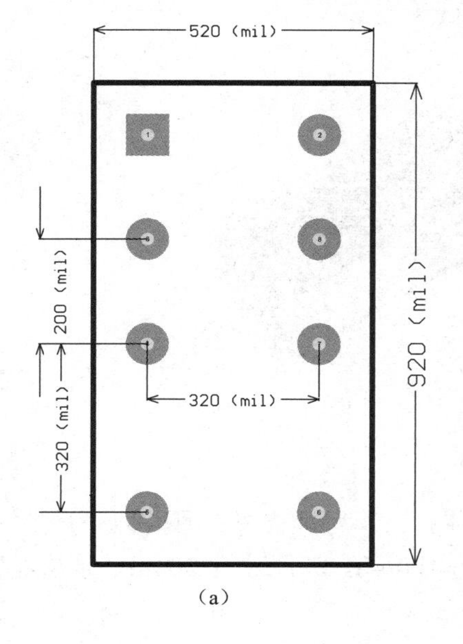

（a）

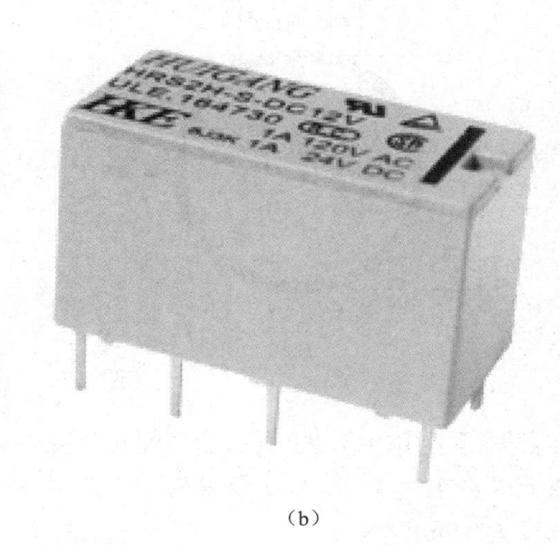
（b）

图 8-69　继电器

【练习 5】手工制作图 8-70 所示按键开关封装 BUTTON，图（a）为封装图，图（b）为实物图。其中，焊盘外径尺寸为 80mil×80mil，焊盘孔径为 32mil。

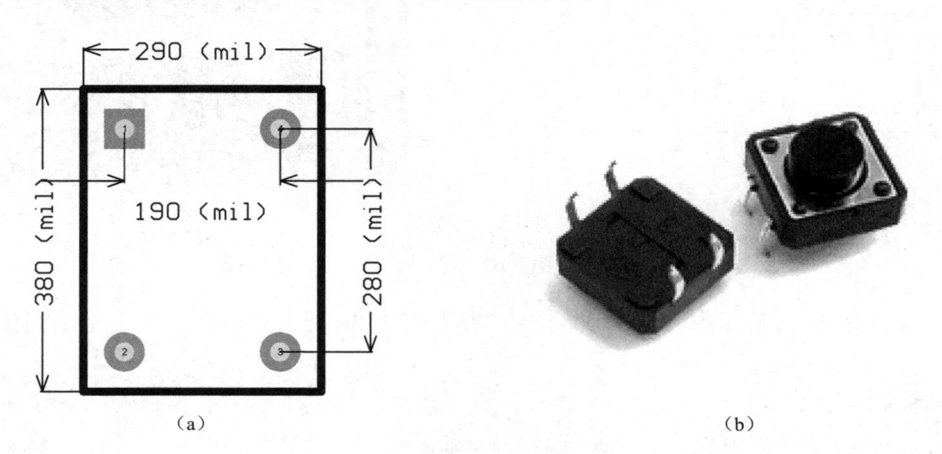

（a）　　（b）

图 8-70　按键开关

【练习 6】手工制作图 8-71 所示的二极管封装，图（a）为封装图，图（b）为实物图，图（c）为元件符号图。其中，焊盘外径尺寸为 80mil×80mil，焊盘孔径为 35mil。

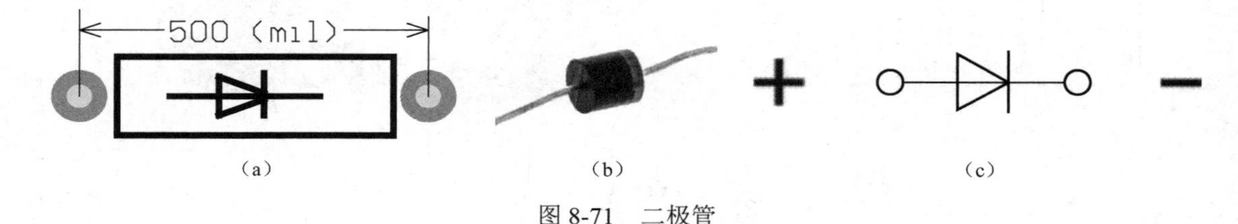

（a）　　（b）　　（c）

图 8-71　二极管

【练习 7】手工制作尺寸图 8-72 所示电解电容的封装 RB.1/.2，图（a）为封装图，图（b）为实物图。其中，焊盘尺寸为 50mil×50mil，孔径为 28mil。

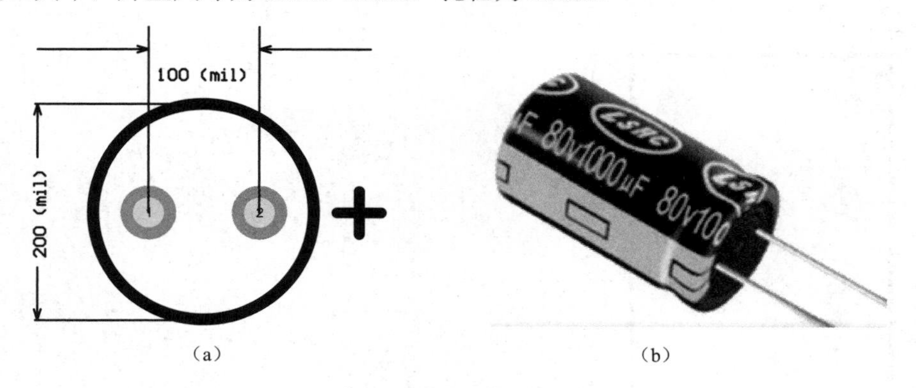

（a）　　（b）

图 8-72　电解电容

【练习 8】制作图 8-73 所示的表面贴片元件封装，图（a）为封装图，图（b）为外形参考图。将元件命名为 PCB-01。要求如下：焊盘 *X* 尺寸为 100mil，*Y* 尺寸为 30mil，顶层丝印层导线宽度为 10mil。

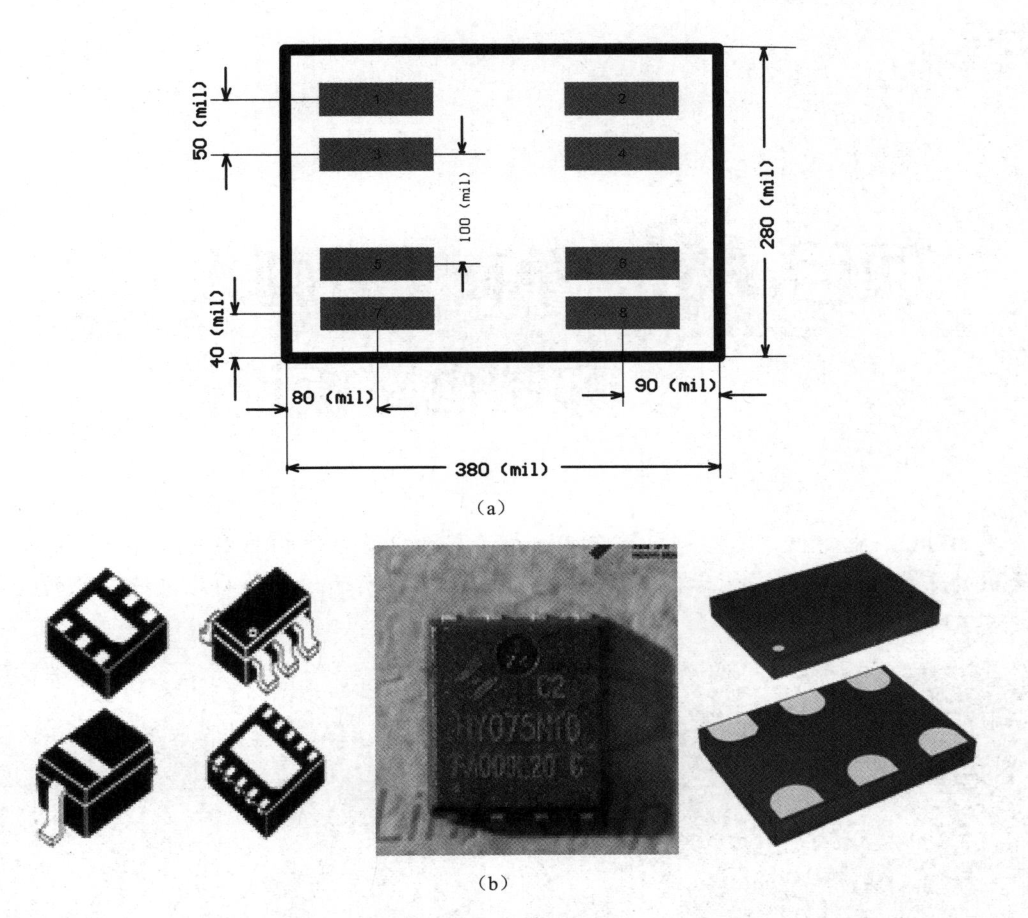

（a）

（b）

图 8-73　表面贴片元件

项目九 单面（针脚式）印制电路板设计

单面PCB电路板，是印刷电路板的一种。单面电路板结构简单，只有一面覆铜，所以单面板的布线和焊接元件也只有一面，其实物如图9-1所示；另一面为元件安装面，其实物如图9-2所示。

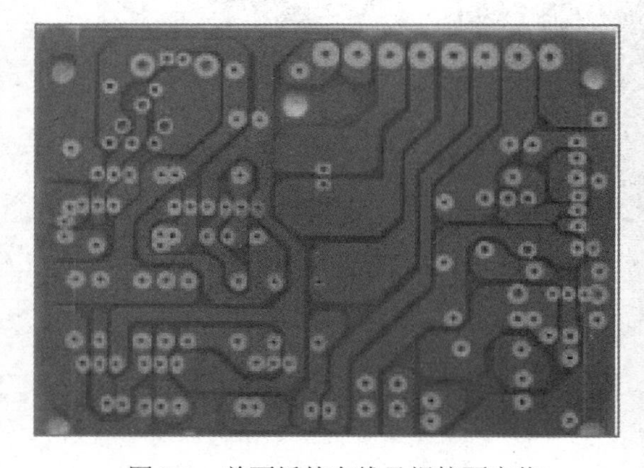

图9-1　单面板的布线及焊接面实物

图9-2　单面板的元件安装面实物

学习目标

- 熟悉单面板的制作流程。
- 掌握单面板的参数设置。
- 熟悉PCB设计规则检查。

工作任务

- 原理图文件的准备与编译。
- 用向导规划并设置PCB参数。
- 自动布线手工调整。
- 电路板的DRC检测。

任务 9.1 单面 PCB 基础

任务目标

- 熟悉单层印制电路板的基本结构。
- 掌握单层印制电路板设计的一般步骤。

任务内容

- 单面 PCB 的结构组成。
- 单面 PCB 设计一般步骤。

任务实施

9.1.1 单层印制电路板的基本结构

单面板（Signal Layer PCB）结构简单，只有一面覆铜，所以单面板的布线和焊接元件也只有一面。对于比较复杂的电路，在一面进行布线难度很大，布通率一般较低。因此，它比较适应简单电路的布线。

1．单面 PCB 实物构成

（1）顶面：即元件安装面，主要在其中印上文字、元件符号及其他安装信息等。

（2）绝缘基材：承载元件、铜膜等。

（3）底面：

- 覆铜层——主要布置铜膜和焊盘等。它与元件安装面分别在绝缘层两边的不同层面上。
- 阻焊涂覆层——防止焊接短路的图层，一般用有色涂料。
- 锡膏涂覆层——主要用于 SMD 元件的安装，针脚安装的元件则不需要此层。

2．PCB 设计软件环境中需要设置显示的层面

（1）顶层丝印层（TOP Overlay）：作用是在 PCB 上印上文字、元件符号及其他安装信息等。

（2）底层覆铜层（Bottom Layer）：主要用于布置连接铜膜和焊盘等。

（3）底层阻焊层（Bottom Solder Mask）：作用是防止铜膜氧化和焊接短路。

（4）底层锡膏层（Bottom Paste）：底层露出铜膜上锡膏的部分，主要用于 SMD 元件安装使用，如果是针脚式元件安装，此层可去除。

（5）机械层（Mechanical 1）：一般设置电路板的外形尺寸、数据标记、对齐标记、装配说明以及其他的机械信息。

（6）禁止布线层（Keep-Out Layer）：绘制电气布线的区域。

（7）多层（Multi-Layer）：主要涉及焊盘、过孔等部件的应用信息。

9.1.2 单层印制电路板设计的一般步骤

1．设计绘制原理图

设定选用的元件及其封装，编译原理图并完善电路。

2．规划电路板设置工作参数

根据电路板的功能、部件、元件封装形式、连接器及安装方式等，设置电路板编辑区图纸、网格类型及大小、板层参数显示等。

3．导入元件封装库

收集原理图中所有元件的封装，将封装相关的元件封装库或集成库导入到设计环境中。

4．载入原理图信息（网络表或 PCB 更新）

将所有元件的编号、封装形式、参数及元器件各引脚间的电气连接关系导入到PCB 设计环境中。

5．布局

通过自动布局和手动布局，将元件在 PCB 中的安装位置进行合理安排。

6．布线

设定布线规则，通过自动布线和手动布线进行调整。

7．设计规则（DRC）检查

为确保 PCB 板图符合设计规则、网络连接正确，需要进行设计规则检查。如果有违反规则的地方，则需要对前期布局、布线进行调整，直到符合设计规则为止。

8．保存输出

保存、打印各种报表文件及其单面 PCB 制作文件。

任务 9.2 “555 电路”单面板设计

任务目标

- 掌握单面印制电路板规划。
- 掌握 PCB 编辑器各项参数的设定。
- 掌握 PCB 设计规则检查的操作方法。

任务内容

- 创建 PCB 文件并设置参数。
- 555 电路单面板设计。

任务实施

9.2.1 电路准备

打开素材 EX9 中的“项目九设计.DsnWrk”工作台，加载“555 电路.PrjPcb”工程，在此工程中打开“555 电路.SchDoc”原理图文件，如图 9-3 所示。

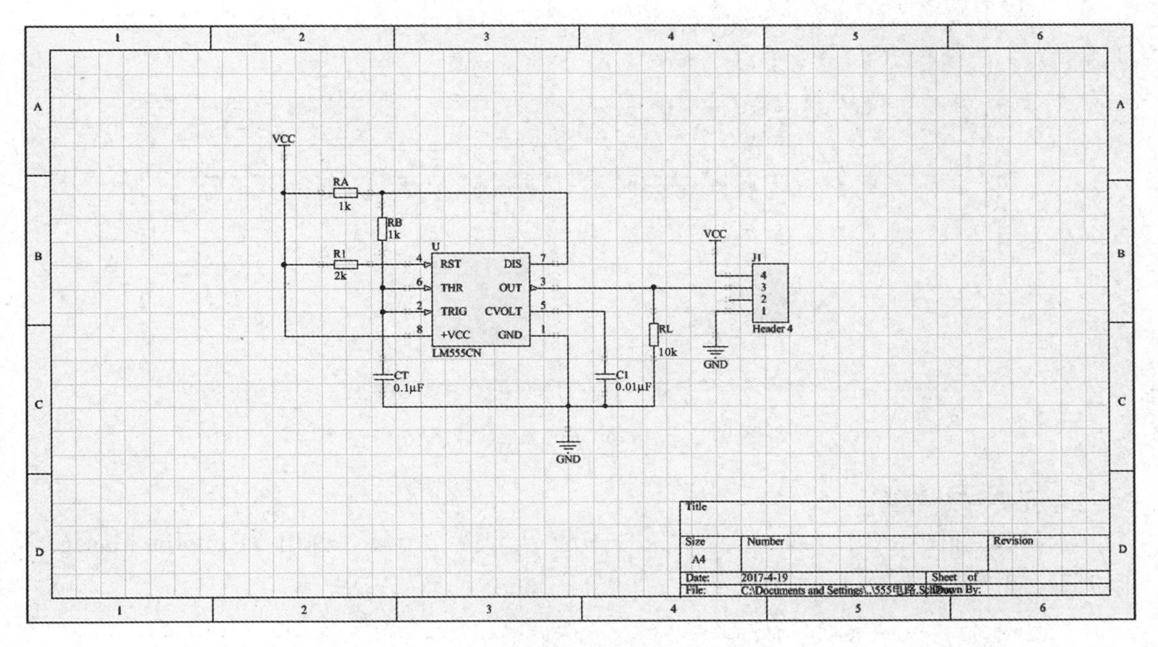

图 9-3　555 电路

1．编译图纸

（1）关闭无源网络报警：单击“工程→工程参数”命令，在弹出的“Options for PCB Project 项目九.PrjPcb”对话框中将“Nets with no driving source”栏设置为“不报告”，然后单击“确定”按钮，如图 9-4 所示。

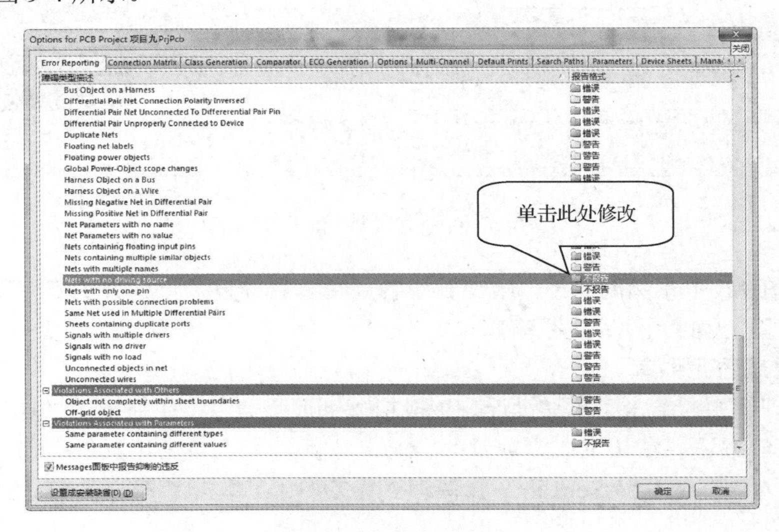

图 9-4　编译参数设置

（2）编译项目或图纸：在当前原理图中，单击“工程→Compile Document 555 电路.SchDoc”或“Compile PCB Project555 电路.PrjPcb”命令，开始编译。修正出现的错误，直到无报警“Messages”对话框发生，如图 9-5 所示（如果未见“Messages”对话框出现，可单击窗口右下方的“System”按钮，勾选“Messages”复选框即可弹出“Messages”对话框）。

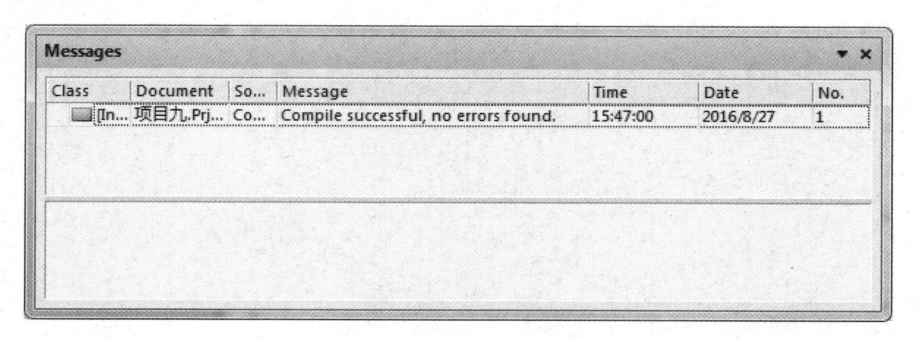

图 9-5　无报警“Messages”对话框

2．元件封装检查

（1）在原理图环境中，单击菜单“工具→封装管理器”命令，弹出“Footprint Manager”对话框，如图 9-6 所示。

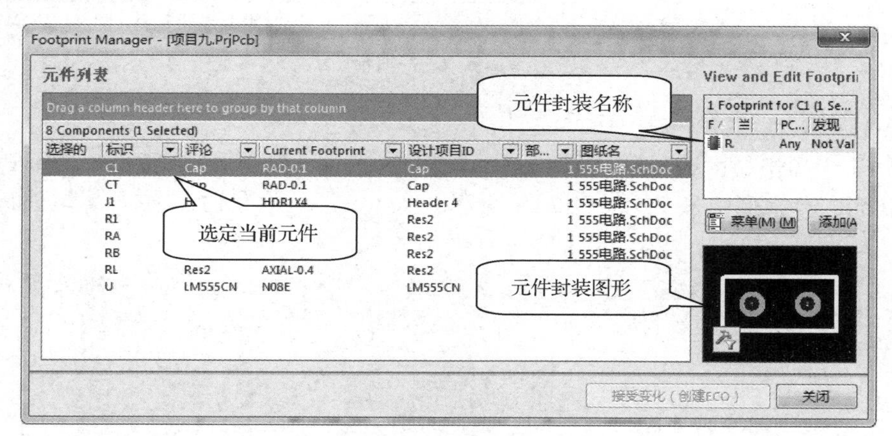

图 9-6　“Footprint Manager”对话框

（2）单击图 9-6 中左侧的元件，则在右侧看到封装名称以及该元件的封装图形。如有问题或需要进行修改，返回元件库进行编辑。

3．生成原理图元件库

在当前原理图中，单击菜单“设计→生成原理图库”命令，在弹出的“复制的元件”对话框中单击“OK”按钮。默认生成“项目九.SchLib”元件库，单击工具栏上的“保存”按钮，将元件库更名为“555 电路.SchLib”并保存到 EX9 中。单击“保存”按钮返回，如图 9-7 所示。

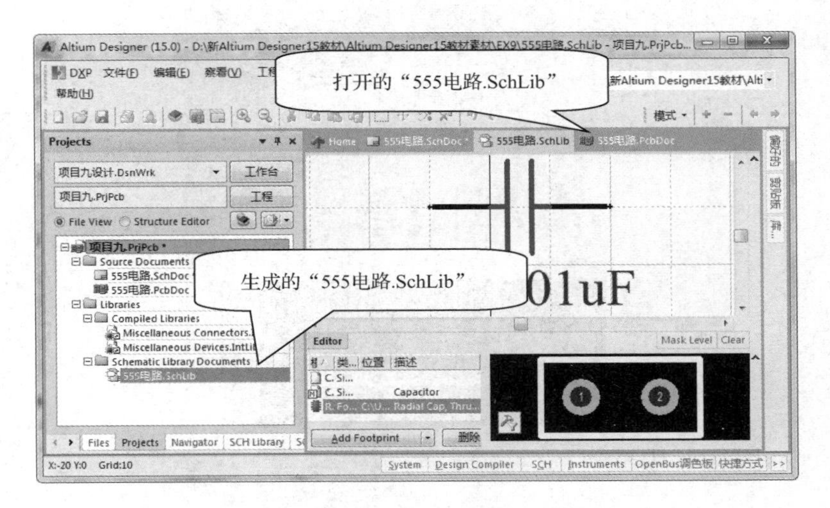

图 9-7　生成 555 电路专用原理图元件库

4．检查和建立原理图元件与 PCB 元件模型的链接

（1）切换到“Sch Library”工作面板，如图 9-8 所示。

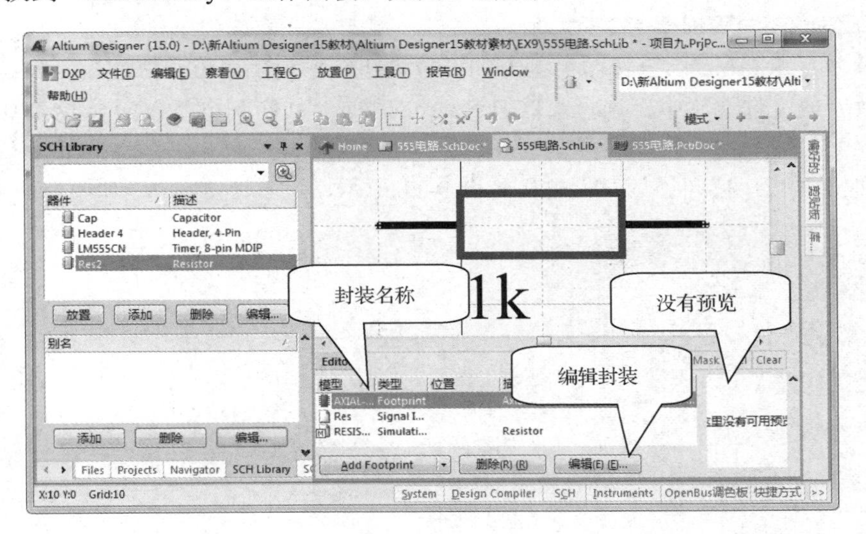

图 9-8　“SCH Library”工作面板

（2）设置元件封装

如图 9-8 所示，元件的封装没有预览，则单击编辑区下方的“编辑”按钮，弹出“PCB 模型”对话框，如图 9-9 所示。将两个常用的元件库 Miscellaneous Devices.IntLib 和 Miscellaneous Connectors.IntLib 选中并加载。

同理，检查并设置“555 电路.SchLib”原理图元件库中的其他元件与封装的链接。结束后关闭“555 电路.SchLib”，切换到“Projects”工作面板。

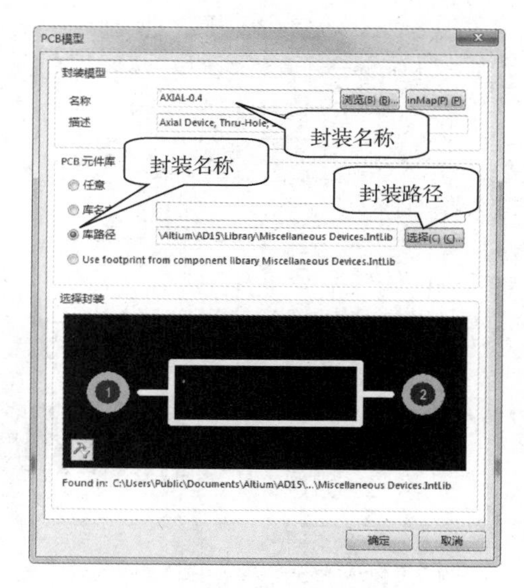

图 9-9　链接到对应的封装

9.2.2　创建电路板并设置参数

1．利用 PCB 向导创建 PCB 文件

（1）单击左侧 Projects 工作面板上方的下拉按钮，切换到“Files”面板，收缩其他栏目，在“从模板新建文件”栏中，选择“PCB Board Wizard”（印制电路板向导）选项，如图 9-10 所示。

（2）弹出“PCB 板向导”对话框，如图 9-11 所示。

图 9-10　PCB 向导命令

图 9-11　“PCB 板向导”对话框

（3）单击“下一步”按钮，出现“选择板单位”对话框，如图 9-12 所示。使用英制单位。

（4）单击“下一步”按钮，出现“选择板剖面”对话框，如图 9-13 所示。选择自定义方式建立文件。

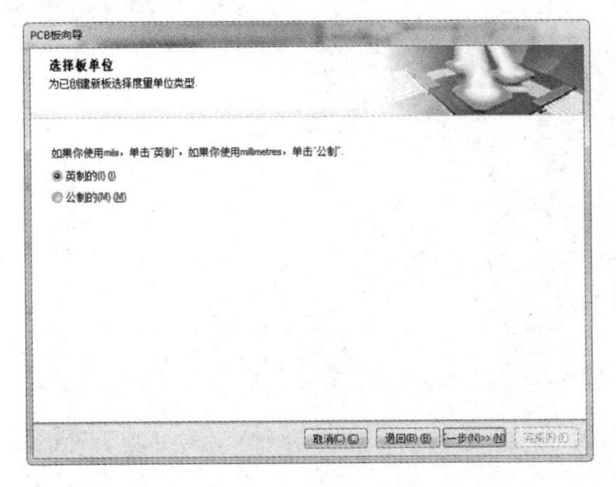

图 9-12 “选择板单位”对话框

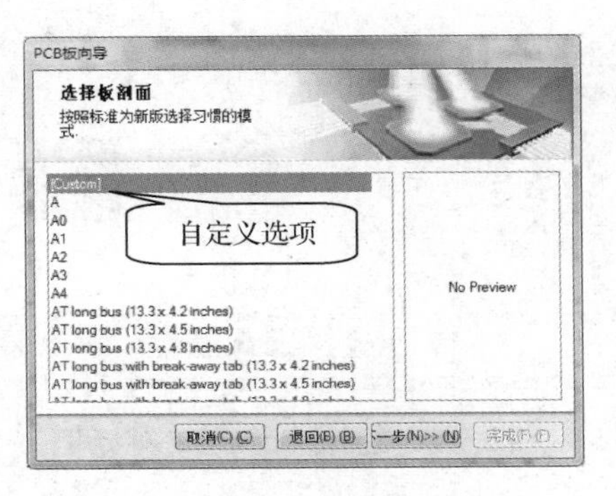

图 9-13 “选择板剖面”对话框

（5）单击“下一步”按钮，出现“选择板详细信息”对话框，如图 9-14 所示。设置宽度为 2000mil，高度为 1200mil，其余默认。

（6）单击“下一步”按钮，出现“选择板层”对话框，如图 9-15 所示。将信号层设置为最小数（即顶层和底层），顶层在后面的设置层时去除（单面板不需要顶层信号层）、电源平面设置为 0（多板层的电源层是指除顶层和底层外的其他夹层，所以单板面不需要电源夹层，故设置为 0）。

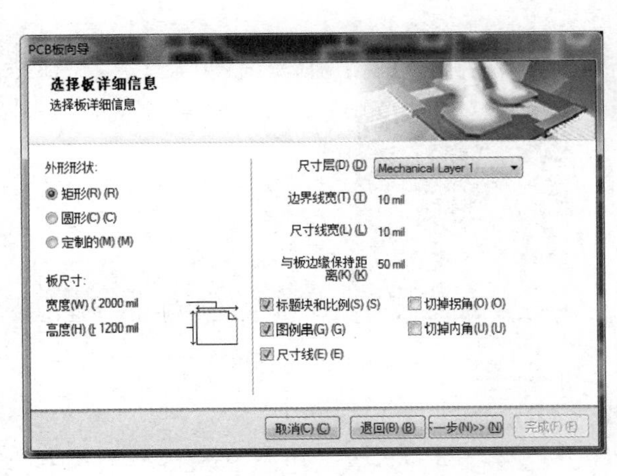

图 9-14 “选择板详细信息”对话框

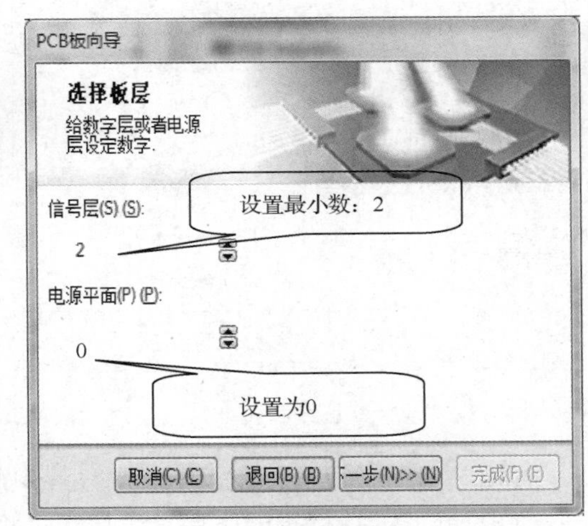

图 9-15 “选择板层”对话框

（7）单击“下一步”按钮，出现“选择过孔类型”对话框，如图 9-16 所示。为了加工方便，一般选择默认设置，过孔为通孔。

（8）单击“下一步”按钮，出现“选择元件和布线工艺”对话框，如图 9-17 所示。设置“板主要部分”为“通孔元件”，“临近焊盘两边线数量”为“一个轨迹”。

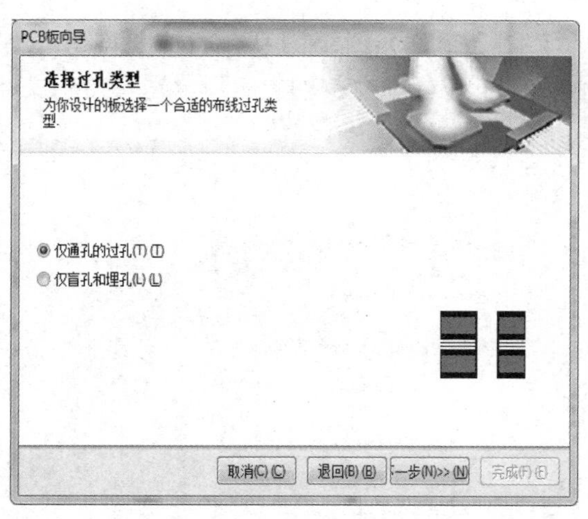

图9-16 “选择过孔类型”对话框

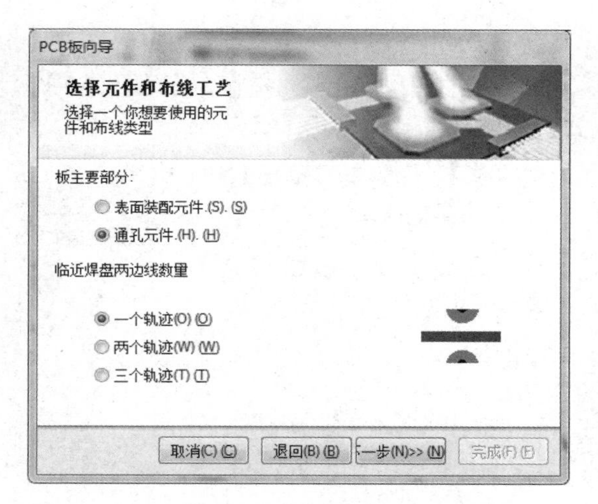

图9-17 “选择元件和布线工艺”对话框

（9）单击“下一步”按钮，出现“选择默认线和过孔尺寸”对话框，如图9-18所示。设置铜膜的最小过孔宽度、最小过孔孔径大小、最小间隔。一般取默认值。

（10）单击“下一步”按钮，出现向导结束提示框，如图9-19所示。如果需要修改可单击“退回”按钮。

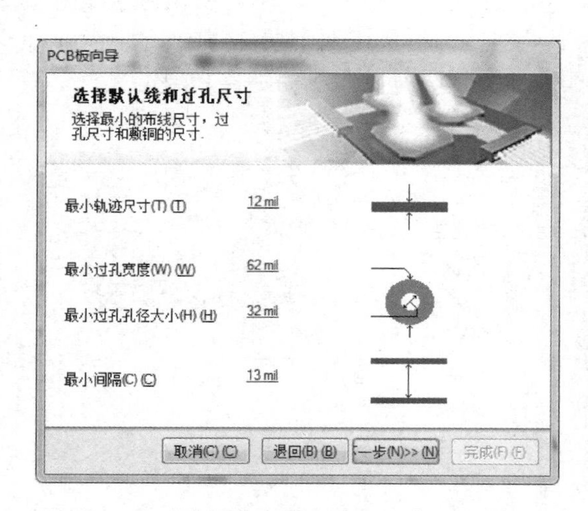

图9-18 “选择默认线和过孔尺寸”对话框

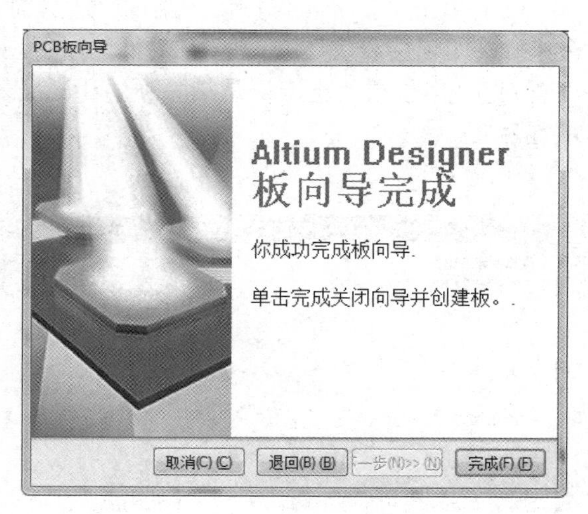

图9-19 向导结束提示框

直接单击“完成”按钮，结束向导，生成的PCB如图9-20所示。

（11）单击工具栏上的“保存”按钮，将PCB文件命名为“555电路.PcbDoc”并保存到EX9中。

2. 设定单面PCB编辑环境中板层显示参数

单击菜单“设计→板层颜色”命令，弹出“视图配置”对话框。根据单面板设计的要求设置相应的板层显示项。需要保留的板层有：顶层丝印层（Top Overlay）；底层覆铜层（Bottom Layer）；底层阻焊层（Bottom Solder Mask）；底层锡膏层（Bottom Paste）；机械层（Mechanical 1）；禁止布线层（Keep-Out Layer）；多层（Multi-Layer），如图9-21所示。

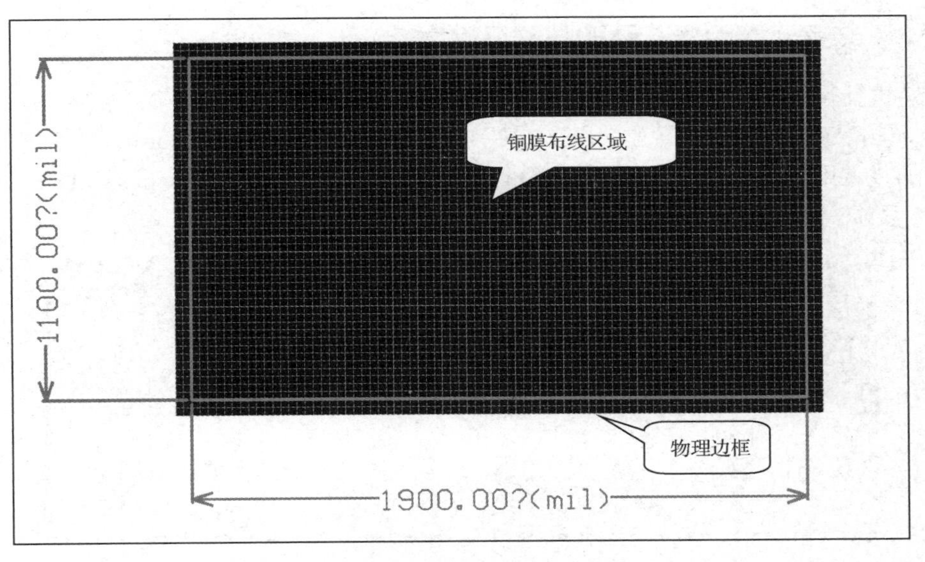

图 9-20　生成的 PCB

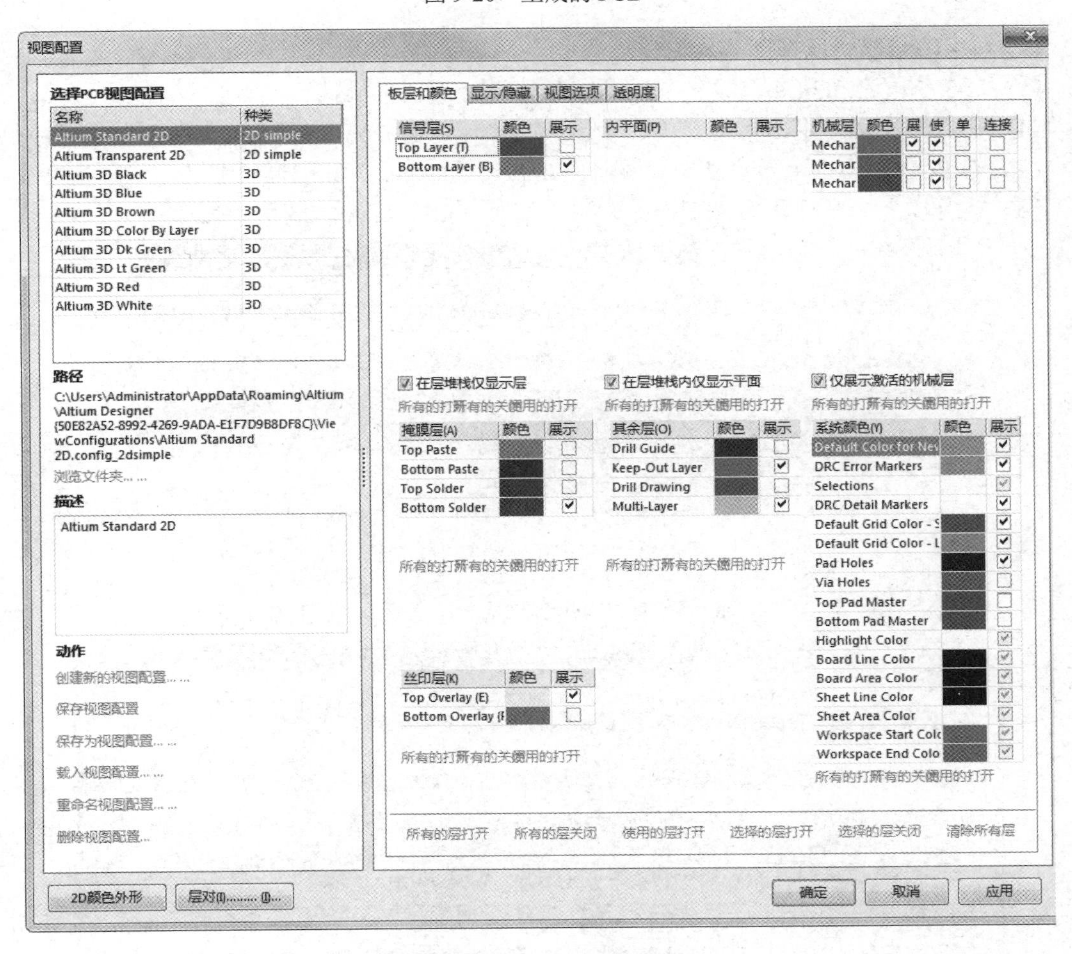

图 9-21　PCB 板层显示设置

9.2.3 装载元件库导入原理图网络信息

1. 装载元件库

（1）单击“库”标签，再单击“Libraries”把EX9中的“555电路.SchLib”导入到当前库中。

（2）加载常用集成元件库：Miscellaneous Devices.IntLib和Miscellaneous Connectors.IntLib，如图9-22所示。

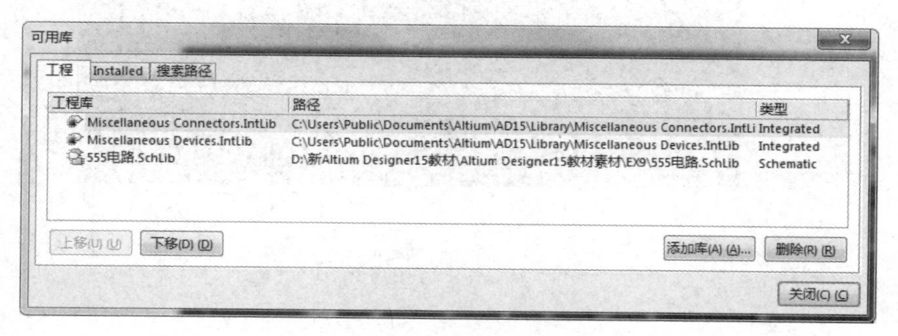

图9-22　加载元件库

2. 利用同步器将原理图导入PCB

打开“555电路.SchLib”原理图和“555电路.PcbDoc”文档。

（1）在原理图环境中，单击菜单“设计→Update PCB Document 555电路.PcbDoc”命令。

（2）在PCB环境中，单击菜单“设计→Import Changes From 555电路.PrjPcb”命令。

（3）执行以上命令后弹出“工程更改顺序”对话框，如图9-23所示。

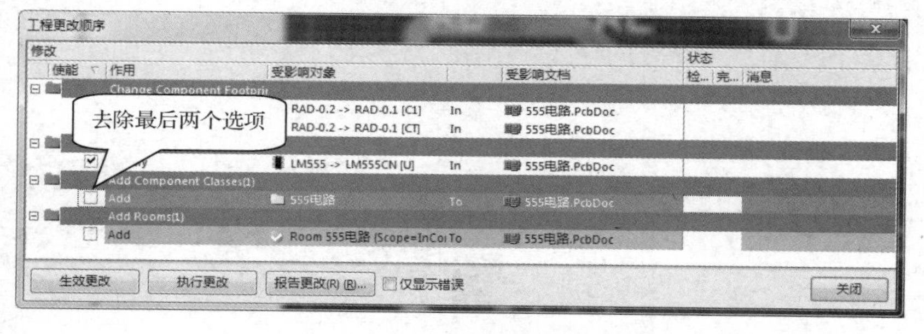

图9-23　“工程更改顺序”对话框

（4）单击“生效更改”按钮，PCB中可以实现合法改变，如图9-24所示。

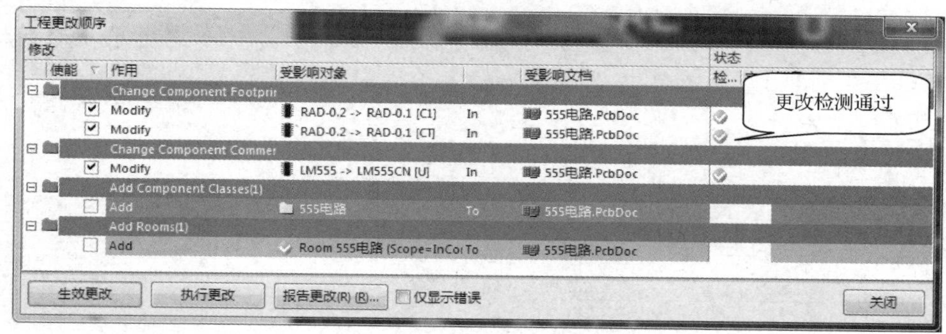

图9-24　PCB中可以实现的合法改变

（5）单击“执行更改”按钮，执行变更命令后如图 9-25 所示。可见到原理图的所有元件已经导入到 PCB 编辑器中了。单击“关闭”按钮退出该对话框。

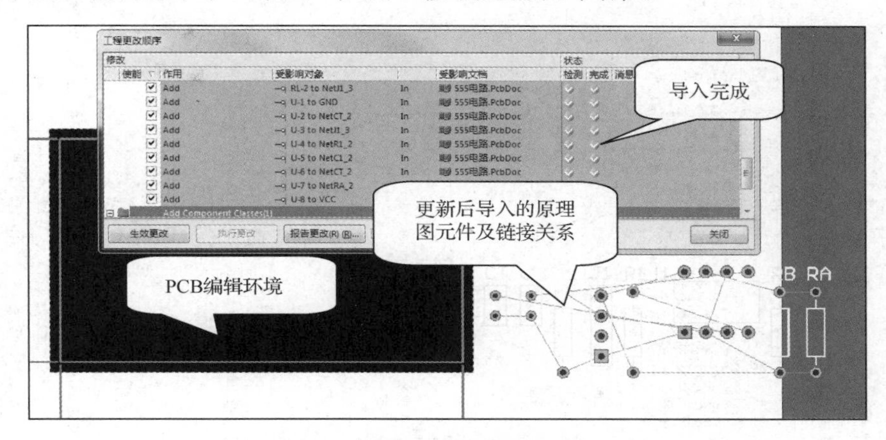

图 9-25　执行变更命令后

9.2.4　手动布局

用同步器将原理图导入到 PCB 中时，所有的元件都会在 PCB 编辑区的左侧出现，同时还能看见元件引脚之间的连接线（飞线或鼠线，表示连接关系）。用鼠标框选所有元件或单独选中并拖动元件到封闭的 Keep-Out Layer（禁止布线层）区域内部。手动布局调整是通过鼠标的拖动以及元件的转动和排列，将元件的布局调整到合适位置，如图 9-26 所示。

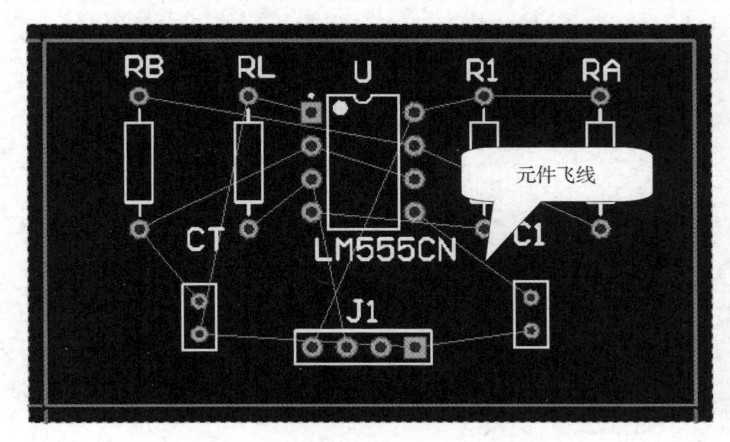

图 9-26　将元件拖动到布线区域内

9.2.5　布线

1．设置布线规则设置

在 PCB 环境中，单击菜单“设计→规则”命令会弹出“PCB 规则及约束编辑器”对话框，如图 9-27 所示。

（1）电气规则（Electrical）：默认设置。

（2）布线规则（Routing）：常用的设置介绍如下。

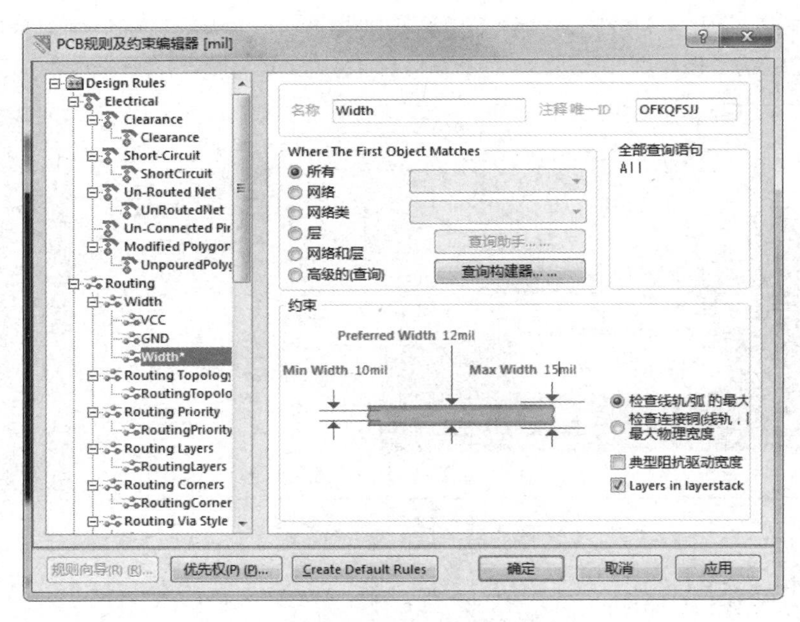

图 9-27 “PCB 规则及约束编辑器”对话框

➢ 信号线的线宽：铜膜线宽为 Min Width = 10mil，Width =12mil，Max Width = 15mil。
➢ 电源线宽（Width）：GND、VCC 铜膜线宽为 Min Width = 30mil，Width = 50mil，Max Width= 80mil。
➢ 电源及接地线：单击“PCB 规则及约束编辑器”对话框中的 Width 条目，然后单击“新规则”按钮，添加一个“Width 1”的新规则，如图 9-28 所示。

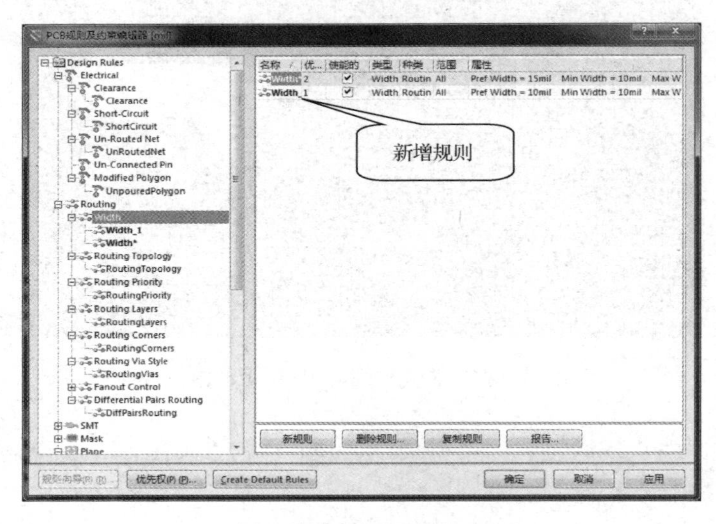

图 9-28 新增线宽规则

单击“Width_1”新条目，规则名称改为 GND，勾选“网络”选项，在其下拉列表中选中“GND”，将 GND 线宽设置为 30mil、50mil、80mil，其他默认，如图 9-29 所示。

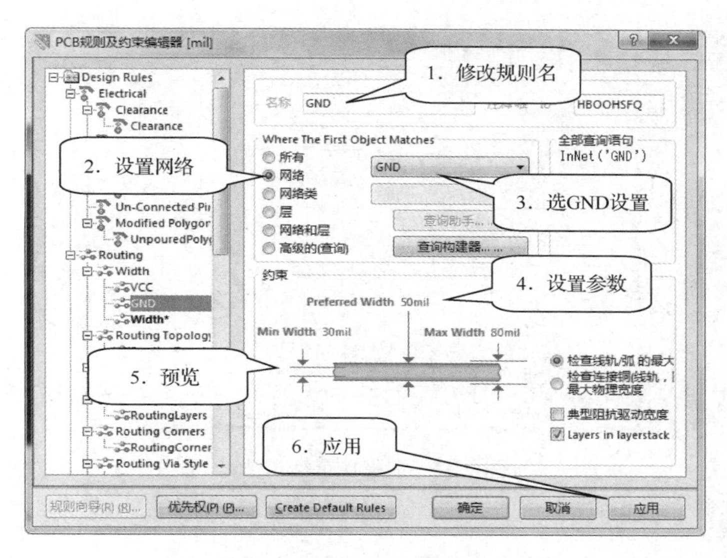

图 9-29　设置 GND 线宽参数

用相同的方法对其他特殊导线分别进行设置，如图 9-30 所示。

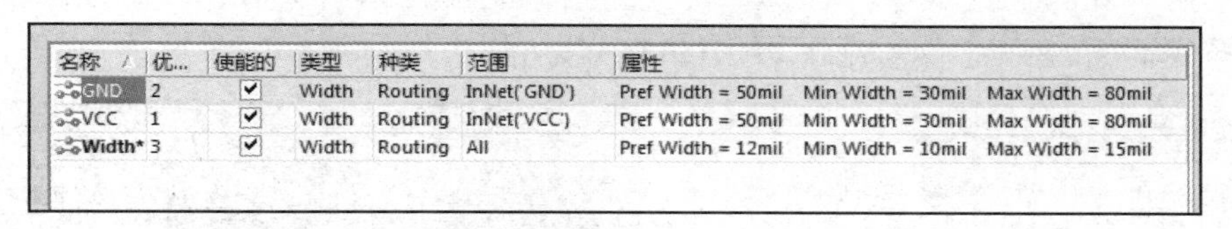

名称	优...	使能的	类型	种类	范围	属性		
GND	2	✓	Width	Routing	InNet('GND')	Pref Width = 50mil	Min Width = 30mil	Max Width = 80mil
VCC	1	✓	Width	Routing	InNet('VCC')	Pref Width = 50mil	Min Width = 30mil	Max Width = 80mil
Width*	3	✓	Width	Routing	All	Pref Width = 12mil	Min Width = 10mil	Max Width = 15mil

图 9-30　其他特殊线宽参数设置

➢ Routing Topology（拓扑结构）：设置为默认。

➢ Routing Priority（布线优先级）：设置为默认。

➢ Routing Layers（布线层）：单面板勾选的布线层为 Bottom Layer，同时去除 Top Layer 选项，如图 9-31 所示（此设置步骤在单面板布线过程中尤为重要）。

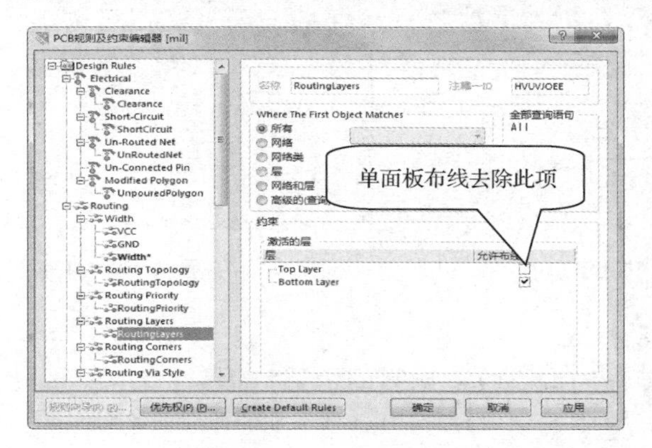

图 9-31　布线层设置

➢ Routing Corners（拐角形状）：在“类型”下拉列表中选择“Rounded”选项，表示圆弧转角方式，如图 9-32 所示。

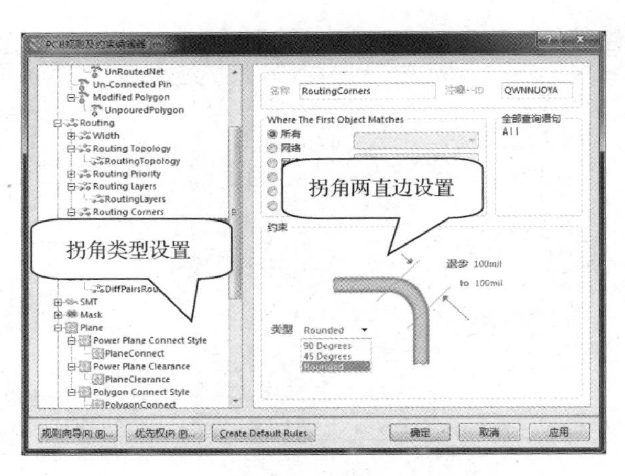

图 9-32　铜膜拐角形式设置

2. 自动布线

（1）单击“自动布线→全部”命令，弹出“Situs 布线策略”对话框，默认设置，如图 9-33 所示。

（2）单击“Situs 布线策略”对话框下方的“Route All”按钮，弹出“Messages”对话框，显示当前布线情况，同时开始布线，如图 9-34 所示。

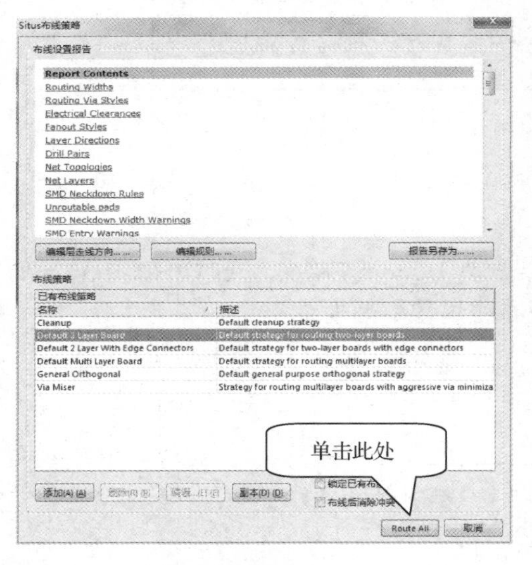

图 9-33　“Situs 布线策略”对话框

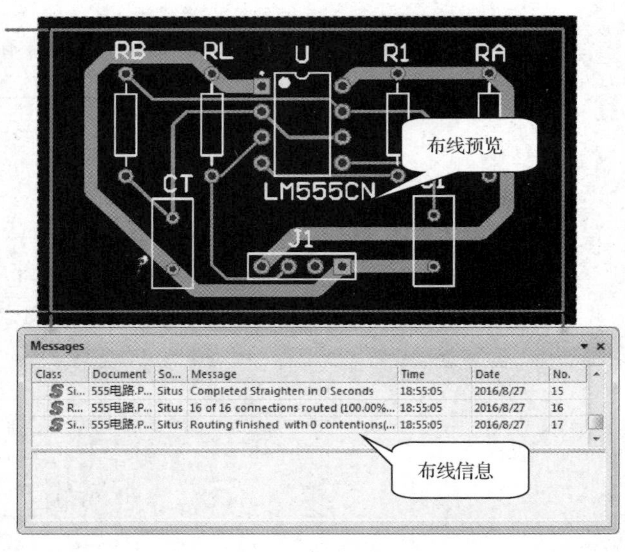

图 9-34　自动布线操作

3. 调整布线（手动修改）

（1）使用鼠标直接拖动铜膜改变铜膜的位置，铜膜拖动前后分别如图 9-35 和图 9-36 所示。

（2）直接画线替换原来的铜膜线。

[第一步] 单击编辑区下方的“Bottom Layer”标签，切换到当前层。

[第二步] 单击菜单“放置→交互式布线”命令，在两个焊盘间重新绘制铜膜，原来的铜膜将自动消失，如图 9-37 所示。绘制后铜膜如图 9-38 所示。

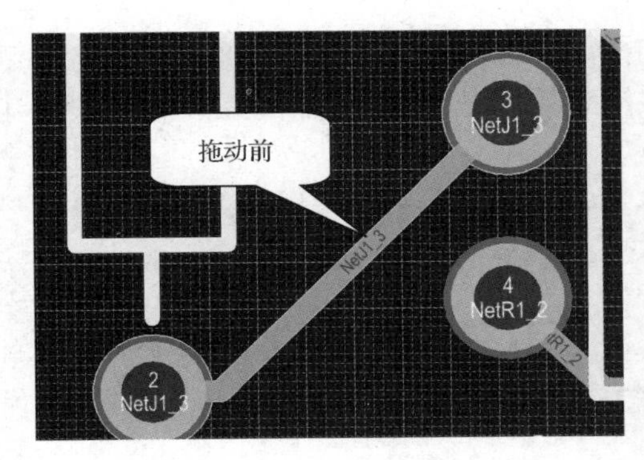

图 9-35 拖动前铜膜

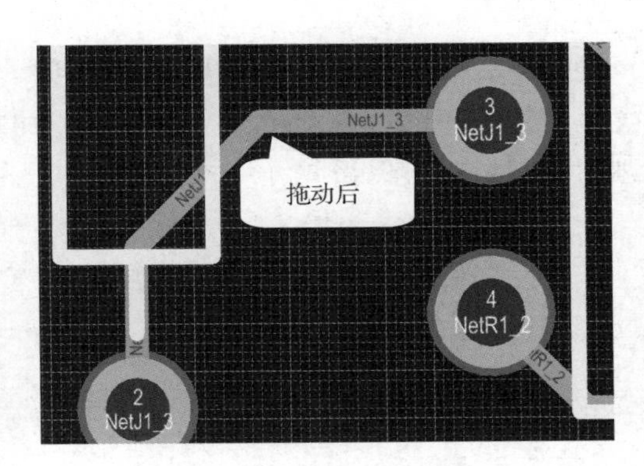

图 9-36 拖动后铜膜

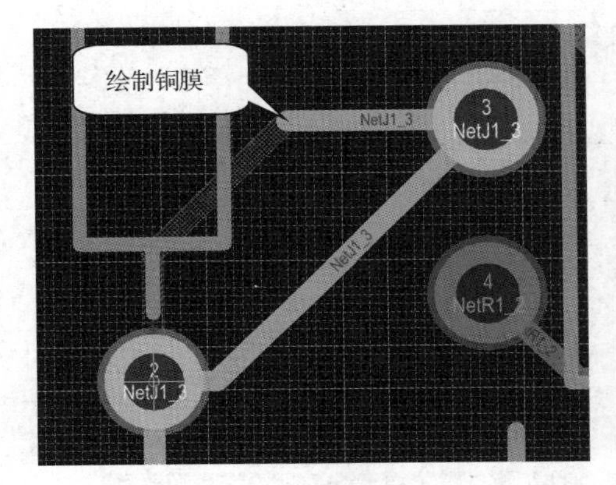

图 9-37 正在绘制铜膜

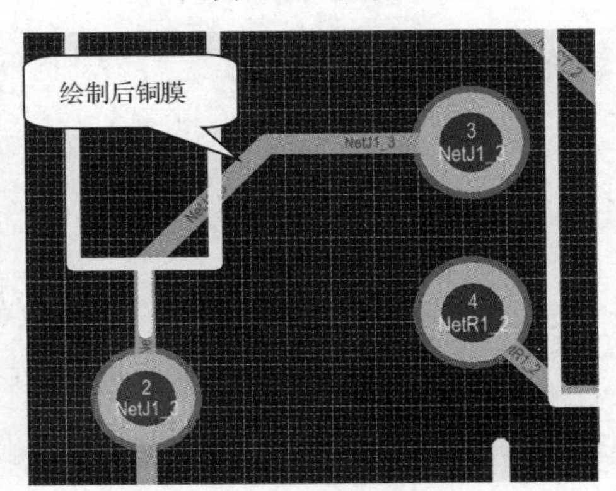

图 9-38 绘制后的铜膜

4. 布线结果检查

在所有的布线完成后，可以通过 DRC（设计规则检查）对布线的结果进行检查。

（1）在 PCB 环境中，单击菜单“工具→设计规则检查”命令弹出“设计规则检测”对话框，如图 9-39 所示。

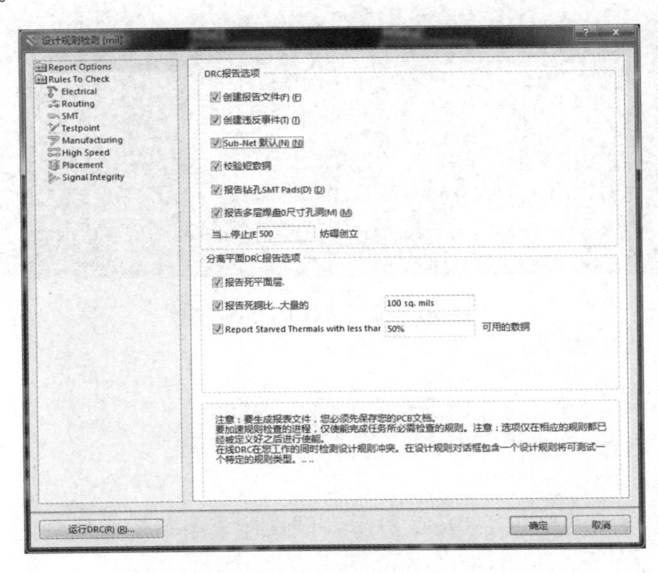

图 9-39 “设计规则检测”对话框

（2）因在布局和布线前设置了各种规则，在此选择默认设置即可。单击对话框中的“运行DRC”按钮，弹出“Messages”对话框以及网页形式的 RDC 报告，当前布线成功，没有违反规则的问题，如图 9-40 所示。

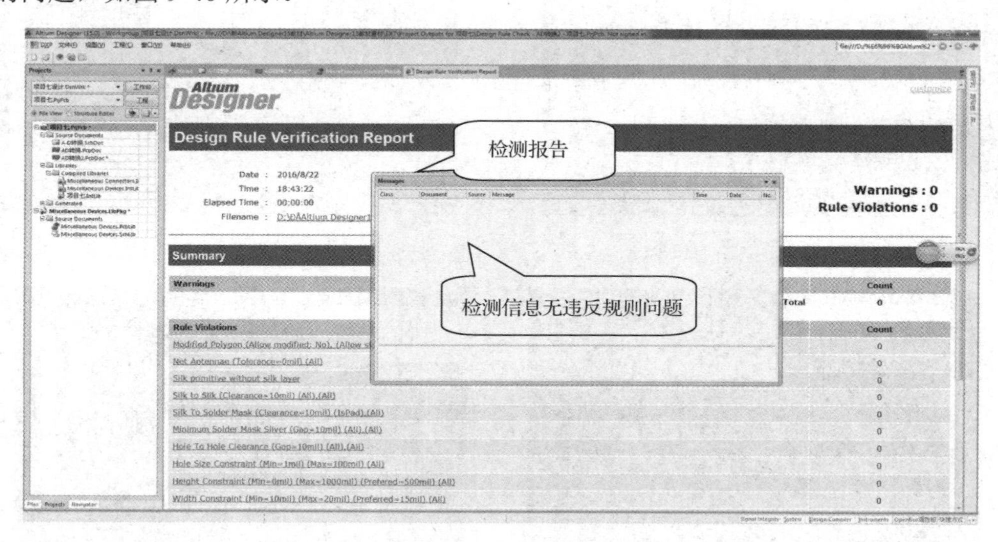

图 9-40　DRC 检测信息及报告

（3）关闭检测“Messages”对话框，设计完成的 PCB 文件如图 9-41 所示。

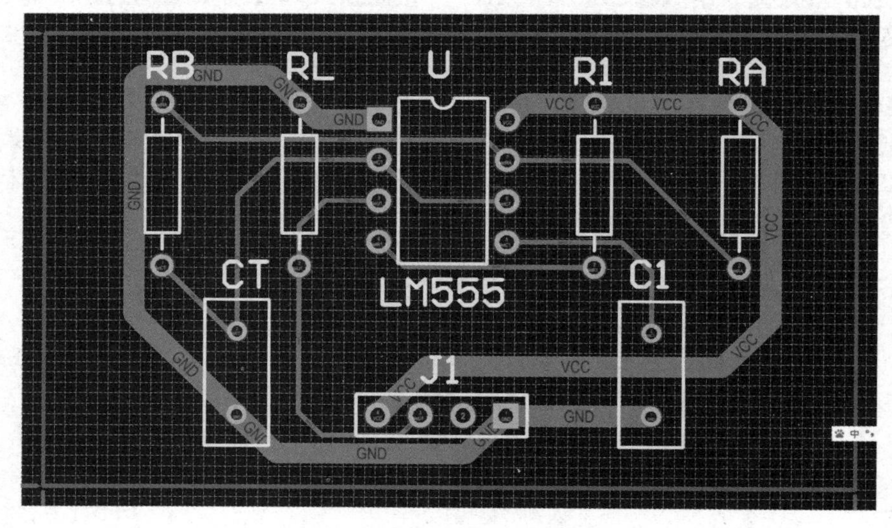

图 9-41　设计完成的 PCB 文件

练　习　题

【练习 1】单级放大器电路如图 9-42 所示，试设计该电路的电路板。

设计要求：

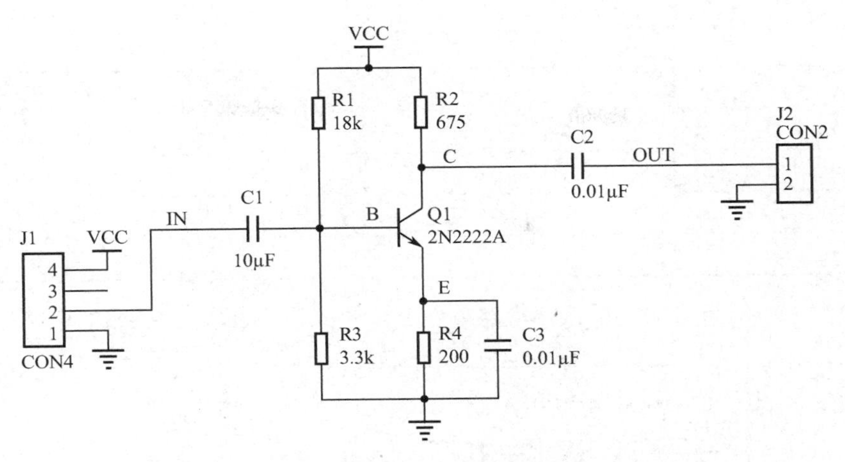

图 9-42　单级放大器电路

（1）使用单层布线电路板。

（2）电源地线的铜膜宽度为 50mil。

（3）一般布线的宽度为 20mil。

（4）布线时考虑只能单层走线。

单级放大器电路 PCB 参考图如图 9-43 所示。

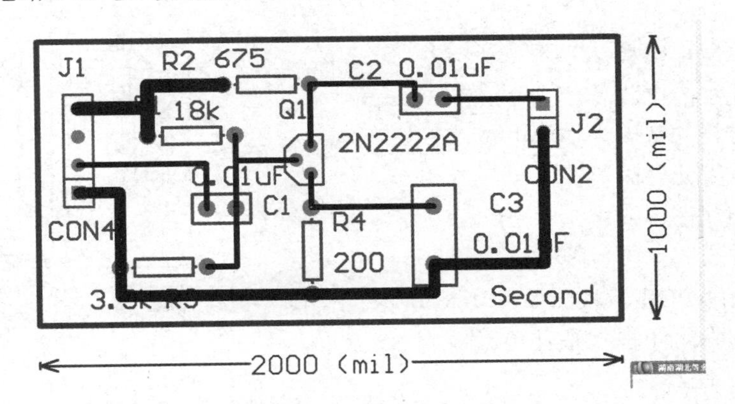

图 9-43　单级放大器电路 PCB 参考图

单级放大器电路元件参数见表 9-1。

表 9-1　单级放大器电路元件参数

标 识 符	型号（值）	封　装
C1	0.01μF	RAD0.1
C2	0.01μF	RAD0.1
C3	0.01μF	RAD0.2
Q1	2N2222A	TO-92A
R3	3.3kΩ	AXIAL0.3
R1	18kΩ	AXIAL0.3

续表

标 识 符	型号（值）	封 装
R4	200	AXIAL0.3
R2	675	AXIAL0.3
J2	CON2	SIP-2
J1	CON4	SIP-4

【练习 2】与非门组成的简单振荡电路如图 9-44 所示，试设计该电路的电路板。

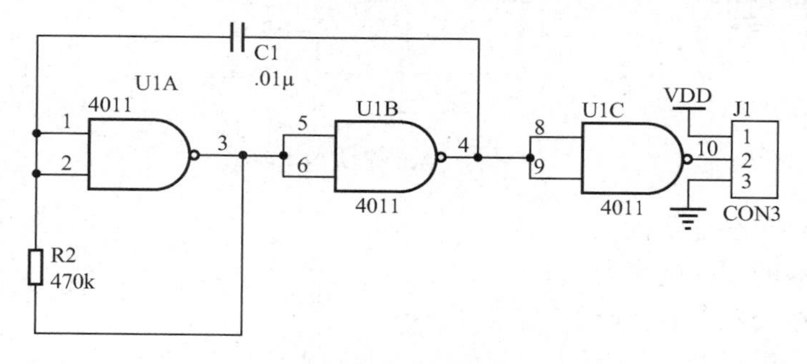

图 9-44 简单振荡电路

设计要求：

（1）使用单层电路板。

（2）电源地线的铜膜宽度为 20mil。

（3）一般布线的宽度为 20mil。

（4）人工放置元件封装。

（5）人工连接铜膜线。

（6）布线时只能单层走线。

简单振荡电路 PCB 参考图如图 9-45 所示。

简单振荡电路元件参数见表 9-2。

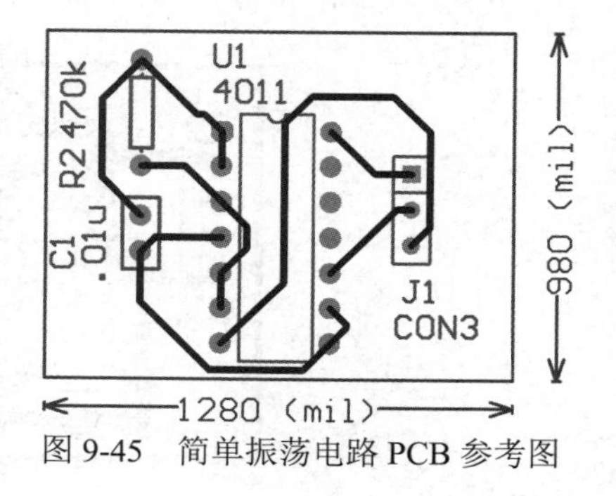

图 9-45 简单振荡电路 PCB 参考图

表 9-2 简单振荡电路元件参数

标 识 符	型号（值）	封 装
C1	.01μF	RAD0.1
R2	470kΩ	AXIAL0.3
U1	4011	DIP-14
J1	CON3	SIP-3

【练习 3】由 555 构成的振荡电路如图 9-46 所示，试设计该电路的电路板。

设计要求：

（1）使用单层电路板。

（2）电源地线铜膜宽度为 50mil。

（3）一般布线的宽度为 25mil。

（4）人工放置元件封装。

（5）人工连接铜膜线。

（6）布线时考虑只能单层走线。

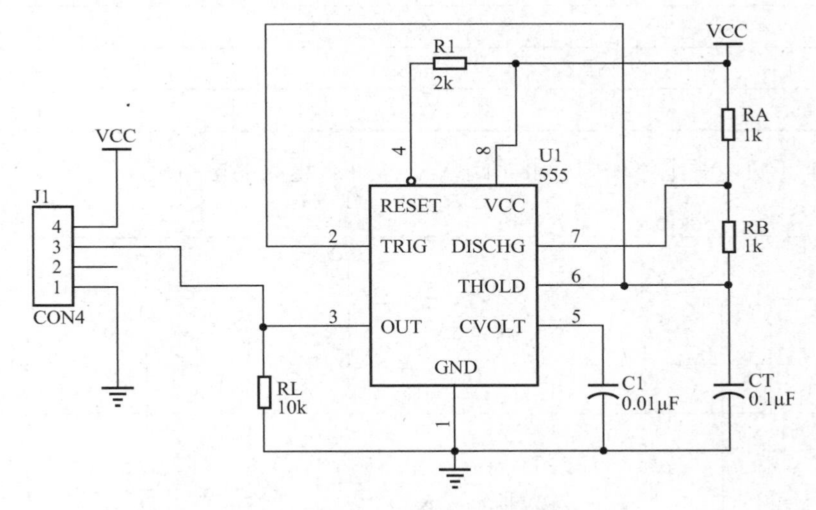

图 9-46　由 555 构成的振荡电路

由 555 构成的振荡电路 PCB 参考图如图 9-47 所示。

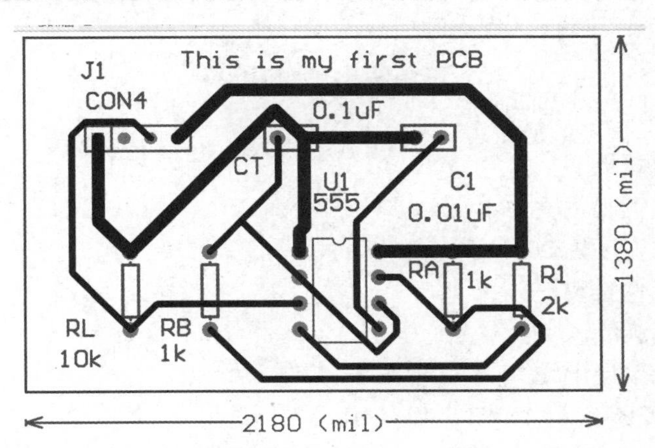

图 9-47　由 555 构成的振荡电路 PCB 参考图

由 555 构成的振荡电路元件参数见表 9-3。

表 9-3　由 555 构成的振荡电路元件参数

标 识 符	型号（值）	封　装
CT	0.1μF	RAD0.1
C1	0.01μF	RAD0.1
RA	1kΩ	AXIAL0.3
RB	1kΩ	AXIAL0.3

续表

标 识 符	型号（值）	封 装
R1	2kΩ	AXIAL0.3
RL	10kΩ	AXIAL0.3
U1	555	DIP-8
J1	CON4	SIP-4

【练习 4】正负电源电路如图 9-48 所示，试设计该电路的电路板。

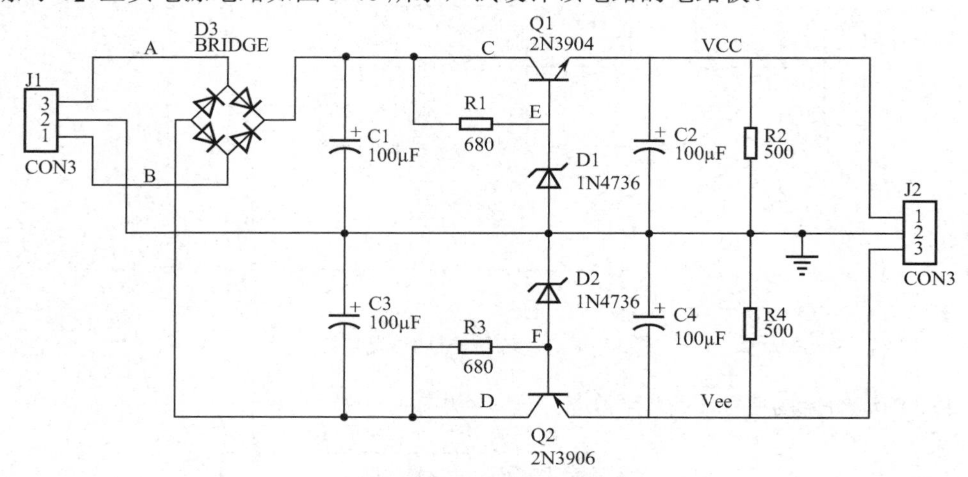

图 9-48 正负电源电路

设计要求：

（1）使用单层电路板。

（2）电源地线的铜膜宽度为 40mil。

（3）一般布线的宽度为 20mil。

（4）人工放置元件封装。

（5）人工连接铜膜线。

（6）布线时只能单层走线。

正负电源电路 PCB 参考图如图 9-49 所示。

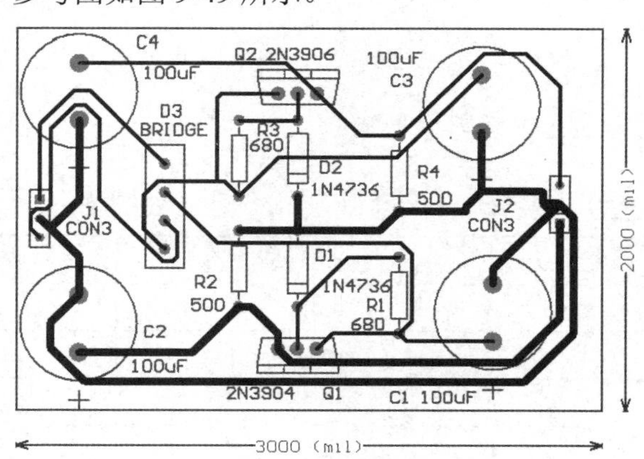

图 9-49 正负电源电路 PCB 参考图

正负电源电路元件参数见表 9-4。

表 9-4 正负电源电路元件参数

标 识 符	型号（值）	封 装
D2	1N4736	DIODE-0.4
D1	1N4736	DIODE-0.4
Q1	2N3904	TO220V
Q2	2N3906	TO220V
C2	100μF	RB-.3/.6
C4	100μF	RB-.3/.6
C3	100μF	RB-.3/.6
C1	100μF	RB-.3/.6
R2	500	AXIAL0.4
R4	500	AXIAL0.4
R3	680	AXIAL0.4
R1	680	AXIAL0.4
D3	BRIDGE	FLY-4
J2	CON3	SIP-3
J1	CON3	SIP-3

【练习 5】方波信号发生器电路如图 9-50 所示，试设计该电路的电路板。

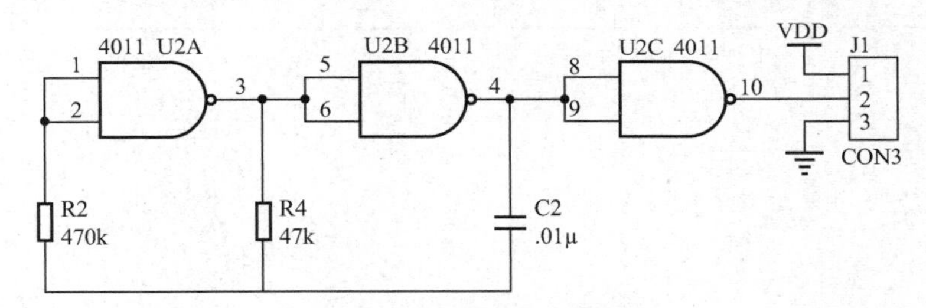

图 9-50 方波信号发生器电路

设计要求：

（1）使用单层电路板。

（2）电源地线的铜膜宽度为 25mil。

（3）一般布线的宽度为 10mil。

（4）人工放置元件封装。

（5）人工连接铜膜线。

（6）布线时考虑只能单层走线。

方波信号发生器电路 PCB 参考图如图 9-51 所示。

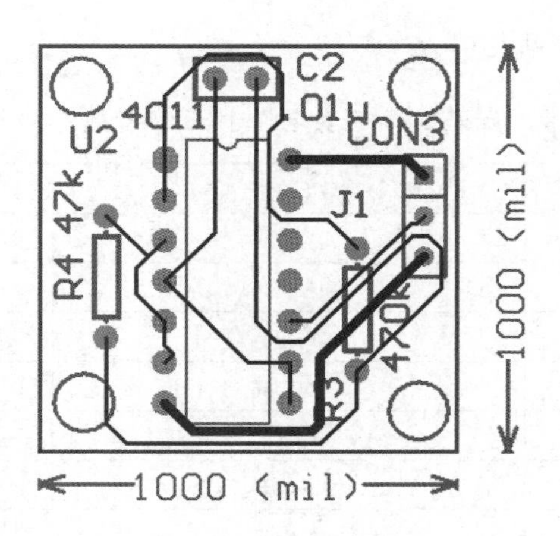

图 9-51　方波信号发生器电路 PCB 参考图

方波信号发生器电路元件参数见表 9-5。

表 9-5　方波信号发生器电路元件参数

标　识　符	型号（值）	封　　装
C2	.01μF	RAD0.1
R4	47kΩ	AXIAL0.3
R3	470kΩ	AXIAL0.3
U2	4011	DIP-14
J1	CON3	SIP-3

项目十 综合练习

【综合练习 1】串联型稳压电源分立元件电路图。该电路能输出稳定的 9～15V 可调直流电压。如图 10-1 至图 10-3 所示分别为本电路的印制电路板图、实物装配图、原理图。本电路的元器件明细见表 10-1。要求：根据下面提供的数据，完成从原理图到 PCB 设计的全过程。工程项目名称为“综合练习一”。

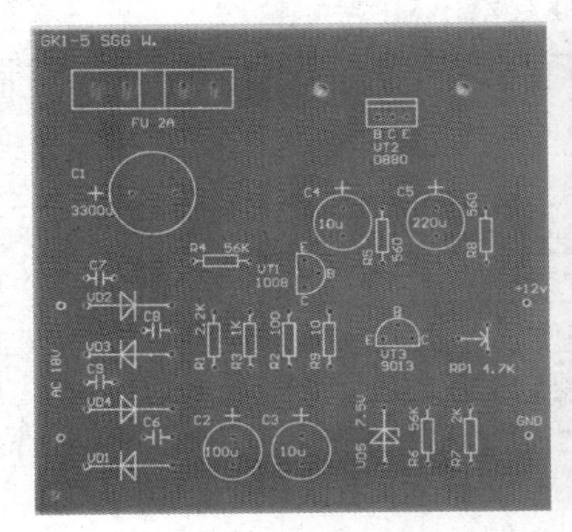

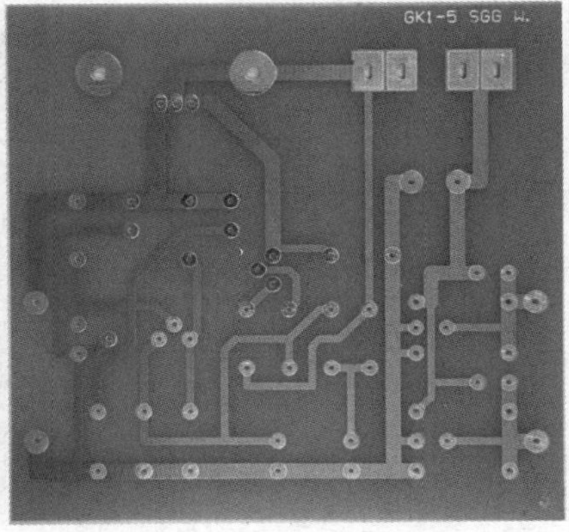

图 10-1　串联型稳压电路印制电路板图（PCB 参考尺寸）

图 10-2　串联型稳压电路实物装配图

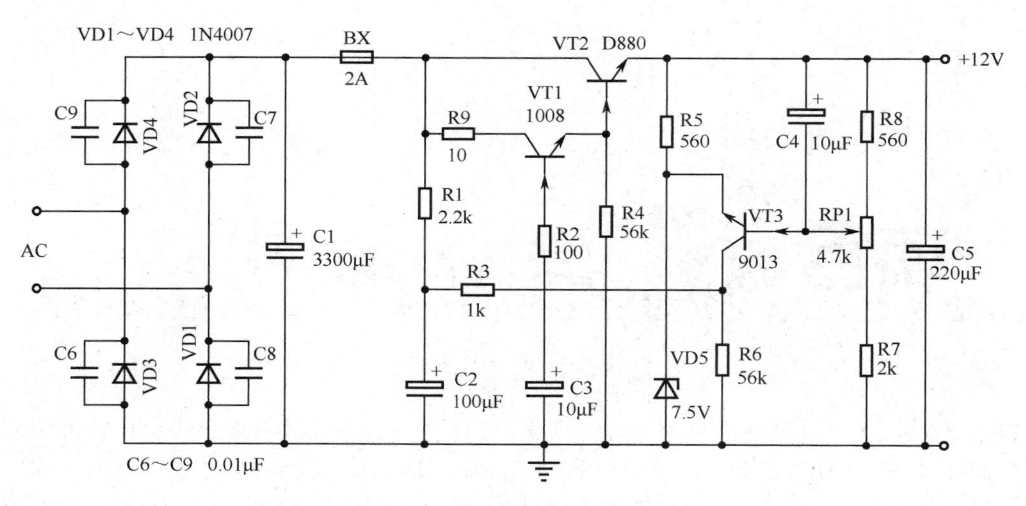

图 10-3 串联型稳压电路原理图

表 10-1 串联型稳压电源电路元器件明细表

序 号	品 名	型号规格	数 量	配件图号
1	碳膜电阻	RT-0.25-10Ω	1	R9
2	碳膜电阻	RT-0.25-100Ω	1	R2
3	碳膜电阻	RT-0.25-560Ω	2	R5、R8
4	碳膜电阻	RT-0.25-1kΩ	1	R3
5	碳膜电阻	RT-0.25-2kΩ	1	R7
6	碳膜电阻	RT-0.25-2.2kΩ	1	R1
7	碳膜电阻	RT-0.25-56kΩ	2	R4、R6
8	微调电阻	WS-5kΩ（4.7kΩ）	1	RP1
9	整流二极管	1N4001	4	VD1～VD4
10	稳压二极管	7.5V	1	VD5
11	三极管	S9013（1008）	2	VT1、VT3
12	功率三极管	D880	1	VT2
13	瓷介电容	CC-63V-0.01μF	4	C6～C9
14	电解电容	CD-16V-10μF	2	C3、C4
15	电解电容	CD-25V-100μF	1	C2
16	电解电容	CD-25V-220μF	1	C5
17	电解电容	CD-25V-3300μF	1	C1
18	保险丝夹	标准件	2	FU2
19	熔断器	φ5×20-2A	1	FU2
20	散热器	5W	1	V2
21	自攻螺丝	BA3×8	1	V2

【综合练习 2】场扫描振荡电路图。该电路能输出 50Hz 线性良好、幅度为±2V 的锯齿波。如图 10-4 至图 10-6 所示分别为本电路的印制电路板图、实物装配图、原理图。本电路的元器

件明细见表 10-2。要求：根据下面提供的数据，完成从原理图到 PCB 设计的全过程。工程项目名称为“综合练习二”。

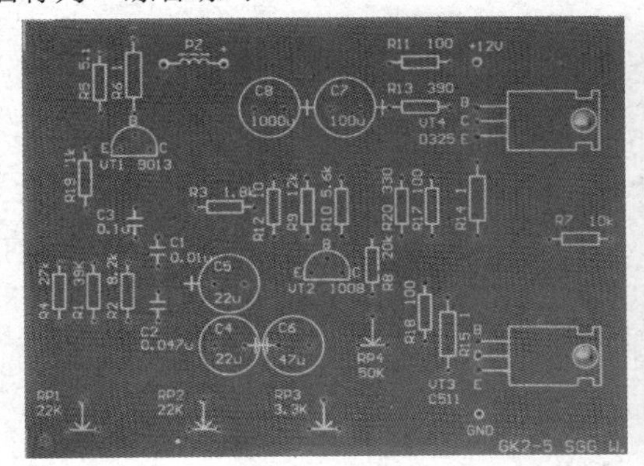

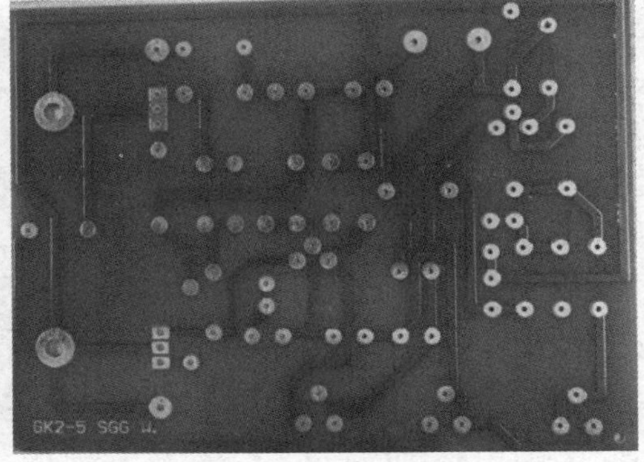

图 10-4 场扫描振荡电路印制电路板图（PCB 参考尺寸）

图 10-5 场扫描振荡电路实物装配图

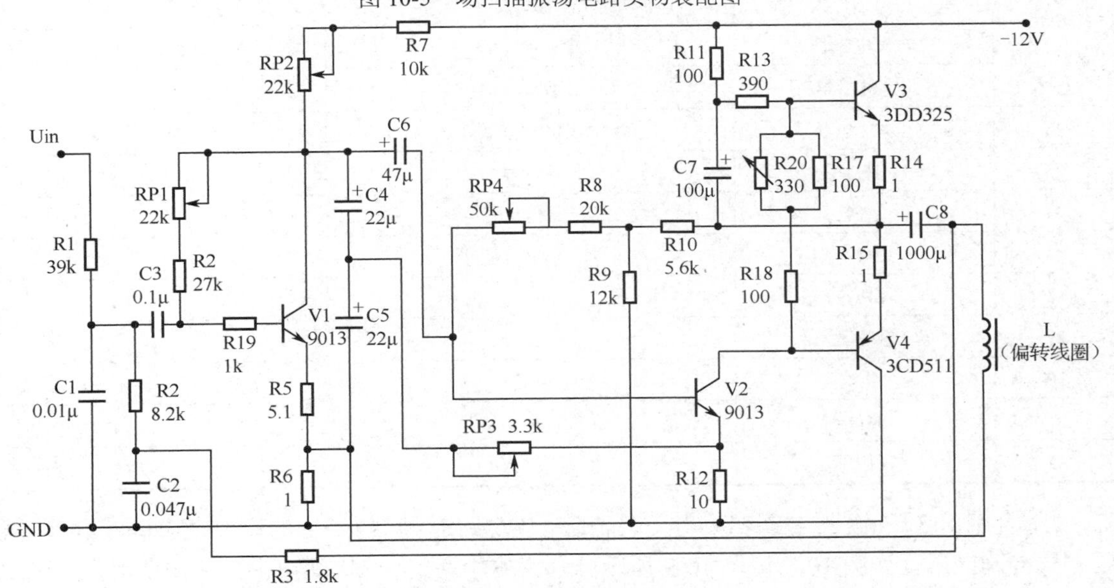

图 10-6 场扫描振荡电路原理图

表 10-2　场扫描振荡电路元器件明细表

序　号	品　名	型号规格	数　量	配件图号
1	碳膜电阻	RJ-0. 5-1Ω	3	R6、R14、R15
2	碳膜电阻	RJ-0.25-5.1Ω	1	R5
3	碳膜电阻	RJ-0.25-10Ω	3	R12
4	碳膜电阻	RJ-0.25-100Ω	1	R11、R17、R18
5	碳膜电阻	RJ-0.25-330Ω	1	R20
6	碳膜电阻	RJ-0.25-390Ω	1	R13
7	碳膜电阻	RJ-0.25-1kΩ	1	R19
8	微调电阻	RJ-0.25-1.8kΩ	1	R3
9	碳膜电阻	RJ-0.25-5.6kΩ	1	R10
10	碳膜电阻	RJ-0.25-8.2kΩ	1	R2
11	碳膜电阻	RJ-0.25-10kΩ	1	R7
12	碳膜电阻	RJ-0.25-12kΩ	1	R9
13	碳膜电阻	RJ-0.25-20kΩ	1	R8
14	碳膜电阻	RJ-0.25-27kΩ	1	R4
15	微调电阻	WS-3.3kΩ	1	RP3
16	微调电阻	WS-22kΩ	2	RP1、RP2
17	微调电阻	WS-50kΩ	1	RP4
18	电容	CBB-63V-0.01μF	1	C1
19	电容	CBB-63V-0.047μF	1	C2
20	电容	CBB-63V-0. 1μF	1	C3
21	电解电容器	CD-16V-22μF	2	C4、C5
22	电解电容器	CD-16V-47μF	1	C6
23	电解电容器	CD-16V-100μF	1	C7
24	电解电容器	CD-16V-1000μF	1	C8
25	三极管	S9013	1	VT1
26	三极管	S1008	1	VT2
27	三极管	CD511	1	VT3
28	三极管	DD325	1	VT4
29	散热器		2	VT3、VT4 用
30	螺丝	φ3×8	2	VT3、VT4 用
31	螺母	M3	2	VT3、VT4 用
32	平垫片	φ3	4	VT3、VT4 用

【综合练习 3】3 位半 A/D 转换电压表电路。该电路能对小于 2V 的模拟直流输入电压用数码方式准确显示。如图 10-7 至图 10-9 所示分别为本电路的印制电路板图、实物装配图、原理图。本电路的元器件明细见表 10-3。要求：根据下面提供的数据，完成从原理图到 PCB 设计

的全过程。工程项目名称为“综合练习三”。

图 10-7　3 位半 A/D 转换电压表电路印制电路板图（PCB 参考尺寸）

图 10-8　3 位半 A/D 转换电压表电路实物装配图

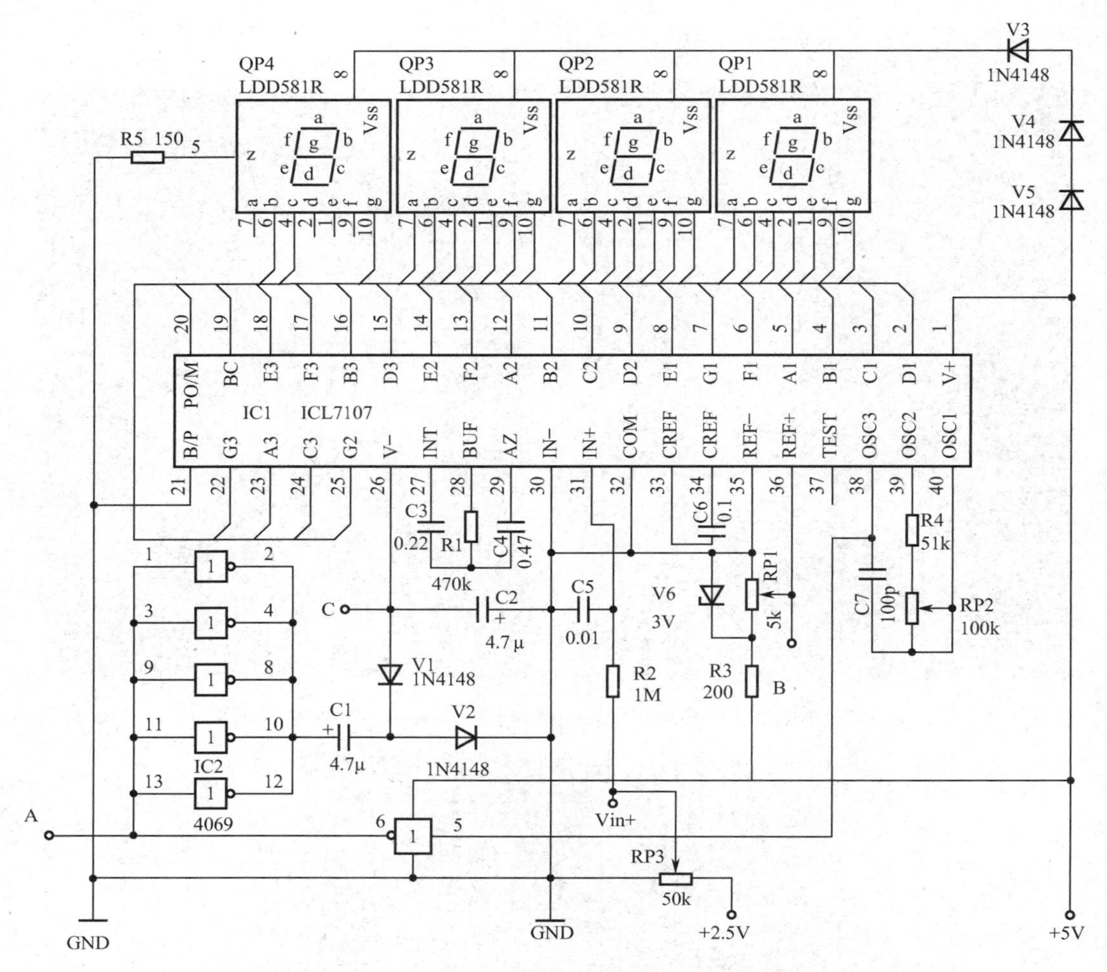

图 10-9　3 位半 A/D 转换电压表电路原理图

表 10-3　3 位半 A/D 转换电压表电路元器件明细表

序　号	品　名	型 号 规 格	数　量	配 件 图 号
1	碳膜电阻	RT-0. 25-150Ω	1	R5
2	碳膜电阻	RT-0.25-200Ω	1	R3
3	碳膜电阻	RT-0.25-51kΩ	1	R4
4	碳膜电阻	RT-0.25-470kΩ	1	R1
5	碳膜电阻	RT-0.25-1MΩ	1	R2
6	微调电阻	WS-100kΩ	1	RP2
7	多圈电位器	3296-5kΩ	1	RP1
8	多圈电位器	3296-50kΩ	1	RP3
9	电容	CBB-63V-0.01μF（10n）	1	C5
10	电容	CBB-63V-0.1μF（100n）	1	C6
11	电容	CBB-63V-0.22μF	1	C3

续表

序　号	品　名	型号规格	数　量	配件图号
12	电容	CBB-63V-0. 47μF（470n）	1	C4
13	电容	CL-63V-100pF（101）	1	C7
14	电解电容器	CD-16V-4.7μF	2	C1、C2
15	二极管	1N4148	5	V1～V5
16	稳压二极管	3V	1	V6
17	集成电路	ICL7170	1	IC1
18	集成电路	4069	1	IC2
19	数码管	LDD581R-共阳极	4	QP1～QP4
20	电路插座	DIP-40	2	IC1、QP1～QP4
21	电路插座	DIP-14	1	IC2

【综合练习 4】下面是静态电流不超过 25mA 的 OTL 功放电路。该功放电路输出不失真功率为 1W、13 倍左右的电压放大、100Hz～5kHz 的频响。如图 10-10 至图 10-12 所示分别为本电路的印制电路板图、实物装配图、原理图。本电路的元器件明细见表 10-4。要求：根据下面提供的数据，完成从原理图到 PCB 设计的全过程。工程项目名称为“综合练习四”。

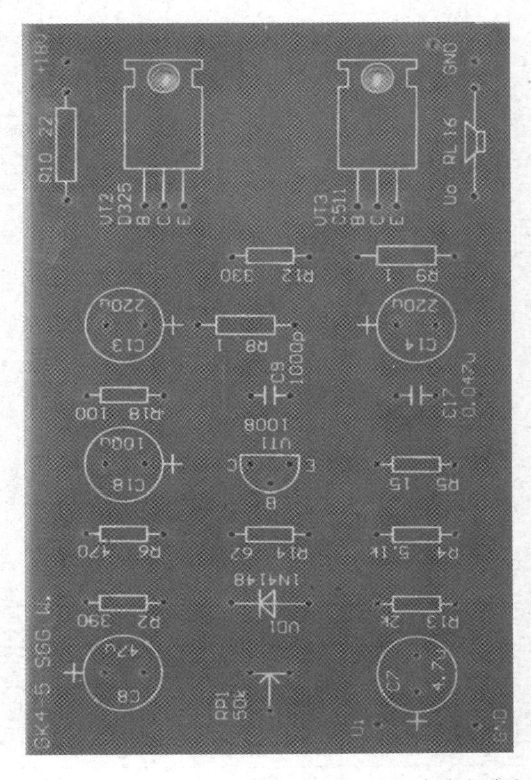

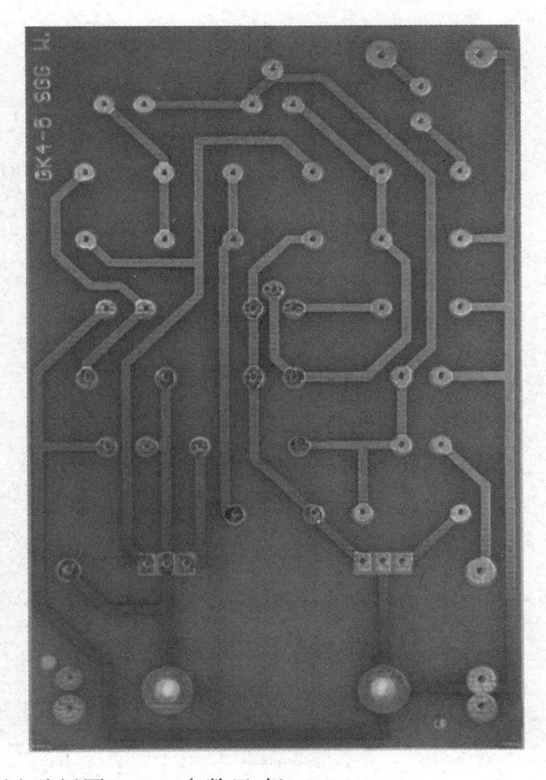

图 10-10　OTL 功放电路印制电路板图（PCB 参数尺寸）

图 10-11　OTL 功放电路实物装配图

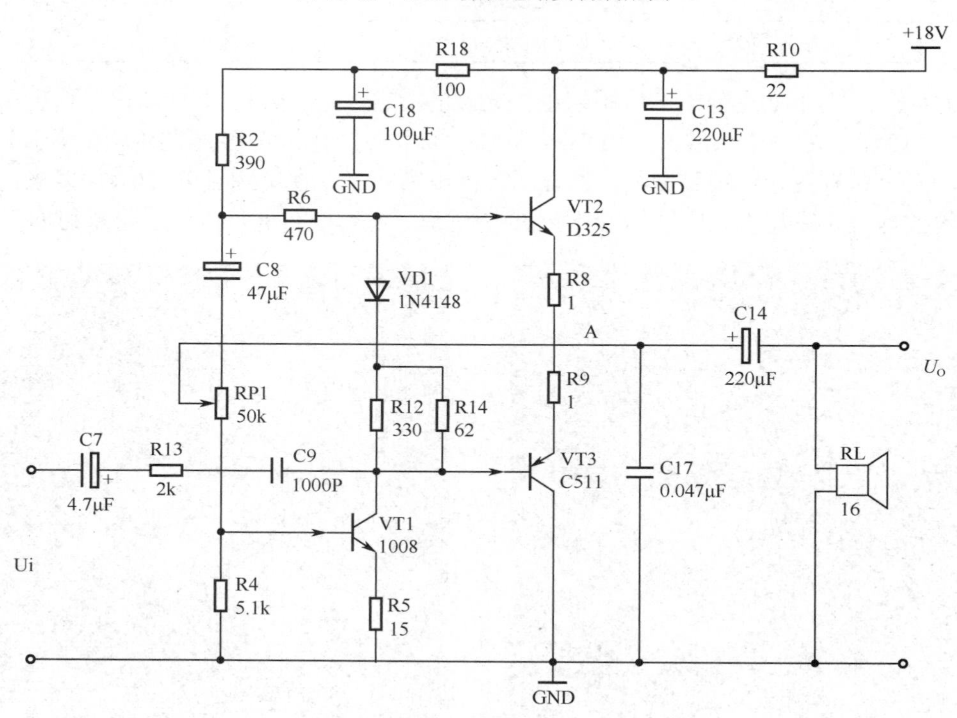

图 10-12　OTL 功放电路原理图

表 10-4　OTL 功放电路元器件明细表

序　号	品　名	型 号 规 格	数　量	配 件 图 号	实　测　值
1	碳膜电阻	RT-0. 5-1Ω	2	R8、R9	
2	碳膜电阻	RT-0.25-15Ω	1	R5	
3	碳膜电阻	RT-1W-16Ω	1	RL	
4	金属膜电阻	RJ-0.5-22Ω	1	R10	
5	碳膜电阻	RT-0.25-62Ω	1	R14	
6	碳膜电阻	RT-0. 25-100Ω	1	R18	

续表

序　　号	品　　名	型 号 规 格	数　　量	配 件 图 号	实　测　值
7	碳膜电阻	RT-0.25-330Ω	1	R12	
8	碳膜电阻	RT-0.25-390Ω	1	R2	
9	碳膜电阻	RT-0.25-470Ω	1	R6	
10	碳膜电阻	RT-0.25-2kΩ	1	R13	
11	碳膜电阻	RT-0.25-5.1kΩ	1	R4	
12	微调电阻	WS-50kΩ	1	RP1	
13	电容	瓷片 1000pF	1	C9	
14	电容	CBB-63V-0. 047μF	1	C17	
15	电解电容器	CD-16V-4.7μF	1	C7	
16	电解电容器	CD-25V-47μF	1	C8	
17	电解电容器	CD-25V-100μF	1	C18	
18	电解电容器	CD-25V-220μF	2	C13、C14	
19	二极管	1N4148	1	VD1	
20	三极管	9013	1	VT1	
21	三极管	DD325	1	VT2	
22	三极管	CD511	1	VT3	

【综合练习 5】PWM 脉宽调制控制电路。该电路通过对输入直流电平的调节达到输出直流电平可调的目的。如图 10-13 至图 10-15 所示分别为本电路的印制电路板图、实物装配图、原理图。本电路的元器件明细见表 10-5。要求：根据下面提供的数据，完成从原理图到 PCB 设计的全过程。工程项目名称为“综合练习五”。

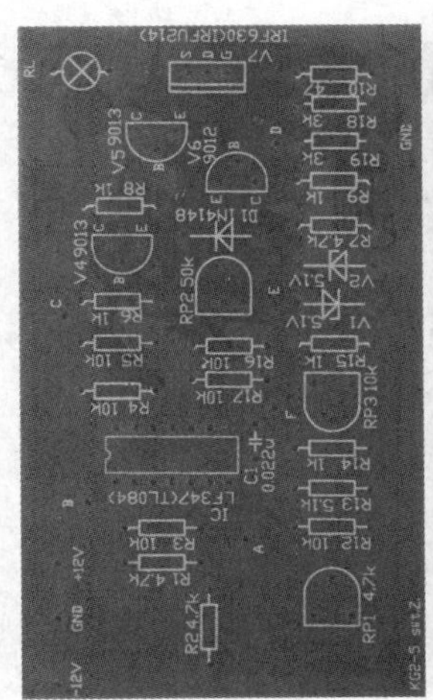

图 10-13　PWM 脉宽调制控制电路印制电路板图（PCB 参考尺寸）

图 10-14　PWM 脉宽调制控制电路实物装配图

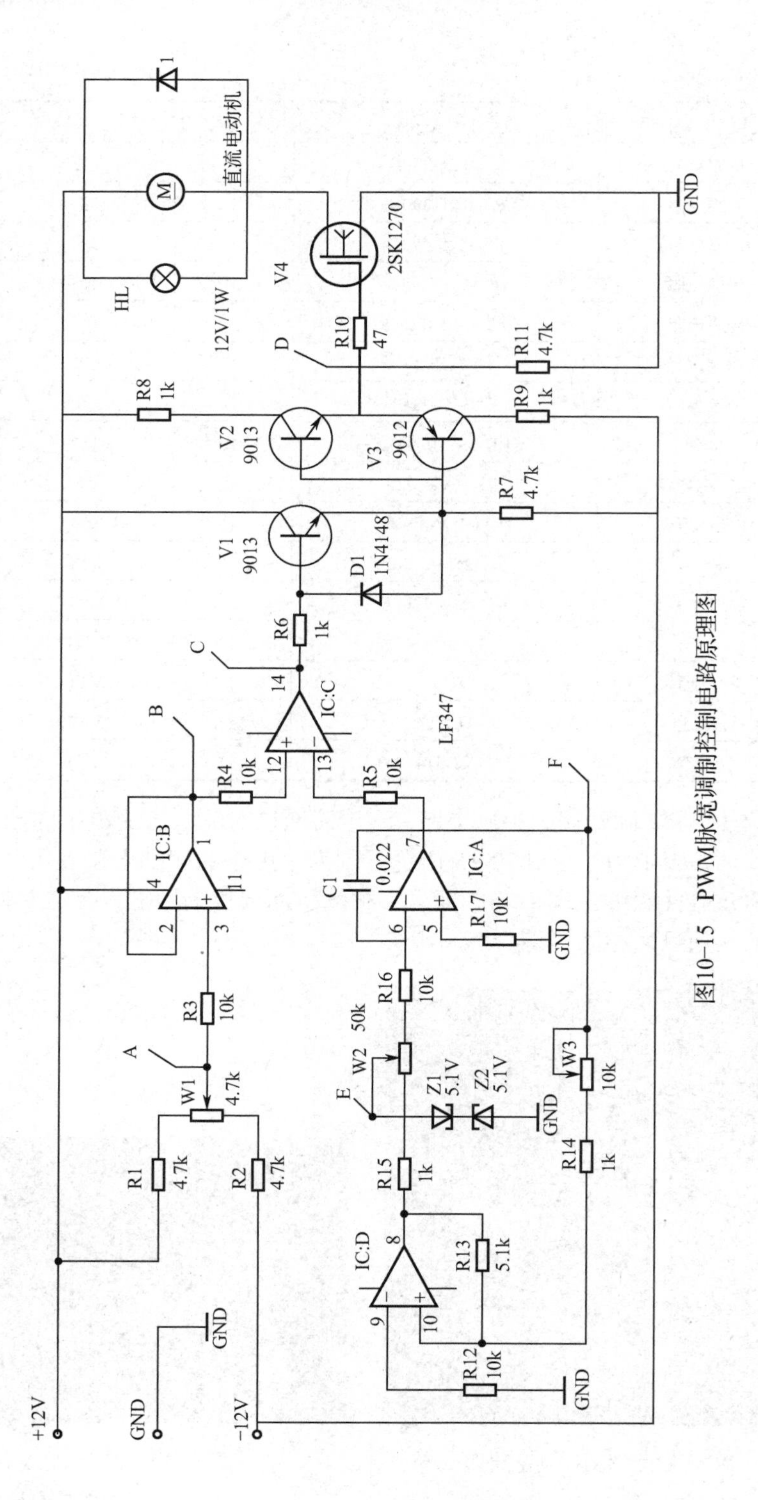

图10-15　PWM脉宽调制控制电路原理图

表 10-5 脉宽调制控制电路元器件明细表

序号	品名	型号规格	数量	配件图号	实测值
1	碳膜电阻	RT-0. 25-47Ω	1	R10	
2	碳膜电阻	RT-0.25-1kΩ	5	R6、R8、R9、R14、R15	
3	碳膜电阻	RT-0.25-3kΩ	2	R18、R19	
4	碳膜电阻	RT-0.25-4.7kΩ	3	R1、R2、R7	
5	碳膜电阻	RT-0.25-5.1kΩ	1	R13	
6	碳膜电阻	RT-0.25-10 kΩ	6	R3、R4、R5、R12、R16、R17	
7	微调电阻	WS-50kΩ	1	W2	
8	微调电阻	WS-10kΩ	1	W3	
9	电位器	WS-5kΩ	1	W1	
10	电容	CBB-63V-0. 022μF	1	C1	
11	二极管	1N4148	1	D1	
12	稳压二极管	5.1V	2	Z1、Z2	
13	三极管	9013	2	V1、V2	
14	三极管	9012	1	V3	
15	场效应管	IRF630（IRFU214）	1	V4	
16	集成电路	TL084（LF347）	1	IC	
17	电路插座	DIP14	1	IC	
18	电珠	12V-1W	1	HL（选用）	
18	发光二极管	Φ5mm	1	HL（选用）	配串联1kΩ电阻一只

【综合练习 6】数字频率计电路。该电路对大于 3V、频率为 300～6000Hz 的交流电压用数码方式准确显示。如图 10-16 至图 10-18 所示分别为本电路的印制电路板图、实物装配图、原理图。本电路的元器件明细见表 10-6。要求：根据下面提供的数据，完成从原理图到 PCB 设计的全过程。工程项目名称为“综合练习六”。

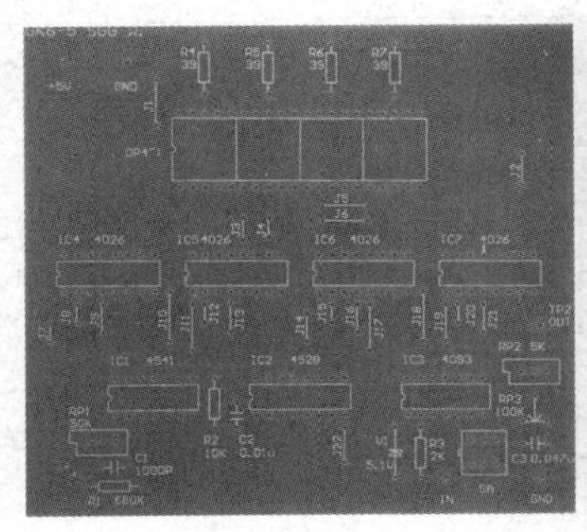

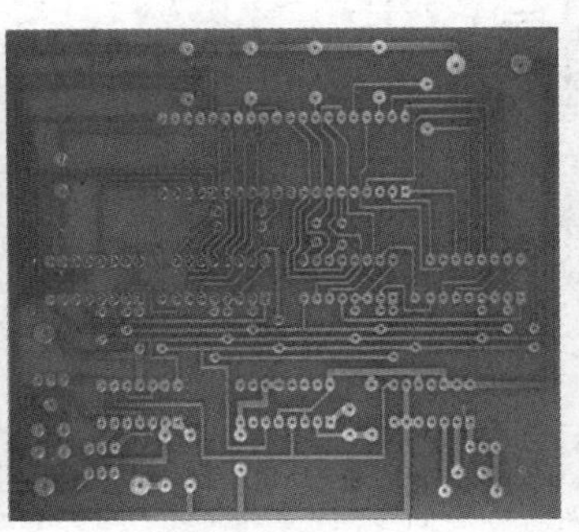

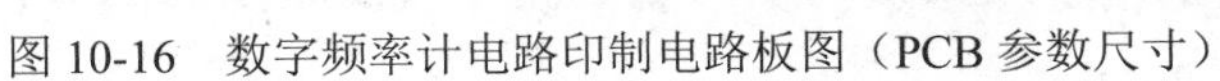

图 10-16 数字频率计电路印制电路板图（PCB 参数尺寸）

图 10-17 数字频率计电路实物装配图

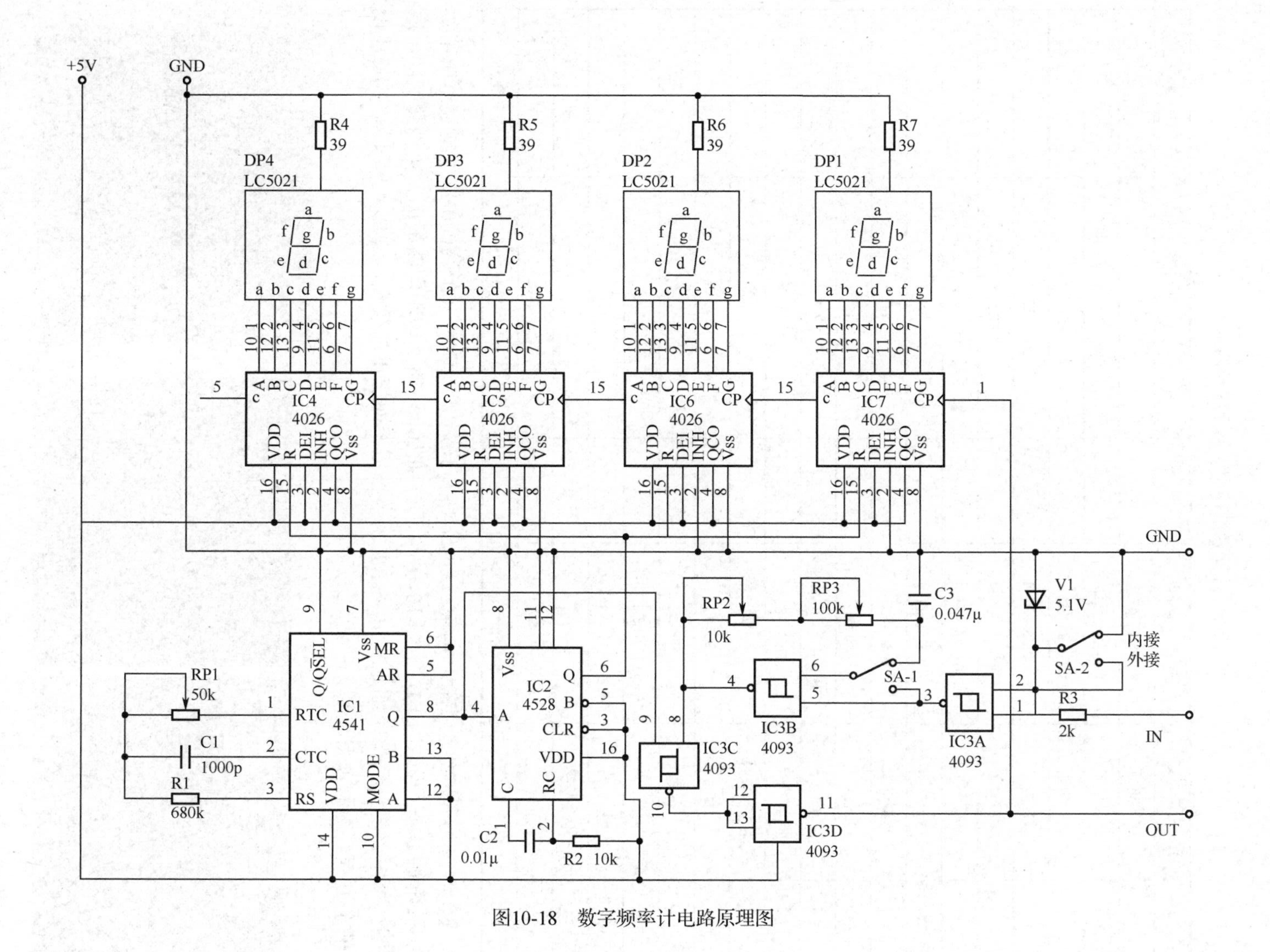

图10-18 数字频率计电路原理图

表 10-6　数字频率计电路元器件明细表

序　　号	品　　名	型 号 规 格	数　　量	配件图号
1	碳膜电阻	RT-0.25-39Ω	4	R4、R5、R6、R7
2	碳膜电阻	RT-0.25-2kΩ	1	R3
3	碳膜电阻	RT-0.25-10kΩ	1	R2
4	碳膜电阻	RT-0.25-680kΩ	1	R1
5	多圈电位器	3296-50kΩ	1	RP1
6	多圈电位器	3296-10kΩ	1	RP2
7	微调电阻	WS-100kΩ	1	RP3
8	电容	CC-63V-1000pF	1	C1
9	电容	CBB-63V-0. 01μF	1	C2
10	电容	CBB-63V-0. 047μF	1	C3
11	稳压二极管	5.1V	1	V1
12	数码管	LC5021-11-共阴极	4	DP1～DP4
13	集成电路	4541	1	IC1
14	集成电路	4528	1	IC2
15	集成电路	4093	1	IC3
16	集成电路	4026	4	IC4
17	电路插座	DIP14	6	IC1，3，DP1～DP4
18	电路插座	DIP16	5	IC2，4，5，6，7
19	轻触开关	自锁双刀双掷	1	SA-1、SA-2

【综合练习 7】交流有效值平均值转换电路。该电路对小于 1V、频率为 20Hz～5kHz 交流电进行等值变换为直流电。如图 10-19 至图 10-21 所示分别为本电路的印制电路板图、实物装配图、原理图。本电路的元器件明细见表 10-7。要求：根据下面提供的数据，完成从原理图到 PCB 设计的全过程。工程项目名称为“综合练习七”。

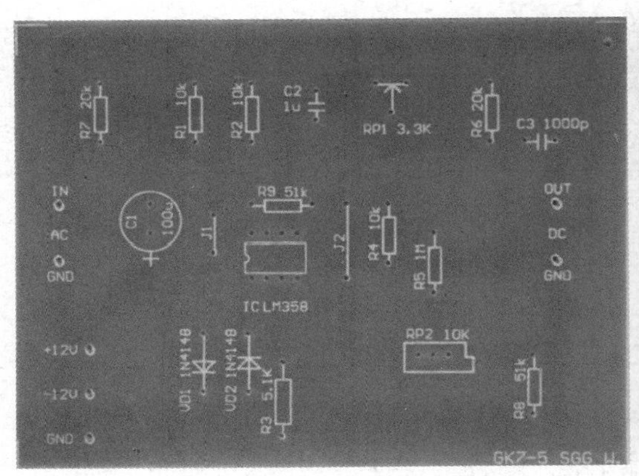

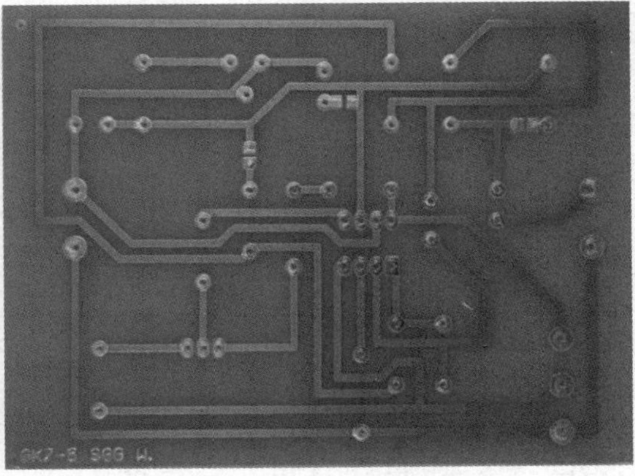

图 10-19　交流有效值平均值转换电路印制电路板图（PCB 参考尺寸）

图 10-20　交流有效值平均值转换电路实物装配图

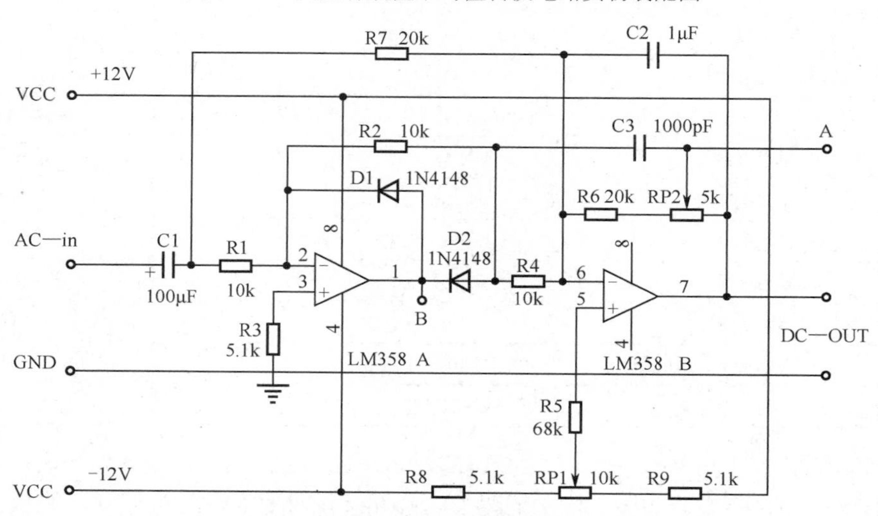

图 10-21　交流有效值平均值转换电路原理图

表 10-7　交流有效值平均值转换电路元器件明细表

序　号	品　名	型号规格	数　量	配件图号	实测值
1	碳膜电阻	RT-0.25-51kΩ	2	R8、R9	
2	碳膜电阻	RT-0.25-10kΩ	3	R1、R2、R4	
3	碳膜电阻	RT-0.25-20kΩ	2	R6、R7	
4	碳膜电阻	RT-0.25-5.1kΩ	1	R3	
5	碳膜电阻	RT-0.25-1MΩ	1	R5	
6	微调电阻	WS-5kΩ	1	RP2	
7	多圈电位器	3296-10kΩ	1	RP1	
8	电　容	CC-63V-1000pF	1	C3	
9	电　容	CBB-63V-1μF	1	C2	
10	电解电容	CD-25V-100μF	1	C1	

续表

序 号	品 名	型号规格	数 量	配件图号	实测值
11	二极管	1N4148	2	D1、D2	
12	集成电路	LM358	1	IC	
13	电路插座	DIP8	1	IC	

【综合练习 8】可编程定时器电路。该电路可通过预置时间对 0～54s 进行九级定时报警。如图 10-22 至图 10-24 所示分别为本电路的印制电路板图、实物装配图、原理图。本电路的元器件明细见表 10-8。要求：根据下面提供的数据，完成从原理图到 PCB 设计的全过程。工程项目名称为“综合练习八”。

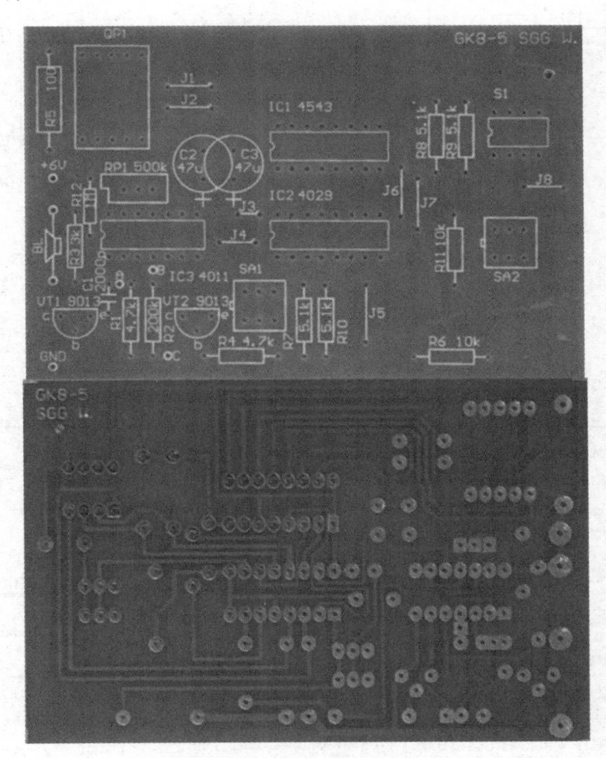

图 10-22 可编程定时器电路印制电路板图（PCB 参考尺寸）

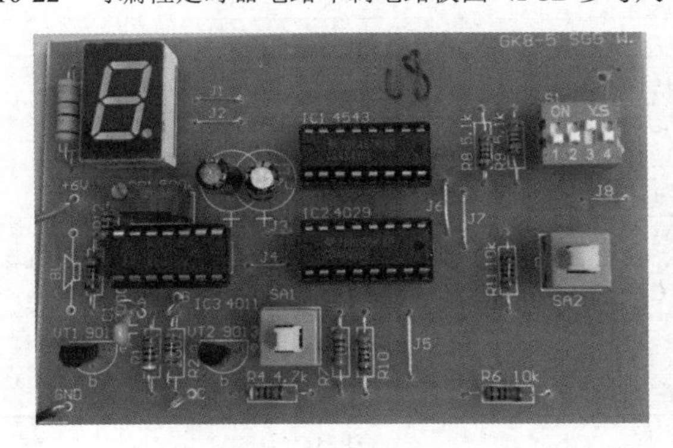

图 10-23 可编程定时器电路实物装配图

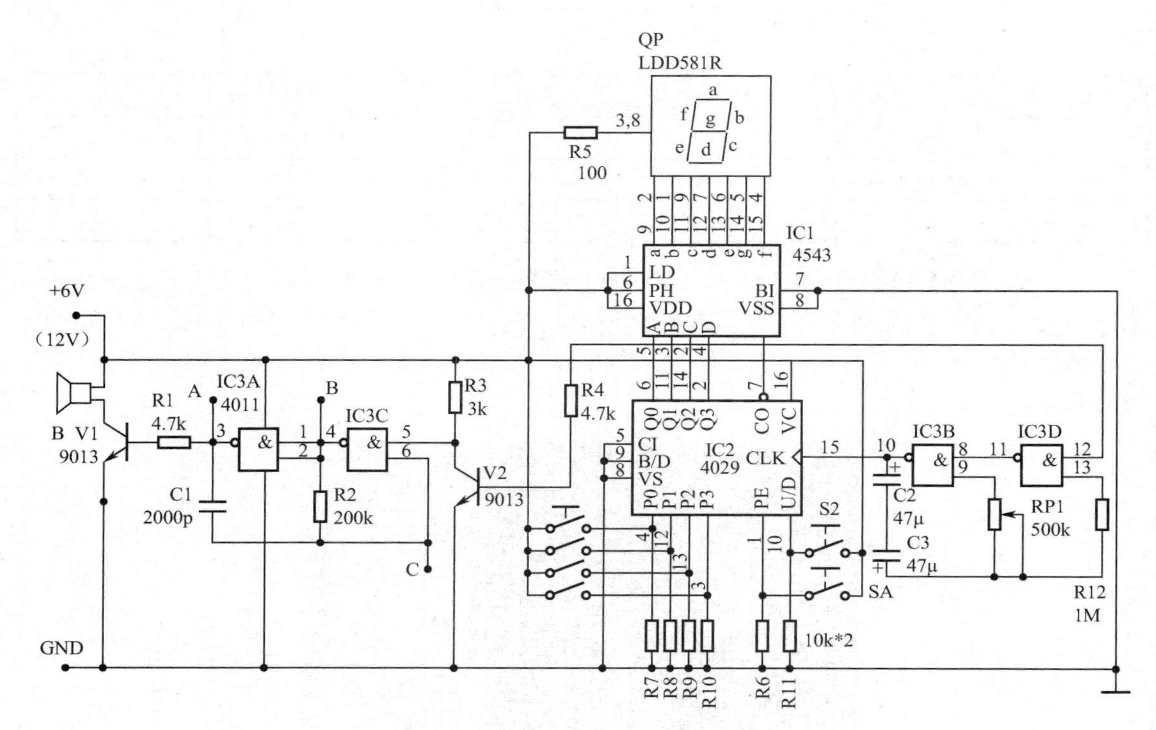

图 10-24 可编程定时器电路原理图

表 10-8 可编程定时器电路元器件明细表

序　号	品　名	型号规格	数　量	配件图号
1	碳膜电阻	RT-0.25-100Ω	1	R5
2	碳膜电阻	RT-0.25-3kΩ	1	R3
3	碳膜电阻	RT-0.25-4.7kΩ	2	R1、R4
4	碳膜电阻	RT-0.25-5.1kΩ	4	R7、R8、R9、R10
5	碳膜电阻	RT-0.25-10kΩ	2	R6、R11
6	碳膜电阻	RT-0.25-200kΩ	1	R2
7	碳膜电阻	RT-0.25-1MΩ	1	R12
8	多圈电位器	3296-500kΩ	1	RP1
9	电容	CL-63V-2000pF	1	C1
10	电解电容器	CD-25V-47μF	2	C2、C3
11	三极管	9013	2	V1、V2
12	集成电路	4543	1	IC1
13	集成电路	4029	1	IC2
14	集成电路	4011	1	IC3
15	数码管	LDD581R-共阳极	1	QP
16	电路插座	DIP8	1	S1
17	电路插座	DIP14	2	IC3、QP

续表

序　号	品　名	型号规格	数　量	配件图号
18	电路插座	DIP16	2	IC1、IC2
19	轻触开关	自锁双刀双掷	2	SA1、SA2
20	拨码开关	双列直插四档	1	S1

附录A Altium Designer 常用元件库

序　号	库文件名	元件库说明
1	FSC Discrete Diode.IntLib	二极管
2	FSC Discrete Rectifier.IntLib	IN 系列二极管
3	NSC Discrete Diode.IntLib	1N 系列二极管
4	FSC Discrete BJT.IntLib	三极管
5	Motorola Discrete BJT.IntLib	
6	ST Discrete BJT.IntLib	2N 系列三极管
7	Motorola Discrete Diode.IntLib	1N 系列稳压管
8	Motorola Discrete JFET.IntLib	场效应管
9	Motorola Discrete MOSFET.IntLib	MOS 管
10	IR Rectifier - Bridge.IntLib	整流桥
11	IR Discrete SCR.IntLib	可控硅
12	Motorola Discrete SCR.IntLib	
13	Teccor Discrete SCR.IntLib	
14	Motorola Discrete TRIAC.IntLib	双向可控硅
15	Teccor Discrete TRIAC.IntLib	
16	KEMET Chip Capacitor.IntLib	粘贴式电容
17	C-MAC Crystal Oscillator.IntLib	晶振
18	Dallas Microcontroller 8-Bit.IntLib	存储器
19	Motorola Power Mgt Voltage Regulator.IntLib	电源 LM 系列
20	NSC Power Mgt Voltage Regulator.IntLib	电源块 78 系列
21	ST Power Mgt Voltage Regulator.IntLib	电源块 78、LM317 系列
22	ST Power Mgt Voltage Reference.IntLib	TL、LM38 系列
23	FSC Logic Flip-Flop.IntLib	CD40 系列
24	NSC Logic Counter.IntLib	
25	ST Logic Counter.IntLib	

续表

序号	库文件名	元件库说明
26	ST Logic Register.IntLib	CD40 系列
27	ST Logic Special Function.IntLib	
28	ST Logic Flip-Flop.IntLib	4017 系列
29	ST Logic Switch.IntLib	4066 系列
30	FSC Logic Latch.IntLib	74 系列
31	NSC Logic Counter.IntLib	
32	ON Semi Logic Counter.IntLib	
33	ST Logic Counter.IntLib	
34	ST Logic Flip-Flop.IntLib	
35	ST Logic Latch.IntLib	
36	TI Logic Flip-Flop.IntLib	
37	TI Logic Gate 1.IntLib	
38	TI Logic Gate 2.IntLib	
39	TI Logic Decoder Demux.IntLib	SN74L138
40	NSC Analog Timer Circuit.IntLib	555 系列
41	ST Analog Timer Circuit.IntLib	
42	TI Analog Timer Circuit.IntLib	
43	NSC Audio Power Amplifier.IntLib	LM38 系列
44	NSC Audio Power Amplifier.IntLib	LM48 系列
45	ST Operational Amplifier.IntLib	TL084 系列
46	TI Operational Amplifier.IntLib	TL 系列功放块
47	Simulation Sources.IntLib	信号源
48	TI Converter Analog to Digital.IntLib	A/D 转换器
49	TI Converter Digital to Analog.IntLib	D/A 转换器
50	Miscellaneous Connectors.IntLib	包括电阻、电容、三极管、二极管、发光二极管、三端稳压管、变压器、开关类、可控硅、场效应管、蜂鸣器、电感、天线、保险丝、一位数码管、麦克风等基本元件
51	Miscellaneous Devices.IntLib	各种插针、电源接头、耳机接头，串口等接插件

附录B 元件名称中英文对照

元件名	功能	说明
AND	与门	
ANTENNA	天线	
BATTERY	直流电源	
BELL	铃，钟	
BVC	同轴电缆接插件	
BRIDGE1	整流桥（二极管）	
BRIDGE	整流桥（集成块）	
BUFFER	缓冲器	
BUZZER	蜂鸣器	
CAP	电容	无极性电容
CAPACITOR	电容	
CAPACITOR	电容	有极性电容
CAPVAR	可调电容	
CIRCUIT	BREAKER	熔断丝
COAX	同轴电缆	
CON	插口	普通接插口
CRYSTAL	晶体振荡器	
DB	并行插口	
DIODE	二极管	
DIODE	SCHOTTKY	稳压二极管
DIODE	VARACTOR	变容二极管
DPY_3-SEG	3 段 LED	三段数码管
DPY_7-SEG	7 段 LED	七段数码管
DPY_7-SEG_DP	7 段 LED（带小数点）	七段数码管+小数点
ELECTRO	电解电容	
FUSE	熔断器	

续表

元 件 名	功 能	说 明
INDUCTOR	电感	
INDUCTOR	IRON	带铁芯电感
INDUCTOR3	可调电感	
JFET	N	N 沟道场效应管
JFET	P	P 沟道场效应管
LAMP	灯泡	
LAMP	NEDN	启辉器
LED	发光二极管	
METER	仪表	
MICROPHONE	麦克风	
MOSFET	MOS 管	
MOTOR	AC	交流电机
MOTOR	SERVO	伺服电机
NAND	与非门	
NOR	或非门	
NOT	非门	
NPN	NPN 三极管	
NPN-PHOTO	感光三极管	NPN 型光敏三极管
OPAMP	运放	
OR	或门	
PHOTO	感光二极管	
PNP	PNP 三极管	
NPN	DAR	NPN 三极管
PNP	DAR	PNP 三极管
POT	滑线变阻器	
PELAY-DPDT	双刀双掷继电器	
RES1.2	电阻	
RES3.4	可变电阻	
RESISTOR	BRIDGE	桥式电阻
RESPACK	共端式排阻	电阻排
SCR	晶闸管	
PLUG	插头	插头
PLUG	AC	FEMALE 三相交流插头
SOCKET	插座	
SOURCE	CURRENT	电流源
SOURCE	VOLTAGE	电压源

续表

元 件 名	功 能	说 明
SPEAKER	扬声器	
SW	开关	开关
SW-DPDY	双排开关	双刀双掷开关
SW-SPST	单排开关	单刀单掷开关
SW-PB	按钮	
THERMISTOR	电热调节器	
TRANS1	变压器	
TRANS2	可调变压器	
TRIAC	三端双向可控硅	三端双向可控硅
TRIODE	电子管	三极真空管
VARISTOR	变阻器	
ZENER	Zener 二极管	齐纳二极管
DPY_7-SEG_DP	数码管	
SW-PB	开关	
74 系列：		
74LS00	TTL	两输入端四与非门
74LS01	TTL	集电极开路两输入端四与非门
74LS02	TTL	两输入端四或非门
74LS03	TTL	集电极开路两输入端四与非门
74LS122	TTL	可再触发单稳态多谐振荡器
74LS123	TTL	双可再触发单稳态多谐振荡器
74LS125	TTL	三态输出高有效四总线缓冲门
74LS126	TTL	三态输出低有效四总线缓冲门
74LS13	TTL	四输入端双与非施密特触发器
74LS132	TTL	两输入端四与非施密特触发器
74LS133	TTL	十三输入端与非门
74LS136	TTL	四异或门
74LS138	TTL	3-8 线译码器/复工器
74LS139	TTL	双 2-4 线译码器/复工器
74LS14	TTL	六反相施密特触发器
74LS145	TTL	BCD-十进制译码/驱动器
74LS15	TTL	开路输出三输入端三与门
74LS150	TTL	十六选一数据选择/多路开关
74LS151	TTL	八选一数据选择器
74LS153	TTL	双四选一数据选择器
74LS154	TTL	4-16 线译码器

续表

元件名	功能	说明
74LS155	TTL	图腾柱输出译码器/分配器
74LS156	TTL	开路输出译码器/分配器
74LS157	TTL	同相输出四2选一数据选择器
74LS158	TTL	反相输出四2选一数据选择器
74LS16	TTL	开路输出六反相缓冲/驱动器
74LS160	TTL	可预置BCD异步清除计数器
74LS161	TTL	可预置四位二进制异步清除计数器
74LS162	TTL	可预置BCD同步清除计数器
74LS163	TTL	可预置四位二进制同步清除计数器
74LS164	TTL	八位串行入/并行输出移位寄存器
74LS165	TTL	八位并行入/串行输出移位寄存器
74LS166	TTL	八位并入/串出移位寄存器
74LS169	TTL	二进制四位加/减同步计数器
74LS17	TTL	开路输出六同相缓冲/驱动器
74LS170	TTL	开路输出4×4寄存器堆
74LS173	TTL	三态输出四位D型寄存器
74LS174	TTL	带公共时钟和复位六D触发器
74LS175	TTL	带公共时钟和复位四D触发器
74LS180	TTL	九位奇数/偶数发生器/校验器
74LS181	TTL	算术逻辑单元/函数发生器
74LS185	TTL	二进制BCD代码转换器
74LS190	TTL	BCD同步加/减计数器
74LS191	TTL	二进制同步可逆计数器
74LS192	TTL	可预置BCD双时钟可逆计数器
74LS193	TTL	可预置四位二进制双时钟可逆计数器
74LS194	TTL	四位双向通用移位寄存器
74LS195	TTL	四位并行通道移位寄存器
74LS196	TTL	十进制/二-十进制可预置计数锁存器
74LS197	TTL	二进制可预置锁存器/计数器
74LS20	TTL	四输入端双与非门
74LS21	TTL	四输入端双与门
74LS22	TTL	开路输出四输入端双与非门
74LS221	TTL	双/单稳态多谐振荡器
74LS240	TTL	八反相三态缓冲器/线驱动器
74LS241	TTL	八同相三态缓冲器/线驱动器
74LS243	TTL	四同相三态总线收发器

续表

元 件 名	功 能	说 明
74LS244	TTL	八同相三态缓冲器/线驱动器
74LS245	TTL	八同相三态总线收发器
74LS247	TTL	BCD-7 段 15V 输出译码/驱动器
74LS248	TTL	BCD-7 段译码/升压输出驱动器
74LS249	TTL	BCD-7 段译码/开路输出驱动器
74LS251	TTL	三态输出八选一数据选择器/复工器
74LS253	TTL	三态输出双四选一数据选择器/复工器
74LS256	TTL	双四位可寻址锁存器
74LS257	TTL	三态原码四 2 选一数据选择器/复工器
74LS258	TTL	三态反码四 2 选一数据选择器/复工器
74LS259	TTL	八位可寻址锁存器/3-8 线译码器
74LS26	TTL	两输入端高压接口四与非门
74LS260	TTL	五输入端双或非门
74LS266	TTL	两输入端四异或非门
74LS27	TTL	三输入端三或非门
74LS273	TTL	带公共时钟复位八 D 触发器
74LS279	TTL	四图腾柱输出 S-R 锁存器
74LS28	TTL	两输入端四或非门缓冲器
74LS283	TTL	四位二进制全加器
74LS290	TTL	二/五分频十进制计数器
74LS293	TTL	二/八分频四位二进制计数器
74LS295	TTL	四位双向通用移位寄存器
74LS298	TTL	四 2 输入多路带存储开关
74LS299	TTL	三态输出八位通用移位寄存器
74LS30	TTL	八输入端与非门
74LS32	TTL	两输入端四或门
74LS322	TTL	带符号扩展端八位移位寄存器
74LS323	TTL	三态输出八位双向移位/存储寄存器
74LS33	TTL	开路输出两输入端四或非缓冲器
74LS347	TTL	BCD-7 段译码器/驱动器
74LS352	TTL	双四选一数据选择器/复工器
74LS353	TTL	三态输出双四选一数据选择器/复工器
74LS365	TTL	门使能输入三态输出六同相线驱动器
74LS366	TTL	门使能输入三态输出六反相线驱动器
74LS367	TTL	4/2 线使能输入三态六同相线驱动器

续表

元件名	功能	说明
74LS368	TTL	4/2 线使能输入三态六反相线驱动器
74LS37	TTL	开路输出两输入端四与非缓冲器
74LS373	TTL	三态同相八 D 锁存器
74LS374	TTL	三态反相八 D 锁存器
74LS375	TTL	四位双稳态锁存器
74LS377	TTL	单边输出公共使能八 D 锁存器
74LS378	TTL	单边输出公共使能六 D 锁存器
74LS379	TTL	双边输出公共使能四 D 锁存器
74LS38	TTL	开路输出两输入端四与非缓冲器
74LS380	TTL	多功能八进制寄存器
74LS39	TTL	开路输出两输入端四与非缓冲器
74LS390	TTL	双十进制计数器
74LS393	TTL	双四位二进制计数器
74LS40	TTL	四输入端双与非缓冲器
74LS42	TTL	BCD-十进制代码转换器
74LS352	TTL	双四选一数据选择器/复工器
74LS353	TTL	三态输出双四选一数据选择器/复工器
74LS365	TTL	门使能输入三态输出六同相线驱动器
74LS366	TTL	门使能输入三态输出六反相线驱动器
74LS367	TTL	4/2 线使能输入三态六同相线驱动器
74LS368	TTL	4/2 线使能输入三态六反相线驱动器
74LS37	TTL	开路输出两输入端四与非缓冲器
74LS373	TTL	三态同相八 D 锁存器
74LS374	TTL	三态反相八 D 锁存器
74LS375	TTL	四位双稳态锁存器
74LS377	TTL	单边输出公共使能八 D 锁存器
74LS378	TTL	单边输出公共使能六 D 锁存器
74LS379	TTL	双边输出公共使能四 D 锁存器
74LS38	TTL	开路输出两输入端四与非缓冲器
74LS380	TTL	多功能八进制寄存器
74LS39	TTL	开路输出两输入端四与非缓冲器
74LS390	TTL	双十进制计数器
74LS393	TTL	双四位二进制计数器
74LS40	TTL	四输入端双与非缓冲器
74LS42	TTL	BCD-十进制代码转换器
74LS447	TTL	BCD-7 段译码器/驱动器

续表

元　件　名	功　　能	说　　明
74LS45	TTL	BCD-十进制代码转换/驱动器
74LS450	TTL	16∶1 多路转接复用器多工器
74LS451	TTL	双 8∶1 多路转接复用器多工器
74LS453	TTL	四 4∶1 多路转接复用器多工器
74LS46	TTL	BCD-7 段低有效译码/驱动器
74LS460	TTL	十位比较器
74LS461	TTL	八进制计数器
74LS465	TTL	三态同相两与使能端八总线缓冲器
74LS466	TTL	三态反相两与使能八总线缓冲器
74LS467	TTL	三态同相两使能端八总线缓冲器
74LS468	TTL	三态反相两使能端八总线缓冲器
74LS469	TTL	八位双向计数器
74LS47	TTL	BCD-7 段高有效译码/驱动器
74LS48	TTL	BCD-7 段译码器/内部上拉输出驱动
74LS490	TTL	双十进制计数器
74LS491	TTL	十位计数器
74LS498	TTL	八进制移位寄存器
74LS50	TTL	2-3/2-2 输入端双与或非门
74LS502	TTL	八位逐次逼近寄存器
74LS503	TTL	八位逐次逼近寄存器
74LS51	TTL	2-3/2-2 输入端双与或非门
74LS533	TTL	三态反相八 D 锁存器
74LS534	TTL	三态反相八 D 锁存器
74LS54	TTL	四路输入与或非门
74LS540	TTL	八位三态反相输出总线缓冲器
74LS55	TTL	四输入端二路输入与或非门
74LS563	TTL	八位三态反相输出触发器
74LS564	TTL	八位三态反相输出 D 触发器
74LS573	TTL	八位三态输出触发器
74LS574	TTL	八位三态输出 D 触发器
74LS645	TTL	三态输出八同相总线传送接收器
74LS670	TTL	三态输出 4×4 寄存器堆
74LS73	TTL	带清除负触发双 J-K 触发器
74LS74	TTL	带置位复位正触发双 D 触发器
74LS76	TTL	带预置清除双 J-K 触发器
74LS83	TTL	四位二进制快速进位全加器

续表

元件名	功能	说明
74LS85	TTL	四位数字比较器
74LS86	TTL	两输入端四异或门
74LS90	TTL	可二/五分频十进制计数器
74LS93	TTL	可二/八分频二进制计数器
74LS95	TTL	四位并行输入/输出移位寄存器
74LS97	TTL	六位同步二进制乘法器
CD 系列		
CD4000	TI	双三输入端或非门+单非门
CD4001	HIT/NSC/TI/GOL	四 2 输入端或非门
CD4002	NSC	双四输入端或非门
CD4006	NSC	十八位串入/串出移位寄存器
CD4007	NSC	双互补对加反相器
CD4008	NSC	四位超前进位全加器
CD4009	NSC	六反相缓冲/变换器
CD4010	NSC	六同相缓冲/变换器
CD4011	HIT/TI	四 2 输入端与非门
CD4012	NSC	双四输入端与非门
CD4013	FSC/NSC/TOS	双主-从 D 型触发器
CD4014	NSC	8 位串入/并入-串出移位寄存器
CD4015	TI	双四位串入/并出移位寄存器
CD4016	FSC/TI	四传输门
CD4017	FSC/TI/MOT	十进制计数/分配器
CD4018	NSC/MOT	可预置 1/N 计数器
CD4019	PHI	四与或选择器
CD4020	FSC	十四级串行二进制计数/分频器
CD4021	PHI/NSC	八位串入/并入-串出移位寄存器
CD4022	NSC/MOT	八进制计数/分配器
CD4023	NSC/MOT/TI	三输入端与非门
CD4024	NSC/MOT/TI	七级二进制串行计数/分频器
CD4025	NSC/MOT/TI	三输入端或非门
CD4026	NSC/MOT/TI	十进制计数/7 段译码器
CD4027	NSC/MOT/TI	双 J-K 触发器
CD4028	NSC/MOT/TI	BCD 码十进制译码器
CD4029	NSC/MOT/TI	可预置可逆计数器
CD4030	NSC/MOT/TI/GOL	四异或门
CD4031	NSC/MOT/TI	六十四位串入/串出移位存储器

续表

元 件 名	功 能	说 明
CD4032	NSC/TI	三串行加法器
CD4033	NSC/TI	十进制计数/7 段译码器
CD4034	NSC/MOT/TI	八位通用总线寄存器
CD4035	NSC/MOT/TI	四位并入/串入-并出/串出移位寄存
CD4038	NSC/TI	三串行加法器
CD4040	NSC/MOT/TI	十二级二进制串行计数/分频器
CD4041	NSC/MOT/TI	四同相/反相缓冲器
CD4042	NSC/MOT/TI	四锁存 D 型触发器
CD4043	NSC/MOT/TI	四 3 态 R-S 锁存触发器（“1”触发）
CD4044	NSC/MOT/TI	四 3 态 R-S 锁存触发器（“0”触发）
CD4046	NSC/MOT/TI/PHI	锁相环
CD4047	NSC/MOT/TI	无稳态/单稳态多谐振荡器
CD4048	NSC/HIT/TI	四输入端可扩展多功能门
CD4049	NSC/HIT/TI	六反相缓冲/变换器
CD4050	NSC/MOT/TI	六同相缓冲/变换器
CD4051	NSC/MOT/TI	八选一模拟开关
CD4052	NSC/MOT/TI	双四选一模拟开关
CD4053	NSC/MOT/TI	三组二路模拟开关
CD4054	NSC/HIT/TI	液晶显示驱动器
CD4055	NSC/HIT/TI	BCD-7 段译码/液晶驱动器
CD4056	NSC/HIT/TI	液晶显示驱动器
CD4059	NSC/TI	“N”分频计数器
CD4060	NSC/TI/MOT	十四级二进制串行计数/分频器
CD4063	NSC/HIT/TI	四位数字比较器
CD4066	NSC/TI/MOT	四传输门
CD4067	NSC/TI	十六选一模拟开关
CD4068	NSC/HIT/TI	八输入端与非门/与门
CD4069	NSC/HIT/TI	六反相器
CD4070	NSC/HIT/TI	四异或门
CD4071	NSC/TI	四 2 输入端或门
CD4072	NSC/TI	双四输入端或门
CD4073	NSC/TI	三输入端与门
CD4075	NSC/TI	三输入端或门
CD4076		四 D 寄存器
CD4077	HIT	四 2 输入端异或非门
CD4078		八输入端或非门/或门

续表

元件名	功能	说明
CD4081	NSC/HIT/TI	四 2 输入端与门
CD4082	NSC/HIT/TI	双四输入端与门
CD4085		双 2 路两输入端与或非门
CD4086		四 2 输入端可扩展与或非门
CD4089		二进制比例乘法器
CD4093	NSC/MOT/ST	四 2 输入端施密特触发器
CD4094	NSC/TI/PHI	八位移位存储总线寄存器
CD4095		三输入端 J-K 触发器
CD4096		三输入端 J-K 触发器
CD4097		双路八选一模拟开关
CD4098	NSC/MOT/TI	双单稳态触发器
CD4099	NSC/MOT/ST	八位可寻址锁存器
CD40100		三十二位左/右移位寄存器
CD40101		九位奇偶校验器
CD40102		八位可预置同步 BCD 减法计数器
CD40103		八位可预置同步二进制减法计数器
CD40104		四位双向移位寄存器
CD40105		先入先出 FI-FD 寄存器
CD40106	NSC/TI	六施密特触发器
CD40107	HAR/TI	双 2 输入端与非缓冲/驱动器
CD40108		4 字×4 位多通道寄存器
CD40109	双四路/单八路模拟开关	四低-高电平位移器 CD4529
CD4530		双五输入端优势逻辑门
CD4531		十二位奇偶校验器
CD4532		八位优先编码器
CD4536		可编程定时器
CD4538		精密双单稳
CD4539		双四路数据选择器
CD4541	可编程序振荡	
CD4543		BCD 7 段锁存译码，驱动器
CD4544		BCD 7 段锁存译码，驱动器
CD4547		BCD 7 段译码/大电流驱动器
CD4549		函数近似寄存器
CD4551		四两通道模拟开关
CD4553		三位 BCD 计数器
CD4555		双二进制四选一译码器/分离器

续表

元 件 名	功 能	说 明
CD4556		双二进制四选一译码器/分离器
CD4558		BCD 八段译码器
CD4560		“N” BCD 加法器
CD4561		“9” 求补器
CD4573		四可编程运算放大器
CD4574		四可编程电压比较器
CD4575		双可编程运放/比较器
CD4583		双施密特触发器
CD4584		六施密特触发器
CD4585		四位数值比较器
CD4599		八位可寻址锁存器
CD40110	ST	十进制加/减、计数、锁存、译码驱动
CD40147	NSC/MOT	10-4 线编码器
CD40160	NSC/MOT	可预置 BCD 加计数器
CD40161	NSC/MOT	可预置四位二进制加计数器
CD40162	NSC/MOT	BCD 加法计数器
CD40163	NSC/MOT	四位二进制同步计数器
CD40174	NSC/TI/MOT	六锁存 D 型触发器
CD40175	NSC/TI/MOT	四 D 型触发器
CD40181		四位算术逻辑单元/函数发生器
CD40182		超前位发生器
CD40192	NSC/TI	可预置 BCD 加/减计数器（双时钟）
CD40193	NSC/TI	可预置四位二进制加/减计数器
CD40194	NSC/MOT	四位并入/串入-并出/串出移位寄存
CD40195	NSC/MOT	四位并入/串入-并出/串出移位寄存
CD40208		4×4 多端口寄存器
CD4501		四输入端双与门及两输入端或非门
CD4502		可选通三态输出六反相/缓冲器
CD4503		六同相三态缓冲器
CD4504		六电压转换器
CD4506		双二组两输入可扩展或非门
CD4508		双四位锁存 D 型触发器
CD4510		可预置 BCD 码加/减计数器
CD4511		BCD 锁存，7 段译码，驱动器
CD4512		八路数据选择器

续表

元件名	功能	说明
CD4513		BCD 锁存，7 段译码，驱动器（消隐）
CD4514		四位锁存，4-16 线译码器
CD4515		四位锁存，4-16 线译码器
CD4516		可预置四位二进制加/减计数器
CD4517		双六十四位静态移位寄存器
CD4518		双 BCD 同步加计数器
CD4519		四位与或选择器
CD4520		双四位二进制同步加计数器
CD4521		二十四级分频器
CD4522		可预置 BCD 同步 1/N 计数器
CD4526		可预置四位二进制同步 1/N 计数器
CD4527		BCD 比例乘法器
CD4528		双单稳态触发器

反侵权盗版声明